Semanario Erudito, Que Comprehende Varias Obras Inéditas, Críticas, Morales, Instructivas, Políticas, Históricas, Satíricas, Y Jocosas Mejores Autores Antiguos, Y Modernos
by Antonio Valladares De Sotomayor

Address:
HardPress
8345 NW 66TH ST #2561
MIAMI FL 33166-2626
USA
Email: info@hardpress.net

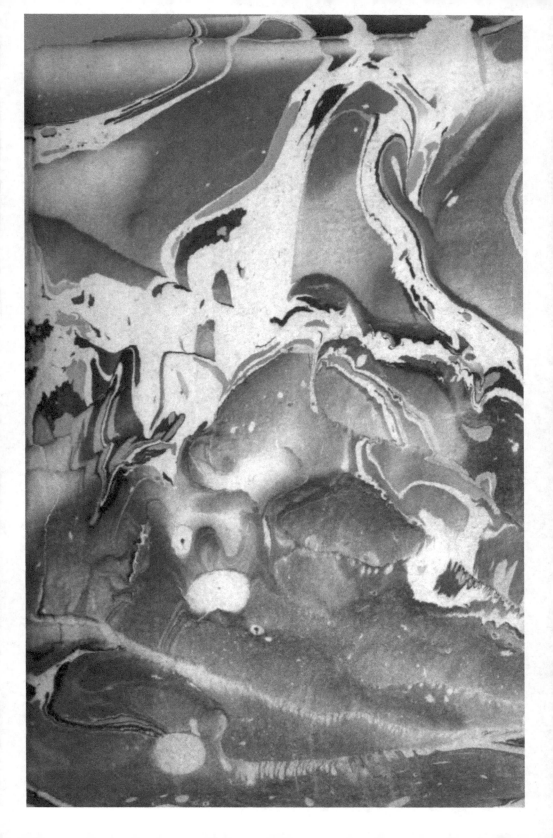

SEMANARIO ERUDITO,

QUE COMPREHENDE

VARIAS OBRAS INEDITAS,

CRITICAS, MORALES, INSTRUCTIVAS,

POLÍTICAS, HISTÓRICAS, SATÍRICAS, Y JOCOSAS

DE NUESTROS MEJORES AUTORES

ANTIGUOS Y MODERNOS.

DALAS A LUZ

DON ANTONIO VALLADARES

DE SOTOMAYOR.

TOMO XXVII.

CON PRIVILEGIO REAL.

MADRID : M.DCC.XC.

POR DON ANTONIO ESPINOSA.

Se hallará en las Librerías de Mafeo, Carrera de San Gerónimo, en
la de Bartolomé Lopez, Plazuela de Santo Domingo, y en la
de la Viuda de Sanchez, calle de Toledo, y en los Puestos
del Diario.

IX .138

Span 40.2

SEÑORES SUBSCRITORES

DE DENTRO Y FUERA DE LA CORTE,

A LOS TOMOS XXV. XXVI. XXVII.

DE LA OBRA PERIODICA,

INTITULADA

SEMANARIO ERUDITO.

MADRID.

Eminentísimo Sr. D. Antonio de Lorenzana, Cardenal, Arzobispo de Toledo.

Eminentísimo Sr. D. Antonio Sentmanat, Cardenal, Patriarca de las Indias.

Excmo. Sr. D. Agustin Rubin de Ceballos, Obispo de Jaen, Inquisidor General.

Excmo. Sr. Conde de Florida Blanca.

Excmo. Sr. D. Pedro Lopez de Lerena.

Excmo. Sr. D. Antonio Valdés y Bazan.

Excmo. Sr. D. Antonio Porlier.

Excmo. Sr. Conde de Aranda.

Excmo. Sr. D. Francisco Moñino, Presidente del Consejo de Indias, Gran Cruz de la Real y distinguida Orden de Cárlos III.º

Excmo. Sr. Conde de Campomanes, Gobernador del Consejo.

Excma. Sra. Duquesa de Uceda.

Excma. Sra. Marquesa de Astorga. *Por 3. exemplares.*

*

Ex-

Excma. Sra. Condesa de Benavente , Duquesa de Osuna.

Excma. Sra. Condesa de Aranda.

Excma. Sra. Duquesa de Wervick.

Excmo. Sr. Duque de Osuna , Conde de Benavente.

Excmo. Sr. Conde de Oñate.

Excmo. Sr. Duque de Medina-Celi.

Excmo Sr. Conde de Miranda.

Excmo. Sr. Marques de Mirabel.

Excmo. Sr. Marqués de Castel-Durrios.

Excmo. Sr. Duque de Castropiñano.

Excmo. Sr. Marqués de Valdecarzana.

Excma. Sra. Marquesa de la Sonora.

Excmo. Sr. Conde de Campo Alangel.

Illmo. Sr. D. Francisco Anguiriano, Obispo de Tagaste.

Illmo. S. D. Juan Acedo Rico , del Consejo y Cámara de Castilla.

Excmo. Sr. Conde de Revillagigedo , Virrey y Capitan General de México.

Excmo. Sr. Príncipe de Monfort, Inspector de Dragones.

Illmo. Sr. Conde de Tepa , del Consejo y Cámara de Castilla.

Sr. D. Almerico Pini.

Sr. D. Eugenio Llaguno , Secretario del Consejo de Estado.

Sr. D. Miguel Otamendi , Oficial primero de la Secretaría de Estado.

Sr. D. Josef de Anduaga , Oficial de la misma.

Sr. D. Diego Rejon de Silva , id.

Sr. D. Pedro Aparaci, Oficial primero de la Secretaría de Hacienda, y Guerra de Indias. *Por 2 exemplares.*

Sr. D. Juan Ignacio de Ayestarán , Oficial de la Secretaría de Gracia y Justicia.

Sr.

Sr. D. Fulgencio de la Riva , Oficial segundo de la Secretaría de Marina.

Sr. D. Christobal de Cuenca , Oficial de la Secretaría de Hacienda.

Sr. D. Juan Caamaño, id.

Sr. D. Francisco Carrasco , Oficial de la Secretaría de Guerra.

La Real Academia de la Historia.

Sr. D. Mariano Colon Larreategui , del Consejo de Castilla, y Superintendente General de Policía.

Sr. D. Pedro Joaquin de Murcia , del mismo Consejo.

Sr. D. Gaspar de Jovellanos , del Consejo de Ordenes.

Sr. D. Josef Garcia Pizarro , del Consejo de Indias.

Sr. D. Josef Antonio de Armona , Caballero de la distinguida Orden de Cárlos III.º Corregidor de Madrid.

Sra. Marquesa de Aranda.

Sr. Marqués de Obieco.

Sr. Marqués de Robledo de Chavela , Director General de la Real Renta de tabaco.

Sr. Marqués de Someruelos.

Sr. Marqués de Buscayolo.

Sr. Marqués de Casa Mena.

Sr. Marqués de Torreblanca.

Sr. Marqués de Zambrano , Tesorero General.

Sr. D. Francisco Montes , id.

Sr. Marqués de Fuerte-Hijar.

Sr. D. Pedro Escolano de Arrieta.

Sr. D. Damian Juarez.

Sr. D. Fermin Torre.

Sr. D. Antonio Maria Quijada , Regidor de la Villa de Madrid.

Sr.

Sr. D. Jòef Zabala, Tesorero General, de id.

Sr. D. Julian Lopez de la Torre Ayllon, Director General de Correos.

Sr. D. Francisco Ascarano, id.

Sr. D. Vicente Gonzalez de Arrivas, Director General de la Real Compañía de Caracas.

Sr. D. Martin Antonio Huize, Contador de la misma.

Sr. D. Juan Pablo Fornel.

Sr. D. Diejo Rejon de Silva.

Sr. D. Joaquin Juan de Flores.

Sr. D. Manuel Polo de Alcocer.

Sr. D. Matias Cuende.

Sr. D. Santos Diaz Gonzalez.

Sr. D. Joaquin Ezquerra, Catedrático de Rudimentos de los Reales Estudios de San Isidro.

Sr. D. Josef Guevara Vasconcelos.

Sr. D. Ramon Guevara Vasconcelos.

Sr. D. Manuel de Revilla, Administrador de la Real Renta de Correos.

Sr. D. Thomás de Nenclares, Oficial de la misma.

Sr. D. Francisco Camino, id.

Sr. D. Francisco Mariano Nifo.

Sr. D. Miguel Bea.

Sr. D. Francisco Flores Gallo.

Sr. D. Juan Sempere y Guarinos.

Sr. D. Josef Antonio Romeo, Coronel del Regimiento de Toledo.

Sr. D. Josef Maria Zuasnaval.

Sr. D. Eugenio Escolano.

Sr. D. Ignacio Garcia Malo, Oficial de la Real Biblioteca.

Sr. D. Domingo Arveras.

Sr. D. Miguel Higueras.

Sr.

Sr. D. Santiago Sarz , Rey Armas.

El P. D. Antonio Muralla , Canónigo Premostratense.

El R. P. Fray Manuel Espinosa, Predicador de S.M. del Orden de San Francisco.

El R. P. Fray Pablo Josef de Castro.

El P. Procurador de la Cartuja.

El M. R. P. D. Martin del Salto Chacon , Abad de San Basilio.

El Dr. D. Antonio Policarpo Meneses , Presbítero.

Sr. D. Nicolás de los Heros.

Sr. D. Francisco Rey.

Sr. D. Fernando Mayoni , Caballero del Habito de Santiago.

El R. P. Fr. Toribio de Valdemoral del Orden de San Gerónimo.

Sr. D. Juan Galisteo y Xiorro.

Sr. D. Juan Sesé.

El Dr. D. Antonio Medina Palomeque , Presbítero.

Sr. D. Ignacio de la Ruda.

Sr. D. Tadeo Ladron de Guevara.

Sr. D. Gabriel Achategui.

Sr. D. Joaquin Pacheco Tizon.

Sr. D. Pedro Merino.

Sr. D. Vicente Gonzalez de Arnau.

Sr. D. Manuel Josef Marin.

Sr. D. Bartolomé de Siles.

Sr. D. Juan de Villanueva , Arquitecto mayor de Madrid.

Sr. D. Ignacio Bejar.

El P. D. Romualdo Ramirez.

Sra. D.ª Patricia de Vizaya.

Sr. D. Policarpo Meneses.

Sr. D. Mateo Delgado de la Torre.

Sr.

Sr. D. Bernardo Rodriguez.

Sr. D. Fermin Aguado de Artalexos.

Sr. D. Juan de Quevedo.

Sr. D. Juan Bautista Folco, Portero mayor de la Secretaría de Hacienda. *Por 2. exemplares.*

Sr. D. Francisco Kreag y Montoya, Abogado de los Reales Consejos, Alguacil mayor, y Consultor de la Santa Inquisicion por la Suprema, Caballero Regidor perpetuo de la Ciudad de Santiago de Cuba.

El Licenciado D. Josef de la Plaza, Abogado de los Reales Consejos.

El M. R. P. Mro. Fr. Manuel Truxillo, del Orden de San Francisco, Comisario General de Indias.

El P. D. Miguel Ibarrola, Canónigo Premoscratense.

Sr. D. Francisco Xavier Navalmoral, Presbítero.

Sr. D. Matias Caño, Presbítero.

Sr. D. Francisco Portocarrero.

Sr. D. Josef Marichalar.

Sr. D. Ramon Antonio de Castro.

Sr. D. Francisco Xavier Sedano, primer Teniente de Reales Guardias Españolas.

Sr. D. Ignacio de la Llave, Abogado de los Reales Consejos.

Sr. D. Matias de Sagastia y Castro.

Sr. D. Pedro Josef Caro.

El Teniente Coronel D. Tadeo Bravo Rivero.

Sr. D. Juan Bautista Iribarren. *Por 14 exemplares.*

Sr. D. Josef Ayarzagoitia. *Por 6 exemplares.*

Sr. D. Manuel Quiroga. *Por 17 exemplares.*

Sr. D. Manuel Zorrilla. *Por 2 exemplares.*

La Real Compañia de Filipinas. *Por 25 exemplares.*

Sr. D. Joaquin Rosi, Secretario del Excelentísimo Señor Embaxador de Cerdeña.

Sr.

Sr. D. Vicente Domingo, Capellan del Excelentísimo Señor Marqués de Valdecarzana.

El M. R. P. Mtro. Fr. Pedro Centeno, del Orden de San Agustin.

Sra. D.ª Patricia Micaela de Vizcaya.

Sra. D.ª Jacinta Rosa de Arazabal.

Sra D.ª Juana Antonia Quevedo y Rodriguez.

Sra. D.ª Serafina Valcarce y Redondo.

Sra. D.ª Francisca de la Huerta Reguera.

Sra. D.ª Sebastiana Hidalgo y Balmaseda.

Sra. D.ª Josefa Fernandez de Velasco.

Sra. D.ª Nicolasa Rita de Arellano y Blenda.

Sra. D.ª Petronila Acebedo y Roxas.

El Coronel D. Pedro Iglesia de Elguea.

Sr. D. Gaspar Ugarte y Gallegos, Coronel del Regimiento de Abancaez, y Alferez Real del Cuzco.

Sr. D. Blas Carilla.

S. D. Bartolomé Ximeno.

Sr. D. Juan de Atienza.

Sr. D. Vicente Berriz.

Sr. D. Manuel Sagarvinaga.

Sr. D. Francisco de Paula Cabeda Solares.

Sr. D. Joaquin de Arezpacochaga.

Sr. D. Bartolomé Rodriguez.

Sr. D. Pedro Arnal.

Sr. D. Juan Josef de Castejon.

Sr. D. Manuel Josef Martinez.

Sr. D. Gaspar Antonio de Iruegas.

Sr. D. Francisco de Mata Perez.

Sr. D. Juan Lopez.

El R. P. Fr. Manuel de San Josef, del Orden de San Gerónimo.

Sr. D. Alfonso Regalado Rodriguez.

Sr. D. Josef del Campo.

Sr.

Sr. D. Joaquin Palacin.

Sr. D. Ignacio Joben.

Sr. D. Juan de Velasco Dueñas , Tesorero. Pagador de los Presidios de Africa.

Sr. D. Manuel Rodriguez.

Sr. D. Andres Gilavert.

Sr. D. Manuel Vicente Morgutio.

Sr. D. Francisco Berdun.

Sr. D. Juan Francisco Estillar.

Sr. D. Jacobo Vazquez Garcia , Abogado de los Reales Consejos.

Sr. D. Josef Moreno.

Sr. D. Manuel Morales.

Sr. D. Thomás de Berganza.

Sr. D. Santiago Ortega.

Sr. D. Miguel Gorostiza.

Sr. D. Antonio de la Mota y Prado.

Sr. D. Antonio Alvarez Narro,

Sr. D. Manuel Alvarez Segoviano.

Sr. D. Mateo de Villamayor,

Sr. D. Ramon Degrés.

Sr. D. Francisco Cortazar , Abogado de los Reales Consejos.

Sr. D. Blas Roman.

Sr. D. Juan de Dios Bernardo Mireles.

Sr. D. Josef Francés , *Por 3 exemplares.*

Sr. D. Isidro Maluenda y Arcos.

Sr. D. Luis Castaño y Cepeda.

Sr. D. Anastasio Hermosilla Luna.

Sr. D. Rafael Valdivieso.

Sr. D. Rodrigo Galiano y Rozabal.

Sr. D. Juan Manuel de las Cuevas.

Sr. D. Diego Murillo.

Sr. D. Juan de Segovia.

Sr.

Sr. D. Manuel Marcos Zorrilla.
Sr. D. Francisco Xavier Larumbe.
Sr. D. Josef Bartolomé Martinez.
Sr. D. Juan de Laso y Bargas.
Sr. D. Juan Bautista Paris, Agente de Negocios.

CADIZ.

Sr. D. Juan Domingo Gironda, Oficial de la Real Aduana.
Sr. D. Diego de la Torre, id.
Sr. D. Lugardo Joaquin Ormigo, id.
Sr. Marques de Villapanés.
Sr. D. Juan de Dios Landaburu, de la distinguida Orden de Cárlos III.
Sr. D. Pedro Gamon, Contador de la Fábrica de Tabaco.
Sr. D. Francisco Yances, Notario Mayor de la Audiencia Eclesiástica.
Sr. D. Antonio de la Torre, Notario Mayor de la Castrense.
Sr. D. Agustin Castañeda.
Sr. D. Josef de la Tixera, Alguacil Mayor de los Reales Servicios de Millones, y Agente Fiscal Principal de la Real Renta de Salinas Provinciales y demás agregados del Partido de esta Ciudad.
Sr. D. Angel Martin de Iribarren, del Comercio.
Sr. D. Josef Bourt, id.
Sr. D. Francisco Marti.
Sr. D. Angel Izquierdo, id.
Sr. D. Juan Martin de Santisteban, Familiar del Illmo. Señor Obispo de esta Ciudad.
Sr. D. Josef Garcia Dominguez, Oficial de la Real Renta de Correos.
Sr. D. Cayetano Guadix, del Comercio.

**   Sr.

Sr. D. Pedro Beich.

Sr. D. Manuel Comes. *Por 4 exemplares.*

Sr. D. Antonio Iglesias. *Por 2 exemplares.*

Sr. D. Josef Ignacio Lazcano.

Sr. D. Juan Pasqual de Sorozobal.

Sr. D. Cárlos Gutierrez.

Sr. D. Josef Carpinter.

Sr. D. Lorenzo de la Azuela.

Sr. D. Nicolás Morgat.

Sr. D. Francisco Sala.

Sr. D. Josef Pardiñas Villalobos.

Sr. D. Luis Navarro.

Sr. D. Jacobo Gordon.

Sr. D. Joaquin de Arespacochaga, **del Comercio.**

Sr. D. Eugenio Montero.

Sr. D. Josef Felipe Aspillaga.

MALAGA.

Sr. D. Christobal de Medina Conde, Canónigo de esta Santa Iglesia Catedral.

Sr. D. Feliciano Molina, id.

Sr. D. Francisco Joaquin de Loyo, id.

Sr. D. Agustin Galindo, Prebendado de la misma.

Sr. D. Josef Fernandez, Presbítero, y Secretario del Cabildo de la Catedral.

Sr. D. Joaquin Calderon, Presbítero.

VELEZ-MALAGA.

Sr. D. Francisco de Anda y Mendivil, Secretario de la Sociedad Económica.

Sr. D. Josef Cárlos de Olmedo, Presbítero.

Sr. D. Juan Dabanhorques, del Comercio.

Sr.

Sr. D. Juan de Salamanca.

SEVILLA.

Sr. D. Josef Olmeda y Leon, del Consejo de S. M.
y su Oidor en esta Real Audiencia.

Sr. D. Francisco Fernandez Soler, primer Teniente
de Asistente.

Sr. D. Domingo Gomez Boorques, Capitan retirado.

Sr. D. Francisco Becerra y Benavides, Caballero de
la Real y distinguida Orden de Cárlos III., Administrador de la Real Aduana.

RONDA.

Sr. Vizconde de las Torres.

Sr. D. Juan Maria de Rivera y Pizarro.

Sr. D. Antonio Bernardo Valladares de Sotomayor,
Oficial de la Real Renta de Correo.

CORDOBA. Sr. D. Josef Antonio Garnica, Penitenciario de esta Santa Iglesia.

ANDUJAR. Sr. D. Rafael Josef del Villar del
Vago y Saldino, Regidor de esta Ciudad.

VALENCIA.

Sr. D. Bernardo Muzquiz, Arcediano de Alcira.

Sr. D. Miguel Josef de Azanza, Intendente y Corregidor de esta Ciudad.

Sr. D. Vicente Garro, Teniente de Vicario General
de los Reales Exercitos, y Canónigo de esta Santa Iglesia.

Sr. D. Vicente Perellos y Lanuza, Director de la
Real Sociedad de Amigos del País.

** 2   Sr.

Sr. D. Vicente Lansola, Secretario de la Real Sociedad Económica, Subsacrista y Magister de esta
Santa Iglesia.

Sr. D. Juan Antonio Mayans, Canónigo de esta
Santa Iglesia.

Sr. D. Diodoro Esteve, Canónigo Penitenciario de ella.

Sr. D. Josef Rivero, id.

Sr. D. Josef Soriano y Nieto, Abogado de los Reales Consejos, y del Colegio de esta Ciudad.

Sr. D. Sebastian Sales, Pabodre, Dignidad de esta
Santa Iglesia.

Sr. D. Antonio Pasqual Garcia de Almunia, Regidor de esta Ciudad.

Sr. D. Francisco Benito Escuder, id.

Sr. D. Francisco Thomás Eximeno, Relator de lo
Civil de esta Real Audiencia.

Sra. D.ª Juana Paula Carsí y Sanchiz.

Sr. D. Thomás Tinagero y Villanova, Señor de Aya-
cos, y Secretario de esta Ciudad.

Sr. D. Vicente Branchart, Oidor de esta Real Audiencia.

Sr. D. Antonio Catani, Catedrático de Filosofia.

Sr. D. Josef Beneyto, Abogado, Consultor de la
Mitra.

Sr. D. Miguel Ferriz y Richart.

Sr. D. Juan Bautista Hernan, Canónigo de esta
Santa Iglesia.

El R. P. Fr. Joaquin Compañ, Difinidor General
en su Convento de San Francisco.

Sr. D. Santiago Irrisarre, Teniente Coronel del Regimiento de Caballería del Principe.

ORENSE. El Illmo Sr. D. Pedro de Quevedo y
Quintano, Obispo de esta Santa Iglesia.

BAR-

BARCELONA.

Sr. D. Antonio Pellicer de la Torre, del Consejo de S. M. y su Oidor en esta Real Audiencia.

Sr. D. Antonio Francisco de Tudó, del Consejo de S. M. y su Alcalde de esta Real Audiencia.

El R. P. Fr. Pelegri de Font.

BETANZON. Sr. Marques de Mos, Conde de San Bernardo.

ORAN. Sr. D. Domingo Maria Gonzalez, Ministro de la Real Hacienda de esta Plaza.

OCIO. El Coronel Don Jayme de Biana.

LEON. Sr. D. Rafael Daniel, Canónigo de esta Santa Iglesia.

Sr. D. Josef Garcia de Atocha.

ZAMORA. Sr. D. Andrés Gomez de la Torre, Regidor perpetuo de esta Ciudad.

ALMAGRO. Sr. D. Josef Bercebal, Alguacil Mayor del Santo Tribunal de la Inquisicion.

SANTANDER. Sr. Conde de Villafuertes.

Sr. D. Antonio del Campo.

BILVAO. Sr. D. Nicolás Cárlos de Villavaso.

Sr. D. Juan Antonio de Amandarro.

TOLEDO. Sr. D. Felipe Antonio Fernandez de Vallejo, Canónigo de esta Santa Iglesia.

PUENTE LA REYNA. Sr. D. Joaquin Ezpeleta, Diputado del Reyno de Navarra.

MURCIA.

El Sr. Marques de Montanaro.

Sr. D. Antonio Josef Salinas y Moñino, Maestre Escuela de la Santa Iglesia de Cartagena.

Sr. D. Ignacio Otañes, Arcediano de la misma Santa Iglesia.

VI-

VITORIA. Sr. D. Pedro Jacinto de Alava, Gobernador de las Aduanas de Cantabria.

LUGO. Sr. D. Josef Bazquez, Secretario de la Sociedad Económica, Merino y Alcalde Mayor.

LERIDA. Sr. D. Josef de Villar, Presbítero, Secretario de Cámara del Illmo. Señor Obispo.

Sr. D. Jayme Raluy, Rector del Seminario Tridentino.

SEGORVE.

El Illmo. Sr. D. Lorenzo Gomez de Haedo, Obispo de esta Santa Iglesia.

Sr. D. Antonio Lozano, Canónigo de la Santa Iglesia.

Sr. D. Pedro Lorenzo, id.

El Archivo de esta Santa Iglesia.

UCLES. Sr. D. Diego de la Torre y Arce, del Hábito de Santiago en su Convento.

CORUÑA. Sr. D. Bernardo Hervellá de Puga, Fiscal de Rentas, y Asesor del Consulado.

VILLA FRANCA DEL VIERZO. Sr. D. Dionisio Buendia, Canónigo de esta Santa Iglesia.

HUERCAR. Sr. Marques de Corvera.

ZARAGOZA. Sr. D. Sancho de Llamas y Molina, del Consejo de S. M. y su Oidor en esta Real Audiencia.

VALLADOLID.

Sr. D. Francisco Arjona, del Consejo de S. M. y su Oidor en esta Real Chancillería.

Sr. D. Francisco del Castillo y Palmero, Inquisidor.

El Colegio Mayor de Santa Cruz.

Sr. D. Vicente Bueno y Lusa, Abogado de la Real Chancillería.

Sr.

Sr. D. Vicente Oliveros, Portero de Cámara de la Real Chancillería y del Acuerdo.

Sr. D. Josef Maria Entero, Relator, id.

Sr. D. Raymundo Cueto, Procurador, id.

Sr. D. Rafael Portero, Profesor de Leyes.

Sr. D. Julian Lopez Ortíz, Administrador de la Real Casa de Misericordia.

El Licenciado D. Josef Maria Garate Ximenez, Abogado y Exâminador del Colegio.

El Licenciado D. Pedro Gonzalez y Alvarez, Abogado de la Real Chancillería.

ALCAZAR DE SAN JUAN. Sr. D. Vicente Perez, Gobernador de esta Villa.

ENCINA SOLA. El Dr. D. Agustin Pereyza y Soto Sanchez, Beneficiado y Cura propio de esta Villa.

BADAJOZ. Sr. Dr. Rafael Sanchez Barriga, Canónigo de esta Santa Iglesia.

AVILA. Sr. D. Julian de Gascueña, Presbítero, Secretario del Ilustrísimo Señor Obispo.

BRIONES. Sr. D. Isidro Villodas, Presbítero, Beneficiado y Vicario de esta Santa Iglesia.

GRANADA. El Illmo.. Sr. Arzobispo.

Sr. D. Josef Antonio Porcel, Canónigo, Dignidad de Prior de esta Metropolitana Iglesia, y Academico Supernumerario de las dos Reales Academias la Española y de Historia.

YANGUAS. Sr. D. Manuel Feliz y Alfaro.

TERUEL. Sr. D. Joaquin Mariano Marco.

GRANOLLERS DEL VALLES. Sr. D. Pedro Perez de Castro, Abogado del Colegio de Madrid.

QUITO. Sr. Marques de Selva Alegre.

NOTA DEL EDITOR.

Lo mismo que expusimos en la nota puesta al principio del tomo veinte y cinco, damos por motivo en éste, para la division de la presente obra. Como vamos ceñidos á lo que tenemos ofrecido al público, y ciertas obras por su magnitud, no pueden concluirse en un tomo; es indispensable continuarlas en otro, dexando pendiente su narracion. No ignoramos que esta division es poco grata á los lectores; pero creemos que su bondad disimulará lo que no podemos remediar.

Sobre el modo de la eleccion, número de vocales, y demás empleados subalternos, no hay en que detenernos, ni en su gobierno interior, disposiciones &c., y pudiendo estas conducir á aquel reglamento, parece conveniente se le pida á la Diputacion su informe; si bien en el caso de diferirse á la formacion de ordenanzas gobernativas, es regular, como se ha practicado con los Consulados de Barcelona, Valencia y Burgos, se les mande formar; y asi omito el dilatarme en este punto.

No obstante, me parece que los Diputados y algunos de los cinco Apoderados (entre quienes precisamente ha de recaer la eleccion) sean el Prior y Consules. De suerte, que los Diputados, por el mero hecho de tales, han de exercer los empleos Consulares, y al mismo tiempo que el de la Diputacion, ya concluida esta. Los cinco Apoderados han de ser

can-

candidatos , para que de entre ellos se elijan los otros dos Consules , si fuesen quatro, ó uno , si hubiesen de ser tres, en la misma conformidad , ó exerciendo los poderes , ó concluido su plazo. El motivo de semejante condicion, es por la mayor instruccion que les da el encargo de Diputados y Apoderados en comercio y negociaciones , cuya ilustracion las habilita mas y mas al desempeño de la jurisdicion consular. Corroborase el pensamiento con el hecho (asi he oido) de estar autorizada , y aun executoriada por decision del Real Consejo de Castilla, la Diputacion á decidir las disputas que ocurran entre los individuos de su compañia.

La tal jurisdiccion consular , no se debería limitar (salvo el superior dictamen) á los asuntos contenciosos entre los individuos de los cinco Gremios, sino á los menores , y al Comercio general de Madrid , sean Naturales ó Extrangeros los que lo exerciten por mayor, ó aunque no sean Comerciantes, como el objeto de la qüestion sea de Comercio. Esta disposicion seria utilísima á la causa pública , interesada en ser gobernados todos por unas mismas reglas. Hay notable diferencia sobre varios puntos y contratos , entre los reglamentos y práctica de España , y de ótras Naciones. Por exemplo (omitiendo otros), sucedida la quiebra poco tiempo despues , que uno libró una letra de cambio , se puede dudar si la libró en tiempo habil ó no , si se hallaba quebrado , ó solvente para indemnizar ó estrechar al aceptante , y garanter al tomador , segun se conceptuase la actividad en que estaba. Por un decreto del Señor Don Luis XIV. se declaró , que todas las ceñiones, y obligaciones hechas por los Comerciantes diez dias an-

antes de publicar su quiebra, fuesen nulas (1). El Estatuto de Genova prefine quince dias, y una particular pragmática de Napoles un año (2). Nuestra ley Real recopilada prescribe el plazo de seis meses (3). Los AA. lo dexan al arbitrio de los Jueces, pero siempre se ofrecerian dudas sobre el concepto del tiempo aun ante Jueces Consulares. Esta variedad de opiniones es muy perjudicial, porque libró el de Paris una letra contra su corresponsal, que entonces no tenia motivo de dudar del buen estado de su Comercio: aceptóla: estaba girada á plazo largo, en cuyo intermedio quebró el girador, y aunque pagando la letra el aceptante, porque en ello no hay remedio, acudiese al de Paris, siempre que este justificase pasaron mas de diez dias despues de haberla girado, no se le podria reconvenir á la preferente garantia, de accion privilegiada del aceptante, pues se le responderia con el texto del citado decreto. Al contrario: si fuese el Español el girador, Frances el aceptante, y aquel quebrase dentro de los seis meses que la libró, y no hubiese reembolsado al pagador, le reconvendria con el texto de la referida ley. Conozco las dificultades que se versan en la materia. Nunca nuestras ordenanzas pueden gobernar los asuntos contenciosos en otros Reynos, á cuyos naturales hubiesemos de reconvenir. Pero es innegable que ya por leyes de sus Patrias pueden alegarlas los Extrangeros en España, para esforzar sus excepciones ó acciones, y que siempre conviene se hallen nuestros Comerciantes instruidos de los establecimientos de otras

(1) Real decreto en 18 de Noviembre de 1702.
(2) Carleval de Judicis disput. 6. lib. 1. tit. 3. num. 32.
(3) Ley 7. tit. 9. lib. 3. Recopilacion.

otras Naciones, si no con individualidad, al menos
que se cercioren en que hay diferencia de los suyos
á los nuestros, á efecto de que se cautelen, y adopten sus oportunas providencias ó precauciones. Muchas veces en el giro y curso de una letra puede el
aceptante sujetarse á la calidad de demandado, y
en tal caso podrá sostener su accion al amparo de
nuestra establecida ordenanza de Comercio, si fuese en el caso de quiebra, apoyada por la ley Real.
No es el caso metafisico. Es muy posible. Libró el Extrangero á treinta dias. A los veinte se supo en Cadiz su quiebra. Tiene el aceptante efectos
suyos, puede garantirse del importe de la letra, que
en virtud de la aceptacion no pudo evitar el pagar.
El Extrangero habrá de mandarle los retenidos efectos. El aceptante podrá defenderse con la ley y la
ordenanza. No decido el pleyto: propongo el dictamen. El Extrangero quando ya en estado de quiebra, que él sabía, y no habia publicado, giró la letra, no ignoraba la existencia de enseres en poder
de su corresponsal, contra quien la giraba. Ni debe ignorar los establecimientos y leyes de España, no
solo por la regla general de que cada uno sabe, ó
debe saber la condicion de su contratante, sino porque á fuer de buen Comerciante es noticia á que
está obligado. Ultimamente los AA. para evadirse
de los escollos, difieren el tiempo de la quiebra al
arbitrio de los Jueces. Esto es dexar libertad á los
alegatos, y no fijar una costante regla, cuyo defecto haria variasen las resoluciones sobre unos casos de
igual naturaleza. El remedio es establecer ordenanza perpetua, que sirva de norte invariable. Algo
aprovecha; aun contratando el Español con el Extrangero domiciliado en su Pais. Pero mucho mas,
ó

ó el **todo** con los Extrangeros residentes en España, pues estos en sus contratos han de sujetarse irremisiblemente á los estatutos y leyes municipales, sin aprovecharles las de su Reyno, ni la opinion de sus Jurisconsultos, para no comprehenderle lo literal de nuestro reglamento y su espíritu. Es menester cerrar las puertas á que se valgan así naturales como Extrangeros de la variedad de opiniones, ni del arbitrio de los Jueces, que será conforme adopten mas ó menos el dictamen de tal ó tal autor. La obligacion en que están constituidos todos los Extrangeros de resignarse á las leyes del Pais, en donde por los tratados de paces, puedan comerciar, se deriva de las mismas convenciones, pues se pacta reciprocamente la observancia de las leyes y estatutos municipales, á que han de subordinarse, sin que por ello sea quebrantarse los privilegios que mutuamente se hubieren concedido (1). Supuesta la autorizada uniformidad de este principio admitido entre todas las Naciones, no parece hay dificultad, ni debe haberla en que la jurisdiccion del Consulado abrace á todos los Comerciantes Naturales y Extrangeros, en los casos de Comercio, ó que derivasen de él. A unos y otros les es conveniente la substanciacion breve de sus litigios, con desvio de las formalidades forenses. La institucion de los Consulados en sus respectivos Paises, termina al propio objeto. Los artículos de Paces, Navegacion, y Comercio, previenen sean tratados tan favorablemente como los Españoles. Por ambos títulos ni pueden excusarse, ni menos que agradecerlo, el que sean juzgados por las mis-

---

(1) *Es pacto expreso en los principales tratados de navegacion y Comercio.*

mismas reglas (en lo substancial) que en sus Paises, y
siendo la jurisdiccion consular favor á los Españoles,
se les dispensaba igual privilegio, que es uno de los
capítulos acordados en las convenciones públicas. Este Consulado parece conveniente tuviese la calidad
de general, y que con él hubiesen de seguir su correspondencia todos los demás del Reyno, con subordinacion en lo gobernativo, segun es el espíritu
de la ley 2. lib. 3. tit. 13. de la Recopilacion arriba citada.

La residencia en la Corte, é inmediacion á la
Real Junta general de Comercio, facilitarian la pronta participacion de las providencias de dicho supremo tribunal, y por su medio se comunicarian á los
demás Consulados. El de Madrid, adonde deberán
dirigirse todos, representaría ya á la Real Junta, ya
al Ministerio, quanto aquellos le representasen conveniente en sus respectivos Departamentos, sin
necesidad de mantener Agentes ó Diputados, y pa-
trocinaria sus instancias y breve despacho. El Consulado de Madrid alcanzaria mas inmediatamente quanto ocurre en las Fábricas del Reyno, pues pudiera
solicitar de la Real Junta aquellas noticias que creyese conducentes al fomento de todas. De suerte, que
así para lo directivo y gobernativo, por parte de la
Real Junta, como para la introduccion de las pretensiones por los Consulados, el de Madrid sería el
mas proporcionado conducto, y por lo mismo sería conveniente á su autorizacion calificarlo con el
título de general. Por lo expuesto sobre la conveniencia del Comercio y Comerciantes, en tener Jueces propios y ordenanzas, se deduce lo importante que sería su establecimiento en Sevilla y Cadiz,
pues así lo extensivo de su trafico, como el número
de

de sus individos , son circunstancias que recomenda-
das por la ley Real , por condicion se hallan en las citadas Ciudades. Estos Consulados (á que se les pudiera
agregar su Junta de Gobierno , para que privativamente á imitacion de las de Barcelona y Valencia,
conociese y cuidase la Agricultura , Fábricas , y Ar-
tés) deberian tener sus correspondencias con el de
Cadiz , de la carrera de Indias , y con los establecidos en aquellos vastos dominios, á fin de las remisiones recíprocas de frutos y efectos : esto es,
que auxiliasen á los respectivos consignatarios. Puede
objecionarse el que los cinco Gremios mayores por sus
ordenanzas , y por otra Real órden del año de 1755,
gozan del fuero de la Real Junta general de Comercio , cuyo subdelegado conoce en primera instancia
de los incidentes que ocurren á la comunidad , y
que por consiguiente parece menos precisa , ó no lo
es absolutamente la ereccion de Consulado. Se satisface la objecion : lo primero , no se propone aquella institucion como conveniente únicamente al Comercio de los cinco Gremios , sino por importantísima á la generalidad del tráfico. Lo segundo , el subdelegado no substancia , y determina los pleytos
por ordenanzas y práctica de Comercio , sino por
los trámites legales , y formalidades forenses , y siendo el destierro de estas uno de los capítulos mas interesantes al tráfico de los cinco Gremios , y demás
Comerciantes , no evacuandose por la subdelegacion,
se hace mas precisa la ereccion de Consulado y ordenanzas. Convendria igualmente el que estas fuesen
generales para el todo de la Nacion , cuya uniformidad evitaria se suscitasen dudas , competencias , y
excepciones , que no producen otro efecto que el
de la dilacion en las determinaciones.

Tom. XXVII.   B   Eva-

Evacuada ó procurada persuadir la importante ventaja, que sería á los cinco Gremios (y al todo del Comercio) la institucion de Consulado; no debiendo ya dudarse á vista de lo expuesto, el mérito de este cuerpo, á que se le dispensen todas las que sean posibles; pasemos á la produccion de otras. Tal lo seria el permiso de ropas en los intermedios de las salidas de las flotas, con tal que hiciesen bastante acopio de papel, géneros de las Fábricas de España y frutos. Ya escucho la inmediata reconvencion, de que aquellas ropas harian baxar el precio de las que se navegasen en la flota. Para desvanecer este argumento, es menester reflexionar, lo primero: que todo el cargamento de un navio de quinientas toneladas, no sube el valor, aun siendo su totalidad ropas, de un millon de pesos, valor de España. Esta es una pequeña partida, en comparacion de la gran provision que necesitan aquellos dilatados dominios. Lo segundo, aun quando perjudicase, recargaria el daño contra los Extrangeros, dueños de la mayor parte de la cargazon de una flota, y por tanto, hecho paralelo de la utilidad que disfrutarian los cinco Gremios mayores, verdaderamente Españoles, el navio y carga que llevasen de su cuenta, y del perjuicio que experimentarian los demás cargadores, quedaria mas gananciosa la Nacion con el renglon de lo que lucrasen los Gremios, llevando su permiso, que en el caso de que se les negase por respeto á la próxima flota. Lo mucho que utilizarian los Extrangeros, saldria fuera del Reyno. Lo poco que adelantaran los Gremios, quedaria dentro de él. Supongamos que los particulares flotistas perdiesen. La Nacion lucraba. Lo tercero: es notorio que á la publicacion de una flota se atropellan los pretendientes

por

por licencias. Siempre quedan quejosos. Aunque se compusiese de veinte navios, habría quien todavia solicitase permiso. Este es un argumento convincente, de que uno ó dos navios mas sobre los que regularmente forman la expedicion de flota en el dia, no impedirian el ventajoso despacho de los cargamentos que llevasen los demás. Los pretendientes saben unos de otros. Esto es público desde luego en la Plaza. No es verosimil se quisiesen arruinar tantos. Pudiera ser que uno ú otro se empeñase en la licencia por cubrir sus dependencias, ó sosegar sus acreedores como arriba se ha expresado, pero no es creible que tantos, y con especialidad los cargadores, solicitasen su propia ruina. Lo quarto: parece no puede dudarse que la flota no es bastante provision para aquellos Reynos, y mucho menos por la mayor dilacion que haya de una á otra, á vista del Comercio clandestino de que se quejan los navegantes, y nadie duda hacen los Extrangeros en nuestras Indias. El navio de permiso de los cinco Gremios los surtiria, y tendrian los naturales menos disculpa, y la Nacion mas utilidad. Por mucho que la expedicion citada perjudicase (quierolo conceder por un momento) á la futura inmediata flota, nunca puede ser tanto como las embarcaciones extrangeras del tráfico fraudulento. Enhorabuena: no se conceda el permiso; pero este hueco le ocuparán los bageles que hacen el giro clandestino. La sana política exige quando no se pueda remediar todo el daño, al menos moderarle. Esto se consigue con la licencia intermedia de los cinco Gremios de flota á flota. Dos ventajas se conseguirian: una, si habia necesidad abastecerian, y eso menos se consumiria del Extrangero en su introducion fraudulenta. Si no habia necesidad, almacenarian,

rian , pues no tendrian precision de malvaratar las ropas para pagar empeños , y este repuesto siempre convenia para en el caso de alguna irrupcion de las potencias. No hay el riesgo de que los cinco Gremios levantasen el precio de sus géneros. No podian ignorar la próxima expedicion de la flota , con cuya esperanza se contendrian los compradores á no ser los precios regulares , ni dexarian de conocer que los Extrangeros en tal caso baxarian los suyos. Lo quinto : los que se hallan instruidos en la historia del Comercio , no ignoran que el navio de permiso que disfrutaban los Ingleses , era un almacen en el agua que se reponia freqüentemente por medio de otras embarcaciones de su Nacion , dando motivo á repetidas quejas. Tampoco hay duda de que entonces era mas continuado el despacho de las flotas. Sin embargo , los géneros se despachaban con crédito. Se hacian ventajosas ventas ; enriquecian los navegantes, siendo de ello prueba muchas casas desde aquel tiempo opulentas , no habiendo impedido á la felicidad de las expediciones , aquel permanente perpetuo repuesto.

Pero supongamos que por el citado permiso los cinco gremios lograsen utilidades crecidas , y que se perjudicasen muchos particulares Españoles , todavia (salvo el superior dictamen) no lo opino por justo motivo á la denegacion. Lo primero , la utilidad cedia á favor de un cuerpo importantísimo al Estado , y que retribuye á la Nacion por varios otros renglones el beneficio que de aquella gracia pudiera resultarle, subsanando el perjuicio (aun quando existiese) que ella ocasionase. Lo segundo , la sana política exîge se limiten las exênciones y especiales privilegios, siempre que redunden en daño del todo de la Nacion: y al

con-

contrario la ventaja de esta , es merito á la ampli-
-tud de gracias. ¿Qual otro es el que motiva y autoriza las Compañias y comercios exclusivos , sino el
interés del Estado ? No ignoro la variedad de opiniones en la materia , reprobando politicos AA.
Franceses é Ingleses semejantes exclusivas , como cadenas que detienen los rápidos progresos que haria
el Comercio si se le dexase en su libertad. Verdad
es que asi se critica : pero tambien lo es , que en
los dos citados Reynos y en Holanda, hay tales compañias y Comercio exclusivo , y muy particularmente privilegiado , sin que á sus bastantemente ilus-
trados Gobiernos , le hayan hecho fuerza alguna las
declamaciones de sus Politicos. Uno , dos , ú mas
particulares , se enriquecen prontamente , y tal vez
repentinamente se arruinan. Su fortuna suele labrar-
se en pocos años. Su decadencia en igual término. La
sociedad padece en la destruccion de un individuo,
pero se compensa con la felicidad de otro que tal
vez no existia. La prosperidad ó adversidad de muchos particulares , no tiene gran influjo sobre el todo de la Nacion.

No sucede así con los cinco gremios mayores.
Es un cuerpo robustecido á costa de muchos años,
afanes , costos , y riesgos : tiene precisa influencia
sobre el todo de la Nacion , á la que , y al Rey han
servido siempre que ha ocurrido en las urgencias.
Son la confianza de la sociedad y su supremo Gefe;
mientras mayores sean sus adelantamientos , mayores servicios deben esperarse , y mas recursos tiene
el Estado. Uno , dos , ó muchos particulares , especialmente en la situacion en que se hallan nuestros
Comerciantes Españoles, por mas que quiera esforzar-
se su amor al Rey y patria pueden servir poco , y

por

por una ó dos veces con su caudal. Los cinco gremios han servido al Rey y Patria mucho en repetidas ocasiones, y por todos los varios ramos arriba recordados. Esto han hecho en su prosperidad. Mas es de esperar executen en sus mayores adelantamientos. Mas claro : este cuerpo ha contraido cierto enlace ó conexîon con el Estado y los ramos de la Nacion, que por la reciproca asistencia de socorros han prosperado. El Gobierno le ha facilitado los auxîlios, exênciones, encargos lucrativos, y los ha autorizado cuerpo abonado de su confianza, y que merece la del Público. El crédito no es otra cosa que el concepto de las gentes. Le han adquirido en España, toda Europa y America. Por su parte los cinco gremios han recompensado al Estado y Sociedad (cumpliendo la reciproca asistencia) con sus servicios, verificando la correspondencia de los mutuos socorros. Este sistema sencillamente explicado, es el que pinta un político, singular en la ciencia del calculo (1), queriendo se consideren el Comercio y la Real Hacienda, como dos amigos corresponsales, que mutuamente se auxîlien, opinando fundadamente ser interés del Estado fomentar al Comercio para incrementar á la Real Hacienda.

Estas son casi identicas las circunstancias en que se hallan los cinco gremios, respecto del Estado y de la Nacion, y por lo mismo es aplicable la doctrina del citado político, que aconseja todo fomento por parte del gobierno. Es conseqüencia forzosa de lo expuesto, el perjuicio que la Nacion y Estado experimentarian en la decadencia de este cuerpo; y á cuya compensacion no alcanzarian muchos parti-

cu-

_____

(1) *Davenant en su Arismítica política.*

culares acaudalados. De todo resulta convincente-
mente, que la constitucion de los cinco gremios
mayores, ya próspera, ya adversa, tiene precisa
influencia sobre la del Estado y de la Nacion, y que
ambos respetos, y por ellos el Gobierno, se mira obligado á sostenerlos, y á concederle quanto puede ser
conducente, no solo al aumento de sus intereses, sino de su decoro, honor y brillantez, que los haga
mas recomendables, y asegurar su perpetuidad. Insensiblemente hemos llegado á otras ventajas, que
mis limitadas luces conceptuan sería conveniente
se les concediese á beneficio de su Comercio, y á
su esplendor. Consisten en que uno de los individuos, ya de los de la casa establecida en Cadiz, ya
de los de Madrid, hubiese de ser Consul del Tribunal del Consulado á Indias, alternando con los de
Sevilla, Xerez, Puerto de Santa María, y San Lucar, para dicho empleo. Que concluido el tiempo
de la Diputacion y Consulado (si se estableciese en
Madrid) haya de ser Ministro de la Real Junta general de Comercio el Diputado Consul mas antiguo. Para persuadir lo fundamentado, es menester
no perdamos de vista la importancia de este cuerpo al Estado, á la Nacion, y á la causa pública
del Comercio, con cuya certeza no parecerá extraño á los amantes de la Patria, quanto ceda en utilidad de los cinco gremios y su mayor honor.

Son cargadores á Indias, dueños de navios verdaderamente Españoles y acaudalados, y siendo estas circustancias las que se exîgen para la matricula
y obtener los empleos de aquel Consulado, ninguna calidad les falta. Es verdad que la casa (ó individuos de ella, segun se me ha asegurado) se han
matriculado, pero no por eso es antecedente preci-
ci-

ciso á la consecucion de los empleos. Ha muchos años
que se halla la alternativa disputada por varios partidos de Provincia. No critico semejante conducta, que
alguna conveniencia produce á la causa pública del
Comercio ; pero presumo que los individuos de los
cinco gremios , nunca serán incluidos en ninguno de
los partidos. El Comercio , dicen los políticos, ocasiona una continuada guerra entre los comerciantes.
Se excitan zelos y emulacion. Los cinco gremios las
ocasionan , pero aun quando así no fuese , no basta
la casualidad ó contingencia de que puedan ser in-
corporados á algun partido. Se necesita por constitucion la alternativa. Es muy justo que un cuerpo
que ocupa tanto lugar en el comercio y navegacion,
tenga semejante prerrogativa. Le conviene tener un
individuo dentro de la universidad con autoridad á
mirar y promover los intereses del todo. Si la comunidad de cosecheros de las Ciudades inmediatas á
Cadiz , tienen aquella accion por sus frutos : los cinco gremios por sus fábricas y extensivo tráfico , se
miran auxiliados al propio goze con mas recomendable motivo , quanto lo son sus méritos y servicios.
Tampoco sería extraño el que de los individuos que
hubiesen sido Diputados y Consules , se estableciese por constitucion el que uno fuese Ministro de la
Real junta general de Comercio. Nadie duda la importancia al Estado , Real servicio y causa pública,
en que algunos de los señores que forman este supremo Tribunal , fuesen Comerciantes de aquellos
en quienes su conducta , conocimiento y especie,
aseguran probablemente sus aciertos. Esto es lo que
aconsejan los políticos , asi se practica en las demás
Naciones , asi se executó por algun tiempo en España , habiendo quatro ú cinco individuos de dicha

cha clase de las Ciudades de Cadiz, Puerto de Santa María, y otras, y se ha continuado hasta de presente nombrándoles señores Ministros, á mas de por
otros, sus méritos é instruccion política, por la inteligencia en el Comercio.

Mucho contribuiria á la expedicion de los expedientes sobre fábricas, si se le comisionase al referido Ministro en el cuidado de todas las del Reyno,
sus progresos y adelantamientos, pues daria las
prontas oportunas providencias gubernativas, parti-
cipando á la Real Junta lo que ocurriese, quando
fuese digno de su noticia. No se necesita para el conocimiento de esta importancia otra cosa, que reflexionar quan instruido se hallará en el Comercio
Européo, Americano, fábricas y demas ramos del
giro, un Diputado de una comunidad que los abraza todos. El Estado y la Nacion disfrutan induda-
bles servicios de los cinco Gremios. Por lo mismo
ambos respetos se interesan en su perpetuidad. Uno
de los medios mas conducentes á asegurarla es cons-
truirlos cuerpo formal de la sociedad general del
Reyno, lo que se conseguirá con la ereccion de Consulado, establecimiento de la alternativa para el de
Cadiz, y nombramiento de Ministro de la Real
Junta. Estos vínculos de honor excitarán mas y
mas la actividad de este cuerpo, la conservacion
y goce de aquellas gracias y ventajas, y contribuiria á su perpetua duracion. Quantas significaciones
de la Real gratitud han debido los cinco Gremios
mayores á la Real dignacion, constarán en su
Archivo; pero lo mas del público las ignora, no
faltando algunos que procuren negarlas y obscurecer-
las. Es convenientísimo el que las naciones, á la
vista de semejantes demostraciones y establecimien-

Tom. XXVII. C tos,

tos , conozcan el gran mérito de los cinco Gremios , y la confianza que el Rey , Estado , y Nacion tienen en su constitucion , conducta , fuerzas y caudales.

La recíproca asistencia suspirada por los políticos , entre el Estado y Comercio , y que se halla efectivamente verificada en el modo posible por el Estado y los Gremios , como arriba se insinuó , exîge que el Gobierno les indique todas las sendas que sin perjuicio puedan ser conducentes á la manutencion de la citada armonía , y mutuos auxilios. De esta clase debe considerarse que la casa establecida en Cadiz se encargase de facilitar el embarque á Indias de los frutos y manufacturas de los Pueblos de tierra adentro , ó no tan inmediatos á la lengua del agua. No solo me induce á semejante propuesta la conveniencia pública que desde luego se hace visible , sino una Real órden del señor Don Felipe V. circular á todos los Intendentes , expedida en 23 de Mayo de 1720. Por ella manifestaba S. M. que deseando participasen todos los vasallos las utilidades del Comercio Americano, fomentar la Agricultura y Fábricas , hacer que los retornos de las expediciones á las Indias quedasen en España , y substraer en quanto fuese posible el tráfico de los extrangeros ; era su voluntad se excitase á los fabricantes y cosecheros , á que enviasen á Cadiz la mayor cantidad que pudiésen de frutos , texidos , y demás géneros de España , á fin de embarcarlos para Indias..... y que para los embarcos y demás que se ofreciese , se les dará toda la proteccion y asistencia que fuere posible , particularmente por el Intendente Don Francisco de Baras , al que se le hacia especial encargo.

El

El medio de cumplir exâctamente la precedente
Real órden , seria el propuesto de que los Gremios
tomasen á su cuidado el asunto. Todos apetecemos
la mayor utilidad de nuestros frutos, é industria. Los
cosecheros de tierra adentro , no rehusarian un tráfico que les dexaria mayores ventajas, que no el que
actualmente practican ; reducido á esperar que el
arriero de la Ciudad , cabeza de partido , venga por
el azeyte á su almacen , tinajas, ó molino. He tocado muy de cerca la dificultad , consiste su inaccion en la falta de instruccion y conexîones en los
Puertos , ó embarcaderos. Si se repitiese igual órden circular á los Intendentes y Justicias , expli-
candose en ella que la casa de los cinco Gremios
en Cadiz , se encargaba en la admision de los azeytes,
vinos, y demás frutos, como en los géneros de sus fábricas , ya para el embarque á Indias , ya para ne-
gociarlos utilmente , es de esperar se lograse el efecto apetecido por la referida Real órden. No se me
oculta que son muy pocos los cosecheros y fabricantes que pudieran desprenderse de sus frutos y
géneros , dilatandose el reintegro al regreso de la
expedicion. Esta dificultad la pudiera evacuar el
zelo de los Gremios á la causa pública , haciendo
la negociacion por sí mismos , ó disponiendola con
dar algun dinero á riesgo á los dueños , con que pudieran remediarse , corriendo los seguros , y actuando las demás diligencias correspondientes.

Un modo tan facil , sencillo y práctico , haria
que alcanzasen las utilidades del Comercio Americano
á Pueblos adonde no han visto siquiera el mapa de
aquel nuevo mundo : se fomentarian las Fábricas,
Agricultura y demás ramos de sus respectivas sociedades. Qualquiera que se halle orientado sobre el

C 2

trá-

tráfico de Cádiz á las Indias, habrá de confesar la facilidad del proyecto.

Hace un negociante embarque de treinta ó quarenta mil pesos de generos, y sobre ellos toma regularmente algun dinero á riesgo. Lo mismo pudiera executarse con alivio de los vecinos de los distantes Pueblos, que se determinasen á los embarques. Tambien pudiera lograrse ventajosa venta á otros cargadores, ó navegantes. La citada Real órden, abraza este caso sea como fuere. Ya destinados los frutos ó generos para el embarque, ya vendidos ó negociados en Cadiz, siempre les rendiria mayor lucro.

Para conducirse semejante encargo arregladamente, la casa establecida en Cadiz deberia seguir su correspondencia con las justicias de los Pueblos, dandoles las noticias oportunas y en tiempo, sobre el despacho de las expediciones, á fin de que practicasen los cosecheros y fabricantes los envios, y aprovechasen las ocasiones, previniendoles á dichas justicias quanto conceptuasen conducente al transporte. Es de creer, que á la mas leve insinuacion del Real agrado, se encargasen en todo los cinco Gremios. Se ha referido que en sus expediciones no solo se valen de los géneros de sus fábricas, sino de otras del Reyno. Que hacen remesas de frutos al norte en cambio de las ropas que por su cuenta se introducen; por todo lo qual es muy verosimil abracen el proyecto. Seria, y lo es justo, el que se les abonase el interes práctico, por la comision y demás á estilo de Comercio, pues estos son costos indispensables.

La paga de los Reales derechos (prescindiendo de quan importante seria su franquicia) es de esperar

rar

rar en la Real Clemencia la mandase diferir al retorno de los caudales, porque los cosecheros y fabricantes se pudiesen aprovechar para continuar sus labores y fábricas, del dinero que encontrasen á riesgo. Las fábricas en los Países extrangeros es, en dictámen de los politicos, uno de los medios conducentes al adelantamiento del Comercio, y que contribuye mucho á la instruccion de los que se aplican á su carrera. Creo les falta este utilísimo establecimiento á los cinco Gremios, y convendria le tuviesen. Los tales factores pudieran ser sus comisionistas para las ventas de los frutos y efectos que se les encargasen, y para la compra de los que necesitasen giros de letras, y demás que ocurriese. El Comercio de Vilvao quando estaba floreciente su Comercio, tenia factores en todos los Países extrangeros, é ignoro como los cinco Gremios han descuidado un punto, que tanto podia interesarles.

He procurado con toda aquella eficacia que dicta el celo patriotico á un honrado ciudadano lleno de amor á su Patria, persuadir la importancia de este cuerpo á la Nacion, al Rey, y al Estado: ser su Comercio utilisimo á todos los significados respetos, y nivelado por las máximas que constituyen un verdadero Comerciante. Los medios ó ventajas que asegurarian su perpetuidad, erigiendole un cuerpo politico de la nacion. Su mérito, á que se le dispensasen honores, gracias y exênciones, y por consiguiente, ser acreedor á la estimacion pública, y á la de todo amante de la patria; creyendo asimismo disueltas las calumnias, y objeciones que ha inventado la emulacion. Pasemos ya á hablar de otros establecimientos públicos.

CA-

CAPITULO VII.

Reales compañías de Comercio y Fábricas.

No han sido menos criticados y combatidos estos cuerpos. No me opondré á las justas exclamaciones de los que lamentan que no hayamos podido lograr la apetecida total prosperidad de ambos ramos, Comercio y Fábricas, que fueron uno de los fines de su instituto : pero no por eso se ha de culpar al establecimiento, ni graduar á la nacion por incapáz de sostenerle. Las grandes empresas superan las fuerzas de los particulares, aunque sean muchos, como no se unan por el vinculo de sociedad, encaminandose á los mismos fines, y sujetandose á iguales reglas. De este principio han derivado las compañías instituidas en los Países extrangeros, segun se deduce de su historia. Si muchos críticos se hallasen instruidos en ella, como lo están en sus modas, sabrian que no solo han padecido repetidos quebrantos, sino que han caido hasta el extremo de hacer quiebra, habiendose visto precisado el gobierno á facilitarlas nuevos fondos y auxilios para su reparacion.

Si estos presumidos políticos, antes de declamar en tono decisivo contra las compañías, leyesen los tristes acaecimientos de otras, no ofenderian á la nacion Española, conceptuandola por no á proposito para ello. Todos los ensayos y establecimientos son costosos en sus principios, y ofrecen infinidad de dificultades y contingencias. No dudemos, pues, de la utilidad de estas sociedades al público y á los intereses del Real Erario. Su ruina es superabundantemente compensada por el beneficio que han ocasionado en la emulacion de otros fabricantes, y circu-

culacion de sus fondos. La experiencia acredita esta
verdad. El Reyno de Aragon se hallaba tan pobre
antes de la ereccion de su Real compañía , que no se
encontraba la moneda por la falta del Comercio de sus
frutos. Asi lo expresa la Real Cédula expedida sobre
la institucion de la citada Real compañía en el
año 1746. Establecióse : se erigieron fábricas por
cuenta de ella , se aprovecharon las precisas materias primeras, sedas y lanas , y se vigorizaron todos
los ramos del público.

Las utilidades verdaderas (ó en aprehension , que
no quiero dexar reparo alguno) excitaron la emulacion de otros fabricantes , multiplicandose los telares , y aunque se aumentaron los maestros y oficiales , llegó el caso (lo he visto en el Archivo , ó
Contaduría de dicha Real compañía) de faltarle operarios para sus fábricas. Es hecho incontrovertible:
la fundacion de la Real compañía de Comercio y
Fábricas en el Reyno de Aragon , es la época de su
actual adelantado tráfico , mayor poblacion , fo-
mentada Agricultura , fábricas y artes. Ya se encuentran con abundancia en Zaragoza el oro y plata,
que escaseaban en el año 1746. Ya se hallan sus naturales orientados sobre lo que es Comercio ; y finalmente , el todo de la España mira uno de sus Reynos transformado de la pobreza , á alguna mas que
regular prosperidad. No hay que recurrir á otros
motivos. El terreno ha sido y es el mismo. Ha habido repeticion de malas cosechas. No ha entrado
en su riqueza natural y circulante otro fondo , que
el de la Real compañía , y su actividad: á ella , pues,
es deudor el Reyno de Aragon de su fortuna. Los
lamentos de los accionistas es menester escucharlos
con reflexion. Es verdad, que se hallan en quiebra sus
ac-

acciones. Supóngamos que no hay remedio , (le hay) y que las han perdido absolutamente.

Valanceen este quebranto con la utilidad que han reportado en la venta de sus frutos , arrendamientos de tierras y casas , (son muchos los accionistas hacendados) y estoy seguro que han lucrado, y así lexos de quejarse desgraciados , deben reputarse felices , y agradecer un establecimiento que ha mejorado sus haciendas y grangerias. Supongamos un hacendado , dueño de ganado (hay varios de esta clase) que se interesó en cinco acciones , que siendo cada una de doscientos cincuenta pesos por ordenanza , entrega mil doscientos cincuenta pesos. Con esta partida concurrió á aumentar los consumidores de sus frutos , viendose precisado á laborear mas tierras , y consiguientemente ha disfrutado mayores utilidades. La casa desalquilada muchos meses , y arrendada al fin en ínfimo precio , como que los vecinos por medio de la Real compañía tuvieron en que ganar con su respectiva ocupacion, á emulacion, pretendian y buscaban casas. A la sombra de dicho establecimiento se han fomentado en Aragon el Comercio , Fábricas , Artes y demás ramos. Concedamos y confesemos por un momento arruinada la Real compañia; pero contestemos (es evidente) mejorado solidamente , y sobre un pie firme el Reyno de Aragon en su circulacion. Perdió aquel accionista mil doscientos cincuenta pesos , pero ha lucrado con exceso desde el año 1746 en sus frutos, ganados, tierras y casas , y lo que es mas , continuará su ganancia en lo succesivo.

Si los interesados lo son , por mas acciones, como los Cabildos Eclesiásticos , Cartuja , Mayorazgos y otros acaudalados , tambien habran utili-

zado mas , á proporcion de su mayor copia de ganados y frutos que hayan vendido , tierras ó casas
arrendado. Aun quando todos los particulares accionistas hayan perdido sin haber tenido renglon de
compensacion , el estado y el público , han ganado,
que es el caso (entre otros) que los políticos proponen para graduar un Comercio ó establecimiento
por ventajoso. Si segun se encontraba el Reyno de
Aragon en el año 1746 , y se expresa en la Real Cédula , no se hubiese establecido la Real compañía,
habria precisamente caminado á paso rapido á su ruina , se hubiera despoblado abandonandose la agricultura y artes , é imposibilitadose el pago de las Reales contribuciones. ¿Adónde , á quién , y como los
hacendados venderian sus frutos y ganados , arrenda-
rian sus tierras y casas? Si en tan deplorable hipó-
tesi se hubiesen convocado á discurrir los medios
de garantir su ruina , perpetuar con seguridad sus ganancias , se hubiese arbitrado un repartimiento á prorrata , haciendo de ello pronto desembolso ¿quién habria sido el que inmediatamente por su propia utilidad no hubiera condescendido?

Verdad es (conferenciarian) *que tenemos frutos en
abundancia* (son cláusulas literales de la Real Cédula) pero tambien lo es *el desconsuelo de no poderlos
vender por falta de Comercio, hallandose dificilmente moneda de oro y plata: igualmente es cierto que se deben recelar mayores inconvenientes, continuando los vecinos en
la infelicidad en que se hallán, y con poca esperanza
de remedio, pues cada dia se aumenta la pobreza y des-
poblacion.* En tan fatal constitucion ¿qué arbitrio
adoptaremos? acumular quinientos mil pesos de fondo, para que comerciandose los frutos, y fomentan-
dose las fábricas (son tambien cláusulas de la Real

Cédula) se restablezca el Reyno. Este fué el establecimiento de la Real compañía, en la qual interesó S. M. cincuenta mil pesos efectivos, y se acumularon caudales de otros individuos de las demás Provincias. Convenzamonos, pues, que aun en el caso de arruinada la referida sociedad, ha producido considerables utilidades. Los accionistas forasteros de Aragon, que no han tenido frutos, ganados, ni haciendas en que compensar su declamada pérdida (han quedado ya pocos de esta clase, pues han beneficiado sus acciones) deberán resignarse por el beneficio comun que ha resultado al todo de la nacion.

Todo lo expuesto es concediendo por complacer á los censores de semejantes establecimientos, porque en la realidad la compañía de Zaragoza no debe considerarse irreparablemente arruinada. Tiene muchos arbitrios á repararse. Nunca los accionistas pueden perder la totalidad de sus acciones. El mismo concepto debe formarse de las otras Reales compañías efectivamente decaidas. Siempre han sido utiles á la causa pública, por los motivos expresados arriba sobre la de Zaragoza. No necesitamos mas exemplar, de que á estas sociedades, por muchos quebrantos que sufran, nunca les faltan recursos á su reparacion, que la Real compañía de Sevilla. Es indudable ha padecido extraordinarias pérdidas; pero tambien lo es, el que el zelo, actividad y aplicacion de su actual direccion, las ha reparado hallandose dicho cuerpo, no solo restablecido, sino con correspondientes ganancias. Todos son claros convencimientos contra los que opinan no ser las Reales compañías acomodables á la nacion. Reflexionando ya algunos de los motivos que han ocasionado,

ó

ó la ruina , ó la decadencia de las erigidas , pueden reducirse á los siguientes.

Primero , la falta de competente instruccion de lo que es Comercio en los directores , y empleados en su manejo. No fué el concepto preciso las fábricas, sino en quanto estas produxesen géneros comerciables. Sin noticia de los que serian mas ó menos gastables , podian á no hacer competencia los extrangeros , dexar utilidad , ó causar perjuicio ; fue casi general el anhelo de levantar telares de las ropas mas exquisitas de oro y plata. Los costos , como fábricas nuevamente establecidas , fueron grandes, se cargaban precisamente sobre la factura de su venta , y resultando el precio muy alto , no pudieron tener consumo , porque los extrangeros á mas del capricho de los Españoles en preferir sus ropas , tienen la ventaja de ser mas varatos. De este principio derivó el estancarse en las factorías y almacenes tanto caudal en texidos , que solo pueden tener despacho con perdida notable sobre su principalidad.

Segundo , la misma falta de instruccion en el Comercio hizo que no se emprendiesen los correspondientes embios de géneros á las Indias , en cuyo destino habrian adquirido grandes utilidades. Por los papeles de la Real compañía de Zaragoza, é informes fidedignos , me cercioré de aquel errado, método é innacion , y de la repugnancia á semejantes empresas.

Tercero , fabricabanse texidos sin consideracion á los tiempos oportunos de su consumo. No habia cuidado en manufacturar en invierno ropas gastables en la primavera , y que estuviesen con anticipacion en las fábricas , á fin de excitar , y proveer á los compradores , sucediendo lo propio , por lo respec-

ti-

tivo á las demás estaciones del año, y asi se inutili-
zaban, porque á la llegada de los tales géneros, ya
no habia consumo.

Quarto, despues de liquidado el costo y costas, cargabàn sobre la factura arbitrariamente el precio para la venta, dando las ordenes mas estrechas
á los Factores, de que por ningun pretexto hiciesen la mas pequeña rebaxa. Este método es errado
en todas sus partes. Hay géneros en que un dos por
ciento es competente ganancia, otros mas, algunos menos, y no pocos el venderlos por su costo
y costas, tal vez es ganancia la pérdida. En hora
buena se prefina el precio á cada género; pero se
le debe dexar un prudente arbitrio al Factor ó Consignatario. Esta es la práctica universalmente admitida en el Comercio: la habilidad del vendedor consiste en aprovechar la inclinacion del comprador, ó
la oportunidad de la venta, y entonces puede sostenerse sobre el precio prefinido. No se presentan
estas ocasiones diariamente, y por lo mismo es
tambien habilidad vender la ropa con rexaba. Es
principio inconcuso en el Comercio, y de política,
que la concurrencia de vendedores de una misma
especie, la avarata. No quiso el Factor de la Real
compañía rebaxar un real en vara, acude á otra
tienda, y lo consigue. La partida, ó número de
varas que vendió este mercader, estancó ó inutili-
zó otras tantas en la tienda del Factor.

Quinto, el descuido sobre zelar lo que cada Fabricante, segun la clase de manufactura, debe trabajar en cada un dia, eternizandose las ropas en los
telares, percibiendo los operarios sus dietas cada
Sabado, que supercresciendo con mucho exceso al
ha de haber de sus tareas, se adeudan sin tener fondo

do ni arbitrio para pagar. De aqui ha resultado un crecido descubierto de débitos incobrables, que son insanable pérdida á las compañías.

Sexto, la costosísima construccion de fondos, no contentandose con los precisos, y que fuesen fabricados con la correspondiente economía. Aquel es un caudal muerto, y por consiguiente pérdida.

Septimo, el abrazar muchas negociaciones á un mismo tiempo sin conocimiento, ni mas exâmen que el haber un Director, ú otro interesado de representacion, propuestolo.

Octavo, el absoluto abandono, é indispensable contravencion de las Reales ordenanzas, respectivas á cada Real compañia, siendo entre otros unos de los capítulos mas abandonados, el de las Juntas diarias, visitas repetidas de Fábricas, y actividad en el cobro de las deudas.

Nono, los excesivos sueldos de los Directores y empleados, y la arbitraria partida en las cuentas de gastos ordinarios y extraordinarios, sin justificarlos ni purificar su necesidad y resultiva utilidad á la comunidad.

Decimo, la poca ó ninguna economía en las compras de las lanas, sedas, y demás materias primeras, ó especies para las Fábricas, actuandose las provisiones por particularidad ó empeño.

Undecimo, el mal manejo de los caudales, invirtiendose en fines (quando no sean particulares) opuestos al espíritu del instituto.

Duodecimo, los partidos, parcialidades, porfias, zelos, y emulacion, impedimentos que retardan los progresos.

Decimotercio, el creerse los Directores absolutos, no cumpliendo con la obligacion de dar cuenta de quanto ocurriese á la superioridad, esto es, á la
Real

Real Junta , ni al Intendente del partido donde se
halla establecida las Real compañía. Omito otros varios motivos , pues los referidos son bastantes, y han
lo sido de la decadencia , pérdida , y atrasos de semejantes astablecimientos. Siempre que haya amor,
zelo , y aplicacion al Real servicio , y causa pública, se podrán reparar todos los descaecimientos.
Quando la Real Junta general de Comercio me
comisionó para la visita de la Real compañía de Zaragoza , la hallé en terminos de su última ruina: pero en un año hice circular mas de medio millon de
reales en las Fábricas , lucrandose en las ventas de
la totalidad muchos centenares de escudos. En una
palabra , la dexé restablecida , y hubiera continuado sus progresos si los Directores hubiesen seguido
las reglas que dexé prefinidas. (1) Lo mismo sucederia en las demás Reales compañías habiendo igual zelo y constancia. Mis reflexiones (así lo protexto) no
se encaminan á determinado objeto. Es discurrir por
los vicios ó defectos generales , que la observancia y experiencia han inspirado; y es indudable que estas comunidades tienen fuerzas sólidas, y que solo les
falta un juicioso movimiento. Por la práctica adquirida , durante la citada comision , formé ordenanzas (que aprobaron todos los interesados) para el
gobierno económico de Comercio , y Fábricas de
dicha Real compañía. La variedad de Paises puede
ocasionar alguna en los reglamentos , pero me parece
que los generales , acomodables á todas sociedades, pueden ser los siguientes.

Primero , reducir las Fábricas á solamente las ropas de seguro consumo en lo interior del Reyno y en
las

(1)   *Todo consta de documentos.*

las *Indias*, no manufacturando mas piezas que aquellas, que á un juicio prudente sean consumibles en la estacion de invierno, verano &c. á que se destinan.

Segundo, que para la Fábrica de tal ó tal género, como gastable en Cadiz, Madrid, ó en las Indias, haya de preceder la noticia, é informe de los factores, apoderados, ó consignatarios, á excepcion de los tafetanes de todas calidades, colores de surtidos, damascos, y terciopelos, que son géneros de segurísimo consumo, sin necesidad de precedentes informes ó noticias.

Tercero, que siempre que haya maestros que quieran trabajar por su cuenta, y vender los géneros despues de vistos y registrados, se admitan.

Quarto, que á los que trabajasen por cuenta de la Real compañía se les prefinan las varas de tafetan, damasco &c. y los palmos de terciopelo que han de labrar cada dia, pues es punto sabido entre los mismos maestros, no pagándoseles las dietas correspondientes el Sabado, si no hubiesen trabajado en la semana lo que les ha correspondido, á menos que no hagan constar legitimo impedimento.

Quinto, que el Visitador de las Fábricas de la Real compañía haya de visitarlas á lo menos tres veces en la semana, dando cuenta á la direccion de su estado, Fabricantes que cumplen, ó morosos, informando quanto ocurra.

Sexto, el dicho visitador estará obligado á prevenir al Administrador de la seda, ó el encargado en pagar las dietas, por medio de una certificacion, los maestros que están corrientes, ó retardados, para darselas á los primeros, y negarselas á los segundos, en cuya virtud el Administrador, y no de otro modo deberá conducirse.

Sep-

Septimo , que el Administrador de la seda , ó depositario de ella, no la entregue á ningun maestro, á menos que no preceda el libramiento de la Direccion , á que debe preceder el informe del Visitador, si la necesita ó no. (1)

Octavo , el levantar tal ó tal telar , ha de ser en virtud de órden precisa de la Direccion , á la que ha de preceder el informe por el escrito del factor que tuviese la Real compañía , sobre escasear , ó necesitarse tal género , y ser consumible en la Ciudad , ó de los factores ó apoderados de fuera , para los géneros que se hubiesen de extraer.

Nono , que quanto se ha prevenido sobre la Fábrica de ropas de seda , se ha de entender igualmente con las de lanas , indianas , papel , y por sus respectivos subalternos y maestros.

Decimo , que castigado el moroso la primera vez con retenerle la dieta , y reprenderlo , si incurriese segunda vez , se le ajuste su cuenta , y despida sin jamás volver á admitirle.

Undecimo , que si resultase con alguna responsabilidad , se le avise inmediatamente al fiador que hubiese dado (es punto de ordenanza) para que se le entregase el telar, y seda, lana &c. á fin de que lo satisfaga inmediatamente.

Duodecimo , que en los tales afianzamientos se ponga la condicion de que los fiadores hayan de pagar al primer extrajudicial requerimiento , la cantidad en que hubiese salido alcanzado el maestro , ya sea por el expresado , ya por otro motivo , sin que le
pue—

(1) Nota. *El prefinirseles tareas á los Fabricantes , el entregarles las dietas y la seda que pedian, han sido motivos de extraordinarias pérdidas en la Real compañía de Zaragoza , y lo serán de qualesquier otra , que siguiese este método.*

pueda valer el beneficio de la excursion. (1)

Decimo tercio, qualesquiera determinacion sobre datas de sedas, trabajar tal ó tal manufactura, y demás puntos tocados en los reglamentos anteriores, ha de ser en virtud de formal acuerdo, con remision á los documentos, que segun su contexto y la materia, hayan de preceder ó auxiliar.

Decimo quarto, que lo prevenido sobre las tareas diarias, suspension de dietas, data de materias primeras, castigo de la morosidad, ó mala versacion, y demás relativo á los Fabricantes, sea y se entienda igualmente con los torcedores y demás operarios, teniendo el Visitador la misma obligacion á la repeticion de las visitas de los tornos, y concurrencia de informes arriba expresados: teniendo tambien particular cuidado, sobre que á los géneros, ni sedas se les eche aderezo alguno, avisando á los Directores de qualesquier contravencion.

Decimo quinto, que las facturas se hayan de regular por el costo y costas, dándoles á las ropas el precio corriente en la plaza, esto es, en el Comercio y en otras tiendas, baxandole quando el tiempo de su consumo vaya espirando, á cuyo efecto los mismos Directores podrán informarse y averiguar el mérito que tuviesen las tales ropas en la Ciudad donde se halle establecida la Real compañía, y su principal almacen.

Tom. XXVII.   E   De-

(1) Nota. En la tal escritura se ha de explicar, que no se le disimulará al maestro mas que la primera contravencion, y que tampoco se le permitirá mas deuda, que la de una libra de seda. En esta conformidad sobrarán los fiadores, pues muchos se me quejaron de que no se les avisó el crecido descubierto de los deudores, y se vieron precisados á pagar excesivas cantidades. Tambien servirá la referida explicacion de contener, y de freno á los artifices al cumplimiento de su obligacion.

Decimo sexto, por lo respectivo á los géneros, ó factorías fuera de la Ciudad, se dexará al prudente arbitrio de los factores, que deberán arreglarse á iguales prevenidas circunstancias, encargandoseles baxo el apercibimiento de responsabilidad, en el caso de culpable descuido, el mayor zelo sobre los intereses de la comunidad, que le ha honrado con su confianza.

Decimo séptimo, que en pasando la estacion del consumo del tal genero, y que ó por no ser en todo tiempo gastable, ó porque no hay probabilidad de que se venda en el año siguiente, quedaria estancado, y si tampoco hubiese esperanza de despacharle en otra parte, se remita á Indias, con igual órden al consignatario que la citada para los factores de dexarlo á su prudencia, y no arreglarse precisamente á la factura, si no pudiese despachar segun ella el género, pues á mas de que siempre es ventaja el hacer dinero, este ó retornado en especie por el aumento de la moneda, ó empleado en frutos, compensaria qualesquier pérdida.

Decimo octavo, que todos los retazos, ó pequeñas partidas, y restos de géneros, se vendan aunque sea con quebranto de su principal valor, por ser mayor perjucio el de su estánque. (1)

Decimo nono, los Directores habrán de visitar á lo menos una vez cada semana las Fabricas, y Obrado-

(1) Nota. *Las Direcciones han creido haber cumplido su obligacion con manifestar á los interesados, ó entregar á los succesores los enseres, ó de que se hicieron cargo, ó que se acumularon en su tiempo, conceptuando y poniendo por fondo unas ropas, que por años se han ido deteriorando, colocandonlas por el arbitrario precio que se les dió en el principio. Este ha sido un caudal muerto, y origen de gran daño á la comunidad.*

dores de la Ciudad., dependientes de la Real compañía, extendiendose por acuerdo lo que resulte de la diligencia.

Vigesimo, de quince en quince dias darán cuenta al señor Intendente de todo lo ocurrido y practicado en ellos, formandose para mayor claridad una exposicion, extendiendo el señorío de las Real compañía, que ha de concurrir la resolucion del Intendente, que tambien la deberá firmar, y aquel documento custodiarse en la Contaduría, formandose libro ó quaderno luego que haya número bastante de exposiciones.

Vigesimo primero, de tres en tres meses deberá la Direccion dar cuenta á la Real Junta, con justificacion de las negociaciones practicadas, existencia de telares con individualidad, dinero en caxa, y demás ocurrido en aquel tiempo, compras, ventas, adelantamiento, ó atrasos experimentados.

Vigesimo segundo, la infraccion de qualesquiera de los citados reglamentos, ordenanzas, ú órdenes que se les comunicasen, los constituirá á los Directores responsables de mancómun, *in solidum*, al resarcimiento del daño, y á una correspondiente multa, aplicada al arbitrio de la Real Junta.

Vigesimo tercio, han de tener los libros á estilo de Comercio, y no por pliegos de Contaduría con igual formalidad, á la que es practica entre Comerciántes, con mas los respectivos al gobierno económico de las Fábricas, y con la correspondiente explicacion.

Vigesimo quarto, los factores deberán de tres en tres meses dar cuenta á la Real Junta, con certificacion firmada y jurada de los avisos que hubiesen dado á la Direccion, sobre envios de géneros, ó

pro-

proposicion de otras negociaciones , con un pequeño estado de las ropas que tuviesen existentes , sin
la precision de las varas , sino por un juicio prudencial , avisando los texidos de que hay mas ó menos
ventas , é igualmente de las letras que hubiese librado la Direccion, especificando á favor de quien, y
si es por dinero de contado, por géneros, ó á cuenta. (1)

Vigesimo quinto , los factores como Comerciantes deberán tener sus libros formales, copiador de cartas , y los demás que son de estilo , y práctica con
la claridad , legalidad , y explicacion correspondientes , baxo el apercibimiento de una competente
multa , en qualesquiera contravencion que en el exâmen de ellos por órden de la Real Junta se mandase
executar , quando lo tuviere por conveniente.

Vigesimo sexto , habiendosele facilitado á todas
las Reales compañias el auxilio de la navegacion
Americana , ya concediéndoseles permisos, ya fran-
queandoseles buques en las expediciones , no perderán los Directores de vista esta negociacion, y quando haya salida de flota , ó navios sueltos, la aprove-
charán , dando cuenta de su deliberacion, ó de las
dificultades que ocurriesen , para que la Real Junta
las supere , y evacue con sus autorizadas providen-
dencias.

Vigesimo septimo , que se modere el sueldo de
los Directores , pues estos empleos no les impiden
la asistencia á sus otros negocios ; son pocas las horas

(1) Nota. *El desorden que ha habido y originado la decadencia , exige la aplicacion de providencias activas. La precedente
contendrá en el cumplimiento de sus obligaciones á los Directores,
y Factores , y sus informes , y noticias cotejadas , podrán instruir
á la Real Junta. Es muy posible se pongan unos y otros de acuerdo , pero esta contingencia se precauciona con el siguiente articulo.*

ras de las de Direccion, y no en todas ocurren asuntos que los ocupen demasiado (1).

Vigesimo octavo, jamás admitirán letras sobre Paises extrangeros ni harán este giro por via de negociacion, ni firmarán polizas de seguros, ni darán dinero á riesgo, y precisamente se ceñirán á sus Fábricas, y Comercio Européo, y Americano de sus generos.

Vigesimo nono, las compras de seda, lana, algodones &c. que executen sus factores, se deberán acompañar con justificacion de los precios á que corrieron en los Pueblos de su cosecha. Omito otros muchos reglamentos. Los propuestos (siempre baxo la superior censura) como generales, dán margenes á otros, y pueden ampliarse, ó limitarse segun la diversa ocurrencia de circunstancias. Las Reales compañías (repito) son unos cuerpos de Comercio importantisimos al Estado, al Rey, y á la Nacion. No es del dia disputar si se les deben ó no conceder franquicias, y derechos exclusivos y privativos, para tales ó tales Comercios ó empresas, pues hallandose uno y otro executoriado por la práctica de otras Naciones hábiles Comerciantes, é instruidos políticos, parece no debe dudarse lo conveniente de ambas prerrogativas. No han espirado sin esperanza de resurruccion nuestras Reales compañías : todavia hay arbitrios para repararlas, y que no solo continúe la Nacion disfrutando las ventajas de su instituto, sino que los accionistas participen las que se propusieron al tiempo de interesarse. Las de Caracas, y de Barcelona han prosperado (la primera mas) á unos y
otros

_____

(1) **Nota.** *El dexarlos absolutamente sin sueldo, tiene sus inconvenientes, y es facilitarles excusas á sus descuidos.*

otros respectos, y la de Sevilla se encuentra en igual disposicion. No presumo de habilidad ni de talentos, pero opino, que siempre que estas sociedades sigan las máximas de un verdadero Comerciante, felicitarán sus progresos. Las disensiones, crítica, emulacion, alternativa de desgracias, y prosperidades, son inexcusables. Las compañías extrangeras sufren lo mismo. Nos lo refieren sus AA. políticos, y publican las gacetas. No por eso desmayan, ni nosotros debemos desanimarnos. Un Comercio tan extensivo como el que se hace (guardada proporcion con las circunstancias de los tiempos) y aumento de fábricas, exîge un tribunal supremo con la autoridad, y permanencia correspondiente. Tal sería un Consejo supremo de Comercio, que será el objeto del siguiente

CAPIULO VIII.

Establecimiento del gran Consejo de Comercio.

Comparada la España con las demás Naciones, no puede negarsele su mayor riqueza natural, extension de dominios, proporciones á un floreciente Comercio y navegacion, y finalmente la disposicion y talento de sus naturales al desempeño de todos los ramos de la industria. Esta se ha fomentado entre los Extrangeros, todo lo que en nosotros por la variacion de sistemas arriba expresada ha decaido; pero no se han apurado los recursos para recuperarla: Supuesta la reflexion antecedente, parece que si las Naciones extrangeras han creido por conveniente el establecimiento del gran Consejo de Comercio; nosotros mas acaudalados en riquezas naturales, dominios, y proporciones, debemos conceptuarle imporportantísimo. Los políticos graduan su ereccion, como uno de los primeros cuidados del gobierno. (1) Fue tan generalmente aplaudida en Francia su institucion en tiempo del señor Don Luis XIV. que para perpetuar su memoria, se acuñó una medalla con sus oportunos geroglíficos. Este Consejo, segun refiere Savari, se compuso de los señores Secretarios de Estado y Marina, Gefe de la Real Hacienda, varios señores Ministros de distintos Consejos, y trece Diputados Comerciantes de las principales Ciudades del Reyno. La Inglaterra ha seguido igual exemplar, confesando sus políticos quanto deben á semejante establecimiento. La Suecia lo erigió baxo el título de *Colegio*. Otras Naciones de *Asambleas*, pero en todas no solo tiene un autorizado privativo conocimiento sobre Comercio, Fabricas, Artes, y demás ramos de la sociedad, sino que es consultado para deliberar sobre los artículos de Navegacion y Comercio, que acompañan á los tratados de paces entre los Estados amigos, y aliados. Reasumido el dictamen de los AA. políticos al gran Consejo de Comercio, pertenece el conocimiento de los medios conducentes á hacer un Estado formidable, y sus Ciudadanos felices, que verdaderamente son las funciones de la política. No pudiera el Gobierno de Inglaterra al ajuste de una paz proponer los capítulos favorables á su tráfico y navegacion, si no se hallase instruido (así reflexionan sus políticos) por el Consejo de Comercio, sobre los ramos que necesitaban tal ó tal auxilio, ó rebaxa de derechos en los Reynos extrangeros donde se comerciaban, y por tanto

no

_____

(1) *El Baron de Belfed en sus Instituciones políticas, cap.* 13. *parrafo* 1.

no se convenciona cosa alguna en la materia, que no sea precediendo su dictamen. Es principio inconcuso entre todos los políticos, y ya se ha tocado arriba la mutua correspondencia, y reciproco auxîlio entre el Soberano y la Nacion. Esta á mas de la fidelidad, lealtad, sumision, y obediencia, tiene inexcusable obligacion de contribuir con quanto el Soberano necesite, para mantener el honor de la corona, sus fuerzas, poder, y á los vasallos en paz y justicia. El Rey dispensa proteccion, auxîlio, y defensa de los derechos de cada uno de sus subditos, sostiene la guerra, y finalmente es un verdadero Gefe supremo de la sociedad del Reyno, y padre de sus vasallos. No pueden estos desempeñar las cargas de las contribuciones, ni concurrir á la comun felicidad, si no se les facilitan los medios de utilizarse en sus giros, tráficos, ocupaciones &c. En la sociedad universal que forman todas las Naciones, cada una atiende á sus mayores ventajas, procurando dar valor y pronto consumo á sus frutos, manufacturas, y producciones de la industria. El Comercio por su naturaleza no conoce termino, se encamina adonde hay consumidores. Todo el cuidado del Gobierno es apropiarse las ventajas posibles á su Nacion, y que extienda su tráfico hasta donde lleguen sus fuerzas, habilidad, y destreza.

Conviene agraciar absolutamente la extraccion de los frutos, gravar las de las materias primeras, franquear las de las ropas, imponer contribucion á la exportacion de tales efectos, moderar la de otros, ó absolutamente prohibir su introduccion. Todas estas conjunciones son precisas para la conservacion de un importante comercio exterior. Dentro de su clase y del trafico interior, se ha de exâminar qual es la manu-

nufactura mas acreditada, de mejor consumo, y que
rinde mayor utilidad : qual se halla decaida, y que
auxilios necesitan una y otra. El propio exâmen deberá practicarse por lo respectivo á la agricultura,
inspeccionándose el ramo que exîja mas ó menos proteccion. Es igualmente objeto inexcusable de la meditacion política, la proporcion de cada pueblo á sostener las cargas públicas, qual sea su riqueza natural,
qual su industria, y que medios serán adoptables para tener ocupados á sus vecinos. El quanto importan la exportacion é importacion de géneros, frutos,
y demás efectos, pues sin esta noticia es imposible valancear el Comercio del Reyno con las demas
Naciones, y poder aplicar las providencias convenientes á que la balanza sea en nuestro favor. Por
lo mismo se necesita un circunstanciado exâmen de
lo que rinden las Aduanas, sus entradas y salidas. Todos estos conocimientos son inseparables del gobierno, y parecen muy propios del gran consejo de Comercio. Prescindiendo de que asi lo executan las demás naciones, bastará á persuadirlo la reflexîon siguiente. La riqueza real y sólida de cada Estado, consiste
en las tierras, posesiones, minas &c. Pero son caudal muerto si la industria no pone en movimiento
su fecundidad respectiva, ó propiamente no desen-
tierra aquel tesoro, y el Comercio no le dá circulacion. De suerte, que si por posible se estableciese una ley que prohibiese todo el Comercio interior
y exterior, la industria por sí misma se extrañaria ó
expatriaria de los Paises mas fertiles; sus campos,
que son parte de la riqueza natural, quedarian înfruc-
tiferos, y la nacion nada gozaria de aquel caudal. No
sea asi : cultivense las tierras, fomentese la industria,
y protejase el Comercio.

Pero aun resta la dificultad de diferirle de un modo, que sea ventajoso, y remover quanto pueda perjudicarle. Este es el cuidado propio y privativo del Consejo ó Junta general. Arbitrie, disponga, providencie quanto conceptue conducente al tráfico interior y exterior; ¿como podrá practicarlo sin un conomiento individual del estado de la riqueza nacional, sus producciones, progresos de la industria, proporciones de promoverla en los Pueblos, crédito ú decadeucia de tales ó tales ropas, su mas ó menos exportacion, qual sea la situacion del Comercio extrangero en las entradas de sus géneros, saca de materias primeras y de dinero? Es utilisima y loable la atencion á uno ú otro, ó á muchos ramos de la industria, franqueando la fábrica de tal texido, tal ó qual artefacto, pero no influye al todo de la Nacion, sino una ventaja muy pasagera. Para mas corroboracion de lo expuesto, hagamonos cargo de qual debe ser nuestro sistema político y de Comercio. Este por la naturaleza de tal, y en el concepto de todos los AA. tiene dos respectos. Uno, el del tráfico y circulacion interior, esto es, dentro de nuestros propios dominios, en los que comprehende los Americanos. Otro, el relativo al giro con las demás Naciones. Segun sean mas ó menos ventajosas las resultas del sistema por ambos respectos, lo serán el poder de la España, sus fuerzas, felicidad y la de los vasallos, porque á la verdad siendo como es el Comercio el que vivifica la riqueza natural, él es el origen de todas aquellas favorables conseqüencias.

El tráfico ó circulacion interior se executa de Pueblo á Pueblo, Provincia á Provincia, cambiandose los frutos, ó por ellos las producciones de la in-

industria y artes. Este es el caudal de todos los vecindarios, y que ha de servir al pago de las contribuciones, y á su manutencion. Padece muchas quiebras: unas se derivan de los muchos años, otras, no
de la contribucion, sino del tiempo y modo con que se
exige. Confieso sencillamente, que siento no detenerme
sobre este punto, pues por experiencia conozco, que
gran parte de la ruina de los Pueblos pende de las
circunstancias en que se hacen las exâcciones. No
obstante, sirviéndome de la declamacion de varios
AA. políticos y de su dictamen, opino no hay deudores mas dignos de las esperas, y merecedores
de los indultos, que los de Pueblos de labor. Son
unos esclavos amarrados á las incesantes tareas, expuestos á contingencias, que la prudencia humana no
puede preveer, sin mas fondo ni caudal, que los
frutos que recogen de su pequeño terreno. En otra
obra á que me remito, me he dilatado sobre la materia. Reasumiendo la principal de este discurso, qualesquier quiebra sobrevenida al caudal de cada Pueblo, altera su circulacion. Las malas cosechas enca-
recieron el poco trigo que se recogió, y el que habia entrojado ú almacenado, y ya al vecindario le es
mas costosa la mantencion de sus familias. Las malas cosechas arruinaron (este es el mayor daño) á
muchos labradores: ya resulta menos caudal circulante, y el terreno (riqueza natural) sembrado el
año anterior, queda al siguiente erial: ya es un
fondo muerto. Los vecinos arruinados, ó se expa-
trian, ó se acobardan de tal suerte, que se aplican
á jornaleros, sin aplicacion ni alientos á contraer
matrimonios, si son solteros, ni á destinar á sus hijos
si son casados. Quantos se hallan en tan deplorables
circunstancias, son otros tantos menos vecinos y po-

bla-

bladores, cuya ruina transciende al todo de la sociedad, interesada por lo mismo en su remedio. Es verdad que los positos son refugio que les franquea el grano para la sementera, pero su executiva paga á la cosecha con el gravamen de las creces, y la satisfaccion del arrendamiento de las tierras, si no son propias, son cargas que no pueden superarlas, y en vez de repararse, quedan mas destruidos.

Insensiblemente hemos llegado al otro motivo, ó á las quiebras que impiden ó retardan la circulacion interior y mutua correspondencia de los Pueblos. Nadie puede negar la justicia sobre el reintegro del Posito, pago del arrendamiento de las tierras de Propios, reales contribuciones y repartimientos de paja, utensilios, y demás de esta clase. Tampoco es negable la diferencia de estas acciones. Unas pertenecen directamente al Soberano, otras á los mismos pueblos. La exâccion de aquellas es preferible, y es un inmediato cumplimiento á la obligacion que tiene el vasallo en recompensa de la proteccion que se les dispensa, y en desempeño de su lealtad. Sin embargo de título tan circunstanciado, siempre que no sea la contribucion exêquible, sino con ruina del deudor, interesa mas al Real Erario en la espera ó indulto, que en la recaudacion, porque si ha de ser á costa de perder un vasallo contribuyente, se deberá reputar comprado un beneficio pasagero, al caro precio de una pérdida perpetua. La abundancia de Pueblos ó multitud de vasallos, es la que constituye la grandeza y poder de los Estados. Cuesta mucho tiempo la formacion de un vecino contribuyente. Debemos tributar rendidas gracias á la piedad de nuestro Soberano, y providencias del Ministerio y respectivos Tribunales. Son muchos los exemplares

de

de esperas, y aun de perdon. No se debe abusar de la real clemencia, ni descuidarse con su esperanza sobre las recaudaciones. Son y han de ser las primeras. No pocas veces se atrasan porque el tiempo anticipa el cobro de otros debitos, y este es uno de los puntos que deben remediarse con concepto al reflexionado sistema. El reintegro del Posito, y pago de arrendamiento de tierras de Propios, son debitos del Pueblo á favor de su mismo público. De suerte, que el vecindario es deudor y acreedor. No ignoro la recomendacion de aquel fondo, cuya conservacion (á mas de servir para las precisas cargas) interesa á toda la sociedad del Pueblo; pero no nos debemos desentender, de que ha de nivelarse por las fuerzas del mismo vecindario, y con preciso concepto á sus necesidades. Un Posito abundantísimo, y una Caxa de propios acaudalada, y unos vecinos pobres miserables, es un monstruo político. Aquel caudal sin circulacion, es como si no existiese. Mil reales vellon y cien fanegas de trigo en poder del pequeño labrador, mantienen una familia, dan que trabajar al menestral, y lo que es mas, pagan los reales derechos sobre los consumos.

No me son forasteros los A.A. políticos que en todos tiempos han aconsejado los establecimientos de Montes-pios, si bien con la prevencion de limitarlos quando sean perjudiciales. Tal suele ser el caso de los fondos públicos. Adeudóse un pequeño labrador en cien fanegas de trigo del Posito, y en mil reales de vellon por el arrendamiento de las tierras pertenecientes al público. Se le executa, apremia, venden sus reses y pobres aperos. Pagó, es verdad: pero ya es un vecino muerto civilmente. No perdamos de vista el sistema. Ni el Posito, ni los caudales de

Pro-

Propios deben superar las fuerzas del vecindario, y las proporciones de su circulacion. Quantos vecinos son los deteriorados ó arruinados por los cobros de las tales acciones ó derechos, son otras tantas fuerzas que se le quitan al Pueblo, son menos manos y proporciones á la circulacion é industria, y por consiguiente van superando las fuerzas de los caudales públicos, que es el escollo que debe precaver la buena política. El daño crece á proporcion que sean mas los deudores arruinados. Nunca sobran labradores ni comerciantes, por mas excesivo que nos parezca su número. Asi exclaman los clasicos políticos, y por tanto, todo el empeño ha de ser aumentarlos y conservarlos. Pierda el Posito mil fanegas de trigo, el caudal de Propios quince ó veinte mil reales vellon. Conservense en sus labores los pequeños labradores que lo adeudan, y calculese su utilidad por la continuacion de su labranza, al público mismo y al Real Erario, y se habrá de confesar, que unos y otros lucran considerablemente. Supongamos que los tales deudores fueron diez (la calculacion puede formarse sobre mas ó menos) que cada uno adeudó cien fanegas de trigo, y mil y quinientos ó dos mil reales. Todos ó los mas tienen su par de yuntas de bueyes, algunos su punta de ganado de lana, y muchos de cerda ó pelo (cabrio).

Continúen las labores, siembren (no quiero las cien fanegas) cincuenta fanegas de trigo, que á una y media sobre fanega de tierra (es lo regular) rindiendole en un año muy mediano á cinco, (se calcula sobre la fanega de tierra, y esta es la práctica) recogió cada uno ciento y setenta y dos fanegas, que computadas las de los nueve deudores restantes, suman mil setecientas fanegas. De suerte, que por mil

mil fanegas de trigo , que se habrian estancado en el posito (pues mientras menos vecinos sembradores, menos repartimiento) y perdido, digamoslo asi, adquirió la masa comun mas de un cincuenta por ciento de aumento á la circulacion , lo qual indisputablemente cede en beneficio del mismo público, dueño del Posito , y acreedor contra los sacadores del grano. Si suponemos sembradas las mil fanegas, baxo la misma calculacion , sube extraordinariamente la utilidad. Las otras cincuenta fanegas que no sembró , vendió parte de ellas para pagar los jornaleros , compra de especies necesarias á la vida , y que causan reales derechos , y parte la reservó para manutencion de su familia. Estas son utilidades al Real Erario y al público , por lo que ambos respectos se interesan en la comoda subsistencia de los vasallos. Los mil y quinientos , ó dos mil reales vellon que cada uno adeudó, y perdió el fondo de la conmunidad, lo subsanó ó se le recompensó al público mismo por varios renglones.

El primero , el aumento de los frutos , esto es, el grano que hizo crecer la riqueza de aquella sociedad.

El segundo , los tales deudores vendiendo su trigo , pagaron sus particulares deudas , circuló el dinero en otros que quizá debian á Propios, y satisficieron , ó sirvió á fines , que directamente ó por medios indirectos aprovecharon al público.

El tercero , consiste en que los mas de los Pueblos estan encabezados , causandose la contribucion sobre la carne , vinos , y otras especies , tierras , ramos arrendables , y lo que falta se exige por repartimiento.

Los consumos de carne y vino causan una gran par-

parte del encabezamiento, y por consiguiente, mientras mayor sea aquel (el consumo), menos ha de ser el repartimiento. Los ramos arrendables, como la alcavala del viento, y otras de esta clase, suben ó baxan, á proporcion que se acrecientan los traficos, compras y ventas. Los menestrales se ajustan á correspondencia del tráfico que tienen ó confian. En una palabra, la felicidad ó la decadencia del Pueblo, es la que influye sobre la facil, ó dificil exâccion del encabezamiento. Si aquellos diez deudores de las mil fanegas de trigo, quince mil ó veinte mil reales vellon hubiesen sido arruinados, serian otros tantos menos consumidores de carnes, vinos, &c. que nada hubieran comprado ó contratado, ni ocupado á los menestrales, y por consiguiente aquel hueco que dexaban, era indispensable le reemplazasen los demás vecinos, pagando duplicada cantidad en el repartimiento : cuyo perjuicio recargaria contra el público. Habilitados los tales deudores con sus yuntas y ganado, consolados y animados con el perdon, pudieran algunos de ellos hacer tanta fortuna, que arrendasen á los *Propios* mas fanegas de tierra, compensandole al público la pérdida (supongamos la hubiese) de lo adeudado.

No es mi ánimo persuadir absolutamente tales indultos. Las circunstancias son las, que los han de determinar. Pero sí me parece convenientísimo, el que se les dispensen moratorias, no de un año, pues por punto general es plazo limitado, sino de quatro ó cinco años, pagando en cada uno lo que alcanzasen sus fuerzas. En esta conformidad podrá sobstenerse la circulacion de Pueblo á Pueblo, y propagarse el Comercio interior, acreditados respectivamente los vecindarios entre sí.

Es-

Estos son objetos muy dignos de un gobierno privativo , y de la misma jurisdiccion , que conoce de lo general del Comercio , del que son materia los frutos. El establecimiento de las Fábricas, sería en los Pueblos de labor un importantísimo refugio, pues á su sombra se mantendrian muchos , y se evitarian no pocos descubiertos contra los caudales públicos. Es preciso que las providencias se arriesguen en su execucion ó se retarden , siempre que el gobierno se halle sin la individual noticia del estado de todos los Pueblos , y de cada uno en particular. Ha de calcular la cantidad de frutos que queden sobrantes comerciables, la de ropas que pueda traficar á otros Pueblos , y á las Americas, lo que necesitan de fuera , y finalmente el estado de sus exportaciones é importaciones. Con estos conocimientos podrá promover la extracion á las Indias, y dar curso á las producciones de la riqueza real , ó natural de la Nacion. Discurran , fatiguense los Extrangeros en arbitrar el destino de sus manufacturas , frutos &c. y de donde han de provisionarse de lo que nacesiten. La España sin necesidad de semejantes investigaciones, tiene su ventajosísimo destino de los vastos dominios Americanos. La lastima es , que no aprovechamos las ventajas que reciprocamente se nos franquean. No consiste el disfrutarlas precisamente en la multiplicacion absoluta , y general de expediciones. Es preocupacion de que convence la misma experiencia , el creer que el despacho de los navios haya de multiplicarse sin límites , ni respecto á tiempos en que puedan tener mejor consumo los cargamentos. Algunos proponen el exemplar de que la Inglaterra despacha anualmente á sus colonias ciento ó mas navios , y nosotros apenas despachamos quarenrenta. Los mismos autores Ingleses , y entre otros el titulado *El negociante Inglés* , confiesan que un navio nuestro carga por muchos de los suyos. Cotéjense las utilidades , así de dichas expediciones , como de las demás extrangeras , y se hallará mas y mas convencida la preocupacion. El no aprovechamiento , consiste en otros renglones. El Comercio maritimo Americano es un fecundísimo campo á innumerables negociaciones, y cambios recíprocos y ventajosos , de que hablaré en adelante. El vicio se encuentra al primer paso , quebrantándose las leyes por las negociaciones prácticas en Cadiz.

Es indudable que no tenemos ropas para abastecer las Indias , y nos vemos precisados á valernos de las extrangeras : pero no solo hay el abuso de que baxo el nombre Español se embarquen por su cuenta, como ya se ha reflexionado en esta obra , sino que las que venden al fiado suele ser con la condicion de pagarse en Indias , contraviniendose á la ley , que expresamente prohibe *pueda ningun Extrangero vender, ni venda mercaderías fiadas á pagar en Indias , y que se hayan de pagar en la parte donde se celebrare la venta , ó donde se destinase la paga , como sea en estos Reynos de Castilla.* (1) La execucion de esta ley impediria á los Extrangeros , que reembolsados en Indias, extraviasen el oro y plata por sus colonias á sus Paises , ó retornase á Cadiz , disfrutando el aumento de la moneda , ó comprasen de primera mano las granas y añiles , para hacer el todo de la ganancia en estos y otros frutos. Este es un objeto muy digno del gobierno , por interesar á la causa pública. El mayor aprovechamiento de las producciones de la rique-

---

(1) *Ley* 30. *lib.* 9. *tit.* 27. *Recopilacion de Indias.*

queza real , consiste en las tierras y minas por medio del comercio é industria. Otro vicio puede derivar de las concesiones de generalas, que se permiten y franquean á los Oficiales de marina en las flotas y azogues , que se reducen á llevar vinos , y aguardientes para su provision. Siempre que haya exceso en la cantidad , se perjudica en ello á los cosecheros que embarcan iguales caldos ó frutos. Estos y los géneros piden la misma atencion y proteccion del gobierno. El gran Suyli solo trató de fomentar la Agricultura. El gran Colbert las Fábricas , y así en sus respectivos Ministerios no disfrutó la Francia todas las ventajas, que de la aplicacion y talentos de estos dos grandes Ministros debia esperar. No creo haya exceso por parte de la Oficialidad, y cesará aun la mas remota sospecha siempre que de órden de S. M. se les haga alguna insinuacion. Todos se quejan , y con razon, del Comercio Clandestino que hacen los Extrangeros, abasteciendo de géneros nuestras Indias.

En sus papeles ó libros no excusan publicar son protegidos por los mismos que debian impedirlo ; si no hubiese compradores, no habria la tal introducion. El daño es grave , y así necesita extraordinario remedio. Me parece lo sería el que se hiciesen visitas como especie de aforos, cotejándose los géneros existentes con los registros de las flotas y navios sueltos que hubiesen navegado á aquellos Puertos , y computado por una prudente calculacion los consumos que puede haber habido , se vendrá en conocimiento de las ropas que hubiese introducidose fraudulentamente , en cuyo caso se declaren por comiso, castigándose á los tenedores de ellas con una crecida multa , y apercibimiento de mayor pena en la reincidencia. Estoy persuadido que un exemplar bas-

ta-

taria á contener. Efectivamente la tal ropa incurrió
en comiso por introducida en contravencion á ley,
y fuera de las reglas y formalidades prevenidas, á que
se añade no haber pagado derechos algunos. No tendrian que quejarse las Naciones de semejantes proce-
dimientos , pues saben que por tratados de paces les
está prohibido comerciar en nuestros dominios Americanos , como nosotros en los suyos. Están bien instruidos de que uno de los destinos de los navios
guarda-costas , es impedirles el tráfico , y no se les
pueden haber ocultado las quejas dadas sobre su contravencion de Corte á Corte. Los Comerciantes
Americanos , tampoco pueden reclamar por vulne-
rada la libertad del Comercio, porque á mas de que
debe ser arreglada por las providencias del gobierno,
con concepto al beneficio comun ; aquella es una libertad delinqüente , comete crimen quebrantando
las leyes de su legítimo Soberano , y causa daño á
toda la sociedad del Reyno : motivos todos que los
constituye reos del correspondiente exemplar castigo.
Otro vicio consiste en que muchos Extrangeros casados con Españolas, se valen del nombre de sus mugeres para el embarque de efectos á Indias , percibiendo los retornos, y aun demandando judicialmen-
te por la personalidad de marido ó apoderado,
contraviniendose á las disposiciones de derecho, que
prohiben á las mugeres casadas el comerciar &c. y
presentando al público un manifiesto engaño , pues
aunque les concedan la licencia, con cuyo requisito
pudiera negociar , no se puede ocultar , que es un
disfraz para comerciar el marido caudales suyos, que
conserva la naturaleza de Extrangeros, ó de otros sus
corresponsales , intringiendose la ley , que aun permitiendo á los Extrangeros habilitados el tráfico, pre-
vie-

viene *haya de ser solamente con caudales propios* , y no
los de otros de sus Naciones , así en particular como en
compañía publica ni secreta , en mucha ni en poca cantidad. (1). Es muy facil el remedio á semejante abuso , ó prohibiendo absolutamente tales embarques;
ó justificando plenamente la muger la única privativa pertenencia de lo embarcado, con conocimiento de
si su dote es capaz de semejante empresa.

Este segundo arbitrio , aunque equitativo á favor de las mugeres Españolas , tiene mucho riesgo
de malversarse con justificaciones aparentes , y declaraciones á que las obliguen sus maridos. La prohibicion absoluta es el mejor remedio , pues evitan
contingencias y colusiones. La antecedente prohibicion de embarcos de efectos á nombre de la muger, se
ha de entender siendo Extrangeros los maridos, y que
conserven la calidad de tales , sin haber renunciado
su vandera , y calificado los títulos que le constituyen vecino y verdadero vasallo. No parece haya de
extenderse la inhibicion si los maridos , aunque
hijos de Extrangeros , nacieron en España , habiendo estado sus padres separados de su nacion, adquirido vecindario sin ánimo de retirarse á su Patria
ó suelo. Estos tales que se llaman Genizaros , como
los que por varias executorias , y la última del
año 1747 se hallan habilitados no solo para la navegacion á Indias , sino tambien para la accion de los
empleos de su universidad y consulado. Esta clase de
individuos es una porcion preciosa de la sociedad, que
exige todo auxilio : se halla amparada por la ley que
expresamente decide que el hijo de Extrangero nacido en España , es verdaderamente originario y na-
tu-

(1) *Ley 1. lib. 9. tit. 27. Recopilacion de Indias.*

tural de ella (1). Otra Real disposicion excita á los artífices y habiles Extrangeros, á que se vengan á domiciliar á España, y serán tratados y conceptuados por naturales; parece, pues, que si una habilidad es mérito á aquella distincion, quando los Genizaros no tuviesn otro, que el de ser vecinos, poderse casar y contribuir al aumento de la poblacion, lo debe ser bastante para el goce de los mismos privilegios que el Español, hijos y nietos de otros de igual naturaleza. Nos quejamos justamente de que los Extrangeros son árbitros de nuestro Comercio Européo y Americano, presumiendo y sospechando con fundamento, que todas sus negociaciones son por cuenta de sus compatriotas, y resistimos el que atraidos de los intereses de ser Españoles, renunciasen su originaria Patria! Censuramos la inclinacion á la cuna de sus padres, y les negamos los privilegios que les concedió la naturaleza y la ley naciendo en España! Pretendemos tener un Comercio floreciente, y despreciamos los medios de adquirirlo.

Mientras mas individuos haya en la universidad de cargadores á Indias, habrá mas dueños de navios, y los retornos de los cargamentos quedarán en España. Todos somos amantes de nuestra posteridad, siendo honrado anhelo acaudalar fortuna para nuestros succesores. Esta es una afeccion inseparable de nuestra naturaleza. Nadie se empeñaria en los riesgos y trabajos, si solo tratase de acumular para mantenerse durante su vida. Realzando el pensamiento, puede decirse que es una inclinacion inspirada por la divina providencia, á fin de que se conserve la general humana sociedad. Supuesto el prenotado prin-

(1) *Ley 27. tit. 27. lib. 9. Recopilacion de Indias.*

principio , es de creer que franqueada la puerta del
goze de la calidad de verdaderos Españoles á los Genizaros , haya muchos Extrangeros que renuncien sus
vanderas , se avecinden y casen con Españolas para
labrar á sus hijos la fortuna de la carrera de Indias.
Los tales padres olvidan la Patria que no han de volver á ver. Los hijos solo reconocerán á la España, que
fue su cuna. Aun quando los primeros conservasen
alguna consideracion por sus compatriotas , mas les
arrestaria el amor de sus hijos. Supongamos que hiciesen negociaciones y embarques por cuenta de sus
parientes y amigos : mas harian para acumular caudal á sus descendientes. Busquemos el origen de la
prohibicion de comerciar los Extrangeros en las Indias,
y hallaremos por el espíritu de las leyes ser principalmente porque el oro , plata , frutos, y demás
aprovechamientos queden á beneficio nuestro , y no
vayan á sus Provincias donde tienen su vecindario,
domicilio , y naturaleza , se enriquezcan , y nosotros empobrezcamos , siendo nuestra misma riqueza motivo de nuestra propia ruina.

Prescindo de otras causas de estado y políticas,
basta que la expuesta sea una de ellas : pregunto
ahora ¿tenemos fábricas correspondientes á abastecer
aquellos dominios Americanos? no por cierto : ¿es
facil curar la manía ó locura de la preferencia que
logran los géneros extrangeros? no es imposible , pero
es dificultoso. ¿Nos podrémos asegurar de que se corte absolutamente el tráfico extrangero á nombre de
Españoles? mucho podrá remediarse con el zelo y
rigurosa observancia de las leyes : pero la total extincion de semejante desorden es casi imposible. En
tan crítica situacion , la sana política exîge adoptar
quantos arbitrios sean imaginables á minorar las fatales

les conseqüencias de aquella constitucion. Uno de ellos es, no solo aumentar el número de navegantes, y cargadores á Indias, sino substraherles á los Reynos extrangeros individuos, que ciertamente por el interés de su familia harán las navegaciones por cuenta propia, y á beneficio de la nacion, en nombre y cabeza de sus mugeres, porque su primero y unico anhelo será asegurar la fortuna de sus hijos.

Se valdrán de los géneros extrangeros: lo mismo hacen los cargadores Españoles; pero ó no harán los negocios, ó serán muy raros por cuenta de sus compatriotas. Se encargarán de las comisiones de otros Paises: ojalá que todos los Españoles se inclinasen á semejante tráfico, pues el importe ó premio de la comision quedaría en España, y no engrosaria los caudales de los comisionados extrangeros, que despues de ricos se vuelven á sus Paises llevandose el oro y la plata que han acumulado, substituyendoles otros que siguen su exemplo. Estos son hechos prácticos, como constantes, y que resisten toda duda: ya por factorage ó comisionados, ó ya por sociedades, se han establecido en Cadiz las mas de las casas extrangeras. Por uno de los dos títulos, ó por ambos, enriquecen sus individuos, se retiran acaudalados y comisionan á otros que vienen, continuan y giran conservando siempre la titulacion de la casa primitiva, siendo la misma *la firma constante* (usando del idioma de Comercio) agregandosele los nombres de los nuevos socios. La disminuida poblacion (reflexiona un politico extrangero) indica y excita la necesidad de convidar al extrangero á que venga á aumentarla, del mismo modo, que la demasiada obliga á que una parte de los ciudadanos vaya á los Paises extrangeros á buscar y adquirir para ellos,

ellos, y la patria nuevas fortunas ó felicidades en su regreso.

Apliquémos la doctrina á nuestro Comercio Americano: ¿nos sobran individuos de su carrera? ¿serán por ventura tantos como que nos hayamos visto precisados á negar los derechos que concedió la naturaleza al que nació en España? Aun quando fuese el número de nuestros matriculados excesivo en el dictámen de los políticos, nunca por muchos que sean sobran los Labradores y Comerciantes. No contribuye poco á la corroboracion del pensamiento el genio de los extrangeros tan inclinado al campo, y sus pequeñas caserias. Aun mirando á la España como transeuntes, arriendan casas en los Pueblos de labor, y pasan en ellas gran parte del año. Muchos que todavia conservan la calidad de extrangeros, pero que no piensan volver á sus Patrias, han comprado estas posesiones. Es de creer que casados con Españolas, y cuyo primer cuidado es el de sus hijos, comprasen tierras, las labrasen á fin de asegurar en bienes raices la subsistencia á su posteridad, plantasen viñas y olivos para el embarco de sus caldos á Indias. De ello hay no pocos exemplares, y todos serian medios de aumentar la Agricultura y el valor de la riqueza real de la nacion, que es el fundamento arriba propuesto, ó el origen del Comercio interior y exterior, que son los dos principales respetos que debe abrazar el sistema. El Comercio no tiene Patria: se domicilia donde encuentra proteccion: se retira del parage en que es poco atendido.

Esta qualidad parece que el mismo Comercio la ha comunicado á sus profesores. El Comerciante mira á todo el mundo por Patria. Se radica en el Pueblo en que hace su fortuna. Esta es el objeto de sus desvelos. El Comercio hace á todos los hombres. iguales (asi reflexionan los AA. políticos) dociliza y suaviza el trato y las costumbres. Desecha las preocupaciones. Mira á todos los individuos con indiferencia sobre el punto de qual sea su nacion. Visiblemente observamos estos efectos en los muchos Comerciantes extrangeros que han muerto en los Puertos de Andalucía (aun sin ser casados) dexando sus caudales á obras pias , y fundaciones dentro de España. Entre otros son muy recomendables Don Juan Fragela , y Don Joseph Montexiste , ambos solteros y muy poderosos. El primero dexó fundada y dotada una casa de viudas , otras dotaciones y muchas limosnas. El segundo para solamente limosnas dexó quinientos mil pesos. Esto hicieron los tales extrangeros , y han hecho otros muchos , conservando hasta la sepoltura la calidad de tales. Se les pudiera preguntar ¿y la Patria? ¿qué se hizo el presuntivo amor por los paysanos? responderian que en donde nació su fortuna , se crió y robusteció su amor. Es casi proverbio (efecto de la experiencia) que un extrangero domiciliado y casado con Española, se hace un finísimo Español: mucho mas sus hijos llegandoles muy al corazon , que se les distinga con el sobre escrito de Genizaros. No son estos menos recomendables al Gobierno para facilitarles carrera y aplicacion , que los hijos de otros vasallos pobres , guardada la proporcion y distincion de su clase y destinos:

La máxima política de ocupar á los hombres, abraza á todos , pues cada uno debe concurrir á la feliz subsistencia de la sociedad. ¿Qué destino, pues, dariamos á estos Genizaros acaudalados , ó con disposicion de hacer fortuna? no los podemos abandonar , porque si se retiran á la Patria de sus mayores,

es

es un grave mal á la nacion. Apliquense á las armas ó carreras políticas, no hay bastantes empleos. Dediquense á facultades. El Gobierno tiene indicado en sus sábias providencias, y todos lo advertimos, que sobran profesores. Haganse Eclesiásticos, omito otras reflexîones, no se inclinan á su estado. Sean Comerciantes, pues los muchos nunca sobran: buen arbitrio. ¿Pero que Comercio harán? ¿tenemos otros que el Americano? señalese. Este se les intenta prohibir. No les quedaria otro recurso que el de una vida ociosa, malgastando el caudal que sus padres les hubiesen dexado, ó si han quedado pobres, reducirse á la última miseria. El unico arbitrio es agregarse á las casas extrangeras compatriotas de sus padres, y este es un gran perjuicio, pues es enagenar los animos, é inclinacion de la nacion Española á los mismos que han nacido en España, y engrosar el partido de los extrangeros. ¿Qué ventajas tan considerables adquiriria el Estado y el público en acumular tan crecido número de Genizaros al Comercio Americano, sin distincion alguna de los demás Españoles, ni sujetarlos á mas formalidades? ¿Qué pérdidas tan extraordinarias ocasionará la inhibicion?

Esta sería propiamente, no solo estancar exclusivamente el derecho de la navegacion, sino fomentar el tráfico extrangero. Desengañemonos, mientras menos sean los navegantes que puedan hacer cargamentos por su cuenta, mas serán los extrangeros que los harán en cabeza de Españoles. El verdadero zelo de los tales matriculados, seria abstenerse absolutamente de pretextar y de prestar su nombre, y empeñarse en robustecer su cuerpo, de modo, que pueda hacer frente al Comercio extrangero, á cuyo efecto es uno de los medios mas conducentes el de

H 2

acu-

acumular individuos á su universidad. El número de habitantes empleados y ocupados, es uno de los renglones que tiene recomendables; y aun necesario lugar en la calculacion política sobre el poder y riqueza de los estados. La industria de aquellos constituye parte del fondo nacional. Mientras por mas manos corre el dinero, mayor es la util circulacion. Todos los Comerciantes que por los privilegios de sus hijos y familias expatriamos de sus nacionales vanderas, son otros competidores industriosos de que nos desembarazamos, y son mas vasallos de la corona, mas contribuyentes, y mas pobladores.

Si exâminasemos cada año quantos extrangeros renunciando sus pavellones, ó purificadas las demás condiciones que los califican vecinos, casan con Españolas; y cotejamos por un quinquenio las salidas del oro y plata, hallarémos por un casi evidente calculo minorada la extraccion; y la razon es clara, porque se aumentó el número de Comerciantes que negociaron por su cuenta con el fin de radicar en España sus fortunas. Si, supuesto aquel sistema quisiesemos á los seis ú ocho meses de llegada una flota averiguar si el dinero abundaba ó escaseaba en la plaza, cuya investigacion es facil por el conocimiento del premio á que corre, y del interés del cambio, encontrariamos abundancia de moneda (respectivamente) por ser el mismo el principio que la retendria en el Reyno en manos de los dueños de los cargamentos á Indias, navegados por su cuenta, y destinados sus retornos á conservarse en España. La Navegacion y Comercio Americano no son el unico ramo de la sociedad. La Agricultura, Fábricas, Comercio interior y exterior, las Artes nobles, las mecanicas, la poblacion, la crianza de ga-

ganado , la moneda y otros varios renglones , son objetos todos del Gobierno. Cada uno exige su correspondiente protección , y no se debe favorecer á uno con detrimento de muchos , especialmente quando la preferencia á aquel no compensa el daño de la poca consideración por los otros. La Navegación y Comercio Americano restringido á los Españoles de tales calidades , y prohibido á los Genízaros , cedería en imponderable perjuicio de la población , por los menos individuos extrangeros que se inclinarán á contraer matrimonios , y domiciliarse en España.

„ El Comercio (discurre un político) (1) es un „ bien común á la nación : todos los miembros que „ la forman tienen igual derecho á exercerle. El de„ recho exclusivo es contrario al natural de todos los „ ciudadados. No obstante , el beneficio que de ello „ pueda resultar á la nación , autoriza al Gobierno „ al establecimiento de privilegios privativos en tales ó „ tales casos. Hay empresas de Comercio que exigen „ fuerzas y fondos insuperables á los particulares. Hay „ otras (ambos puntos se han reflexionado arriba y „ que prontamente se arruinarían si no se con„ duxesen con mucha prudencia , y baxo un propio „ espíritu y reglamentos. "

Este es uno de los motivos de la erección de las compañias y sus privilegios exclusivos. Sin hacer agravio á la universidad de cargadores á Indias , quisiera preguntar ¿ quáles son las empresas de Comercio de que resulten conocidos beneficios á la nación, y que puedan autorizarlos á su pretendido privativo tráfico en las Indias , privando á los demás Individuos

(1) *Mr. Vatel citado en el jornal de Comercio de Bruselas. Mes de Abril* 1759.

duos nacidos en España, y que la ley llama y titula Españoles, de aquel goze que el natural derecho les facilita al Comercio, como miembros de la nacion? Parece se ha procurado persuadir el mayor interés del Estado, sociedad, vasallos y ramos que forman la circulacion y felicidad pública, en el permiso á los Genizaros de navegar y comerciar á las Indias. Pasemos yá á otro vicio, y consiste en navegar los extrangeros en calidad de pilotos, y aun de cocineros, pudiendo ser, ó siendo unos verdaderos consignatarios, á quienes los Españoles deben entregar los efectos navegados en su nombre. El que naveguen pilotos extrangeros, se halla prohíbido por las leyes Reales (1) en tanto grado, que se prohibe aun el enseñarlos en la aula, que para aprender dicha facultad se estableciese (2), previniendose haya la tal escuela para Españoles, con el fin indudablemente de que nunca falten pilotos naturales Españoles en la carrera de Indias, y asi se manda expresamente por otra ley (3), individuandose por otra las circunstancias que han de tener los extrangeros que se hubiesen de exâminar de pilotos, y son las mismas que se prescriben para los que han de poder navegar (4).

Omitiendo otros vicios ó desordenes perjudiciales á la causa pública, reflexîonemos algunos medios de la combinacion de ambos Comercios Européo, y Americano, con respecto á que la industria y tráfico den valor á la riqueza real de unos y otros do-

_(1)_ _Tit. 27. lib. 9. Recopilacion de Indias concordantes con la 5. lib. 6. tit. 18. de la de Castilla._
_(2)_ _Ley 5. tit. 23. lib. 9. Recopilacion de Indias._
_(3)_ _Ley 14. al mismo título y libro._
_(4)_ _La ley 18. al propio título y libro._

dominios. No debemos admirar el que descubiertas las Indias no hayan pensado los Españoles en promover y fomentar su navegacion de Puerto á Puerto de los de Europa, por tener en las Americas un destino asegurado y utilísimo. Habria sido muy conveniente aquella aplicacion; pero son disculpables sobre su omision. Lo lastimoso es, y que carece de toda excusa, el que no aprovechamos todas las ventajas que pudieramos en el mutuo tráfico! La política general en todas las naciones que tienen dominios y colonias en las Indias, ha prohibido en ellas las plantaciones y fábricas que pudieran perjudicar al Comercio de la Metrópoli ó Reyno européo. Con este mismo concepto, nuestras leyes de Indias prohiben el plantio de viñas (1), lo que se halla repetido por otras varias Reales Cédulas é Instrucciones, extendiendose la prohibicion al plantio de olivares, fábricas de paños y otras, dandose por razon el no perjudicar los frutos y manufacturas de España.

Pero al mismo tiempo queriendo nuestros sábios legisladores franquear á aquellos vasallos todo el auxílio al Comercio de sus frutos; se manda al Presidente y Oidores de la contratacion, á los Virreyes y Gobernadores de las Indias, *el que procuren con mucha instancia que los Mercaderes y Comerciantes en la carrera de Indias, entablen, é introduzcan el trato de las lanas de aquellos Reynos con estos, de forma, que en cada flota se traiga la mayor cantidad que ser pudiese, pues respecto de la grande abundancia que hay en nueva España, nuevo Reyno de Granada y otras partes, y valor que tienen en estos Reynos, será trato de gran in-*

_____
(1) *Ley 18. lib. 4. tit. 17. Recopilacion de Indias.*

interes, y que pongan las diligencias que conviniese á nuestro servicio, aprovechamiento y beneficio de nuestros vasallos (1).

Es digno de reflexion el que la referida ley fué expedida en el año 1572, tiempo en que habia mucho mas ganado sin comparacion, que en el dia, y y no obstante se encargaba la provision de aquella materia primera; es argumento convincente del gran número de fábricas que existian. Aunque en el dia no existen tantas que induzcan preciso aquel surtimiento, siempre convendria su tráfico, pues ya para nuestras manufacturas, ya para la extraccion (mal necesario y lamentable) era un ramo de Comercio util á los Indianos, y que engrosaba el nuestro. Se previene asimismo á los Virreyes y Gobernadores, auxilien y fomenten la cria de ganados, labranza de aquellas tierras, y cultivo de sus frutos, hagan sembrar y beneficiar en las Indias lino y cañamo (2). Estas dos preciosas materias primeras, que por muchas nunca sobrarian, pudieran, dexando en las Indias el aprovechamiento del hilado, remitirse á España para texerse. El algodon es otro de los mas importantes frutos, y cuyo cultivo convendria se fomentase, propagandose el tráfico del mucho que abunda en varias Provincias de nuestras Indias, redimiendonos de la necesidad de recurrir á los Países extrangeros por su surtimiento. Ya se cultiva en España, y se debe esperar su propagacion á vista de la proteccion que se le ha dispensado á este tan interesante ramo de Agricultura. Las fábricas de indianas, ó lienzos pintados, se han aumentado conside-

(1) *Ley 2. lib. 4. tit. 18. Recopilacion de Indias,*
(2) *Ley 1. lib. 4. tit. 5. la 1, tit. 12. la 20. tit. 18.*

rablemente. Nuestro algodon no es de inferior calidad al de Levante, y tenemos la ventaja de que se hila por los Españoles perfectamente, siendo mejores las telas fabricadas con el hilado en el Reyno. No son ponderables los efectos de semejante ventaja. No la pudieron lograr en Francia según Savari, refiriendo dos decretos. Por el del año 1691 se aumentaron los derechos y contribuciones sobre el algodon hilado que viniese de Levante y de otros parages, y se moderaron los que se exîgian sobre floxo, todo con la idea de que en la Ciudad de Leon donde habia tantas fábricas, se hilase y aprovechasen aquellos naturales de la utilidad de su maniobra: pero habiendose observado por la experiencia, que el algodon de Levante no puede hilarse en Francia tan fino como en los parages de donde se transportaba; por decreto de 20 de Septiembre se reduxeron los derechos á su antigua quota (1).

Nosotros podemos hacer lo que no fue facil á una Nacion donde el comercio y manufacturas florecen, y aunque ya en el dia se ha perfeccionado en Francia el hilado, no excede al nuestro maniobrado en Cataluña. No faltan quienes opinen impracticablemente este tráfico, á menos que no se conceda una libertad absoluta del derecho de toneladas, ponderandose los grandes costos que ocasiona qualesquier expedicion Americana, decidiendo magistramente, que interin no se franqueen aquel y otros derechos anexos, jamás habrá un buen establecido práctico Comercio. Estas voces generalmente divulgadas, desaniman á los poco instruidos, se difunden y hacen notable perjuicio. Son clamores fantás-

Tom. XXVII. I ti-

_____

(1) *Savari en su Diccionario. Palabra Coton.*

ticos, y dirigidos á captar la atencion compasíva del ministerio. El derecho de toneladas le compensan los dueños en el fletamento del buque. Cada tonelada mide ciento sesenta y seis palmos y un tercio de otro. Estos los fletan, y cotejado el tanto asignado por el real proyecto, quedan los propietarios gananciosos. El aprovechámiento de los engunques y abarrotes, les es un renglon utilísimo. La gracia que prácticamente se hace en el *arqueo ó medicion* de un navio, que si arquea quinientas toneladas, se paga por quatrocientas y cincuenta, es otra ventaja. El torna-viage les produce considerable utilidad. No tienen los dueños de los Navios que pagar otros aprovechamientos. Supuesto unos principios tan incontrastables, y cuya demostracion se haria evidente en caso necesario; deben los dueños de navios dedicarse á la conduccion de algodones, baxo un moderado flete.

Es de creer opondrian dificultades, y por tanto sería conveniente el que se les obligase, condicionando las licencias á semejante conduccion, como se piden, conceden y condicionan muchas al transporte de azogues por cuenta de S. M. y por via de servicio, y no pocas se han concedido con el cargo de trasportar artilleria. Me persuado no se necesitaria tanto esfuerzo, y que bastaria se insinuase á aquel pundonoroso Comercio de Cadiz, ser del agrado de S. M. La atencion continua, y actividad del Gobierno sobre el Comercio de este fruto, se necesitaria por poco tiempo. Luego que los Comerciantes advirtiesen la utilidad de su pronta venta, harian por sí mismos el tráfico. Se les abre un fecundísimo campo en donde recoger crecidos lucros. Los naturales de aquellos dominios, advirtientiendo la util extraccion de los algodones , se aplicarán mas á su cultivo. Su venta mejorará sus fortunas , y aumentará los consumos de los frutos y mercaderias de España , cuyo mas seguro expendio, animará á los dueños de navio y cargadores , para sus expediciones. Todo Pueblo que pone en movimiento su industria ó agricultura , y se le proporciona la salida de sus frutos ó manufacturas , insensiblemente se hace Comerciante, cambiando sus producciones , ó por otras de necesidad de que carece, ó de comodidad ú luxo que apetece. El mismo Pueblo reducido antes á la miseria , por el poco ó ningun valor de su terreno , á nada inclinaba su gusto, porque todo por su pobre situacion lo miraba imposible. El oro y plata fueron materia despreciable (ó no de la preferible estimacion) baxo el Imperio de los Indios. El aprecio y anhelo por estos metales, en las demás partes del mundo les han dado, aun entre aquellos naturales , un lugar muy recomendable. Se cultivan minas que estuvieron sepultadas ó ignoradas por muchos siglos , y á porfia se empeñan todos en profundizar las entrañas de la tierra.

Fixase el hipotesi de que las Naciones por un universal consentimiento , proscribiesen y aboliesen el uso y valor de la plata y oro , y volverian las minas á su antigua clausura y abandono. Tambien se objeciona contra este Comercio lo voluminoso de la cargazon ; pero prescindiendo de que los empaques se pudieran hacer del modo que fuese menos embarazoso , ya con el arbitrio de haberse enviado tornos á Indias para hilarle con menos buque , se ocupará mayor porcion. El que no estuviese instruido del como se carga un navio , y viese en tierra todo lo que lleva , se asombraria , creyendo impo-

si-

sible reducirlo á la capacidad de un edificio de madera. La industria y el deseo de lucrar, vencen todas las dificultades, y pocos comerciantes habrian adelantado sus fortunas, si se hubiesen intimidado por los primeros escollos que se les presentaron. Exâminada la historia del Comercio, se hallará que el descubrimiento ó empresa de tal ó tal ramo, hasta entónces desconocido, no solo ha encontrado contradiciones, sino pérdidas. Pero la constancia ha recompensado quanto el inventor perdió, y ha producido á lo general de la Nacion grandes utilidades. No perdamos oportunidad en el aprovechamiento de materias primeras : fomentemos su cultivo, esforcemos nuestras manufacturas, é insensiblemente se propagará la felicidad pública. Quando el significado tráfico no produxese otra ventaja, que la de animar y vigorizar la industria de los indios, seria bastante beneficio á la Nacion. No dudo que el clima influye sobre las inclinaciones, é inspira actividad ó indolencia. Pero mucha parte de la inaccion deriva del animo acobardado habituado á la subordinacion, y acostumbrado al desprecio.

No han olvidado nuestros sábios Soberanos aquellos vasallos distantes, pues entre otras providencias, lo es particularísima, la de que se le permita á los Indios el envio á España por su cuenta de la grana (1), cuyo espiritu es extensivo á todos y qualesquier frutos. La quina es en el dia un fruto de extraordinario consumo, y de ella como que es su origen, abundan nuestras Indias, especialmente en el Reyno del Perú, que fue su descubrimiento. No era ignorada de los Indios, guardaban el secreto, y el
agra.

(1) *Ley 21. tit. 18. lib. 4. Recopilacion de Indias.*

agradecimiento de uno lo manifestó. A vista de ser producción de nuestro territorio, no se hace por los Españoles el Comercio que era de esperar. Los Extrangeros nos traen grandes porciones, llevando en cambio el oro y plata. La madera tan abundante en aquellos dominios para construcción de navíos, que economizaria la mucha moneda que nos llevan los extrangeros, el importantísimo Comercio de cueros que se fomentaria, pagandose los derechos al peso, y no por piezas, pues aprovechariamos las mayores, que se llevan los extrangeros, el cultivo de té y café, y finalmente, otros varios frutos harian en su Comercio la felicidad de unos y otros dominios. Sin temeridad puede asegurarse que el tráfico Americano se halla estancado en pocas manos y abandonado el util aprovechamiento, que pudieramos tener de aquella natural riqueza. Los navegantes de España no tienen otra idea política, que la de executar pronta y ventajosamente la venta de sus efectos y frutos. Los que compran y cargan en retorno, es por conceptuar los dexarán mas utilidad que la plata. Los Comerciantes de Indias no son conducidos de otro respecto que el de comprar, para despues revender en aquellos vastos dominios. Unos y otros miran con indiferencia qual sea la fortuna de aquellos naturales, qual la conveniencia universal de la Nacion.

Los superiores, Gefes y Magistrados, por mas zelosos que sean al servicio del Rey, y causa pública, otros ciudadanos tambien de la primera importancia los ocupan, y como no pueden estar instruidos del estado, progresos é incidentes del Comercio de España, ni de la situacion política de las cosas que varían freqüentemente, y diversifican las cir-

circunstancias en que se promulgó la ley , no pueden determinarse á ninguna providencia. El sistema
abraza ambos dominios , forman una máquina política , cuyos resortes ha de moverse al impulso de
la mano del Gobierno , desde la capital , que es,
digamoslo asi , la atalaya que registra todos los Ori-
zontes , observa los movimientos de tal , ó tal ramo, su rapidez ó lentitud , calcúla las ventajas , discurre y forma juicio , quando conviene ampliar,
quando restringir , é ilustrado con estos conocimientos , aplica las oportunas providencias. La combinacion del Comercio Européo y Americano por sí sola , el reciproco auxîlio á los respectivos frutos , la
observancia de las sabias leyes dictadas con estos respectos , y el de la felicidad de unos y otros vasallos , son puntos que ofrecen materia á un dilatado
volúmen , si se hubiesen de individuar todos los renglones. Basta lo expuesto para la instruccion pública , y excitar el amor á la patria , y el mismo interés de los Comerciantes : pero lo vasto que deberia ser la tal obra , si solo fuese el objeto de esta
la citada combinacion ; es argumento que demuestra
con la mayor evidencia , quan indispensable es se
encargue tanto cuidado á un Tribunal privativo, con
la competente autoridad y extensiva jurisdicion , sirviendose de los subalternos , que tales deben graduarse los Consulados , para los avisos , informes,
noticias , y execucion de las providencias. La con-
cordancia de ambos tráficos , y fomento de agricultura en los dominios Européo y Americano , exîge
un puntual plan de las producciones de cada terreno , y modos de hacerlas comerciables.

Supongamos que los Indios se animasen al cultivo de su terreno , se aumentase su agricultura é
in-

industria , vendiesen sus frutos á los navegantes Européos , ó los diesen á cambio de los de España , y de las ropas, ó finalmente , que los remitiesen á España por su cuenta , es menester confesar que estos tales Indios , eran otros tantos consumidores de los efectos que se navegasen en nuestras expediciones , y se acreceria la circulacion , de suerte , que pudiera llegar el caso de ser precisa mas freqüencia de flotas. Aquellos Indios que en el dia no consumen á proporcion de lo que pudieran , pues contentos con su miseria , y acostumbrados á su modo de vivir, no son excitados , ni de las expecies de la comodidad , ni de las que contribuyen á vivir con mas gusto , serian inducidos por ambos renglones ,. y con la proporcion de mayores facultades , consumirian mas frutos , caldos , y géneros de Europa. De suerte, que si en la feria que celebran los flotistas en Xalapa , concurren mil compradores por exemplo , se aumentarian todos aquellos Indios enriquecidos por las producciones de su agricultura ó industria. Los frutos acrecerian un renglon considerable para pagar con ellos las ropas y géneros que necesitamos del extrangero , y saldria menos plata y oro , verificandose uno de los tráficos que los políticos graduan por ventajoso , qual es el de cambiar frutos á efectos , necesitandose por consiguiente menos moneda para soldar la balanza. El mucho oro y plata, (reflexîonan los políticos calculistas) ni constituyen privativamente la riqueza de un Estado , ni se puede asegurar su perpetuidad , á menos que aquellos metales no sean sostenidos en su circulacion por la poblacion , agricultura , fábricas , y artes. Dos Naciones (asi discurre un moderno) empeñadas en adquirir el oro y plata , la una extrayendolos de las minas

nas , y la otra por el Comercio de los productos de su agricultura é industria ; la segunda siempre aumentará su riqueza , y la primera cada vez empobrecerá mas , por faltarle los medios de conservar estos metales , y no tener otro para ocurrir á proveerse de lo que necesite , sino á su cambio; esto es, enagenandose de él.

Aun hay otro inconveniente : mientras mas oro y plata saca de las minas , como que abunda mas, encarece el precio de las mercancias que necesita , y se acrecienta su pobreza , por lo qual es menester confesar , que la agricultura é industria son las minas mas preciosas y perpetuas (1). Se hace juicio, que la masa circulante en Francia en dinero , sean ciento y setenta millones , considerandose ser el estado de la Europa donde mas abunde este metal circulante , sin que por eso sea mas rico en dinero , á proporcion de la extension de su Reyno. Supongamos que por la ventaja anual que logra en su Comercio esta masa circulante , llegue á ser duplicada , y aun quadruplicada dentro de cien años ¿qual será entonces la situacion de la Francia? Su agricultura, poblacion , manufacturas , y producciones naturales, se aumentarán á proporcion. El dinero tendrá mas objetos que representar , como signo ó equivalente de todas las cosas , y una esfera mas dilatada en que extender su circulacion. De ningun modo hay el riesgo de que el mucho dinero la empobrezca , porque derivando ó consistiendo su adquisicion en su agricultura , comercio , é industria , habrán de sostenerse como fundamento á la circulacion del oro y plata (2).

Apli-

(1) *Jornal de Comercio de Bruselas, mes de Marzo 1759.*
(2) *El mismo Autor arriba citado.*

Aplicada la doctrina deduciremos, que siempre que combinemos estos metales con el fomento de aquellos ramos, en ambos dominios Européo y Americano, se hará una ventajosa circulacion del dinero, y no llegará el caso de que se apure, como es de recelar, si abandonamos las miras de la agricultura, industria, y comercio, insondables é inagotables, cuya qualidad les falta á las de oro y plata, respecto al poseedor, sin el fomento de los citados renglones, y aun respecto á su consistencia natural, pues unas minas se aguan, otras extravian las vetas, y todas tienen costosas contingencias de que carece la riqueza real de las tierras. Combinados ambos Comercios no solo se auxilian unos y otros vasallos (por cuyo concepto le he titulado el de Indias tráfico interior), sino que se forma una masa circulante de frutos y efectos sobrantes, con que valancear el Comercio de los géneros que necesitamos de los Extrangeros, se retendrá mas dinero en España, trabajarán mas las minas por el aumento de las cosas que deben representarse por el metal, ó de que es equivalente, se hará mayor la circulacion, y el Real Erario reportará grandes ventajas, por la repeticion de derechos á crecido número de contribuyentes, y repeticion de contratos. Diseñado en bosquejo el Comercio interior (cuya individuacion de renglones exige una obra por sí sola), pasemos á reflexionar el exterior, esto es, el que hacemos ó pudieramos practicar con las demás Naciones. Es menester suponer, que la felicidad del Estado (así discurren los políticos) y la del Comercio son inseparables, y deben considerarse estrechamente unidas. La propiedad del Comercio consiste en vender al Extrangero la mayor porcion que sea posible de sus producciones na-

do á unos y otros puertos, que son capaces de hacer
lo mismo que las demás Naciones: y en los siglos pasados hacian una gran navegacion á todos los puertos extrangeros. El establecimiento de la navegacion Européa aunque no imposible, es muy dificil: Se necesita la combinacion de muchos principios, mas inverificable en el dia, en que otras Naciones se han adelantado y compiten con ardor. Si advirtiesen haciamos algun progreso, sin recurrir á mas
que las mismas del Comercio, ya baxando los fletes, ya los seguros, y ya finalmente usando de otros
arbitrios, nos harian abandonar la empresa. No necesitamos tanto empeño para sostener un ventajoso
Comercio activo. Fomentemos nuestra agricultura,
fábricas é industria : acrecentemos nuestro tráfico
de las Indias por medio de la combinacion arriba
referida. Nos sobrarán muchos frutos y manufacturas,
y ya que perdamos los renglones de la conduccion
ó trasporte, y demás anexos á la navegacion ; pro-
curemos compensarlos con la gran exportacion de
frutos y géneros. Necesitamos muchos del Extrangero. Trabajemos por necesitar menos, y los que sean
indispensables cambiense por los que necesita nuestros. No podemos perder de vista quan inexcusable es
la proteccion del Gobierno á favor de las producciones naturales, ó de nuestra industria, prohibiendo la
introduccion de las extrangeras de la misma clase, ó
gravandolas con contribuciones para que no puedan
hacer competencia á las del Pais. Esta es una máxima autorizada por el derecho natural de gentes,
público general, y público de cada Reyno, executoriada en la prática por todas las Naciones, comprobada y aconsejada por todos los políticos.

Es una regalía inseparable de cada Soberano en
su

su Reyno , y es uno de los medios con que el Estado auxília y patrocina al Comercio por la estreha union que entre sí tienen , y reciprocos socorros que se suministran. No hay tratado de paz , navegacion, y comercio, que lo prohiba. Pero aun quando lo hubiese, el hecho de la prohibicion ó mayor gravamen de nuestros efectos , practicado por otras Naciones, nos autoriza á igual conducta. Las convenciones entre los Príncipes, dicen los publicistas han de entenderse baxo la mejor buena fé , é igualdad reciproca. No se ha de presumir (reflexiona Grecio) hubiese uno de los Estados ó Naciones contratantes consentido ó condescendido en expreso perjuicio suyo, ó pactado un absurdo. Ambas calidades tendrian la opinion que sostuviese tener las otras Naciones autoridad para prohibir la introduccion de nuestros efectos ó gravarlos , y estaria la España inhibida por las convenciones públicas de igual facultad. La inmediata objecion es que descaeceria la introduccion de los géneros extrangeros , se deterioraria y perderia el Real Erario. Esta es propiamente una preocupacion. No es de esta obra hablar con la extension que merece la materia. La tengo trabajada separadamente. El verdadero, sólido, constante interés de la Real Hacienda , consiste en la circulacion de las producciones naturales é industria. Es menester recurrir al cálculo para decidir la qüestion. Supongase que la Real Hacienda interesa sobre los frutos extrangeros que se introducen , computados los derechos de todos los mas altos con los moderados y mas baxos, un quarenta por ciento , que aunque cotejo excesivo , se presupone para esforzar la reconvencion. Supongase (que á la verdad es suposicion) que todo el importe sale en regla , pagando el tres por ciento. Unidas ambas parti-

tidas suman quarenta y tres por ciento , reportando
el Exrrangero cinquenta y cinco , que ha salido como la anterior partida de la substancia de los vasallos,
porque cambió el dinero por el género , y lo pagó
tanto mas caro, quanto fueron los derechos que se le
exigieron al Extrangero sobre los géneros , y los gastos que ocasionaron.

El Fabricante ó Comerciante forma su factura
con arreglo al costo principal de la materia primera,
los de la manufactura , embarque , flete , avería , seguros , derechos nacionales y consulares , los que se
pagan en la Real Hacienda, la conduccion desde el navio á tierra , el transporte al Almacen , el arrendamiento de éste , la comision , el corretage y otros
gastillos anexos , y luego le computa la correspondiente ganancia , que haciendo todo precio de factura , lo paga el Español comprador. De forma, que
al propietario del género se le compensa quánto dispendio ha tenido. Tambien incluye, aunque con disimulo y baxo un renglon conocido , el tres por ciento
de la extraccion de la plata , ó vende la ropa mas
cara para su descuento. Se infiere con la mayor evidencia que los quarenta y tres por ciento, que perci-
bió el Real Erario , los pagó efectivamente el comprador Español. Observese que de los trece renglones
de gastos , que forman el de la manufactura , embarque , flete &c. hasta en el dia de la venta de la
ropa, los ocho ó nueve renglones (y son los mayores,
excepcionando el de los derechos reales) ceden , y se
reparten entre sus nacionales y los restantes , como
son el transporte desde el embarcadero al Almacen,
el alquiler de este , y el corretage, son los que quedan
á nuestro beneficio , y tal vez ni aun estos , pues si
la casa extrangera á quien viene la comision, tiene Al-
ma-

macenes , el mismo Extrangero disfruta el importe
del almacenage , á que se añade que regularmente se
sirven para las negociaciones de corredores extrangeros. Tambien suelen servirse de las lanchas y botes
de sus navios para la conduccion de las ropas al
muelle. De suerte, que no le queda al Español en este tráfico otra utilidad, que la del cargador ó manda-
dero (llamados Aljameles , que cargan sobre sus caballos ó carros de la Aduana los fardos) que conduce los géneros desde el muelle á la Real Aduana , y
desde allí á los Almacenes. Esta demostracion prudencial , pero verdadera , hace ver que el Real Erario percibe muy poco , en comparacion de lo que
pierde en lo mucho que la Nacion es perjudicada , y
no se observa de este modo aquella reciproca estrecha correspondencia entre la Real Hacienda y Comercio , que constituye la felicidad pública.

Todos aquellos renglones , ganancia , y compensacion de costos que logra el Extrangero en la venta de sus efectos , mantienen á sus Nacionales , des-
truyen á los nuestros, la Poblacion, Agricultura , Artes &c. Supongase que la Real Hacienda lucra considerables derechos en la mayor introduccion de géneros extrangeros: pero confiesese que la Nacion pierde considerablemente. Estos dos extremos son incompatibles en el dictamen de los mejores políticos para
sostener la prosperidad del Reyno. La Francia (así
lo reflexionan sus escritores políticos) sufrió un Comercio ruinoso por bastante tiempo. Ningun género
extrangero se prohibia , y su introduccion se execu-
taba baxo moderados derechos. La Inglaterra , ó prohibia , ó sobrecargaba los de Francia , y así en la
balanza del tráfico, era aquella Nacion la que adelantaba. Ocupó el trono el Señor Don Luis XIV. varió-
se

se el sistema , ó propiamente hablando se estableció sistema. Se prohibieron ó sobrecargaron las mercaderías , que podian hacer competencia á las Fábricas del Reyno , hubo menos importacion de géneros extrangeros , se deterioró precisamente el Real Erario por la disminucion del renglon de entradas , pero se acrecentó porque el Comercio , Fábricas , é Industria prosperaron. Estos son hechos incontrovertibles. Las rentas de la Corona se quadruplicaron desde el Señor Don Luis XIV. como se puede ver en los escritores de aquella Nacion , y otros sobre su comercio y política. El exemplo de las demás Naciones debe servir del mayor convencimiento. Todas gravan con derechos , ó prohiben la introduccion de todo lo que puede perjudicar á su Industria , Artes &c. Este es el clamar de los mas clásicos políticos. Nuestras leyes tienen aplicadas baxo el mismo espíritu oportunísimas providencias , pero el declamado interes de la Real Hacienda ocasiona su inobservancia. Ignoro de que principio , sino de la falta de una prudente calculacion , puede derivar la tal declamacion. Si se exàminan todos los Reales Decretos excitando la Agricultura , Comercio , Fábricas , é Industria , concediendo franquicias , y exênciones, se encontrarán dos circunstancias muy particulares. Una , que el Real ánimo detiere y fomenta la industria de los vasallos , á fin de evitar el consumo de los géneros extrangeros , no salgan el oro y plata en retorno , prospere la Nacion y se enriquezca , pues en ello consiste el poder del Estado , y la facilidad de subvenir á las contribuciones y urgencias. Esto no es compatible con la demasiada importacion de las mercaderías extrangeras ; y decadencia de nuestras Fábricas, agraciando aquellas , ó exigiendolas moderados

dos derechos , y no franqueando estas, y por consiguiente no será violento opinar, que semejante conducta es contraria á las reales intenciones. La otra circunstancia deriva de conceptuarse en los tales Reales decretos compatibles , y conciliables las franquicias con el interés del Real Erario. Asi han opinado nuestros Soberanos , lo opina y promueve por repetidos benignísimos Reales decretos nuestro amabilísimo Rey , Padre y Señor (que Dios guarde y prospere) el Señor Don Cárlos III. El Gobierno y Ministerio es muy ilustrado , zeloso y amante del Real servicio y causa pública, para creer que sea de contrario dictámen á estas elementales, constantes, universales máximas. Es verdad que se advierten algunos efectos contrarios á aquellos principios: pero es menester inferir no dimanan directamente del Gobierno , sino de las influencias ó informes de los subalternos.

Los Administradores y demás empleados en rentas Reales, conceptuan no es otro su cargo (hablo generalmente y sin ánimo de agraviar) que el adelantamiento de aquellas , sin creerse obligados á conciliar el interés de la Real Hacienda , con el de la nacion. Mientras mas entradas logran durante su tiempo , mas declaman su mérito por relevante. Los partidarios (que hay bastantes) contra las fábricas, gritan que no prosperan ni convienen en España, que es preciso surtirnos de los géneros extrangeros, que son mejores y mas baratos , aun habiendolos iguales manufacturados en España. Unas y otras veces llegan al Gobierno , y considerando la precision de provisionar de ropas al Reyno , se mira forzado á desviarse del concepto explicado por los Reales decretos, que concilian las ventajas del Real Erario

rio y nacion , concediendo á favor de la industria
de estas franquicias , que al parecer deterioran los
Reales derechos , excitandose la aplicacion de los vasallos al aumento de las fábricas , y que no necesite-
mos el abastecernos de las extrangeras. Tedo vasallo
y amante de la Patria , debe coadyubar y concurrir
á quanto sea aumento de la Real Hacienda. Debe
mirarse con horror , y como miembro podrido de la
sociedad , al que la desfrauda , aconseja ó presta
para ello auxilio.

La dificultad consiste en que se aumente igualmente la fortuna ó prosperidad de los vasallos. Esto
se consigue siempre que la Agricultura , Comercio,
Fábricas , é Industria se feliciten , y á sombra de dichos ramos los Pueblos. Nadie puede dudar que son
los principios elementales de la prosperidad de la
nacion , y que enriquecen el Estado y la Real Hacienda. Entre esta y aquellos , debe sostenerse un
fluxo y refluxo político , por cuyo medio se mu-
tuen las respectivas utilidades. Mientras mas labradores , fabricantes , operarios ocupados , comerciantes , artistas , criadores de ganados , cosecheros , y
finalmente individuos empleados en la sociedad , mayores consumos de especies afectas á contribucion,
mas contratos de compras y ventas , mas facilidad á los repartimientos. Para la Real Hacienda es
indiferente la recaudacion de derechos , el conservarse y acaudalarse por el renglon de las entradas
de los géneros extrangeros , ó por los derechos afectos á los consumos , á los contratos de compra y
venta , encabezamiento y demás motivos que cau-
sen contribucion. Pero hay la notabilísima diferencia , que el acrecentamiento del Real Erario por las
entradas de géneros de fuera del Reyno , no solo

ce-

cede en perjuicio de la nacion, sino que es contingente y no durable, pues puede llegar el caso de que se disminuyan los consumidores, y por consiguiente suspendan los extrangeros la importacion. No es un pronostico fantastico. Es una fundada política prevision, que no debe abandonarse. Nuestro Comercio Americano, que es el mas ventajoso recurso que tienen nuestros Comerciantes Españoles, se halla muy deteriorado. No se necesita mas prueba, que cotejar los muchos millones de efectos que se navegaron en la última flota, y los pequeños retornos que regresaron. Los veinte y dos, ó mas millones que conduxo á su vuelta, comprehendian los enseres que habian quedado en Indias de la antecedente, los de los azogues, el caudal que remitian los Americanos para emplear por su cuenta, y lo perteneciente á S. M. De suerte, que habiendo salido la flota de las mas interesadas, no correspondió su retorno, quedando consiguientemente estancados y sin vender por entonces muchos millones de géneros.

Ya no hay en el Comercio aquella recíproca confianza y credito entre sus individuos. Las quiebras han sido repetidísimas en Indias. Para girar ó tomar una letra, se hacen averiguaciones que en otro tiempo serian injuria y ofensa. La Agricultura se mira decadente. Tomaron los labradores un rápido felice vuelo, que ya desapareció. Los Pueblos (por punto general) se hallan atrasados. El número de pobres involuntarios por no tener en que trabajar, se aumenta. Algunas fábricas se han reparado, y establecido otras, pero no influyen un beneficio capaz de compensar aquellos descubiertos. El luxo ha llegado al último extremo. La profusion no conoce limites. Estos desordenes son prueba de la miserable consti-

tu-

tucion aun de los Pueblos mas acaudalados, y prenuncios indefectibles de la próxima irreparable ruina. Debe comparecer á una vela, que hace mayores esfuerzos para lucir mientras mas se acerca á su espirar, consumirse ó apagarse. Todos los inmoderados gastos son arbitrios para disimular cada uno la deplorable situacion de sus negocios, poder mantener su credito, y contraer tal vez nuevos empeños. En la plaza de Cadiz es casi práctica universal, que en el acaecimiento de una desgracia en la mar, ó por otros términos, cada uno procura convencer no haberle alcanzado, á fin de que no se formen juicios ni conjeturas sobre su mas, ó menos fuerzas en el Comercio, especialmente si tiene pendientes algunas negociaciones.

No es posible, que las ganancias puedan sufragar á la costosa manutencion de tres teatros, huelgas á Chiclana, Pueblos inmediatos, y demás extraordinarias profusiones que se notan. Si se exâmina cada clase de empleos, ocupaciones, exercicios, &c. se hallará el propio desorden. Es preciso por una fundada prevision politica, conceptuar el que no está lexos alguna irreparable ruina. Prescindo de la historia de los imperios arruinados por las profusiones, luxo, indolencia de sus naturales, y otros desordenes. Contraigome unicamente al Comercio y demás ocupaciones, cuyos individuos son los consumidores de las especies de comodidad y luxo. Es casi evidente el que comprobecidos nada podrán comprar de aquellos renglones, y por lo mismo se minorarán las entradas de los géneros, resultando de ello el deterioro de la Real Hacienda. Pero al contrario: supongamos florecientes nuestra agricultura, fábricas y artes, protegidas, amparadas, precaviendose el

que

que las ropas extrangeras no les hagan competencia,
lo que se logra , ó con su prohibicion , ó gravarlas
de correspondientes derechos , animandose todos á
porfia á la industria , porque á todos excita la ganancia; entonces pues habrá un Comercio grande , se
aumentará la poblacion , porque se contraerán mas
matrimonios , se harán felices expediciones á las Indias , circulará rapidamente , y por innumerables
manos y modos el dinero.

¿Qué consumos tan extraordinarios serán conseqüencia de aquella prosperidad? ¿qué repeticion de
compras y ventas? ¿qué facilidad en los repartimientos y su pago? ¿qué retornos en oro , plata , ó frutos de las Indias? todos son ramos utiles , seguros y
sólidos de la Real Hacienda. No es mi ánimo persuadir fuesen las franquicias perpetuas. Deben limitarse hasta el tiempo en que tal , ó tal fábrica tenga su firme establecimiento. Es menester reflexionar,
que nunca faltarian absolutamente las entradas de
los géneros extrangeros , pues siempre quedarian
muchos de que necesitariamos , y consiguientemente no se suprimirá este ramo interesante á la Real
Hacienda , sino propiamente se conciliaba con el interés de la nacion , que es lo que todos los autores
políticos aconsejan , y las naciones todas executan.
El vasallo protexido y amparado en su respectiva ocupacion de Comercio , Agricultura , é Industria , no
tiene motivo á reclamar las exâcciones de derechos
en su tráfico ; su ventajosa circulacion que hace de
sus frutos , manufacturas ó artefactos , le sufraga
para todo. La Provincia del Franco Condado es un
exemplo recordado por los políticos. Durante el
anterior gobierno , nada ó muy poco contribuïa , y
no obstante estaba pobrísima. En el dia paga mucho,
y

y es opulenta. La diferencia consiste en que todos los ramos conducentes á su prosperidad, y por donde segun la naturaleza de su terreno y proporciones podia enriquecerse, se hallan patrocinados, especialmente atendidos, y finalmente conciliado el interés de aquellos con el de los renglones relativos al de la Real Hacienda.

No hay otro modo mas seguro de enriquecerse este (asi opinan el amigo de los hombres y otros políticos) que el enriquecer los Pueblos. Entonces, lexos de ser el luxo ruinoso á la nacion, le seria importantísimo siempre que los consumidores de sus especies no excediesen sus facultades, y aquellas fuesen trabajadas dentro del Reyno. El *luxo* en general es un vicio por mas que se haya querido disfrazar, gasto correspondiente á la respectiva gerarquía, y decencia de cada individuo. Los autores políticos distinguiendo el fausto permitido á tales clases de personas, condenan obsolutamente el luxo, que es ya un exceso sobre los limites á que se extiende aquel permiso. Distinguen tambien, y especialmente el titulado amigo de los hombres el luxo ilicito del licito. Omito la reproduccion de las razones de unos y otros partidarios. No olvido las sabias leyes suntuarias, la Real Pragmática de trages, y otras varias Reales disposiciones económicas, cuya infraccion ha sido gran parte de los atrasos en que se halla la nacion, ha ocasionado y ocasiona considerable extraccion de oro y plata, y nos constituirá en la última irreparable ruina, si no se adoptan en tiempo las providencias oportunas. El mal ha llegado al extremo de incurable radicalmente. El luxo y profusion ya no conocen limites. Parece imposible pueda adelantar mas sus progresos.

¿Qué

¿Qué inventivas no observamos cada dia? ¿qué repetida diferencia de buxerías y vagatelas, que en mas segura piedra filosofal sabe el extrangero convertir en oro? ¿qué caudales se consumen? ¿qué otras desgracias? No sé si preguntaria á los partidarios de las introduciones extrangeras, como ramo importante á la Real Hacienda, si todos los renglones del *luxô* se introducen segun las establecidas reglas, registrandose, y pagando los prefinidos Reales derechos. En tal caso (ni lo afirmo, ni lo niego) el Real Erario y la nacion perderán á la par, y el extrangero lucrará á dos manos. ¿No es especie que asombra el que habiendo en España hábiles artifices, y siendo su terreno (Americano) el que franquea el oro y plata, haya de acudirse á los Países extrangeros por las baxillas y demás alhajas de ambos metales, siendo preferidas las que se nos introducen gravadas con crecidas hechuras, y la plata tal vez no de la correspondiente ley? Permitase en hora buena que en tales casos por la fama de un excelente artifice, por exemplo en Inglaterra, se valgan algunas personas de caracter y caudal, de su habilidad, y le encarguen una ú otra alhaja. Perjuicio es, disimulese: pero hacer un Comercio abierto y tan grande de alhajas de oro y plata trabajadas en los Países extrangeros, como se hace de los *lienzos*, *olandas*, y de otras *ropas*; es haber llegado nuestra obscecacion al último extremo.

¿Cómo pretendemos prosperen nuestros labradores, fabricantes y artistas, si á porfia estamos arrojando fuera del Reyno el dinero, que es el que pone en movimiento las labores, fábricas y artes? El daño que por todos ramos sufre la nacion, es cierto, grave, y cada dia se aumenta. Es ya impo-

si-

sible exterminar totalmente el luxo y profusion, y mania por las modas. No nos queda otro arbitrio, que procurar convertir el veñeno político en triaca de la misma clase. Reduzcase uno de los empeños al fomento de las fábricas y artefactos, á los géneros, y especies propias del luxo, imitandose las de los extrangeros, y aun inventandose. La experiencia tiene acreditado en Madrid, Barcelona, Valencia, y otros Pueblos, el que nuestros artifices imitan, y adelantan quanto viene primoroso de los Países extrangeros. Son muchos los expedientes en la Real Junta general de Comercio, que confirman esta verdad. Entonces, por lo mismo que el luxo ocupará á nuestros operarios, fabricantes, artistas, menestrales, &c. será utilísimo, producirá grandes ventajas á la nacion, evitará la salida del oro y plata fuera del Reyno, y la Real Hacienda por la mas activa circulacion, consumos, y otros varios rénglones, adquirirá mayores utilidades, que las que en el dia le rinden los tales efectos extrangeros. La composicion de caminos, el pronto equitativo abasto en las posadas y ventas, el auxîlio á los traginantes en los Pueblos de su tránsito, son objetos muy dignos del gobierno, é indispensables para el establecimiento de un Comercio floreciente. Asi lo propusieron los sábios Señores Ministros de la Real Junta general de Comercio, en una consulta á la Magestad del Señor Don Cárlos II. año 1679.

La reparacion de los caminos, no es muy dificil costeando cada pueblo lo que corresponda á su jurisdicion, á cargo de los caudales públicos. Es verdad que no todos los *Propios* de los Pueblos pueden sufrir igual gravamen, ni hay fondos para la construccion de una costosa puente, y otras obras mayores, pero

ro á ninguno le falta proporcion de poder corregir
algo y con cuidado de recorrer los malos pasos , y
componerlos cada año en sus respectivos tiempos,
se facilitaria el buen transito en el modo posible á
los traficantes , estarian menos expuestos á riesgos,
y dilaciones , que son daños que se recargan sobre
el valor de los generos. La abundante buena provision de las posadas y ventas á precios equitativos,
es mas facil , siempre que las justicias en sus territorios apliquen el correspondiente zelo. No es dudable
se hallan gravadas con las contribuciones, pero tambien escierto que baxo de este pretexto suben excesi-
vamente los precios, no solo para compensar el gravamen los demás anexos gastos , y una utilidad regular, sino para enriquecerse. Los traficantes , tragineros , y pasageros , deben ser muy atendidos en los
Pueblos de su tránsito. Prescindiendo de la obligacion
inspirada por la misma humanidad , ser vasallos del
propio Soberano , ó aunque sean extrangeros, estar
residiendo y amparados en sus dominios ; siempre
consumen , ó los comestibles , ó el vino , ú otras especies , pagan la posada &c. las quales cantidades
se acrescen á favor de aquel Pueblo de tránsito , y
por lo mismo es justo trate con amor al que le dexa
su dinero. No es esta prudente conducta muy general. El sobreescrito de *forasteros* suele hacer poco
recomendables á los pasageros , tragineros, &c. Todos los significados renglones , y otros muchos que
omito , son indispensables se tengan muy á la vista
por el Gobierno para combinarlos , y en su conseqüencia dar las providencias convenientes á conciliar el interés del Estado , el de la Real Hacienda,
y Nacion , exercitandose las funciones de la política , que es la que constituye al Reyno poderoso

Tom. XXVII.　　　　M　　　　　　y

y respetable , y á los ciudadanos felices.

Poblacion , agricultura , comercio , fábricas , artes é industria , principios de la riqueza solida y verdadera , exîgen cada uno por su naturaleza variedad de resortes , y ramos subalternos ó subsidiarios, y una particularísima incesante atencion. Con freqüencia ocurren novedades que piden pronto remedio. Por exemplo , una abundante cosecha y el trigo á un precio regular , enriquecieron á los labradores de una provincia , y llegó el caso de deberse permitir la extraccion del trigo. Aun en este caso no puede el Gobierno descuidarse , para exâminar si el grano exportable perjudica por su extraordinaria cantidad á la siguiente sementera , faltando simiente, ó al abasto del próximo año. Salvo el superior dictamen , mis limitadas luces opinan , que si el precio del grano , como la licencia de su extraccion , se pudieran providenciar anualmente por el Gobierno, segun hubiese sido la cosecha , mas ó menos gastos impendidos por los labradores. Estos costos no se han de entender en particular , sino los que dimanen de un motivo general y no evitable por parte de los labradores. Por exemplo , se atrasó un año la otoñada , se retardaron las aguas , y á las primeras lluvias todos se empeñaron aceleradamente á la siembra. Los jornaleros en estos casos precisamente suben, porque un hombre vale tanto mas , quanto su trabajo es en mayor aprovechamiento del que le ocupa. La regla prevenida por ley , de que se gradúen á los jornaleros sus respectivos jornales , ni es absolutamente adoptable en todas las ocurrencias , ni impidé , antes bien patrocina (segun se deduce de su espíritu) el que se les señalen los correspondientes al mayor merito de su trabajo , circunstancias de la estacion, y otras proporciones, que deben medirse por la prudencia.

Las malas cosechas (lo mismo que se dice del trigo, se ha de entender de la seda y demás especies) ú otras contingencias, ocasionaron en otra ó aquella Provincia, pérdidas considerables: para cuyo remedio, es preciso que el Gobierno aplique las convenientes providencias. El propio exâmen, concepto y meditacion exîgen los otros ramos, y la aplicacion de sus respectivas disposiciones.

El Gobierno (vuelvo á repetir) debe considerar la poblacion de cada Provincia, su terreno, agricultura, comercio, fábricas, industria, genio de sus naturales y costumbres, favorecer el ramo que necesite patrocinio, compensar la pérdida del uno con la utilidad del otro, y concretados todos estos principios de Provincia á Provincia, de cada una en particular, y con respecto al todo del Reyno, formará una justa prudente calculacion, que le servirá de norte para dar acertadas providencias. Igualmente ha de instruirse en el estado de las importaciones y exportacion, y en virtud de esta noticia calculará la ganancia ó pérdida en el Comercio y demás ramos de la Nacion (1). Esta averiguacion de las entradas y salidas, es importantísima, y se halla prevenida por la ley Real, que previene se haya de seis en seis meses de remitir razon por las aduanas (2). Unos encargos tan vastos, piden freqüente correspondencia para adquirir las convenientes noticias, no solo en los Puertos, Intendencias, y Ciudades capitales, sino aun en otros Pueblos,

M 2   siem-

(1) *El Señor Davenat en su uso de la arismetica política, y otros AA.*

(2) *Ley 63. lib. 6. tit. 18. Recopilacion.*

siempre que en ellos se encuentre alguno de los ramos referidos, que forman la felicidad pública en regular disposicion de poder concurrir á la comun circulacion, ó exija su correspondiente fomento. Seame permitido por aclarar mas el pensamiento, y en desahogo del amor al Real servicio y causa pública, individuarlo materialmente.

Cadiz es el Puerto, plaza mas fuerte y de mayor concurrencia del Comercio, asi por ser el almacen universal de todos los géneros, que se han de embarcar á Indias, como de los que se han de consumir dentro del Reyno, y de todo lo que se ha de extraer para los Países Extrangeros, oro, plata, añiles, granas, otras materias primeras y frutos. Sevilla, Cartagena, Vilvao, Barcelona, otras Ciudades y Puertos, se hallan respectivamente en iguales circunstancias, aunque por lo tocante á Indias, Cadiz puede decirse Puerto privativo. En dicha Plaza se reparten semanalmente por el Vigia (el que observa desde su alta torre los navios que entran) una ó dos listas impresas de todos los baxeles que entran, salen, surgen en bahía, sus Naciones, cargamentos, de donde vienen, á quienes se consignan, y á que Puerto hacen (regularmente, aunque no siempre se agrega esta circunstancia) su torna viage. Por dichas listas se instruirá el Gobierno en general de las importaciones, navegacion y tráfico de los extrangeros á aquel Puerto, para lo qual puede mandarsele al Gobernador de Cadiz, que cada correo remita exemplares. Aunque no haya igual practica (lo ignoro) en los demas Puertos, se podrá prevenir á los Gobernadores ú otros Gefes, dirijan las respectivas relaciones testimoniadas de los baxeles que hubiesen entrado ó salido, con igual especificacion que las

de

de Cadiz. La observancia de la citada luz, encargandose á los Administradores su exâcto cumplimiento, ilustrará al Gobierno, á fin de que combinadas las relaciones y listas, se pueda formar concepto del estado de las introducciones y extracciones, conocer qual ramo perjudique á nuestras fábricas, y deba prohibirse ó gravarse con aumento de derechos, qual renglon de nuestra exportacion haya de fomentarse ó restringirse, y finalmente el Gobierno se instruirá como por un mapa facilmente, en todo el giro y circulacion del Comercio de las demás Naciones con España. En vista de estos conocimientos, podrá formar una prudente calculacion de si perdemos, ganamos, ó salimos en paz en la valanza del Comercio. No hay otro arbitrio en el dictamen de los políticos, especialmente el señor Davenat en su arismetica politica, para conocer radicalmente las ventajas ó pérdidas en el Comercio de las Naciones, y si son felices ó contrarios sus progresos en los demás ramos.

Esta diligencia no es tan dificil como tal vez se alegará por los Administradores, pues prescindiendo de que no hay excusa, para dexar de cumplir exâctamente una ley del Reyno; con solo destinar á uno de los Oficiales ó á dos, que vayan tomando una separada razon de los despachos diarios sobre entradas y salidas, al plazo de los séis meses encuentran el trabajo evacuado, y con hacer un cotejo (que tampoco es diligencia dificil ni dilatada) con los libros, pueden los Administradores remitir las relaciones, cumplir con lo mandado por ley, instruirse radicalmente el Gobierno, y cotejandolas al fin del año, y siempre que lo tenga por conveniente, advertir qualesquier novedad, que sea digna de

re-

remedio. Por lo respectivo á la navegacion Americana , en las expediciones á las Indias , y su tornaviage , puede facilmente practicarse igual diligencia, previniendose al Presidente de la Real Audiencia de contratacion , envie copia autorizada del registro de cada navio á la ida , y otro de lo que conduxese á su regreso , uno y otro con las correspondientes explicaciones en que se extienden los despachos. El exâmen y cotejo de estos documentos , no solo hará conocer si las ventas de los efectos navegados han sido ventajosos , sino si hace ó no la correspondiente exportacion de los frutos de Indias , y si aquellos naturales se animan á su tráfico , segun se halla prevenido por las reales leyes arriba recordadas. Asimismo se instruye el Gobierno en el quanto de nuestra exportacion de frutos y manufacturas á las Americas , tomandose luces para averiguar en que consista su menos tráfico , y que providencias sean adaptables para fomentarle.

Todas estas averiguaciones no inventadas por el capricho , sino prevenidas , unas expresamente , y otras deducidas de leyes Reales , y todas importantísimas á que el Gobierno pueda adquirir perfecto conocimiento *de los medios oportunos á hacer un Estado respetable , y á los ciudadanos felices* , no solo producen las significadas ventajas , sino facilitan la averiguacion de los géneros ó mercaderias que se introducen de contrabando , defraudando la Real Hacienda. Por exemplo : se observa en el Comercio ó en las tiendas un despacho grande de aderezos de diamantes trabajados en Londres. Se cotejan las relaciones de los Administradores, y no se encuentra tanta copia ó ninguna de dichas alhajas, de aqui se infiere por legítima conseqüencia , que se introduxeron fraududulentamente , y se puede proceder á la mayor indagacion , para cuyo caso se deberá recurir á los libros de los Comerciantes , y cartas de correspondencia (como lo tengo procurado persuadir en obra separada , á que me remito) practicando las demás diligencias convenientes al descubrimiento del fraude.

Lo mismo que se dice de los aderezos de diamantes, es acomodable á qualquiera otras alhajas ó géneros de facil introducion. Para mayor instruccion del Gobierno, convendrá el que los Virreyes y Gobernadores de las Indias , informen en cada ocasion de navio, los frutos y efectos , produccion de aquellos dominios , que se conducen á España , si hacen su remision sus naturales , y el estado de sus plantaciones y agricultura , como igualmente el del consumo de los nuestros y manufacturas. Tambien informarán los renglones que abundan ó escasean , para que el Gobierno adopte las providencias convenientes. Otros informes son igualmente convenientes que no corresponden á esta obra , y tengo explicados en la del contrabando. Previamente seria indispensable se comunicasen órdenes á los Virreyes y Gobernadores, con insercion de las leyes Reales recordadas en este capitulo , encargando su puntual observancia , y que con concepto á su contenido y demás circunstancias que se le previniesen , informasen. Omito otras muchas prevenciones que la dilatada experiencia inspira , y se encuentran en la citada obra sobre contrabando , á que me remito.

Por lo respectivo á instruirse el Gobierno en el estado de la agricultura , fábricas , comercio , artes, é industria del Reyno , se pudieran expedir órdenes circulares á los Intendentes y Ayuntamientos , remitietiesen unas relaciones ó planes justificados de los ramos de su respectivo Pueblo, número de fanegas de tierra, labradores, frutos de que mas abunde, proporciones al cultivo de otros, mas ó menos (por juicio prudencial) facultades ó riquezas de los vecinos: si hay fábricas, quales, y las que pudieron establecerse, que tráfico, y para donde hacen de las producciones de su terreno é industria: que vecindario, si hay ó no muchos pobres por no tener en que trabajar ó por culpable ociosidad: que introduciones de géneros, ya extrangeros, ya de otras Provincias del Reyno, se executa, y quales serian los medios de adelantar y prosperar en qualesquiera de los ramos, que forman la sociedad civil. Este pensamiento no es nuevo, es deducido de repetidas Reales órdenes, expedidas por la Magestad del Señor Felipe V. y posteriores. Igualmente se deduce de los capítulos de instrucciones á los Corregidores. Mucho puede contribuir á estos conocimientos, lo trabajado sobre la única contribucion, que podrá tenerse presente. Orientado el Gobierno con todas estas calificadas noticias, se instruye exâctamente de toda la riqueza Real y artificial que haya en cada Pueblo y en el todo de la Nacion, la circulacion que se actue, la que se le pueda dar, el ramo que necesita mas fomento, y qual debe darsele las proporciones y disposiciones sobre que recaigan con acierto las providencias. Comparada la totalidad de producciones en toda clase, con los consumos en lo interior del Reyno, y en el exterior á las Indias y á los Países extrangeros, se vendrá en conocimiento de si nuestro Comercio activo se halla ó no en felice constitucion, y podrá con el fomento de los renglones, que son su materia, aumentarse.

La

La crianza del ganado de toda especie, ha de ser tambien uno de los puntos de los informes, lana que rinda cada esquiléo, su destino, modo de negociarla, pieles, su beneficio, tráfico, &c.

Finalmente, los informes han de ser los mas circunstanciados, de modo que no quede la mas pequeña duda, extendiendose tambien á si hubiese cosecha de seda, quanta, su giro, plantío de moreras ó morales. Item, si hubiese minas, de que clase, su estado, Comercio de sus metales. Siendo la Poblacion uno de los asuntos mas interesantes á la felicidad pública, debe hallarse el Gobierno informado de su estado, progresos ó disminucion, y por consiguiente del número de matrimonios que cada año se celebren, y asi será este uno de los puntos de los informes. La educacion de la puerilidad y juventud, es el taller donde se forman lo buenos vecinos y ciudadanos. El Real Consejo de Castilla tiene aplicadas oportunísimas providencias, siendo una de ellas la dotacion de las escuelas á costa de los caudales públicos. Puede haber algun descuido en la práctica. Los maestros mientras menos muchachos pobres ocurran, tanto menos trabajo. Los padres viven en la rusticidad, se sirvén de sus hijos como de esclavos desde la edad de siete años, y reusan vayan á la escuela. Las justicias no todas tienen la vigilancia que corresponde á la importancia de la materia. No basta un zelo regular, se necesita extraordinario é incesante. Hablo de experiencia: fue imponderable el trabajo que tuve en reducir á los padres pobres el que enviasen á sus hijos á la escuela. Hube de usar de apremios, y lo mismo para recoger los muchachos y muchachas vagas, que todo el dia corrian por calles y plazas. El medio de instruirse el Gobierno sobre la conveniente educacion de los muchachos y jovenes, y su aplicacion á oficio ú otra ocupacion , es el que por 'órden general se prevenga á todas las Justicias y Ayuntamientos hayan de enviar de seis en seis meses relaciones documentadas del número de muchachos y muchachas , su aplicacion y destino, como expresamente se halla mandado por ley del Reyno , acompañando testimonios de las providencias que se hubiesen aplicado , y diligencias practicadas al significado efecto (1).

Para que no haya omision , conviene el que se les imponga á las justicias y regidores una competente multa, con la calidad de mancomunados , pues es el unico modo de que unos á otros se fiscalicen , y tengan cuidado de dedicar toda su atencion al objeto principal , y á dar cuenta de seis en seis meses. Mientras mas vecinos ocupados , mayor riqueza y prosperidad en los Pueblos , y de ella resulta la del todo de la Nacion. Las providencias propuestas, que con repetida sumision se producen , y otras que podrán aplicarse , instruirán al Gobierno freqüentemente en el estado de los Pueblos y Provincias , el de los ramos respectivos , sus atrasos ó progresos, á fin de en su vista adoptar los medios conducentes á conciliar los intereses del Real Erario, Estado y Nacion , que es en lo que consiste la felicidad pública. Es indispensable no perder de vista la constitucion de la riqueza natural, y la de industria. El quanto de la exportacion de sedas , lanas , y demás materias primeras , frutos &c. y el de la importacion de los géneros y efectos extrangeros de toda clase. Unos conocimientos tan extensivos , prolixos , y que se han de apurar de todos los Pueblos que componen
la

(1) *Ley* 11. *lib.* 1. *tit.* 12. *Recopilacion de Castilla.*

la Monarquía , sin olvidar los Americanos , piden un Magistrado formado de muchos individuos , con privativa inspecion sobre tan innumerables objetos, sin distraer su atencion á otros destinos ni ocupaciones.

Este es propiamente el instituto de un Consejo supremo de Comercio , Agricultura , Poblacion, Fábricas , y Artes. En la primitiva ereccion de la Real Junta de Comercio , que tal debe entenderse la establecida en el año 1625 , uno de los motivos que segun el contexto de su literal Real Cédula inclinaron al Real ánimo á su institucion , fue comprehender, con el dictamen de señores Ministros sábios , y de primer caracter , debia separarse el conocimiento de estas materias de lo general del Gobierno , donde por ser muchos los negocios , no podian tener el pronto correspondiente curso los que privativamente se encargaban á la Real Junta. De suerte, que el pensamiento se halla autorizado, no solo con dicha Real Cédula , y las succesivas del restablecimiento de este tribunal, sino con el exemplo de todas las mas Naciones. Los motivos son los mismos, y si todavia los Extrangeros aun teniendo florecientes comparativamente los ramos de la felicidad pública, nada han alterado sobre aquel instituto, antes bien sus autores modernos confiesan, que deben la prosperidad de aquellos renglones, y las ventajas de su trafico, á la sábia institucion de su gran Consejo de Comercio (como arriba se ha expresado), parece que hallandose la Agricultura, Comercio , Fábricas , y demás resortes de nuestra maquina política , debilitados y aun en visperas de arruinarse , estamos en la precision de aplicar el oportuno experimentado remedio , erigiendose la Real Junta en gran Consejo, con la declaracion de sus am-

N 2

plias

plias facultades, privativo conocimiento y jurisdiccion, formandose de señores individuos en mayor número, agregandose á los de su actual dotacion, dividiendose en dos salas, una de Gobierno, y otra de Justicia. El aumento de señores Ministros puede verificarse con poco, ó ningun costo de la Real Hacienda. La universidad de cargadores á Indias, que abraza á las Ciudades de Cadiz, Sevilla, Puerto de Santa Maria, Xeréz de la Frontera, y San Lucar de Barrameda, pudiera sufragar un competente sueldo, á uno ó dos de sus individuos (que ya hubiesen sido Consules), para el Ministerio del gran Consejo de Comercio. Aquella comunidad tiene muchos fondos y proporciones a la citada dotacion, sin perjuicio de los destinos de sus caudales, y quando faltasen pudiera arbitrarse alguna asignacion sobre los efectos, y caldos que se embarcan á Indias, plata, oro, y frutos que se retornan, que por muy pequeña que fuese, importaria mucho, sin especial gravamen de los cargadores y propietarios. Con bastante freqüencia (á mas de sus dos actuales Diputados) conmisionan otro extraordinario. Esta sería una ventaja muy particular, ó importante al Comercio Americano, pues las providencias sobre su fomento y combinacion del Européo con el de las Indias, se darian con el dictamen de dos personas practicamente instruidas.

Tambien pudieran los Consulados de Mexico y Lima proponer dos de sus individuos, excusando el gasto de los Diputados que mantienen, cuyos sueldos podian subrogarse á favor de los tales Ministros. El Consulado de Cadiz, que residia en Sevilla año 1705, pidió al Rey en el dicho año que un su Diputado asistiese á la Junta. El Comercio

de

de Bilbao , Barcelona , Valencia , las Ciudades de Burgos , Santiago , Toledo , Santander , y otros Pueblos principales de Agricultura , Comercio , ó Fábricas pudieran proponer sus individuos , prorrateandose sus sueldos sobre las clases de comerciantes, labradores , y fabricantes , suprimiéndose los de los Agentes , ó Diputados , que podian servir para los Ministros. La Real compañía de San Fernando de Sevilla , y la de Zaragoza , son comunidades de que se pudieran nombrar. Ni obsta el que los tales Agentes ó Diputados sirvan para el seguimiento de los pleytos é instancias , que las comunidades de comerciantes , ó los Pueblos tienen en los tribunales, pues nombrandose á los Procuradores del número , á quienes no hay mas cargo que satisfacerles sus derechos ; los señores Ministros auxîliarán con sus autorizados oficios las pretensiones de cada comunidad respectiva. Si la duracion de los referidos empleos ha de ser perpetua ó temporal , como la de los Diputados de Millones , es punto que por ambos respectos ofrece muchas dificultades. En quanto á los señores Ministros de los Consulados de Mexico y Lima , parece por la gran distancia que si viniesen desde aquellos Reynos expresamente al goce de su empleo fuesen perpetuos , ó durasen tiempo duplicado á los de Europa , pues tambien son mas tardas y dilatadas las noticias , que por su influxo , dictamen, ú ocurrencia se deberian pedir. Por lo tocante á los de España , convendria tomasen los individuos de las respectivas comunidades , así porque este honor los alentaria á adelantar los progresos en cada ramo, á fin de ameritarse , como porque concluido su tiempo se regresasen á sus Pueblos, serían unos fidelísimos instruidos encargados , y comisionados para qualesquier

quier asunto que ocurriese , especialmente premian-
dolos en su retirada con la conservacion de los honores de Ministro del gran Consejo de Comercio: prerrogativa, que les haria olvidar absolutamente la cesa-
cion de los sueldos. Debe suponerse que los propuestos para tales ministerios , á mas de su inteligencia
y justificacion , convendrá sean personas que puedan
por sí mantenerse con decencia.

Los cinco Gremios mayores de Madrid , es muy
importante fuesen una de las comunidades comprehendidas en que de sus individuos se nombrasen para
señores Ministros del Consejo de Comercio, segun se
ha expresado ya en su oportuno lugar , y por eso
no repito. Asimismo convendria se nombrasen uno ó
dos que hubiesen sido Intendentes , especialmente
de las Provincias de mayor comercio. La concurrencia de personas de Comercio , y aun de los Intendentes al Consejo ó Real Junta , se mira comprobada por el Real decreto del Señor Don Felipe V. (que
en paz descansa) expedido para la formacion , ó restablecimiento de este tribunal en Buen Retiro 5 de
Junio 1705 , constando de él mismo haberse nom-
brádo de todas las Ciudades de Comercio de estos Reynos.
Las demás Naciones en donde se halla establecido
Consejo de Comercio, siguen igual máxima. Para que
tan graves asuntos tuviesen su pronto correspondiente curso , convendria en que cada señor Ministro siguiese la correspondencia con la Ciudad , Comercio , Labradores , ó Fábricas , por cuya representacion fue nombrado , y en la inmediata asamblea
manifestase lo que ocurriese , informase lo que le pareciese como instruido, y el Consejo resolviese, co-
municándose la órden por Secretaría , con el encargo el tal señor Ministro de conservar su respectivo
ex-

extracto , á fin de que en qualquier succesiva ocurrencia pudiese con mas facilidad informar y dar su dictamen. Con los propios señores encargados por cada Provincia ó clase , se pudiera tambien seguir la correspondencia sobre la participacion del estado de cada ramo , á los plazos que se prefiniesen. Se hace indispensable (supuesta la ereccion del Consejo de Comercio) la de Juntas subalternas , á exemplar de las de Barcelona y Valencia , ampliándoseles las facultades , y conocimientos de las de Sevilla y Granada , sobre Agricultura , Gremios , Artes , y demás renglones que constituyen la felicidad pública.

Cadiz , Zaragoza , Toledo , Cordoba , y otras Ciudades de esta clase. donde se hallan establecidas, ó Fábricas , ó labores (de Agricultura) quantiosas, adelantarian mucho en el fomento de sus ramos con las tales instituciones , sin necesitarse asignacion de sueldos , pues aceptarian los encargos por honor , y porque á todos les interesa el acrecentamiento de sus labranzas , tráficos y manufacturas. Las tales Juntas entablarian su correspondencia con los respectivos señores Ministros, segun arriba se ha expresado, propondrian y representarian lo que conceptuasen conveniente á mejorar la Agricultura , Comercio &c. En los Pueblos que no son Capitales , pudieran nombrarse dos ó quatro individuos Cosecheros , Labradores , y Comerciantes (por clases) , á proposicion de todos con asistencia del Corregidor , y Gobernador , ó Alcalde mayor , autorizándoseles con la aprobacion , para que propongan y representen lo que juzgasen conveniente al aumento del respectivo ramo. Me parece se halla bastantemente bosquejado el pensamiento , que no individualizo mas por considerar, que me he dilatado, y porque (es lo principal)
las

las superiores luces del Gobierno sabrán con acierto rectificar las reflexîones, que, por de puro hecho, con la competente rendida sumision y respeto , me he atrevido á proponer. Lo cierto es , que por el significado metodo se hallará el Gobierno instruido , é informado en cada semana del atraso , ó progreso de los ramos todos. A sus respectivos plazos por las relaciones de los Administradores de las Reales Aduanas, del estado de las introduciones y exportaciunes.

No dudo que muchos de los citados encargos se hallan confiados á los Intendentes, y les corresponde evacuarlos. Confieso su zelo y desempeño : pero es menester sin agravio de tales caracterizados empleados , reflexîonar que sus muchas ocupaciones en otros cuidados del Real servicio , no le permiten instruirse á fondo en el mecanismo de los ramos de Agricultura , Comercio , Fábricas &c. Estas individualidades y medios de adelantar sus respectivos progresos , son propiamente cuidado y estudio de los mismos individuos en sus clases. Satisfacen , y no se les puede reconvenir, los Intendentes su obligacion con informarse de aquellas personas que tienen en mejor opinion ; las quales tal vez no se encuentran radicalmente instruidas , porque su riqueza los aleja del minutísimo conocimiento en la materia. Todos los políticos aconsejan el establecimiento de Academias de Agricultura en los Pueblos , como uno de los medios mas conducentes á su restablecimiento , siendo uno de sus fines el arbitrar los modos de mejorar el cultivo de las tierras , aumentar las producciones, darles ventajosa salida , y excitar en todos al mismo espíritu. Ya se establezcan las tales Academias , en que deberian ser Gefes los tales comisionados nombrados , ya no se instituyan , ó en el interin aquellos

(los

(los comisionados) suplirían y executarían respectivamente lo mismo , que las Juntas en las Ciudades Capitales , encargándose en promover quanto correspondiese al adelantamiento de la Agricultura , Fábricas &c. informando freqüentemente , y proponiendo quanto conceptuasen conducente al citado objeto. Los Pueblos pequeños mirarían con sentimiento el carecer absolutamente de alguna personalidad en la grande obra de la reparacion de los ramos constitutivos de la prosperidad pública. Tal vez procurarian malograr los buenos efectos , que en los dictámenes de las Juntas de las Capitales debian esperarse. Al contrario inclinados los tales Pueblos en cabeza de los dos ó mas vecinos que se nombrasen, debe confiarse una noble emulacion al desempeño de sus encargos , que resultaria en beneficio general y en execucion de las altas ideas del Gobierno , dirigidas á la universal reparacion , conciliando el interés del Estado , Real Hacienda , y Nacion. Orientado el Consejo de Comercio con los individuales conocimientos en el todo , y cada uno de los ramos referidos , su estado, proporciones , ó impedimentos á adelantarse ; se formaria consiguientemente un cierto constante sistema , el qual establecido en qualesquier tiempo , y á un golpe de vista (digamoslo así) adoptaria el Gobierno en qualesquier ocurrencia las disposiciones que tuviese por conveniente. Entonces se hallará instruido radicalmente en quanto importa la riqueza de la Nacion , quales sus fuerzas para las guerras , ú otras urgencias de la Corona.

La Real Hacienda asegurará su *ha de haber* con solidéz y firmeza : nada será eventual como ahora, pues pende de las muchas entradas de los géneros , y mercaderías extrangeras , de la contingente felicidad

Tom. *XXVII.*　　　　　O　　　　　de

de las expediciones Americanas, de que sean buenas las cosechas de los granos y demás frutos. En el dia la Real Hacienda no está libre del riesgo de deteriorarse. Según la triste situacion de las Ciudades de Comercio multiplicándose las quiebras, y la deplorable del tráfico Americano, es de temer, que mineradas las negociaciones, expediciones, y giros, se disminuyan los derechos del Real Erario. La repeticion de malas cosechas ha constituido á los Pueblos de labor en la mayor decadencia, ni consumen á proporcion especies afectas á contribucion, ni contratan, ni hay quien compre, aunque haya muchos que vendan, y por consiguiente no se devengan reales derechos; siendo no pocos los Pueblos adeudados á las Rentas Reales, ó los que por haberlas pagado, han quedado en otros descubiertos; y reducidos á mayor miseria. En el caso de nuestro propuesto sistema, el fomento de las Fábricas, Industria, Comercio &c. dará fuerzas á los Pueblos para compensar la pérdida que hubiese tenido la Agricultura. Todo el aumento de operarios en todas clases, el de Agricultura, Comercio, Fábricas, y el de la poblacion, retendrá el dinero, que es la substancia ó la sangre del cuerpo político; y vivificará la Nacion, y mientras mas circule, mayor será el interés de la Real Hacienda. Si se registran los estados de los Pueblos acrecentados á la sombra de las Fábricas, sin embargo de las franquicias que gozan, se encontrarán mas poblados, y que rinden imponderablemente mayor utilidad al Real Erario, que quando no existian ni las fábricas, ni las franquicias. La rebaxa de derechos sobre algunos renglones en la exportacion, acrecentará ésta, y aumentará la contribucion. Por exemplo: los vinos de varios Pueblos de coseha en Andalucía, están muy gravados en su extracción á los Paises extrangeros. *Este es* un fruto (ó licor) que sufre el gravamen, y *no se* halla necesitado (al menos por ahora) á una franquicia absoluta, como por punto general opinan los políticos, para animar la extraccion de las producciones sobrantes del Reyno.

Pero es menester conciliar la exâccion de los derechos, con el fomento del ramo y su exportacion. La qüota de diez, doce, &c. prefinida sobre bota de vino que se extrae, no dexa utilidad al extractor: Se exporta menos vino : percibe menos la Real Hacienda, y no se cultivan tanto ni plantan de nuevo viñas, por no ser ramo que dexa la ganancia que el dinero, y afanes del propietario, reportaria destinando su caudal á otro empleo. Si se modera el derecho, se vigoriza la extraccion, la Real Hacienda recauda multiplicados derechos, importantes mucho mas que quando eran subidos, y los cosecheros por el mayor consumo de sus frutos, aplican mas actividad al cultivo y plantío de viñas. Los jabones es otro renglon utilísimo, pero el derecho de su extraccion ocasiona el que no sea tanta como hay la proporcion. Si se aboliese, ó al menos se moderase, se aumentaria la exportacion, estableserian nuevas fábricas, y se aprovecharian los materiales de que se compone, con la especial ventaja de que todos son producciones del País, é indudablemente la Real Hacienda recaudaria considerables ganancias. Los jabones de España son muy estimados en los Paises extrangeros. Por uno de los reglamentos de la Francia (como lo refiere Savari) se halla prevenido se sirvan de él para lavar la seda. En Holanda logran igual preferible atencion.

Los azucares es otro renglon ventajosísimo, siem-

pre

pre que en España se fabriquen como en la Martinica, cuyo método es menos costoso, no necesita
leña, pues se sirven del bagazo ó desperdicio de la
caña, sale la azucar mas blanca, se trabaja mas, y
su dulzura es sin aquel resquemillo, que advertimos
en nuestros azucares. Una de las particularísimas utilidades que resultarian del método igual al de la
Martinica, seria la importante conservacion de los
montes, y asegurarnos del riesgo de que apurados
lleguen de una vez á faltar montes é ingenios de azucar. La Inglaterra pobladísima de montes, especialmente en las Provincias de Warvit, y Staford, ha
sufrido una extraordinaria ruina por el consumo de
la leña en las minas de fierro. La Habana (segun noticias fidedignas) ofrece la mayor prueba: conforme
se han ido talando los montes para el surtimiento de
las fábricas, é ingenios de azucares, ha sido menester trasladarlos tierra adentro, aumentandose el corto del fruto, asi por los gastos de los transportes
(á causa de la mayor distancia) y la escasez de la
leña, pudiendose temer que apurados los montes se
arruine totalmente la fábrica de azucares, y consiguientemente un ramo tan interesante de Comercio.
¡Qué fatales conseqüencias si tal sucediese! La azucar es uno de los renglones de mas ventajoso seguro
retorno en la navegacion Americana, siendo fruto,
que en algun modo compensa el dinero, que los extrangeros reportan por sus mercaderías.

Los azucares de Granada y su Reynado merecen particularísima recomendacion, y por tanto unos
y otros, asi los de Indias, como de España, piden
se promueva y facilite su fabricacion, sin dependencia precisa de que haya ó no leña, ó de que los
montes estén mas ó menos poblados, para provisionar

nar la madera. Lo expuesto en este capítulo parece persuade la importancia del establecimiento de un tribunal, con el autorizado carácter de Consejo, sobre los ramos que constituyen la felicidad del Estado y de los vasallos. Es indispensable para sostener el sistema que sea una sola la direccion, aunque comunicada por distintos conductos. Omito otras muchas reflexiones por no dilatar mas el capítulo. No presumo que las expuestas y reservadas dexen de ser muy conocidas á la superior comprehension del Gobierno; y asi protexto que mi ánimo no es otro, que reproducirlas, manifestando los conocimientos que por la dilatada experiencia he podido adquirir. La asistencia de los Señores Ministros de capa y espada, seria convenientísimo, que fuese diaria, y que á mas de los dias señalados asistiesen los Señores Togados quando fuese preciso, como efectivamente se practica muchas veces, celebrandose juntas extraordinarias, siguiendose el espíritu de las Reales Cédulas de su ereccion. Qualesquiera que se halle instruido en su contenido, y advierta la amplitud de jurisdiccion, y facultades que se le confiere á este tribunal, y que se forma de Señores Ministros de los demás Consejos, conceptuará es de material el que se le titule Consejo, pues sobre los asuntos de su instituto parece no se puede acumular mas autoridad. Pero prescindiendo de otros motivos, aquel título haria conocer sus altos respetos; las Audiencias ó Asambleas diarias, adelantarian el servicio del Rey y causa pública: se confirmaba la prohibicion resultiva de sus mismas Reales Cédulas, de que le subsciten competencias, los subdelegados estarian mas autorizados, y las naciones conprehenderian que se alarmaba el espíritu político en España á recuperar la felicidad

de

de los ramos , que como verdadera y sólida riqueza, constituyen la del Reyno.

La España ha visto con gozo la nueva planta del Real Supremo Consejo de Guerra , el aumento de Señores Ministros en el Real Supremo de Castilla, y tal vez si se rectifican por personas de carácter , de primer mérito y confianza , las ideas que ha inspirado, ó por mejor decir recordado el amor patriota , podrá ver un Consejo Supremo de Comercio , formado segun el espíritu de las Reales Cédulas de ereccion de la Real Junta , dictámen de los mejores políticos , y práctica de las demás naciones. No olvido una ley que expresamente encarga al Real Supremo Consejo de Castilla , el que procure se *restaure el trato , comercio y agricultura , labranza , crianza , y la conservacion y aumento de los montes y plantíos* : (1) pero prescindiendo de la genuina solucion de haber sido esta Ley Real , y Cédula expedida en el Pardo á 30 de Enero de 1608 , y que por la posterior expedida en 18 de Noviembre de 1625 , erigiendose la Real Junta de poblacion , se le comisionan aquellos y otros encargos, *separandolos* (expresamente se refiere) *con dictámen de Señores Ministros del general del Gobierno , donde por grande que es , no se pueden disponer todas las cosas á un tiempo* , (2) y de que sin embargo de encargarse por la Ley Real arriba citada al Real Consejo el cuidado de los Positos , (3) se halla hoy segregado su conocimiento. Prescindiendo, pues, de estas soluciones , en nada (todo salva la superior

cen-

(1) *Ley 22. cap. 2. lib. 2. tit. 4. Recopilacion de Castilla.*
(2) *Se halla impresa esta Real Cédula en el libro Ordenanzas de Granada año* 1679.
(3) *Cap. 3. de la dicha ley 62. lib. 2. tit. 4.*

censura) se degradaban la autoridad y jurisdiccion del Real Supremo Consejo de Castilla, el Real y Supremo de Indias, ni otro alguno.

Lo primero, todos estos Regios Supremos Tribunales tienen un Señor Ministro, que por su representacion asiste á la Real Junta, y lo mismo pudiera continuar en el Real Consejo. Semejante establecimiento, segun se deduce de varias consultas, y del. espíritu de la institucion, es al fin (entre otros) de que si se suscita algun motivo de competencia, ó dudarse si alguna resolucion pudiera discordarse por otro Consejo, el Señor Ministro que asiste por la representacion del respectivo, pueda aclararla, ó tomado el competente plazo comunicarla á su Consejo, á efecto de caminar de acuerdo, dirimiendose qualesquiera dificultades.

Lo segundo, el hecho de la precisa asistencia de un Señor Ministro de cada Consejo, califica, no se le priva al todo del Regio Supremo Tribunal su conocimiento.

Lo tercero, como el principal objeto del gran Consejo seria el Comercio y Fábricas (ramos de que en el dia indisputablemente no conoce otro Tribunal, que la Real Junta) pues el tráfico é industria son los medios de hacer valer y fomentar la Agricultura, (origen de la sólida riqueza) el conocimiento de este renglon, el de la poblacion, y de los demás, seria en quanto conduxesen á fortalecer el Comercio y Fábricas, sin mezclarse en lo contencioso que ocurriese.

Lo quarto, siempre que hubiese grave duda, ó se necesitase ulterior exâmen, hay la práctica comprobada por repetidos exemplares de haber el Rey enviado las consultas de la Real Junta al Real Con-

se-

sejo de Castilla, y al Real Supremo de Indias, y al contrario, siendo entre otros bien constante los exemplares sobre cierto proyecto de extraccion de plata, y el de quantas naves debian hacer, y de que Buque el Comercio desde Acapulco á la China, expedientes seguidos al principio de este siglo. Ultimamente, el que ya la Real Junta, ya el Consejo de Comercio, conozca de todos los particulares especificados en este capítulo, es conseqüencia precisa de su instituto, por ser imposible fomentar el Comercio sin conocimiento de los ramos que son su materia y noticia de la importacion y exportacion, á que se agrega que la Real Junta ha conocido de varios asuntos de Indias, del Consulado de Sevilla ó Cadiz, de cosa de regadios de tierras, de Acequias y otras materias, porque todas lo son, ó directa ó indirectamente del Comercio, ya interior, ya exterior. Lo demás dispositivo de las salas que hayan de componer el Consejo, adonde y en que términos las apelaciones (aunque parece muy regular sean al mismo Consejo de Comercio) y otros puntos, no tocan al objeto de la obra: son reservados á la acertada providencia del Gobierno, y no habria mi respeto y veneracion tocado, que fuese una sala de Justicia y otra de Gobierno, si no fuese porque esta separacion se halla á la vista y al público en otros Consejos, y porque es notoria la conveniencia que al Real servicio y causa pública resulta, en que las disposiciones económicas y gubernativas no se demoren por hallarse los Señores Ministros ocupados en el exâmen de los asuntos contenciosos.

Es menester confesar lo prolixo y trabajoso en el principio, pero ya formado el sistema, y puntualizados los planes de cada Provincia, es mas facil la direccion. Parece que el primer paso seria una individual noticia de la poblacion que remitiese cada Pueblo de la suya, con especificacion del número de matrimonios, mozos solteros, los que se hallasen ocupados ó sin oficio, el de los muchachos y muchachas, destino de aquellos ó el que pueda darseles á los que no lo tengan. En que consista la riqueza del Pueblo, si en la agricultura, crianza de ganado, comercio, fábricas, artes, ó que clase de industria, especificando el número de labradores, fábricas, operarios, menestrales, artistas, &c. El estado de estos ramos, si se hallan adelantados ó atrasados, qual es la causa de su deterioro, y quales serian los medios de restablecerlos. Qué tráfico hacen los vecinos, conque otros Pueblos, que extracciones de frutos ó producciones de la industria para lo interior del Reyno, y para fuerza de él. Que materias, frutos, mercaderías, ú otras especies se introducen, ya de otros Pueblos, y son producciones del País, ya de Reynos Extrangeros. Qué género de industria se pudiera establecer para que las mugeres se exercitasen, los impedidos y ancianos. Qué número de hijos tienen los artesanos y menestrales, y á que los aplican sus padres. En qué consisten los caudales públicos, quales sus cargas, y sobrantes regularmente en cada año. Si están ó no adeudados los vecinos á los referidos fondos, á que plazos pudieran reintegrar, explicando el número de los fallidos absolutamente. Qué tierras hay de labor: quales al tercio, especificandose las fanegas de ambas clases.

Quales de pasto ó dehesa cerrada. Qué plantíos de olivares, viñas, moreras, ú otros arboles, con especificacion de las fanegas aplicadas á cada especie. Qué cantidad de tierras valdias y comunes, individ-

Tom. XXVII.   P   duan-

duando si son pocas ó muchas, respecto del ganado de cada poblacion. Qué número de fanegas de trigo, cebada, garbanzos abas, ú otras semillas se recogerá en una cosecha regular ó por quinquenio. Qué cantidad de arrobas de azeyte, vinos, en los mismos términos, y lo mismo de qualesquiera otras producciones. Si el terreno es á proposito para el cultivo de lino, cañamo, ú otra clase de agricultura. Si hay ferias ó mercados públicos. Si viajan ó transitan por el Pueblo quinquilleros ú otros traficantes, en que tiempo regularmente, y que diligencias se hacen para exâminar y registrar lo que llevan. Si transitan y trafican plateros con alhajas, venden, y quales son las averiguaciones y registros, y si asi los del antecedente parrafo, como los de este, pagan algo á la Real Hacienta, quanto, y quien se halla encargado en su recaudacion. Si en las compras y ventas de tierras, casas y ganados, se pagan inmediatamente al otorgamiento de las escrituras los reales derechos, ó en que conformidad se aseguran. Si los cargamentos de azeyte, que se executan en aquel Pueblo para transportarlos á otros, se hacen efectivamente á nombre de la persona de quien suena en la guia haberse comprado el azeyte, ó hay el abuso de sacar la guia de un Pueblo y comprarlo en otro, dandose lugar al fraude. Informará si el repartimiento, que para el pago de las Reales Rentas está prefinido por reglas de administracion, observadas en los encabezamientos, sobre cada fanega de tierra de pan sembrar, viñas, olivares ú otra especie, se hacen con la correspondiente escrupulosidad, y son comprehendidas las tierras de los Eclesiásticos en conformidad del concordato.

Si el registro de tierras para el tal repartimiento,

y

y por él devengar los reales derechos , se hace con
vista del registro de tierras para el reparto del Posito. Si el registro de cerdos , ya para el consumo de
las casas , ya para la venta de ellos , se hace con la
debida exâctitud , ó si se tiene por bastante prueba
la manifestacion del dueño ó consumidor. Igualmente informen los Pueblos (las Justicias y Ayuntamientos) que consumo de vaca , cerdos , y azeyte , pru-
dencialmente necesitarán los vecinos , con temperamento á sus familias , labores y operarios , y formado este juicio con vista de los repartos hechos cinco
años antes , informen si ha habido descuido ú omision en perjuicio del Real Erario donde hay Administracion , y del vecindario donde encabezamiento,
por haber sido el vecino gravado en mas , todo quanto los vendedores y consumidores de las reses ó ganado lo fueron en menos, proponiendo los medios pre-
ventivos de que cese semejante abuso. Si es permitido ó no el rebusco de la azeytuna. Si se recoge esta
ó no en su respectiva sazon , y despues de haber los
peritos reconocidola , y declarado estar en su sazon
para su recoleccion , individuando estos puntos con
la claridad correspondiente , é informando si concep.
tuan que el rebusco y la cogida del fruto prematura,
son perjudiciales al público y Real Hacienda. Si hay
mucho monte en su territorio y se recoge en ellos y
en la coscoja mucha grana kermes , y que uso hacen
de ella. Siendo como es lo mas regular el que pasen
emisarios ó comisionados de los puertos de mar á
recogerla, expongan las justicias á quanto pagan á los
jornaleros por cada almud ó libra. Informarán si la
grana kermes , que unicamente pagan los tales comisionados , es la de en grano , pero no la que con el
batidero de traerla y escogerla se hace polvo.

P 2

Igual-

Igualmente si el modo que tienen de recogerla es cortando las ramas de la coscoja, ó si usan de sacudirla con pequeños palos. Tambien convendrá que los Pueblos de cosecha de seda y lana, informen por un computo, justificando (hasta donde sea posible) el quanto de dichas cosechas, el tráfico que de ellas hacen, ya vendiendolas á naturales, ya á extrangeros. Siendo la averiguacion de los derechos de introduccion y extraccion, sobre efectos del País, ó pertenecientes á los naturales, y los que son de Reynos extrangeros, ó pertenecen á sus nacionales, uno de los puntos mas esenciales á la formacion del propuesto sistema; parece que desde luego el gran Consejo de Comercio, deberá mandar que por todos los Administradores de aduanas, se envie una relacion circunstanciada de los géneros que en el término de un año se hayan introducido extrangeros, con especificacion de los Países, derechos que pagan en la introduccion, y los que hayan entrado del Reyno, con distincion de los pueblos, y los derechos que satisfacen siendo de la propia clase. En el año de 1720 remitió el Asistente de Sevilla una relacion por donde constaba, que los géneros de nuestras fábricas en la introduccion en aquella Ciudad, pagaban mas derechos que los de igual especie que se introducian de Países extrangeros. Asimismo que derechos satisfacen en su extraccion nuestros frutos, caldos, materias primeras, manufacturas, ó artefactos, con especificacion de los destinos, y diversidad de derechos, y de que especie se extraen mas: como tambien de que clases de géneros, frutos, &c. del Reyno, se introducen en el departamento de su Administracion. Igual diligencia conviene se practique desde luego, por lo respectivo á los efectos, géneros, frutos y demás comermerciable que se embarca á todos los dominios de las Indias , con distincion de los que son de España y de los Extrangeros , y en la misma conformidad los que retornan , con la propia individuacion de los derechos , pudiendo tomarse por exemplar la última flota , y los navios que se hallen á la carga.

Yá la Junta General de Comercio , con su gran zelo , tiene demostrada la senda á la averiguacion de que géneros , frutos , y caldos de España se embarcaron en la flota anterior al año 1766 , que fue la que sirvió de objeto al exâmen para las altas, sabias, políticas ideas, que la Real Junta á instancia y movida de oficio por el Señor Fiscal se propuso. Todas estas indagaciones previas , son sin perjuicio de las relaciones que deberán remitir los administradores de seis en seis meses , en cumplimiento de la ley del Reyno arriba citada , y que deben enviar al Señor Presidente de Contracion de Cadiz, los Señores Virreyes y Gobernadores de Indias: (estos Señores Gefes habrán de dirigir la previa relacion del estado de aquellos frutos , Comercio y demás puntos convenientes á la combinacion de ambos Comercios, y felicidad de unos y otros naturales) los Señores Intendentes, Justicias y Ayuntamientos á los plazos que se les prefinan. El Consulado de Cadiz (será muy conveniente) habrá de remitir copia autorizada de la matricula de los individuos de su universidad de cargadores á Indias , con distincion de sus vecindarios, si tienen casa por sí de Comercio y navio. Los Señores Capitanes Generales , Comandantes y Gobernadores , la correspondiente copia autentica de los extrangeros, que se matriculan anualmente por Españoles , en cumplimiento de la Real órden general expedida á este efecto. Se ha de entender sin perjuicio

cio por lo que respecta á los de esta segunda clase, de la remision anual, en virtud de la propia Real órden, y por lo tocante al Consulado de hacer igual envio á los plazos que se les señalen.

Para la mas facil comprehension del pensamiento, me ha parecido formar los adjuntos planes, que suministrando la idea, puedan servir de materia á la superior censura. Demostrados ya los medios (salva la correccion) de establecer un sistema, por el qual conociendose individualmente el merito de cada uno de los ramos que forman la riqueza pública de una Nacion, el adelantamiento del uno, ó el atraso del otro, por cuyas luces se puedan consiliar todos baxo los dos respectos de hacer formidable y respetable al Reyno, y á los ciudadanos felices ; pasemos ya á proponer los caminos, que conduciendo á los Comerciantes á fijar un seguro constante método y reglamento sobre sus mas freqüentes contratos, siempre que el superior Gobierno lo apruebe, adquieran la no pequeña felicidad de la pronta uniforme resolucion de sus ocurrentes dudas. Esta idea es muy consiguiente á la propuesta sobre ereccion de los Tribunales privativos de Comercio. Si se hubiese de tratar la materia con toda la extension que los Autores la escriben, reproduciendo dificultades, algunas puramente metafísicas, de las que unas no exîsten, y otras en vista del reglamento que se prefina, no deben exîstir, sería desviarme del intento de producir unas sendas llanas y faciles á la celebracion de los tales contratos. Todo es deducido de ordenanzas, doctrinas de clásicos Autores, (cuyas citas he omitido por no creerlas precisas, y porque siempre pueden agregarse) y de la practica en los muchos años de bufete en Cadiz.

CA-

CAPIULO IX.

Letras de cambio.

Son el medio mas oportuno á la circulacion del Comercio dentro y fuera del Reyno. Una quartilla de papel hace circular crecidas cantidades. Traslada el dinero de unas á otras provincias las mas distantes sin los riesgos de la mar, ó caminos de tierra, ni los gastos que causaria el transporte. Es el Comerciante un compuesto de varias personalidades, segun su mas ó menos giro. En unos negocios es comprador, vendedor en otros, en alguno comisionado, deudor, acreedor &c. Todas estas representaciones evacua la letra de cambio, pues ó recibe por lo que ha remitido y es acreedor, ó remite por lo que ha recibido y es deudor, paga ó cobra con respecto á la clase de negocios que tiene con sus correspondientes. El giro de letras de cambio no se circunscribe precisamente al material pago de las mercaderias compradas, ó que se encargan y previene su remision. El cambio es un negocio de los mas interesantes en la dilatada esfera del Comercio. Para mayor conocimiento de su utilidad nos haremos cargo previamente del origen y esencia de la moneda, pues el uso de ella y su valor no solo intrinsico, sino el que le da el tiempo, casualidad, ú otro accidente, son los motivos que aumentan la importancia de la negociacion. Seguiré el dictamen de los mas clásicos políticos, (bastando la reproducion del moderno) y la practica.

„La moneda no es otra cosa que el equivalente „de lo que con ella se compra. No es por su natu„raleza precisa para el Comercio. Este se hacia en

„lo

„lo antiguo cambiandose frutos por frutos , ó mer-
„caderias por mercaderias. Lo mismo se practica en
„el dia en muchos parages del Reyno de Chile , y
„en otros de las Indias Orientales. Pero como estos
„cambios son dificiles é incomodos , se ha hecho de-
„cision de una materia , que teniendo un valor uni-
„formemente contestado (guardada proporcion al mas
„ó menos que le dé el cambio) y determinado , re-
„dima aquellas dificultades , y compense como equi-
„valente de todas las mercaderias , frutos , especies
„comerciables , remuneracion del trabajo , y demás
„fines á que se emplea. Rigorosísimamente hablando
„el oro y plata son mercancías. La figura de la mone-
„da explica el merito de su cantidad y peso , pero no
„es ella la que le da precisamente el valor intrínsico. "
En la China se reciben el oro y plata por su peso,
cortandose las monedas, si estas supercrecen el precio
de las mercaderias, y no hay comoda separacion ó retiro de una pieza para soldar el contrato (1). En el
Comercio de Europa se hacen los grandes pagamentos pesandose las talegas de á mil pesos fuertes cada
una , y no pocas veces sobran tres ó quatro duros,
y otras faltan para completar el marco de plata , que
es la medida (digamoslo asi) mas usual. Supuestos estos incontestables principios , de ser el oro y plata
amonedado una verdadera mercancia adoptada por
equivalente á todas las demás, que son materia de los
contratos ; es consiguiente aumente ó disminuya su
valor á proporcion de su abundancia ó escasez , ó
demás circunstancias ocurrentes en el comercio.

„Esto es lo que propiamente se llama valor del
„cam-

(1) *Disertacion sobre el Comercio por el Marques Belloni, su
original Italiano , y traducido al Francés.*

„cambio. En otros terminos. *El valor de las monedas
„en los Paises extrangeros*, porque no derivando aquel
„sino de la circulacion que el Comercio facilita al
„oro y plata amonedados, baxa ó sube segun el in-
„fluxo de aquella. Hay en una plaza de Comercio
„abundancia de mercaderías, es consiguiente haya
„escasez de dinero. En tal caso la moneda sube su
„mérito, porque la adquisicion de la extrangera ha-
„ce levantar el cambio (ó la prevision). Al contrario,
„escasean las mercaderías y abunda el dinero, este
„descaece su mérito en el curso del Comercio. De
„aqui resulta, que mientras mayor es el Comercio pa-
„sivo que sufre un estado, teniendo precision de
„enviar dinero al Extrangero, ó proveerse de sus
„monedas, tanto mas es la pérdida que experimen-
„ta en el cambio, y se carga en el giro de las le-
„tras (1). El cambio es una de las reglas que hacen
„conocer la pérdida ó ventaja, ó que dá á conocer la
„valanza del Comercio, no solo entre los particu-
„lares, sino de Nacion á Nacion. Qualquiera que
„por no existir este *entecambio* realmente, sino
„por pura idea, concepto, ó imaginacion, no cte-
„yese puede facilitar las luces mas oportunas á cono-
„cer la situacion ventajosa, igual, ó decadente de
„una Nacion con otra, un exemplo práctico le con-
„vencerá. Supongamos un piloto en el ancho mar
„precisado á tomar altura para conocer donde se en-
„cuentra. A este efecto se sirve del astrolabio, y el
„punto del polo y la linea equinocial, le dirigen ó
„ilustran en su operacion ó maniobra.
    „Es cierto que aquella punta y linea equinocial

(1) *El credito político.*

„no exîsten realmente, y que solamente son ideales.
„No obstante le facilitan al Piloto seguros indicios
„del parage en que se halla, y á que distancia de la
„tierra ó costa, que es un ente real y exîstente, no
„asegurándose ó fixándose su observacion. sino por
„el instrumento ó aguja de marear, dirigiendo á aque-
„llos puntos imaginarios. Lo mismo sucede con el
„cambio respecto á la moneda, aunque ésta tenga
„real existéncia, y aquel solo sea ideal. Al modo
„que por la piedra de toque se juzga de la bondad
„del oro y plata, por el cambio se forma fundado
„juicio de la naturaleza del Comercio, deduciéndo-
„se que la moneda y el cambio son los dos instru-
„mentos principales del Comercio, siendo el oro y
„plata amonedada el equivalente (de todas las cosas)
„y el cambio el que regla en precio; por estos me-
„dios se advierte y conoce la situacion del Comercio,
„indicándose ó influyéndose uno á otro una infinidad
„de defectos, resultas, ó conseqüencias, y que siendo
„imposible explicar por el cálculo hacer ver su mu-
„tuo origen, y que ambos (la moneda y el cambio)
„dependen del Comercio. El grande arte del cam-
„bio ó de su giro consiste, entre otras reglas, en
„la de saber las plazas en donde escaséa ó abunda el
„oro y plata. El que quiere ó necesita dinero en
„una plaza en que escaseen el oro y plata amoneda-
„dos, gastará menos en transportarlo que si tomase
„una letra de cambio. El cambista que se la facilite,
„le carga el costo del transporte del dinero á aque-
„lla plaza, en que no le hay, ó es muy raro, y á
„mas los gastos ó recompensa de su encargo. Por lo
„mismo no se sirven de los cambistas ó banqueros
„para las remesas de grandes cantidades á los Pai-
„ses

„ses extrangéros , sino las hacen transportar. Así
„lo executan los Ingleses y Olandeses (1).“

Así (tengo entendido) se practicó al fin de la
guerra concluida en el año 1748 por España , y
de ello dimanó , conociéndose las grandes utilidades,
el establecimiento del giro , situando bancos ó fondos
por cuenta de S. M. en los Reynos extrangeros. No
se necesita mas prueba para convencer las ventajas
que al Estado y á la Nacíon produce el giro de letras metodicamente , y con solidéz establecido , que
las ganancias que ha crecido el nuestro , lo que ha
economizado á la Real Hacienda , y las partidas cuya extraccion ha evitado. ¿Qué costos , premios,
cambios, y recambios tan considerables tenia que satisfacer , y pagó la España en las letras para la manutencion de los exercitos en Italia , y demás que ocurrió en la guerra ? Los sueldos de los Ministros y empleados de las Cortes y Paises extrangeros , se gra-
vaban con todas las utilidades que grangeaban el cambista, y las demás personas por donde pasaban ó circu-
laban las letras. No podian excusarse , ni se pueden en
el dia evitar semejantes extracciones de dinero , pero
se excusan y precaucionan las de las ganancias que los
Extrangeros hacian en la negociacion , y era tanto
mas dinero que salia fuera del Reyno. La misma consideracion se forma respecto al tráfico de los particulares con otras Naciones. El establecimiento de
nuestro giro es ventajosísimo al Estado y á la
Nacion. A menos costo se ocurre á las exigencias
y sueldos que se devengan , ó causan en los Paises
extrangeros , y este ahorro interesa al Real Erario. Las utilidades de que se priva á los cam-
bis-

Q 2

—————
(1) *El mismo Marques Belloni.*

bistas son dinero que queda dentro del Reyno.

El aprovechamiento de las oportunidades útiles del cambio, ha ocasionado las ganancias crecidas que tiene nuestro banco ó giro. Siempre que un cuerpo de Comercio establezca la negociacion de letras baxo iguales sólidos principios y método, hará un gran servicio al Estado, á la Nacion, y aumentará considerables ganancias su comunidad. Algunos cuerpos ó compañias de Comercio tenemos en España que lo executan: no faltan Comerciantes particulares igualmente aplicados al giro, unos y otros con utilidad propia sirven al Rey, y á la Patria. Contrayéndonos ya á la explicacion de las letras de cambio, debe considerarse por imposible resolver todas las dudas ocurrentes con certeza; y el único arbitrio es fijar un método de concebirse y formarse las letras, que sirviendo de regla, facilite la decision de las dificultades. Un político Frances, muy instruido en el Comercio y que trató de proposito la materia, se quejaba en el año 1693 de la incertidumbre de la jurisprudencia en Francia sobre las letras de cambio, lamentando el que sus jurisconsultos no hubiesen escrito, y hablando en el asunto con la extension que en otros, conceptuando derivaban en gran parte las dudas de no conocer la verdadera naturaleza de las letras de cambio (1).

En España el señor Dominguez trató con acierto, y erudicion la materia en su obra *Letras de cambio*, de cuya doctrina, las ordenanzas de Bilvao, las de Paises extrangeros, dictamenes de autores políticos de Comercio, práctica y estilo, me valdré

(1) *El señor Dupuis de la Serra en el prefacio á su obra, titulada:* Arte de letras de cambio.

dré para reducir á una explicacion breve un contrato tan freqüente : y supuesta la superior censura , se fixe un método que dirima , y disuelva en lo posible las dificultades , estableciéndose un reglamento para las decisiones en el dia inciertas , pues las ordenanzas de Bilvao no sirven de luz en otra plaza. El arbitrio de ocurrir á los Comerciantes es igualmente incierto , pues cada uno opina segun concibe , y por tal le resiste el autor arriba citado , quejándose de que en Francia se usaba del mismo medio. No ignoro que los reglamentos de España no obligarán en las demás Naciones , reflexion que hace el autor Frances por lo respectivo á los de aquel Reyno: pero debiendo los Extrangeros á fuer de buenos Comerciantes estar instruidos en nuestras ordenanzas, como los nuestros en las suyas , á fin de que sepan como se han de introducir las reconvenciones en los respectivos fueros ; he procurado por el servicio público dar luces de unas y otras, y de todas deducir el dictamen que la superior censura constituirá con su correccion acertada. Desde luego es muy ventajoso prefinir una segura general jurisprudencia en España, pues en los casos en que un Extrangero reconvenga al Español , no se deberá quejar se decida con consideracion á nuestros reglamentos , del mismo modo que nosotros no nos debieramos quejar si les reconviniesemos en su Reyno , el que nos produxesen los suyos. En el dia carecemos de este auxílio quando nos reconvienen los Extrangeros , porque segun se ha referido , las ordenanzas de Bilvao no están reputadas por ley general.

Si se recurre á los dictamenes de Comerciantes son varios , y así los señores Jueces se hallan estrechados de las dudas y las resoluciones: pues aun sobre los ca-

casos de igual naturaleza, son diversas. Mucho importaria el que las Naciones todas de comun acuerdo se conformasen en fijar una jurisprudencia universal y constante sobre un contrato, que es el medio único de la comunicacion reciproca de intereses y negociaciones entre las Naciones. No es muy dificil este proyecto siempre que las Cortes, precediendo los informes y dictamenes de los mas hábiles Comerciantes, con vista de todas las ordenanzas, decisiones, y doctrinas se acordasen sobre los reglamentos, autorizándolos de forma, que obligasen á las Naciones concurrentes á su formacion. Esta empresa necesita mas tiempo, por lo qual y supuesta la importancia de que en España se fije una jurisprudencia para todo el Reyno, reiterada la sumision á la superior censura, reproduciré quanto mis limitadas luces alcancen. Dudan los autores á que especie de contrato deba equiparse la letra de cambio. Son varias las opiniones. La mas comun (presuponiendo todos es contrato de buena fé) la compara al de compra y venta, en el qual el tomador de la letra compra al dador de ella el dinero ó crédito que tiene en otro Reyno ó Provincia, traspasandole este (el dador de la letra), y cediendole aquel (el tomador) toda su accion y derecho. Es tan recomendable esta negociacion en el Comercio, que sus individuos conceptuan como preciso preliminar de la quiebra, ó desgracia el no pagamento de una letra de cambio ya aceptada. Esto no impide el que aceptada llanamente la pague baxo protesta, pues á haber ocurrido en el intermedio de su curso motivo que obligue al aceptante á valerse de aquel resguardo ó reclamacion de derecho. En las letras no hay propiamente mas que dos contratantes y obligados, y son, el dador

de

de ella , pues se obliga á hacerla pagar , y el tomador á hacerla recibir. El que la debe pagar (esto es
el aceptante) y el que ha de cobrarla (el portador)
son unos puros executores. , y aunque pueden tener
entre sí sus acciones , son separadas de aquel primitivo contrato , celebrado entre el girador y tomador.

Las letras se libran á distintos plazos , conforme les acomoda á los contrayentes. Comunmente se
reducen á cinco modos : el primero es á la vista ó á
la voluntad , que es lo mismo , pues debe pagarse la
letra al momento de su presentacion. El segundo es
á tantos dias vista , cuyo tiempo es incierto , y que
no corre sino desde la presentacion de la letra. El
tercero es á tantos dias de tal mes , ó tal fecha , el
qual tiempo es determinado. El quarto modo es á
uno, dos ó mas usos , que es plazo prefinido segun
el estilo y costumbre de la plaza ó pueblo , en que
la letra debe ser pagada. Esta especie de plazos ó
término principia á correr desde la fecha de la letra,
ó desde la vista, segun se explicará. Este plazo es mas
ó menos dilatado , segun la costumbre de cada plaza. En Francia por el edicto de Comercio del mes de
Marzo 1673 , tit. 5. art. 5. está reglado el uso á
treinta dias. En Londres el uso de las letras de Francia es de un mes de la fecha. De España (en Londres) dos meses. De Venecia , Génova , y Liorna
tres meses. En Hamburgo las letras de Francia ; Inglaterra , y Venecia el uso es de dos meses desde la
fecha. De Amberes , y Nuremberg quince dias de
vista , de suerte que librándose de estas dos plazas
una letra á Amburgo , al termino de un *uso* , se entiende que á los quince dias de presentada , y se debe pagar. En Venecia el uso de las letras de Ferrara,
Bolonia , Florencia , Luca , y Liorna , es de á los
cin-

cinco dias vista. De Roma y Ancona el *uso es*, y se entiende á diez dias vista. De Napoles, Bari, Leceu, y Genova, Asbourg, Viena, y Nuremberg quince dias vista. De Mantua, Modena, Bergamo, y Milán veinte dias fecha. De Amsterdám, Amberes, y Hamburgo dos meses fecha. De Londres tres meses fecha. En Milán, *las usanzas ó usos* son de las letras de Genova ocho dias vista. De las de Venecia veinte dias fecha. En Florencia el uso de las letras de Bolonia es de tres dias vista. De Roma y Ancona diez dias vista. De Venecia y Napoles veinte dias fecha. En Bergamo el uso de las de Venecia es de veinte y quatro dias fecha. En Roma el uso de las letras de Italia estaba fijado á diez dias, pero el abuso le ha extendido á quince. En Ancona es el uso quince dias vista. En Bolonia ocho. En Liorna las de Genova son ocho dias. De Roma diez. De Napoles tres semanas. De Venecia veinte dias de la fecha. De Londres tres meses de la fecha. De Amsterdám quarenta dias. En Amsterdám las de Francia é Inglaterra es un mes fecha. De Venecia, Madrid, Cadiz, y Sevilla dos meses fecha. En Nuremberg el uso de todas las letras es de quince dias vista. En Viena de Austria lo mismo. En Genova la usanza de Milán, Florencia, Liorna, y Luca es de ocho dias vista. De Venecia, Roma, y Bolonia quince dias vista. De Napoles veinte y dos dias vista. De Sicilia un mes de vista, ó dos de fecha. De Cerdeña un mes de vista. De Amberes, Amsterdám, y otras plazas de los Paises baxos tres meses de fecha.

La precedente explicacion, como se ha expresado, es deducida del señor Dupuis en su Arte de Letras de cambio, y del Sabari en su Perfecto negociante, tomo 1.º Nuestras ordenanzas de Bilvao explican el

tér-

término ó dias de los *usos* de algunos Reynos (1), concordantes substancialmente con lo que se dexa explicado. Debiendo observarse en el Comercio la posible igualdad entre las plazas contratantes, como se guarda entre los particulares contrayentes, si las letras que se librasen de España se quisiesen concebir á los expresados términos de uno ó dos *usos*, se entenderá comprehenden los dias que en aquella plaza forman el tal prefinido tiempo, y esta es la practica mas corriente en el dia. „Verdad es que la misma ordenanza de Bilvao (2) establece una regla „universal, prefiniendo que las letras, sus térmi„nos, usos y cortesías de qualquiera parte de estos „Reynos y fuera de ellos, á cargo de los Comer„ciantes de aquella Villa, para aceptarlas y seña„lar domicilio en otras plazas, se atemperen el „aceptante y pagador al estilo y costumbre que se „practicasen en la plaza del pagamento; „ pero ocurre la dificultad de qual sea, y haya de reputarse el estilo y verdadera costumbre que autorice la idea del aceptante y pagador, porque pendiendo esto del dictámen de los Comerciantes, hay el escollo tan freqüente de la variedad de opiniones, y siendo tantas, cada uno califica por estilo y costumbre la suya.

El quinto modo de las libranzas ó letras, es á los pagos de feria. No es general sino en los Pueblos donde las hay, y asi sus plazos se hallan prefinidos por los estatutos de cada feria. Una de las circunstancias en estas últimas letras, es la no precision de las aceptaciones, lo que asi testifican los autores con referencia á uno de los artículos de la

Tom. XXVII. R or-

(1) *Número 51. al 59. cap. 13.*
(2) *Número 60. en el citado capítulo.*

ordenanza de Francia (1), pues sin aquella previa
diligencia, se deben pagar á los términos que prefinen los reglamentos de la Ciudad y Comercio de
Leon, que forman una recopilacion no pequeña,
y que seria muy conveniente el que se hallasen todos
instruidos de ella. Explicados ya los modos mas prácticos de las libranzas, ocurre la dificultad de quales deban gozar ó no los dias de cortesia. A la verdad, este es un punto por su naturaleza digno de
atencion. No se encuentra motivo legal á dicha dila-
toria. El propio término *cortesía* dice arbitraria ó vo-
luntaria la demora, que ya se quiere hacer precision.

Toda obligacion es executiva desde el dia siguiente al de su vencimiento. Una hora que el acreedor le conceda al deudor es pura gracia. El portador ó tenedor de la letra es un verdadero acreedor
del aceptante, y asi vencida la letra, le puede reconvenir y executar, como lo haria por un pagaré liso
y llano. No en todos los Países (registradas sus ordenanzas y autores que escribieron de la materia)
hay la práctica de tales dias de cortesía. En Francia,
aunque no hay ordenanza, que precisamente prevenga ó permita el goze del término de cortesía, le deduce el Savari (2) del espíritu de los artículos de la
misma ordenanza, (3) por el que se previene, que la
protexta del no pagamento se haya de hacer á los
diez dias del vencimiento de la letra, refiriendo el
mismo autor ser práctica en aquel Reyno la dicha cortesía. Las ordenanzas de Bilvao tambien la prefie-
ren (4); pero no siendo ley universal, se necesita un ge-

(1) *Articulo 7. tit. 5. de las ordenanzas de Marzo 1673.*
(2) *Capítulo 6. tom. 1. en su Perfecta negociacion.*
(3) *Art. 4. y 6. tit. 5. de las ordenanzas de Marzó año 1673.*
(4) *Capítulo 13. num. 48. 49. y 50.*

general reglamento para todo el Reyno, pues son muy freqüentes las dudas, y como no tenemos una ordenanza constante, los extrangeros pretenden sean decididas las dificultades por la costumbre de sus Países, y como los Comerciantes Españoles no se conforman en su dictámen, se duda quales letras deben gozar ó no la cortesía.

Comunmente se opina, que las libradas *á la vista* ó *á la voluntad*, son executivas desde el momento de su presentacion, y asi es la general práctica, si bien la extendida *á la voluntad*, es estilo regular la dilacion de tres ó quatro dias. Tambien se estila el que las libradas, á tantos dias vista, ó á tantos fecha, con la expresion *sin mas término*, no tienen cortesía. Las demás uniformemente gozan los de cortesía segun la costumbre arriba expresada. Todavia no se apura toda la dificultad, reduciendo á ordenanza quales letras son las que deben disfrutar la cortesía, y que tiempo se ha de entender segun los parages, pues interin no haya una noticia documentada del reglamento y práctica de los Países extrangeros, librarán nuestros Comerciantes ó Giradores, ó muchos de ellos con una incertidumbre extraordinaria. Verdad es, que sus ordenanzas no tienen fuerza en España, como ni las nuestras en sus Reynos; pero evitaria no pocos perjuicios la tal instruccion. Por exemplo, un Comerciante de España necesita dinero en Amsterdam ú otra plaza, á los treinta dias de llegado el correo. Persuadese, ó le han informado, que en aquel parage no hay el estilo de los dias de cortesía. Pide y toma la letra á treinta dias vista, en que él hace juicio necesitar alli aquel fondo, y que será efectivo, ó porque camina baxo el principio de que no hay dias de cortesía, ó porque el dador de la letra con-

cep-

ceptuaba lo mismo, ó si sabia lo contrario, lo disi-
mulaba.

El tomador de la libranza da sus disposiciones
en el referido supuesto. Llega la letra, se vence su
plazo, ocurre el portador por el dinero: se le re-
conviene ha de esperar tantos dias de cortesía, autorizada por la ordenanza ó comun práctica, y se
frustran todas las disposiciones que su corresponsal le
habia prevenido con el dinero, ó se halla precisado
á beneficiar la letra con alguna pérdida por rembolsar su importe. Qualesquiera instruido en el Comercio
sabe, que el aprovechamiento de un instante suele
ser origen de consumar una negociacion ventajosa,
como el descuido ó falta de dinero en un momento,
malograr la mas bien premeditada negociacion. Omito otros exemplares, que harian constar los gravíssi-
mos inconvenientes de la privacion de semejante documentada noticia. Mucho menos importa (guardada
proporcion) la del corriente de los cambios en las
plazas de mas freqüente giro, y en las gazetas y mer-
curios políticos de los Reynos extrangeros, oportunísimamente se insertan estos avisos. Si se dice que
es por la variacion de los cambios de unos á otros
correos, parece que la de las ordenanzas ó prácticas
entre unos y otros Países extrangeros, es aviso é instruccion igualmente, quando no mas, interesante al
Comercio. No encuentran mis limitadas luces mayor
dificultad en la tal documentada averiguacion, por
medio de los Consules de España, residentes en los
puertos y plazas extrangeras, ó de los Embaxadores donde no haya aquellos.

No es la España donde unicamente se tropieza
con la incertidumbre sobre la materia. Los Comerciantes en los Países extrangeros sufren iguales dudas.

días. El autor Frances que escribió el „Arte de las letras de cambio, " lamenta lo mismo por lo respectivo á Francia. Será convenientísimo el que los Embaxadores y Consules remitan no solo un exemplar autorizado de las ordenanzas donde las hubiese establecidas, sino un certificado de las primeras casas de Comercio, que testifiquen la práctica en el caso de que no haya ordenanzas. El exemplar de ellas, y el testimonio ó certificacion de los Comerciantes, podrán imprimirse é insertarse en este capítulo, despues que exâminado se fixe por el Señor Censor que se nombrase la regla que haya de seguirse sobre los puntos que abraza. Los que han de averiguarse por la certificacion de los Comerciantes, son los dias de cortesía donde los haya, explicando los parages en que no la hubiese, con la distincion de quanto sea el término de unas á otras plazas, el modo de contar los dias, como asimismo aquella en que no se presenta la letra hasta el dia del vencimiento de su plazo, como en Leon, y si hay dias algunos á correr despues por título de cortesía ó por otro, y asimismo el testimonio ó plazo de los *usos*, segun fuere en cada parage.

Aunque esta investigacion se halla evaquada arriba, refiriendome al Señor Dupuis de la Serre, que trató el arte de letras de cambio, la especifica Savari en su „Perfecto negociante, " y explicalo bastante; y sin embargo de que pudiera recordár los dictámenes de otros autores; lo mas seguro es la prenotada averiguacion que instruirá á nuestros Comerciantes, y podrá servir de regla en los casos ocurrentes. No es pequeña la dificultad y diversidad de dictámenes sobre el modo de contar los dias que prefinen de término las letras, ya para recur-

currir por el pago , ya por el protexto. La ordenanza de Bilvao, aunque establece se haya de contar desde el dia inmediato á su aceptacion , ó al
de su fecha , si se concibiesen á tantos dias fecha , ó
á tantos dias vista sin mas término (1) ; nada dice
por lo respectivo al dia en que se ha de acudir
por el pagamento ó hacerse el protexto. Propone
el exemplo sobre una letra librada á quince dias vista , y aceptada en el 8 de Octubre , estableciendo,
que debe pagarse ó protextarse el veinte y tres.
De suerte, que principiado á contar el término desde el dia nueve, que fue el inmediato al de la aceptacion , si pagase en el veinte y tres puede alegar-
se , que pagó antes de tiempo , porque dicho dia es
todo suyo , y no espira hasta las doce de la noche. Para ocurrir á esta dificultad , no siendo regular hacer pagamentos ni protextos á las doce de
la noche , es el remedio mas oportuno , (así se practica en Francia , y lo refiere y aconseja Savari al citado capitulo 6) el que no se cuenten los dias de
la aceptacion y vencimiento , y en el inmediato
se acuda por el dinero ó se practique el protexto.

Baxo este principio la letra arriba citada debe
cobrarse ó protextarse el dia veinte y quatro de Octubre , teniendo accion á ello el portador ó tenedor de ella desde bien de mañana , porque dadas las
doce de la noche del dia veinte y tres , se considera purificado el término de su vencimiento.

El exemplar referido y que propone la ordenanza de Bilvao , tiene la calidad de no permitir cortesía segun dicho establecimiento , pues se expresa
en la letra á tantos dias vista ó fecha sin mas tér-
mi-

(1) *Número 45. capitulo 13.*

mino; pero aun en las que gozan cortesía, puede
oponerse el propio reparo. Exemplariza (1) una letra
librada de Francia en catorce de Febrero á uso, y sien,
do este un mes, establece la ordenanza, que cumpliria el catorce de Marzo, y añadidos los de cortesía, que segun dexa anteriormente explicado, son
catorce, (2) deduce se ha de pagar ó protextar
en el veinte y ocho, privandosele al aceptante del
goce de este último dia, que verdaderamente es
suyo hasta las doce de la noche. No se me oculta
el que los dias de cortesía, favor ó gracia, (que
de unos y otros modos asi los llaman los Comerciantes) no tienen la recomendacion que los del
curso de la letra; pero interesando á la causa pública un reglamento general en la materia, me parece
evacuaban y precabian todas las dificultades, estableciendose por ordenanza el que no se contase el
dia de la aceptacion, ni el de la fecha, ni el de su
vencimiento, y en su conseqüencia las libradas á tantos dias fecha, ó á tantos dias vista con la expresion *de sin mas término*, no son executivas sino al
dia inmediato en que evacuó el mes de la fecha, ó
los dias de vista. Las libradas sin la citada cláusula
de sin mas término, y que por consiguiente gozan
los dias de cortesía, estos deberán principiarse á
contar tambien desde el dia inmediato al del vencimiento de su término; pero para recurrir por el pago, ó verificar la protexta, podrá executarse en el
dia mismo que cumplen los dias de cortesía.

No advierten mis limitadas luces inconveniente
en que tambien se prefixase para la reconvencion ó
pro-

(1) *Número* 31. *capítulo* 13.
(2) *Número* 5. *idem.*

protexta el dia inmediato al vencimiento de los de cortesía ; pero la propuesta diferencia es con respeto á no privar al aceptante del derecho que tiene al todo del goze de los dias prefinidos por la letra, y no estrechar al tenedor ó portador á que reporte molestia , por lo que es puramente favor y cortesía. Reasumiendo todo lo expuesto resulta : Que las letras de cambio son un contrato de buena fé, equiparable al de compra y venta , pues el librador vende al tomador de ella el dinero ó crédito que tiene en tal ó tal plaza , destino de la entrega. Que las letras se libran á la vista ó á la voluntad , que substancialmente es lo mismo, á tantos dias vista , á tantos dias fecha , á tantos dias de tal mes, á los pagos de feria, á uno ó mas usos. Que los términos de los usos son diferentes en todas las plazas de Comercio. Que el goze de los dias de cortesía no se observa , ni es igual generalmente en todos los Países extrangeros. Que las letras á la vista , y las libradas á tantos dias vista , ó á tantos fecha , pero con la expresion de sin mas término , de ningun modo gozan de cortesía. Que no son executivas para el pago ni el protexto , sino al dia inmediato á su vencimiento.

Seria importantísimo el que todas las naciones, lo que no es dificil , se convencionasen sobre un reglamento universal en materia que tanto interesa á la causa pública del Comercio ; pero ya que este medio no es facilmente practicable , y seria dilatadísima su execucion , es convenientísimo el que no solo se fixe en España una universal jurisprudencia sobre las letras de cambio (y demás contratos), sino que se halle nuestro Comercio instruido en las ordenanzas y práctica de las demás naciones donde no hubiese aquellas , cuya diligencia es facilmente verifificable por medio de los Embaxadores y Consules en los Países extrangeros, y la tal instruccion y exemplar de ordenanzas, se pueden imprimir y agregará esta obra despues de exâminada y aprobada, que sea supuesta la censura y superior correccion. En esta conformidad girarán nuestros Comerciantes cerciorados de los términos que han de correr sus letras libradas á fuera del Reyno, y por lo respectivo á las que viniesen giradas á España, ó se librasen de Provincia á Provincia; formalizadas nuestras ordenanzas, tendrán un seguro norte que los conduzca y dirima todas las dudas, no ciñendose las decisiones al dictámen de los Comerciantes que varian, ó segun su inteligencia ó su interés ó su pasion. La formacion de letras de cambio es otro de los puntos mas interesantes en su giro.

Segun las ordenanzas de Bilvao, concordantes con las de Francia, debe comprehenderse el dia de la fecha, el nombre del girador, el de la persona á cuyo favor se gira, y contra quien, el del lugar, la cantidad, el termino; si es en dinero de contado, ó valor recibido en moneda, mercaderias ó efectos (1). Asi tambien lo opinan muchos Autores, y lo practican los Comerciantes. La dificultad consiste en que todos son del propio dictamen sobre la precision de que se especifique valor recibido en dinero, mercaderias ó efectos, bastando el que se diga valor *recibido*, ó *valor del dicho*, de cuyas dudas se hace cargo el Autor del Arte de letras de cambio (2), opinando acostumbrarse estos modos de libranzas. El Savari los

Tom. XXVII.   S   di-

____

(1) *Número 2.º cap. 13. ordenanzas de Bilvao cap. 13. Artículo 1.º tit. 5. ordenanzas de Francia.*
(2) *El Señor Dupuis de la Serre.*

divide en quatro , valor recibido , valor recibido en mercaderías , valor del mismo , valor entendido (1). Desde luego se observa la mas notable diferencia entre las ordenanzas y dictámen de los Autores , y por conseqüencia la duda sobre la sólida validacion , y concepto de perfeccionado contrato de unas y otras letras. Los que se conformen con las tales ordenanzas, concederán al aceptante y al girador la excepcion de no constar recibido el dinero , siempre que en la letra no conste la confesion del dador. Los que adhe-riesen al partido de algunos Autores y Comerciantes, sostendrán el que aun quando las letras carezcan de semejante explicacion , este defecto no es por sí capaz de influir la precitada excepcion. El primer reparo que se ofrece es muy perjudicial al Comercio, pues habiendose persuadido , y siendo el dictamen general de los Autores , el que su giro se hace mas sobre las riquezas artificiales consistentes en el crédito , que no sobre las reales y efectivas , que son los fondos físicos ; si se hubiesen de sujetar las letras al dinero encontado ó mercaderías , y hubiese arbitrio á excepcionarlas siempre que no hubiese alguna de aquellas circunstancias , se ceñiría el giro precisamente á la masa de mercaderías y dinero , traficandose y negociandose mucho menos en daño de lo extensivo del Comercio.

Algunos Autores, haciendose cargo de este inconveniente, pretenden disolverlo con que en dicha conformidad se evitará el que un Comerciante de mala fé , y tal vez proximo á quebrar , no abuse de la confianza y buena fé del dador de las letras , tomandolas ó para pagar á los acreedores , que no quiera incluir,

(1) *Perfecto negociante capítulo 4.*

cluir , ó para reservarse aquel dinero , ó para otros
fines culpables. Recuerda el Savari á proposito varios
exemplares , inclinandose á la opinion que ciñe las
letras al *valor recibido en dinero ó mercaderías.* Sin embargo , la conveniencia pública aboga en favor de la
libertad del comercio y su propagacion. Uno ó muchos exemplares en que se abuse , no deben alterar
la utilidad comun. Otros remedios hay para conte-
nerlos , siendolo muy oportuno el correspondiente
castigo que sirve de exemplar.

Por mas prevenciones que aplique la legislacion
en odio de las malas versaciones , la malicia humana
siempre encontrará sendas para evadirse y satisfacer
sus fraudulentas intenciones. Una casa de Comercio
sin mas resguardo que el de un pagaré , da á otra al
fiado cien zurrones de grana , otros efectos ó dinero á cierto plazo , sin que perfeccionado el contrato, haya arbitrio en el dueño á retrotraerlo, ni reclamar la restitucion de lo entregado, á menos que no se
pruebe clara y evidentemente que se hallaba entónces
quebrado. He visto no pocos exemplares de semejantes reclamaciones aun por tan justo calificado motivo , y las mas veces se ha decidido á favor de la
causa pública del Comercio , declarandose aquella
venta y compra por perfecta , legítima , y obligato-
ria , especialmente si los géneros han pasado á otro
tercero, sujetando al propietario vendedor á la suerte de los demás acreedores. Desengañemonos , ningun Comerciante da una letra de cambio á persona
de cuyo crédito dude , nadie le impide el que si tuviese algun escrupulo se afiance. El libra por su interes , y este es premio del riesgo á que se expone. El
Autor del Arte de letras de cambio defiere á la opinion de la libertad en semejantes contratos, pues de-

nie-

niega al tirador y aceptante la excepcion del *no valor racibido*, y la retractacion de una letra ya convencionada, á menos que no concurran ciertas fundadas sospechas, de que hablaré en adelante.

El Comercio es una cadena de negociaciones, y
que abraza á todos sus individuos, y circulando entre sí los contratos. El mismo que ayer dió á uno
la letra para París sin tomarle el dinero ñi asegurar
su valor en efectos, le toma hoy otra letra por
igual ó mayor cantidad pagadera en Amsterdan, con
lo qual se compensan ó salvan aquel ramo de cuenta
pendiente. Necesita un Comerciante Francés cien
zurrones de grana. Ni tiene por entónces el valor
efectivo, ni fondo en Cadiz. Quiere valerse de otro
Comerciante : le pide letra contra su corresponsal en
Cadiz : no puede formarla, ó si lo hace la expone
á varias contingencias, porque no puede extender-
la valor recibido en dinero ó mercaderías, y por
consiguiente aquel Comerciante solicitador de la letra, pierde la utilidad que le resultaria de su proyectada negociacion. El perjuicio alcanza á los intereses
del Real Erario de España, porque no causandose
la salida de la grana, vinos ú otros frutos, no se de-
bengan los derechos. Tambien comprehende á los vasallos en la no venta de sus granas, frutos, ó efectos.
No ignoro la dificultad de que ampliandose en España la libertad de tales libranzas sin ceñirse á las citadas circunstancias, constituimos á los Comerciantes de Francia de mejor condicion, pues á ellos por
el contesto de su ordenanza les queda el arbitrio de
excepcionar no constar el valor recibido, y á nosotros por la nuestra, se nos sujetaria á no poder usar
de la tal excepcion, y asi el Español girador de una
letra á Francia, quando no fuese pagada por el acep-
tan-

tante , no pudiera libertarse de la reconvencion por no comprehender la letra las tales clausulas , ni excepcionar el no valor recibido. Al contrario girada desde Francia como fuese sin aquellas circunstancias, se libertaria el girador. No puedo negar la fuerza de la dificultad : pero se evade y queda sin vigor usando los comerciantes de sus respectivas precauciones.

Lo primero , sea como fuere el aceptante en España , está sujeto á las ordenanzas del Reyno, y asi puede y debe ser reconvenido por ellas.

Lo segundo , el tal Comerciante Francés , es regular tenga algunos fondos en poder del aceptante ó de otros corresponsales , y estando sus bienes como lo estarian sus personas si se hallasen en España sujetos á sus ordenanzas , leyes y establecimientos municipales , se les puede embargar y proceder al pagamento de la letra. En una palabra , se pudiera executar lo mismo que con su persona. Este jurídico, legítimo recurso, le obligaria á satisfacer la letra que no pagó su corresponsal aceptante , á fin de libertar no solo aquellos bienes que pudieran importar mas valor que el de la letra, sino otros qualesquiera efectos , caudales , ó acciones , que en adelante pudiese tener en España.

Lo tercero , si la tal letra la negociase el portador, puede la persona á cuyo favor se endosase precaverse con su correspondiente caucion , que aquel (el portador ó tenedor) le deberá dar para el caso en que el aceptante , siguiendo la prevencion del girador , excepcionase no estar concebida en los términos prefinidos por la ordenananza. Salva la superior censura, se persuaden mis limitadas luces en favor de la ampliacion del Comercio , á que se puedan extender las letras , no solo explicando *valor en dinero* ó mercaderías , sino *valor del dicho ó valor en cuenta*, sin que quede derecho alguno al dador de excepcionar no haber recibido el importe. El librador puede precaverse con un resguardo del tomador , para satisfacerle al tiempo que prefinan ; pero de ningun modo podrá servirse de él para detener el curso y pago de la letra. Esta opinion se corrobora con la comun , sobre no ser retractables las letras ya libradas, y que solamente puedan exîgirse cauciones en tales ó tales casos de desconfianza fundada , que se expondrá en adelante. Promueven los Autores la qüestion de si se puede retractar ó no la convencionada letra de cambio, excepcionandose no haber recibido el valor. Por exemplo : Pedro ofreció y se convino en darle á Juan una letra de mil pesos , que le entregaba ó entregaria contra Francisco de Amsterdam, y se pregunta si puede retractarse esta convencion por alguno de los contrayentes. Hecho cargo de la duda el Autor del Arte de letras de cambio (1) , la considera separadamente , y contrayendose al que da el valor ó tomador de la letra , (Juan) si puede retractarse de dar el dinero ofrecido , ó repetirlo si lo ha entregado por sospechar no será pagada por defecto de fondos del dador (Pedro) en poder de Francisco de Amsterdam , ó por falta de crédito, ó por otro motivo ; resuelve que baxo ningun pretexto puede retractarse , porque haciendose este contrato por reciproca utilidad de ambos contrayentes, no se puede rescindir sin consentimiento de ambos, y aunque no ha faltado quien opine (continúa el Autor) que no habiendo el tomador de la letra (Juan) entregado el dinero , puede retractarse por no dado el

(1) *El Señor Dupuis cap.* 5.

el precio , no es el mas corriente este dictamen , y
es contrario á la naturaleza del contrato á que se
equipara , porque siendo al de compra y venta , no
pudiendo este rescindirse por no entregado el precio , se ha de decir lo mismo por lo respectivo á la
letra en qüestion.

Sin embargo conviene exâminar las sospechas que
puedan inducir al tomador de la letra á la retractacion. Si estas derivan de alguna transformacion considerable al tirador (Pedro) despues de celebrada la
convencion de facilitarle la letra , y que justa y fundadamente pueda rezelarse , que si se protestase no
podria rembolsar el importe; ni aun en este caso puede desde luego retractarse , y toda la accion que tendrá , será á pedirle caucion ó seguridad de que será
pagada efectivamente , y que en su defecto le reinte-
grará con todos los daños prácticos , y costos á estilo
de Comercio. Si reusase el girador (Pedro) dar la caucion, entónces el tomador (Juan) podrá resistir la entrega del dinero, ó cumplimiento de la letra convencionada, y aun repetirle si le hubiese entregado : del
mismo modo que el comprador, quando la cosa comprada está en constante peligro de perecer, puede resistir el dar el precio si no se le da seguridad , ó repetir el dinero si lo ha dado. Si las sospechas son ligeras , y no tienen un público y manifiesto fundamento , (como una quiebra , demanda judicial por gruesa cantidad , protestacion de letras , ú otro incidente igual) es indispensable cumpla el tomador (Juan)
con recoger la letra , y entregar el dinero sin pedirle caucion al girador (Pedro). Lo mismo ha de practicarse si la causa de la sospecha no ha sobrevenido
despues de celebrada la convencion, no teniendo de
modo alguno el tomador accion á pedirle seguridad
ni

ni retractarse, porque ha debido saber la condicion é idoneidad de la persona con quien trataba. Si fuese licito retractarse sobre sospechas ligeras, y que pudieron preveerse al tiempo de la convencion, se destruiria la buena fé del Comercio, y el que habia contratado una letra de cambio no la cumpliria sino en quanto le fuese ventajoso, y si hallaba otro con quien tratarla á mejor precio, se retractaria, cuyo abuso ocasionaria un desorden y trastorno extraordinario en el Comercio. Se concluye consiguientemente, que si el tomador de la letra ó dador del valor no tiene sospechas legítimas fundadas, y nuevamente sobrevenidas, y por razon de las quales el girador ó dador de la letra no rehusa la caucion; de ningun modo puede ni debe retractarse. El otro extremo de la duda, que es respectivo al que ha ofrecido ó convencionado dar la letra, (Pedro) si puede ó no separarse de la convencion, ó si habiendo dado la letra puede dispensarse de hacerla pagar, incluye dos qüestiones que deben exâminarse. La una si puede dexar de dar la letra de cambio, y es menester distinguir el valor si ha recibido ó no.

En el primer caso no puede excusarse de facilitar la ofrecida letra, y hacer el que efectivamente se pague en el lugar de su destino.

En el segundo se ha de exâminar, si despues de la convencion sobrevino al tomador (Juan) alguna mutacion considerable, que induzca sospecha legítima, y fundada como la referida arriba, deduciendose que es imposible el que el tomador execute la entrega del valor en el tiempo que le prefinió al dador, aun entónces no podrá retractarse, siempre que el tomador le afiance el importe al término convencionado.

Pe-

Pero si las sospechas son ligeras, y sin fundamento público y manifiesto, como arriba se ha expresado, aunque el dador de la letra no haya recibido el valor de ella, no puede dispensarse de darla. La otra qüestion (extremo de las dos, en que dividen los Autores la duda respectiva al dador) es, si dada la letra de cambio, el tirador puede impedir su pago baxo el pretexto de no haber recibido el dinero ó valor de ella. Algunos negociantes (continúa el Señor Dupuis de la Serre) distinguen: Si la letra dice *por valor recibido en contado*, el dador está obligado á hacerla pagar. Si la letra declara el valor en otros términos, no está á ello obligado, si en el intermedio de su libranza hasta el de su pago no ha recibido el valor. No se inclina á esta opinion el citado Autor, refiere otras concebidas baxo ciertas distinciones, y defiere concluyentemente á que por ningun término ni pretexto puede el tirador impedir su pagamento, especialmente si desde el poder de aquel á cuyo favor se libró, pasó á otro tercero. Oportunísimamente reflexiona el Autor citado en su prologo, que el Comercio por sí solo produce mas pleytos, que todos los demás actos de la vida civil, por la incertidumbre de la jurisprudencia, y variedad de opiniones, especialmente sobre las letras de cambio, que es la parte mas esencial.

Por lo mismo, y siendo uno de los objetos de esta obra reducir los contratos de Comercio á unos términos claros, y fijar (supuesta la superior censura) una jurisprudencia universal y constante; omitiendo la reproduccion de otras opiniones, las consideraciones á la verdad, muchas de ellas metafísicas, que hacen variar las decisiones recopilando las doctrinas, y el espíritu de las ordenanzas de Bilvao,

y extrangeras, con respecto á la mayor amplitud del
Comercio, propagacion de sus negociaciones, y conservacion de la buena fé, comun confianza y crédito,
propondré sencillamente mi dictamen. La mas corriente y fundada, admitida opinion, equipará las letras
de cambio al contrato de compra y venta, pues el
dador de la letra vende, y el tomador compra los
fondos, ó crédito que el primero tiene en la tal plaza adonde se destina la libranza. Ambos contrayentes
deben estar recíprocamente asegurados de su idoneidad respectiva, ya en dinero, mercaderías, ó crédito. De suerte, que para la perfeccion de este contrato no es preciso se hallen cerciorados cada uno
por su personalidad, en que el otro contrayente tiene en caxa el valor de la letra. Basta lo conceptue ó
que opine bien de él, pues de otro modo no contra-
taría. En el Comercio la palabra se reputa una escritura. Un pagaré, es, y se gradua dinero en caxa y
corriente, pues circula por varias manos, haciendose pagamentos como si fuese moneda, sin que en
los traspasos ó cesiones se necesite de otra seguridad, que la que le dá el crédito de la firma. Es tanta
la buena fé y confianza que se tiene y observa en la
materia, que el riesgo ó malogro de la cobranza
corre á cuenta del tomador, ó succesivos tomadores
del dicho pagaré, sin que el dador de él, ya fuese
en pagó de mercancías, ya de otro debito, ó ya á dinero, tenga responsabilidad alguna, y si por exemplo quiebra el deudor del dicho pagaré, el tenedor
ó poseedor acudirá á su concurso sin exîgirle al que
se lo entregó caucion ni reintegracion. Estas cesiones ó traspasos son especie de negocios, y su quebranto ó pérdida es una de las muchas á que está expuesto todo Comerciante. Este método ó práctica
no

no dexa de tener su oposicion en el dictamen de algunos ; pero á la verdad no puede estarse á la buena fé del Comercio sin resignarse á la buena fe de
los contrayentes.

El contrato de venta no se rescinde por el
no entregado valor , y equiparándose á él las letras
de cambio , ha de seguir la misma regla. Desde el
instante que el tirador ó dador de la fetra la entregó
al tomador, le cesó todo arbitrio á la retractacion, ni
á dexar de dar las órdenes correspondientes á la persona contra quien la gira para su efectivo pago. Solamente tendrá derecho á pretender las cauciones , ó
seguridad por la sobreveniente causa al estado , ó
condicion del tomador de la letra , quando no haya
recibido el valor de ella , segun y en los casos arriba expresados. Esto mismo se confirma por el espíritu de la ordenanza de Bilvao por lo respectivo al
aceptante , pues previene expresamente haya de
quedar constituido y obligado á pagar el importe
de las letras , sin que les excuse haber faltado á su
crédito el librador , ni alegar que aceptaron en confianza , sin tener provision ni otra alguna excepcion , pues todo se le ha de reservar para otro juicio (1). Parece pues (á lo menos no encuentro diferencia) que no siendole permitido al aceptante resistir el pagámento, no solo porque aceptó en confianza,
esperanzado en la provision de fondos, pero ni aun por
la sobrevenida transformacion del librador cuya fé siguió ; mucho menos puede este retractar ó dar órden de no pagamento librada ya la letra , por el
motivo ó excepcion de no haberle el tomador reem-
bol-

(1) *Núm.* 37. *con referencia al* 21. *cap.* 13. *ordenanzas de
Bilvao.*

bolsado. El único caso en que puede el girador impedir el pagamento, es si la letra aun se halla en poder de aquel á cuyo favor se libró, sin haber pasado al de otro tercero, ya aquella fuese concebida á un *tal* simplemente, ya con la reduplicacion de *á su orden*; pero con dos advertencias, una de que haya sobrevenido novedad considerable al estado del tomador, que fundadamente haga conjeturar no hará el reembolso; otra, que siempre que preste caucion, ó seguridad que purifique aquella sospecha, debe seguir la letra su regular curso.

No faltan autores que opinen ser retractables por el girador las letras concebidas á favor de un tal determinadamente sin la clausula de á su órden, aunque haya pasado á tercero por cesion ó por otro motivo, siempre que el librador no se haya reembolsado de su precio. Entre otros fundamentos procuran esforzar este dictamen con el espíritu de los artículos 30 y 18 de las ordenanzas de Francia (1). Aquel previene que los villetes de cambio concebidos á favor de un *tal* expresamente nombrado, no se reputará pertenecer á otro tercero, aunque conste hecha la traslacion ó cesion, y sin embargo de que el artículo se contrae precisamente á los villetes, es acomobable por la paridad de razon á las letras formalmente libradas. Los autores de la citada opinion presumen no fué la intencion de los contrayentes, especificando la libranza á favor de un tal, el que se trasladase ó traspasase á otro. El otro (artículo 18.) previene el que la letra de cambio dada á favor de un *tal* sin la expresion de á su órden ya aceptada, si se extraviase, ó por otro título no se presentase al pa-

pago, se podrá reconvenir por él en virtud de la segunda, sin necesidad de dar caucion ó seguridad, para en el caso de si estuviese la primera negociada, pues concebida simplemente á un *tal* se supone no ser transferible, y así ningun riesgo le queda al pagador ó aceptante. Muy respetable es la ordenanza, pero ni uno ni otro artículo (prescindiendo de que el 30 habla precisamente sobre los villetes de cambio, y no las letras) invalidan las cesiones, y por consiguiente siempre que se encuentren en poder de un tercero, deberá formarse igual juicio á las que se conciben á favor de un tal con las clausulas de á su órden. La razon natural por sí misma, reflexionan otros autores, demuestra no ser compatible la propiedad, que el tomador de la letra tiene sobre ella, si no fuese arbitro á disponer de ella como mas bien le conviniese.

De lo expuesto resulta, (y así parece queda persuadido) que el aceptante por ningun pretexto, ni en virtud de órdenes del girador, ni por la quiebra de éste, tenga ó no fondos suyos, ni por la de la persona á cuyo favor se libró, tiene accion á negar el pagamento. Desde que aceptó la letra se constituyó deudor al portador de ella. Si no tuviese fondos del girador, si no los recibió quando esperanzaba, ó si varió su condicion, cumple su confianza ó su mala suerte, pero no altere con la negativa ó resistencia al pago el curso práctico de las letras útil é interesante al Comercio. Este es uno de los puntos sobre que ocurren mas dificultades diariamente, y se observa mayor variedad en las decisiones. En mi concepto resulta gran parte de no distinguir la diversidad de acciones, y confundiéndose todas por via de exênciones, se obscurece la verdadera naturaleza de las letras

tras de cambio. El portador de ella, sin respeto, conexion, ni dependencia á si el aceptante tenga ó no
fondos del girador, se constituye un verdadero acreedor
suyo (con reserva contra los endosantes, y contra
aquel), en virtud de la aceptacion, que es una
obligacion formal de que al tiempo prefinido le entre-
gará el valor de su contenido. Tuvo libertad de aceptar ó no, en cuyo segundo caso el portador con la
protexta de aceptacion preparaba sin pérdida de tiempo su accion contra los endosantes y girador, segun
y como lo permitiesen el estado y circunstancias de
la letra. Si efectivamente no le remitió fondos, ni
los tenia suyos, ni podia prevalerse de su crédito
resacando otras letras porque quebró el girador; la accion que tiene es en el concurso de sus acreedores donde podrá ser mas ó menos privilegiado segun el mérito de su derecho. Supongamos enhorabuena, que
nó tenia fondos del librador, los mil pesos (supongamos sea éste el valor de la letra) eran verdaderamente suyos, nada le tocaban á aquel, pero desde
el instante que aceptó los trasladó al dominio del
portador, siendo accidental el que retenga su uso
durante el curso de la letra y dias de cortesia.

En prueba de que el portador es el legítimo dueño, hace como tal su traspaso y cesion á otro, compra, paga, y cambia con la letra aceptada en la
misma conformidad que lo executaria con la moneda
de oro ó plata. Este cambio ó negociacion no seria
admitida en el Comercio de las Naciones todas, si no
fuese porque universalmente se reputa adquirido el
tal dominio. Puede reconvenirse el que no pocas veces el portador negocia con el aceptante la entrega
del dinero antes del vencimiento de la letra por un
cierto interés que convencionan, lo que parece con-
tra-

tradice el dominio alegado. Este es un argumento caprichoso y de pura sutileza. El aceptante no le dá el dinero por prestamo, pues no se obliga á volverlo en modo alguno, y así se corrobora que ya no es caudal suyo, sino que se estima segregado de la totalidad del que tenga desde el momento de la aceptacion, y así es una formal entrega á su verdadero dueño, que es el portador. En la anticipacion al vencimiento no hace otra cosa el aceptante que venderle el tiempo y el lucro, que durante el curso de la letra pudiera tener el dinero en su poder, por el premio ó partida que descuenta el portador, á quien puede convenirle el uso del dinero veinte y quatro horas, y mucho mas si adelanta tiempo anticipado. Esta es ya negociacion diferente de la letra de cambio, y la práctica de su corriente execucion en el Comercio, es un argumento que corrobora la ninguna facultad del aceptante á resistir el pago, ni el girador á impedirlo. Insensiblemente hemos llegado á otra qüestion, que tambien se suscita sobre si el aceptante podrá obligar al portador á que reciba el valor de la letra antes del vencimiento, ó porque recela alteracion en la moneda, ó por otro motivo que le importe. Los autores apuran la dificultad, y están varios en sus opiniones: me parece mas fundada la de que como no sea por unanime consentimiento de uno y otro, no pueden alterarse ni los plazos de las letras, ni aun los dias que el estilo ha introducido de cortesia. El es un contrato de buena fé; perfeccionado por la récíproca igualdad, y utilidad de ambos contrayentes, y así es inalterable, y solo puede tener novedad consintiendo el aceptante y portador. Este no puede obligar á aquel contra su voluntad á que le entregue el dinero antes de vencidos los

los términos , y por conseqüencia ni el aceptante al portador al embolso anticipado.

Dudase tambien sobre el tiempo dentro del qual el tomador de la letra , portador ó tenedor de ella deben hacerla presentar para la aceptacion. Aun sobre este punto tan importante no se hallan de acuerdo los autores que han escrito en la materia , confundiendo propiamente la naturaleza del contrato , y desviándose algunos de la buena fé que debe intervenir entre los Comerciantes , como que es uno de los principales polos que sostienen el tráfico. No perdamos de vista (es menester repetirlo) el que es una convencion de buena fé establecida , y prefeccionada por la conveniencia recíproca del dador y tomador de la letra, pactándose de comun acuerdo los plazos, reportándose mas ó menos interés del cambio , segun el mas ó menos tiempo, mas ó menos proporciones y utilidad , en el uno á facilitar el dinero , y en el otro á recibirlo. No deben presumirse en los buenos Comerciantes , hechas las negociaciones á la ligera. Todas las practican con madura reflexîon , y muy reflexîvas combinaciones. Un Comerciante de París tiene fondos , ó efectos , ó crédito , que todo es uno en Cadiz. Le solicitan una letra, no la dá, tal vez la facilita á breve término. Quizás á otro muy dilatado mira desde su escritorio el dinero , mercaderías , ó crédito que tiene en Cadiz , como caudal en caxa. Premedita alguna dependencia mas interesante que la del cambio , y no se determina á emplear aquellos fondos en otro destino. Al fin ha hecho sus calculaciones : forma juicio que la negociacion principal (digamoslo así) á que aplica su dinero ó crédito, no exige el apronto hasta pasados dos meses. Conceptua que durante este intervalo puede usar de aquel fon-

fondo, y hacerlos nuevos en poder de su corresponsal para el negocio, que le llevó la primera atencion.

Aunque se ponga el atraso de un correo, forma su
cuenta sobre que facilitada la letra á tantos dias vista, su plazo, el de cortesia y el curso ordinario del
correo, dexan todavía hueco á los dos meses para
la ulterior disposicion de fondos en Cadiz, aplica-
bles á su principal negociacion. Baxo de unas medidas ten prudentes dá sus órdenes, y cree con fundamento ha hecho dos negocios: el de la letra, y el
proyectado. Él opina con razon, que el tomador de
la letra no la retendrá, pues debe presuponer necesita el dinero en el parage para donde es librada. Ha
de presumir que afuer de buen Comerciante no ha
de conservar su valor estancado, y sin circulacion,
que nada le rinda: por todas las quales consideraciones se determinó á dar la letra, como que de ningun modo el fondo librado le deberia hacer falta á
su principal proyectada negociacion. Si hubiese presumido duda, se habria excusado, y este es uno de
los motivos de no encontrarse muchas veces letras
aun con el dinero en la mano, y con seguros abona-
dos correspondientes á aquellos de quienes se solicitan. ¿Quién puede fijar la pérdida de malograrse una
negociacion, por el capricho del portador de una
letra descuidado en su presentacion? ¿Quién puede
asegurar no haya inteligencia entre el tenedor de
ella, y el que la ha de aceptar? No es metafisico el
caso. Alguno, por no decir algunos, he observado,
y bien sea por favorecer el portador á aquel contra quien se gira, dandole mas tiempo á proveerse de fondo, bien sea por otros respetos, la
morosidad del portador es origen de los perjuicios

que puedan resultarle al librador, y consiguientemente se constituye responsable á su indemnizacion.

Igual la tiene el tomador si dilata la remision de la letra, porque trastorna todas las ideas del girador, y aun la convencion misma. Si no necesitaba en Cadiz el dinero hasta pasados tres meses, hubiera hecho la propuesta de la letra al plazo competente, pues entonces se excusaria el dador si no le acomodaba, ó si condescendia se redimia el tomador de toda resposabilidad. No es disculpa ni le liberta el que le entregó el dinero efectivamente, esto es, que le compró verdaderamente el fondo que tenia en Cadiz, y que cada propietario tiene accion libre de usar de la cosa comprada, quando y como le acomode. Este es un error en el Comercio. El dinero abstractivamente considerado, ni el crédito no son todo el caudal del Comerciante, sino la circulacion. Mas claro: el valor de la letra fueron mil pesos. Compróle el tomador por cierto premio del cambio al dador igual cantidad que tenia en Cadiz. Conceptuando buena fé el girador en el que tomó la letra, hizo juicio era buen negocio el que por la disposicion ó circulacion de los mil pesos, en dos meses le dexaba un tres por ciento con aptitud á poderle dar nuevo movimiento, que en otros dos meses le reportase el lucro de otros tres por ciento. Detuvose la presentacion de la letra, retardóse el pago, pasaron los términos que el dador se propuso; no pudo hacer la negociacion, y dexó de ganar los segundos tres por ciento. Esta es una pérdida, verificandose que en vez de ganar con los mil pesos seis por ciento en quatro meses, solamente lucró un tres, sin que le puedan servir de sufragio ó compensacion los mil pesos existentes, porque parados, y

sin

sin la circulacion que proyectaba para provisionar á su corresponsal, no exercieron las funciones de caudal de Comerciante, porque no rindieron utilidad.

Ni tal vez pudo darles otra aplicacion (es el unico argumento que todavia puede formarse) á los expresados mil pesos que le entregó el tomador de la letra, con lo qual habria compensado la reflexionada no ganancia ó pérdida. Prescindamos de que el tomador, portador ó tenedor de la letra, carecen de facultades para imponer la ley á las ideas del girador: pero supongamos (y es lo mas regular) que al mismo tiempo que el Comerciante de París dió aviso á su corresponsal de Cadiz, de haberle librado con tal fecha una letra de mil pesos, á tantos dias vista, le previniese que aprovechando las mayores actuales ventajas del cambio, desde aquella plaza á la de París (circunstancia que pudo tambien concurrir) le previniese, que aceptada que fuese la letra, diese otra de igual cantidad contra el girador, y reservase su fondo á su disposicion, esto es, para la principal proyectada negociacion. Pudo y debió el Comerciante de París conservar existentes los mil pesos para sí, durante el curso regular de la letra, por una desgraciada imprevista suerte, deterioraba la condicion de su corresponsal contra quien habia librado, y no poder aceptar, pagar ó devolver la cantidad entregada.

Pero aun quando hubiese dado nuevo movimiento á los mil pesos, la utilidad reportada no puede servir de legal compensacion para redimir al portador moroso de la responsabilidad que su descuido ó malicia hubiesen ocasionado al girador. La persona contra quien se libró, puede estar en crédito solvente, y con disposicion al pago de la letra, el mes

y

y medio que prudentemente se consumiria en su curso, y el del correo ordinario : y á dos dias despues
puede estar en quiebra. Si este pequeño término se
retardó el portador de la letra en su presentacion
al vencimiento , y ya el aceptante no se halla en
disposicion de satisfacerla , se le ocasiona al dador
una duda de responsabilidad , que al amparo de la
buena té del Comercio , no debia sospechar ni temer.
Los instantes hacen parte de caudal en los Comerciantes. La multiplicacion de negocios es la que los
enriquece. Quale quier momentanea suspension puede producirles daños considerables. Estos trascien-
den á la generalidad , y por lo mismo deben precaverse por el gobierno. El es un contrato , como
se ha reflexionado , de buena fé , y no de riguroso
derecho , y asi no se ha de entender precisamente
por la expresion á tantos dias vista , una libertad
absoluta al tomador , sino aquella que se comprehende baxo los términos de equidad y beneficio reciproco de las partes , y no seria razon que el portador tuviese toda la libertad de presentar la letra
quando quisiese y le acomodase , y el girador estuviese pendiente y expuesto á las contingencias.

Las ordenanzas de Bilvao prescriben los términos , dentro de los quales los tenedores de las letras
deben presentarlas segun las distancias (1) : y aunque todavia no se apura (salvo la superior censura)
toda la dificultad ; pueden no obstante servir de regla para limitar y aclarar los términos , exemplari-
zandolos tambien mas cortos , á fin de preservar á
los labradores (como es justo) de las contingencias que no son conformes al concepto de la letra;
y

(1) *Número* 10. 11. y 12. *capitulo* 13.

y observarse la buena fé que es el alma del contrato , y que ambos contrayentes experimenten el posible beneficio , precaviendose la pérdida del uno por la utilidad ó capricho del otro. Mientras mas retarde el teredor la presentacion , mas se alexa el término prefinido de la vista y el de la cortesía. La misma ordenanza previene una convenientisima limitacion á la presentacion de las letras libradas á la vista , que seria importante se extendiese á las libradas á término. Ya dexa prevenido el que las libradas en Bilvao á sesenta dias vista para las Castillas nueva y vieja , se hayan de presentar dentro de quarenta dias de la fecha (1). Presentóla el teredor á los treinta y ocho , cumplió exâctamente en esta parte.

Aceptóla la persona contra quien venia , y desde de entonces principian á correr los sesenta dias vista , que añadidos á los treinta y ocho suman noventa y ocho , cuyo exceso de tiempo , por lo respectivo á las libradas á la vista para los mismos destinos de Castillas la nueva y vieja , establece se presenten dentro de treinta dias de la fecha , para su pagamento ó protexto (2). De forma , que el portador está inexcusablemente obligado al menos á presentarla , recibir el dinero ó protextarla en el dia veinte y ocho ó veinte y nueve de la fecha. Aunque el curso regular de los correos es de quince dias , en hora buena se dupliquen por las contingencias del extravio de cartas. En varios Países extrangeros es la práctica prefinir el término (asi lo refieren sus autores) para la presentacion de las letras de duplicado curso de correos ordinarios , quando se dirigen

(1) Número 10.
(2) Número 15.

gen por esta vía y duplicadas jornadas, quando se encaminan por un viajero. Mi duda nace de ignorar la diferencia de prefinir á las letras libradas á sesenta dias vista para las Castillas, y á las concebidas á la *vista* treinta. La qualidad de á la vista no influye en modo alguno semejante diferencia, y por lo mismo no seria extraño á fin de estrechar á los portadores, á que ó por capricho ó malicia no detengan las presentaciones, el que las libradas á sesenta, y aun á mas plazos, y tambien las á la vista, se les limitase para su presentacion el término ordinario de un correo.

De un correo, porque tampoco alcanzan mis limitadas luces el motivo de duplicarlos. Su curso es regular. Raras veces se experimenta extravio, y no parece justo que por un contingente raramente acontecible, se haya de establecer una regla favorable al portador de la letra, y perjudicial al girador. Quando el correo se atrasa, es muy facil á la persona á cuyo favor se libró, justificarlo con alguna certificacion autorizada que le sirva de descargo á qualesquier reconvencion del dador ó librador. Sea qual fuese el espiritu de las ordenanzas de Bilvao, que debe declararse por la superioridad, por lo que en adelante se expondrá, la práctica general en Cadiz es presentar la letra inmediatamente que se recibe por el correo, y si no se acepta, protextarla de no aceptacion, dando en el propio correo la noticia calificada, ó remitiendo el protexto á aquel que embió la letra, ya sea el sacador, ya el en quien recayó por endoso. Este es uno de los casos en que pudiera pretenderse persuadir el que el estilo se opone á una ordenanza, y aunque substancialmente no se opone, aun quando se opusiese

co-

como municipal al Comercio de Bilvao, ó comprehension de su Consulado, no tiene fuerza de tal en otra plaza, siempre es un alegato muy recomendable, nunca faltarán Comerciantes que se adhieran á él, y será disculpable la duda en los Jueces, como tambien el que haya variedad en las decisiones.

Por lo mismo es importantísimo el propuesto universal reglamento, y no perdiendo de vista el último reflexionado punto, me parece que la conveniencia pública del Comercio, la buena fé de sus contratos, ser de esta clase el de las letras de cambio, actuarse por reciproca utilidad de los contrayentes, y ser justo precaver la malicia de los portadores ó tenedores de las letras, que son unos verdaderos executores (y por tanto obligados á ser puntuales) de aquella convencion; son todos motivos muy eficaces á prefinirles la precision de presentar las letras inmediatamente que las reciben, á las personas contra quienes se libran para su aceptacion ó protexto, avisandolo á quien corresponde sin pérdida de correo, antes apercibiendoseles á la responsabilidad de quantos daños se ocasionasen por qualquier omision ó retardacion en la diligencia, sin permitirse mas término que el regular del correo, sea librada la letra á muchos ó á pocos dias vista ó fecha. Consiguientemente se establezca lo mismo por lo tocante á las libradas á la vista, á tantos *usos*, á tanta fecha. En una palabra, el tenedor de la letra, sea qual fuere su plazo, deberá presentarla y protextarla (si no le aceptase) por falta de aceptacion dentro del dia y medio ó dos dias que permita la salida del correo.

Deseando apurar en quanto lo permitan mis limi-

mitadas luces la dificultad , y evadir qualesquier argumento (al menos que se me ofrezca á mí mismo)
quiero reflexionar que no pocas veces se hacen negociaciones sobre las letras libradas antes de evacuada la aceptacion (y á ello es referente la ordenanza
de Bilvao). (1) en lo qual se suele emplear mucho
tiempo , y no solo el dilatado que la ordenanza prefine á los términos , sino tal vez mas , y para cuyo
remedio aplica la propia ordenanza la providencia
oportuna. Por conseqüencia , si se llevase á debido
efecto la limitacion propuesta para las presentaciones , ó seria menester prescribir aquellas negociaciones ; ó permitiendolas , es inverificable en sus casos
la restriccion opinada , y nunca se puede libertar al
girador de la dependencia al arbitrio del tomador,
siendo de material, ya provenga ó de la amplitud de
los términos , ó de la dilacion en negociarse su letra.
Es menester confesar la fuerza del argumento , y que
quizá fue este uno de los motivos que influyeron la
prefixacion de término , aunque dilatado por la ordenanza : pero me parece puede disolverse distinguiendo los casos , y adoptando nuevas explicaciones ó providencias , con cuyo conocimiento el girador de la letra se resigne á todas las contingencias
arriba expresadas , y cuya justa precaucion muy conforme á la naturaleza del contrato , se ha procurado
esforzar.

Las letras libradas (sigo el exemplo de la ordenanza) á sesenta dias fechas prescriben un cierto y
determinado plazo , dentro del qual , y no mas se
consideran expuestos el librador y endosantes, en sus
respectivos casos , y por lo mismo el citado número

(1) Número 19.

ro 17 de la ordenanza de Bilvao, previene que el tomador (ó tenedor) de la letra se prevalga del resguardo del último endosante de que no le perjudique, si por el impedido tiempo en la negociacion no llegase al de la aceptacion, pago ó protexto. No sucede asi con las libradas á sesenta dias vista (que fueron el objeto de mi reconvencion ó reflexion) porque siendo tiempo incierto, pues que no corre hasta la presentacion, pudiera consumirse en su negociacion duplicado término, y dilatarse extraordinariamente el del curso del riesgo del librador, endosantes, &c. respectivamente. No ignoro el que se practican estas negociaciones, y que en una letra, por el crédito del girador, el de los endosantes, y de la persona contra quien se libra, gira y corre muchas plazas y meses aun sin aceptarse. Asi succede; ¿pero quién asegura la fortuna permanentemente felice del que ha de aceptar la letra ni de los últimos endosantes, para que nunca pueda llegar el caso de la reconvencion contra el girador? Por todas partes cercan escollos: es imposible precaverlos todos, y no será poca felicidad afianzar el resguardo de algunos. Me parece, pues, se concilian unos y otros inconvenientes, declarandose lo primero, que el librador de una letra de cambio á tantos dias, ó usos fecha, se debe considerar garante del efectivo pago de ella todo el término de su plazo, y el de los dias de cortesia, sin excusa ni réplica; pero pasado el prefinido, le ha de cesar toda responsabilidad, y el no pago por parte del aceptante se ha de imputar entónces á los portadores ó endosantes, en quienes hubiese consistido la omision de no haberse presentado la letra, y evacuado el pagamento dentro del término que prefinia. Los portadores ó endosantes, por cuyas manos corriese la letra en el curso de su negociacion, como que el contexto de ella les avisa su estado, se deberán precaucionar por el resguardo que previene el número diez y siete de la ordenanza de Bilvao.

Lo segundo que, salvo la superior censura, lo que parece conveniente se declarase, es, que la letra librada á sesenta dias vista (mas ó menos plazo) solamente correrá á riesgo ó garantia del librador su prefinido término, el de la cortesia, y el que se expende en el correo ordinario. De suerte, que suponiendo el curso ordinario del correo quince dias, catorce de cortesia, y sesenta de la libranza son ochenta y nueve dias, ó noventa (por contarse el de la presentacion); á los que se deberá conceptuar garante el librador sobre el efectivo cumplimiento y pago de su letra. Si antes de presentarse al que la ha de aceptar, atendido el crédito de su firma, corre de mano en mano por negociacion, retardandose su presentacion, alejandose el momento desde quando ha de contarse el término de su curso, que es desde el en que fue presentada, resignese al peligro ó contingencia. La garantía del librador no ha de ser interminable y dependiente del arbitrio de los portadores, endosantes, &c. Estos hacen el giro de las letras por su utilidad, y resiste á toda razon, equidad y justicia, el que un contrayente reporte el lucro con detrimento y perjuicio del otro. La ganancia corre igual paso con el peligro, y por eso es aquella justa. El portador ó sacador de una letra, la negocia ó da circulacion, porque en ello hace juicio de lucrar, ó efectivamente lucra.

Es menester, pues, le acompañe el riesgo de la pérdida, si por el transcurso del tiempo mas que el prefinido á la letra, quando llega á aceptarse, ya el el aceptante ha deteriorado de condicion. Nadie duda que si verificado el vencimiento de una letra, el tenedor de ella no acude por su pago ó protesto, se constituye responsable en el caso que el aceptante no la satisfaga, por haber dexado pasar el término prefinido. Parece, pues, corre la paridad con respecto al mismo sacador, portador, ó tenedor de ella, si por adelantar sus negociaciones particulares dexó corriese el plazo, dentro del qual el girador se comprometió, y se constituyó garante del pago. Estas declaraciones ó reglamentos dexan salvos é indemnes los derechos del librador y sacador, que se sujetaron por el contrato : prefinen término á su curso; coadyuvan y fortalecen las ideas de los contrayentes á la mayor circulacion de sus fondos ó crédito: no se les priva á los portadores, endosantes, &c. de su libertad, pues quedan facultativos á hacer las negociaciones, sí bien á su riesgo, siendo justicia reporte con resignacion el daño, el mismo que disfruta ó puede disfrutar el beneficio. Es menester no dexar tan expuesto al librador á que haya de correr toda la suerte del peligro y contingencias. Bastante es el que ni aun aceptada la letra, no por eso queda libre el girador de la responsabilidad, interin no se verifica el pago, sin embargo de que las negociaciones succesivas á la aceptacion, se hacen en virtud del crédito de la firma del aceptante, á cuya fé defieren los que sobre ella negocian. La misma consideracion milita por lo respectivo á la responsabilidad de los endosantes en su lugar y caso, ó de los traspasos y cesiones. Esta responsabilidad que observo poco reparada, es muy grande. Parecia equidad, y aun justicia, que el mérito de la firma del aceptante, constituido deudor de la letra, debiera

exô-

exônerar ya al librador. Pero no es asi : permanece
obligado hasta purificado el pagamento.

De todo se deduce , que cotejados los cargos ó
responsabilidades entre el deudor y sacador ó tomador de la letra , los tiene aquel mayores , y por lo
mismo es justo indemnizarle de los que no se derivan
del contrato , sino de las distintas negociaciones del
portador ó endosantes, que las emprenden por conside-
rarlas útiles , esto es , por negocio propio. Cuidado-
samente he reservado para la conclusion de este punto una dificultad , llamemosla antilógia , que ofrecen las ordenazas de Bilvao entre sus mismos números , la que me parece verdaderamente aplicable á
mi propuesto dictamen , y creo conveniente el que
la superior censura decida la duda. Es menester re-
producir que, conceptuando al número nueve el perjuicio que se puede seguir á los libradores y endosantes la retardacion en la aceptacion ó protesto
de letras, prefine los plazos (á los números 10 al 16
inclusive) dentro de los quales los tenedores de ellas
deberán presentarlas. Le han parecido á mis pobres
luces muy dilatados los plazos , especialmente por
lo tocante á las libranzas á tantos dias vista : y suje-
tandome á la superior censura, he procurado persuadir que la letra no debe perder correo. Puede cor-
roborar el pensamiento con la misma ordenanza al
número veinte y ocho , pues expresamente manda
que el tenedor de la letra , inmediatamente que la
reciba para hacerla aceptar , deberá presentarla , y
si no la aceptase, saque el protesto de no aceptacion
antes que salga el correo , y remitalo al librador ó
su endosante &c (1). Unos y otros números hablan
con

(1) *Veanse los números 9. al 16. y el 28. del capítulo 13.*

con los tenedores de letras. Por el diez cumple
el tenedor de ella en presentar la librada en Bilvao
para las Castillas á sesenta dias vista , ó fecha dentro de los quarenta de esta. Puede executar á los
treinta y ocho de su fecha. El correo de Bilvao á
Castilla no expende tanto tiempo ; luego (es la hi-
lacion) podrá llegada que sea retenerla , y no se le
culpará como la presente dentro de los quarenta dias
de su fecha.

Esto se contradice por el número veinte y ocho,
y de la (al parecer) implicacion de unos con otros, se
deriva la propuesta dificultad. Puede disolverse, que
los números diez , y siguientes , hablan con los primeros inmediatos tenedores de las letras , y el veinte y ocho con el último , á cuyo poder llegó precisamente para recoger la aceptacion. Otras soluciones pudieran tambien aplicarse , pero sin diferir absolutamente á la significada : y no siendo mi intento
qüestionar los asuntos , sino proponer las dificultades para que la superioridad resuelva , y se fixe un
reglamento ; sería convenientísimo , como sobre los
demás puntos , prefinir sobre la enunciada duda la
correspondiente decisiva regla. Ha habido mucho
desden y abuso en el modo de las aceptaciones , extendiendo las condicionadas ó confusas , si bien la
práctica general ha corregido aquel perjudicial método, y se aceptan y deben aceptar claramente, usando de la expresion *aceptada ó acepte* , poniendose la
fecha y firmandose. Este es el concepto de lo prevenido por las ordenanzas de Bilvao y Francia (1) , y
aunque en las libradas á uso y dias fixos no requiere
la

_____

(1) *Número* 32. 33. *y* 34. *cap.* 13. *de las de Bilvao. Art.* 2.º
tit. 5. *de las de Francia.*

la del número treinta y tres se ponga la fecha, es convenientísimo el que se añada como en las letras á tantos dias vista, al menos (prescindiendo de otros motivos) por calificar si el tenedor la presenta con la inmediacion y prontitud que se ordena al número veinte y siete. Siempre que el aceptante reuse el atemperarse á los prefinidos términos, se tendrá por no aceptada, y se protestará, pues este es el espíritu de las ordenanzas citadas, el dictamen de los mas clásicos Autores de Comercio, y la práctica general. El endoso de la letra se ha de practicar con casi igual respectiva formalidad que aquella. Ha de formarse á la espalda de ella, expresando el nombre de á quien se cede, de quien se recibe el valor, si en dinero, mercaderías, cargado en cuenta, fecha y firma. Asi lo previenen las ordenanzas de Bilvao (1) y Francia (2) si bien una y otra declaran no deberse entender traspaso ni cesion por la sola firma á la espalda, pues debe explicarse el motivo de la traslacion, con las formalidades arriba referidas.

Esta regla general tiene su excepcion, en el caso que el dueño ó portador de la letra haya puesto su recibo y firma en blanco para negociarla por mano de corredor. Yo defendí, y logré la sentencia favorable sobre una letra librada en Roterdam á favor de otro individuo de la misma Ciudad, con la expresion *de valor del dicho*, endosada al de un vecino de Cadiz baxo la clausula *valor en cuenta*. La persona contra quien se habia librado aceptó. El tenedor de ella puso á la espalda su recibo y firma, y la entregó á un corredor del número para que la nego-
cia-

(1) *Número 3. cap. 13.*
(2) *Articulo 23. y 24. tit. 5.*

cíase. Con efecto, por un pequeño premio la negoció con otro, y entregó el corredor el dinero valor de ella al primer tenedor, esto es, al que la endosó el sacador de Roterdam. Este quebró en el intermedio del curso de la letra, con cuya novedad el librador avisó al aceptante, que de ningun modo lo pagase, pues no habia recibido su importe, y que habiendo quebrado el sacador, se hacia el reembolso mas dificil. Llegó al fin el vencimiento de la letra, acudió el tenedor de ella, excusóse el aceptante con la órden del librador, siguióse la execucion judicial, durante la qual se personó otro á nombre de aquel (el librador) sosteniendo no deberse pagar, por no reembolsado el importe. El tenedor de la letra se defendia, que él era un tercero que le habia negociado, entregando su dinero, y por consiguiente tenia la legítima calidad de cesionario. Se le respondia, que no estando el endoso practicado segun la forma prevenida por las ordenanzas de Bilvao y Francia, y apoyado por la comun práctica del Comercio, se debia reputar un puro mandatario, y no mas. Se alegaba un caso práctico executoriado en uno de los Tribunales de Francia, identico al de la qüestion en quanto á la firma y recibo al reverso de la letra, y haberse decidido que no era traspaso ni cesion, y que por consiguiente se reputaba baxo el dominio del primer tenedor, y que el segundo no probaba su derecho. Asi lo refiere el Savari en su Perfecto Negociante tomo 2.º en que recopila varios casos y decisiones, cuya doctrina se alegaba á favor de la resistencia del aceptante y librador.

Confieso me dió gran cuidado el exemplar, pero hallé en el mismo Savari al citado tomo otro caso

so (excepcion de la regla general) mas idéntico al de
la disputa., pues tambien habia sido subscribir el recibo y firma en blanco, haber entregado la letra á un
corredor, y negociandola, con cuya justificacion que
se hizo por la declaracion del corredor, y algun otro
testigo, se declaró en el Tribunal de Francia una
verdadera cesion, y que la letra pertenecia efectivamente al tenedor de ella, que propiamente por
interposicion del corredor la habia comprado. El
primero tenedor de ella (es una de las razones que
se alegaron en el Tribunal de Francia) quiso á costa de algun premio anticipar el tiempo, puso su
recibo y firma solamente porque ignoraba como y
á quien la negociaria el corredor, y asi nada podia
extender. La persona que la tomó en negociacion,
tuvo arbitrio de retenerla en igual conformidad, sin
estar obligado á llenar el blanco, ó porque lo haria
quando ó como le acomodase, ó porque hizo animo de cobrarlo para sí. Esta era una conducta muy
conforme á la libertad del Comercio. Fortalecido yo
con esta y otras doctrinas, y habiendo declarado el
corredor la verdad del hecho, sin embargo de que
la parte del librador recusó para la sentencia al Juez,
y se nombró acompañado; se declaró de conformidad la validacion de la cesion ó endoso, y se mandó que el aceptante pagase el importe de la letra y
los costos al último tenedor de ella, que adquirió
por la negociacion un verdadero dominio. De suerte, que ni el haberse concebido en su origen con la
sola clausula de *valor del dicho*, ni el haber quebrado el sacador, ni el no haber entregado el dinero,
fueron motivos que degradaron el mérito originario
de la letra, la inexcusable obligacion del aceptante al
pago, y la ninguna facultad del librador á retractar

la

la órden del pagamento, baxo el pretexto de no haber recibido el dinero, y quebrado el sacador, conformandose consiguientemente, no solo con el dictamen de los mas habiles Comerciantes que subscribieron á favor de mi dictamen, sino con la sentencia pronunciada en juicio contencioso (y bien disputado) todo quanto arriba he propuesto sobre la materia. Sin embargo, lo mas seguro es hacer semejantes endosos y traspasos, con toda la especificacion que prefinen las ordenanzas : pero si las circunstancias de la negociacion, el tiempo de ella, el estado del curso de la letra ú otros motivos no lo permitiesen, siempre que ó por la intervencion del corredor, ó por otra prueba se pueda justificar el título justo y la verdad de la cesion, se habrá de decidir á favor del tenedor de la letra, y conceptuarse formal endoso; pero no pudiendo probarse en los términos significados, se declarará el traspaso por de ningun valor y efecto, y que la letra pertenece al portador de ella, ó persona á cuyo favor se libró ó se endosó en la forma prefinida por las recordadas ordenanzas.

El espíritu de estas es precaber el abuso que pudiera hacerse, si los traspasos en blanco fuesen válidos, terminando á que no se oculte la verdadera causa de la cesion, y se eviten las colusiones y fingidos créditos: baxo cuyo supuesto siempre que por el portador de la letra se pruebe el justo título de su propiedad, parece debe tener indispensable derecho á su cobro, aunque la recibiese sin las formalidades prescriptas, mediante que por la prueba se purifica la negociacion de todo vicio, que altere la buena fé del Comercio, cuya conservacion es uno de los principales fines de las ordenanzas en la prefijacion de las circunstancias á los endosos. Por lo reflexionado arriba sobre el mérito y validacion de las letras de cambio, aunque no expresen el valor recibido en dinero, mercaderías, ó á cuenta, bastando el que se extienda *valor del dicho*, parece deberá ser igual la regla por lo tocante á los endosos ó traspasos, pudiendo muy bien el dueño ó tenedor de la letra confiarse de la persona á quien la endosa ó traspasa en virtud de su palabra ó de su pagaré. No dexo de conocer sería el medio mas oportuno á conciliar el espíritu de las ordenanzas con la libertad tan recomendable á los contratos de Comercio, y dictamen general de Comerciantes, el que se explicase en las letras y lo mismo en los endosos, *valor del dicho en un pagaré de igual cantidad*, y que se declarase que el concepto de las ordenanzas en prefinir las clausulas, no es exclusivo de aquellas, y á mayor abundamiento se ampliasen.

Si yo no hubiese encontrado en los autores contravertida la qüestion sobre si son retractables ó no las letras concebidas puramente baxo las clausulas *valor del dicho*, y que se las distingue de las de *valor en dinero, mercaderías, ó á cuenta*, habria creido que las ordenanzas no excluyesen el *valor en pagaré*: y me hubiera dispensado de dilatarme en la materia, y aunque no se me oculta, puede interpretarse ser este tambien su espíritu, me ha parecido conveniente proponer las razones que abogan á favor de la mayor amplitud de los tales contratos, reservando mi veneracion á las superiores luces, el que se amplie el concepto de las ordenanzas, pues á la verdad un pagaré entre Comerciantes, es dinero ó moneda corriente, y por tanto muy conforme el que se añada al *en dinero ó mercaderías el pagaré*. Es muy loable la universal costumbre

bre del Comercio, de dar segundas y terceras letras, no solo por las contingencias de extraviarse, sino por facilitar las negociaciones donde mas les acomode á los sacadores, ó tenedores de ellas. Por lo mismo no puede excusarse el librador de darle al tomador segunda, tercera, ó quarta, añadiendo esta circunstancia, y la de que pagada una, las demás sean de ningun valor ni efecto (1). Para remediar el extravío, y guardar uniformidad en el curso y estado de las letras, si al último endosante le pidiere el tomador, por habersele extraviado la letra original, segunda, tercera, ó mas, se la deberá dar en copia con todos los endosos, previniendo antes de su firma ser verdadera copia de la letra anterior negociada, la que sacará de su libro copiador de letras, que deben tener todos los Comerciantes, cumpliéndose así con lo prevenido en dicha ordenanza, y lo mandado en las del Consulado de Burgos (2), y observado generalmente en el Comercio.

Es lo regular remitir la primera á la aceptacion, y negociar con la segunda ó tercera, señalando la casa, persona, y lugar donde se hallará aceptada la primera. La ordenanza de Bilvao con concepto á esta negociacion, previno el oportuno remedio á la retardacion del tiempo en la aceptacion dentro de los términos prefinidos por las mismas ordenanzas, mandando que en el caso de que las letras libradas en Bilvao á pagar allí, en Madrid, ú otras plazas de estos Reynos, se envíasen á negociar á las extrangeras, y que cambiadas en ellas, dén tantos giros que no lleguen á aceptarse en los plazos prescriptos,

Y 2   en

(1) Número 5. cap. 13. ordenanzas de Bilvao.
(2) Número 5. cap. 9. ordenanzas del Consulado de Burgos.

en tal caso los tomadores y tenedores de semejantes
letras que las negociasen, sean obligados á remitir las
primeras dentro á lo mas de dos correos para su
aceptacion; y las segundas y terceras podrán remitir adonde quisieren, avisando si se han aceptado ó
no (á los libradores ó endosantes), debiéndose asimismo precaver por si no llegasen al tiempo prefinido con el resguardo del librador, ó endosante de
quien la hubiese recibido para que no la perjudique (1). Ya se ha expresado y es concordante con
todas las ordenanzas, y dictamenes de autores de
Comercio, executoriado todo con la práctica, el
que el aceptante se constituye deudor del portador
de la letra. Supuesto este innegable principio, parece seria lo mas conveniente dirimir todas las qüestiones y dictamenes, unos que dexan libertad de reconvenir inmediatamente á los endosantes, y otros
al librador, y otros al aceptante, estableciendose por
regla fija é invariable la reconvencion extrajudicial y
judicial contra el aceptante, y solamente en el caso
de que avacuadas todas las diligencias, resultase
insolvente en el todo ó parte, seguir el recurso
contra el inmediato endosante, continuando cada
uno de los que hubiesen concurrido hasta llegar al
librador.

Las ordenanzas y doctrinas constituyen al dador
de la letra y sus endosantes, en la calidad de garan-
tes ó fiadores en su lugar, y tiempo por el importe de
la letra, y por lo mismo parece justo no despojar-
los del derecho que tienen como tales á que se purifique previamente la insolvencia del aceptante,
quien por la aceptacion se constituyó obligado á la
en-

(1) Número 34.

entrega del valor de la letra. Este es en mi dictamen el verdadero espíritu de las ordenanzas y doctrinas, que se ha pretendido confundir con las qüestiones agenas de la buena fé del Comercio. La ordenanza de Bilvao lo explica así con la mayor claridad (1), denotando la primera accion contra el aceptante, y reservando el derecho del tenedor de la letra contra los endosantes y librador, con tal que en tiempo le haga saber su estado. Confirmase en el hecho de prevenirse por la misma ordenanza (2) tener arbitrio el dueño de la letra á recibir del aceptante (si bien baxo protexta) alguna porcion, y recurrir por el resto al dador y endosantes. Confieso sencillamente me he admirado quando he leido y oído, reducido á qüestion este punto, y por lo mismo conviene que por medio de un constante reglamento se imponga silencio á la contraria opinion, que solo sirve de subterfugio á las cavilaciones. Para no dexar márgenes á las dudas, especialmente sobre los puntos principales, se ha de advertir, que aunque el portador de la letra, y el aceptante tienen libertad de poder el uno pagar, y el otro recibir el dinero importe de ella antes del vencimiento, se ha de entender estando ambos á este tiempo en la buena opinion y fama de su Comercio, porque de otro modo ha de ser nulo, y deberá el portador devolver lo recibido.

Además de que así lo previene la ordenanza de Bilvao (3), lo persuade la buena fé del Comercio, y lo corrobora la verdad sabida, que son los polos de los contratos, los quales se quebrantan con el anticí-

(1)   Número 29.
(2)   Número 30.
(3)   Número. 39.

cipado pagamento por parte de un deudor que esté proximo á quebrar. Muchas veces sucede que protestada una letra acuden amigos del librador, y endosantes á pagarla por honor de la firma. En el caso de acudir por unos y otros debe ser preferido el que pague por el librador, y no habiendo quien por él salga, y si por los endosantes, lo será el que saliese por el primero, y así en lo succesivo. Así se halla prevenido en la ordenanza de Bilvao (1), lo opinan los autores que han escrito sobre la materia, y lo autoriza la práctica. El librador es la primera persona en el contrato : pagandose por él, se evitan qüestiones y pleytos entre los endosantes, y la progresiva responsabilidad de uno á otros, y solamente quedará la disputa con el aceptante, si tenia fondos del dador, ó rembolsará sin repeticion contra aquel la cantidad de la letra al que salió á pagarla por su honor, constituyendo todo el daño de haber confiado del aceptante en los costos é intereses, á que por lo expuesto arriba en su respectivo lugar es responsable. El mismo motivo, guardada proporcion, milita respecto al primer endosante, por ser la persona mas inmediata al tomador ó librador. Las letras de cambio tienen la misma fé, que si fuesen escrituras públicas. Así se previene en las ordenanzas de Bilvao, Francia, y otras Naciones, y uniformemente lo califican los autores, los comerciantes, y la práctica. Es menester confesar son una de las negociaciones mas recomendables del Comercio, y por lo mismo digna de la mayor atencion. Sin duda este fué uno de los motivos que han inspirado nuestras leyes, y las de los Extrangeros, no permitiendo su giro sino

(1) Número 40.

no á personas conocidas de buena fama y proceder, prohibiendo su exercicio á todos los individuos y lugares á quienes no estuviese concedido por especial privilegio (1).

En Francia y Olanda no termina á otro fin la institucion de los bancos públicos, ó bolsas de Comercio (2). Lo propio sucede en Genova, Inglaterra, y otros Paises de Europa, proveyendose de este modo al comun beneficio sin riesgos, ni contingencias (por lo comun) de mala fé. Bien conozco es materia imposible, y que en el dia pudiera ser perjudicial, la rigurosa observancia de aquellas leyes, así en España como en las demás Naciones. Sería limitar la libertad de los Comerciantes particulares, y la propagacion de las negociaciones; pero no debemos perder de vista aquellos reglamentos para inferir la recomendacion que han merecido á la legislacion de las letras de cambio. En España nuestro Real giro es uno de los establecimientos mas importantes, adecuandose en el modo posible todo el espíritu de la sábia política de la España y demás Naciones. En Cadiz, Sevilla, Madrid, y Bilvao hay casas de conocido abono, crédito, é integridad, que hacen este Comercio. Tambien le practican los cinco Gremios mayores, todos los quales tráficos por los medios expresados, ceden en beneficio del Estado, Nacion, y salvan la buena fé del Comercio. No puede negarse el que hay varios individuos empleados en este giro sin los correspondientes fondos, en gravísimo daño de

(1) *El título* 18. *cambio y cambiadores*, *lib.* 5. *recopilacion de Castilla.*

(2) *Decreto de S. M. christianísima, comprehensivo de* 14 *artículos, expedido en* 24 *de Septiembre de* 1724. *La obra titulada* Cambio de Amsterdam.

de la causa pública, pues reducidos á ser menester dar unas letras para pagar otras, como que no tienen otro caudal que el aparente crédito; el mas ligero quebranto los arruina. Carecen de fuerzas para sufrir las contingencias, ó hacer los rembolsos. No utilizan sino en la apariencia del manejo. Agoviados de la necesidad, ó de tomar, ó de dar las letras, no pueden caminar siguiendo los progresos ó ventajas que ofrece el cambio.

Enhorabuena, que un Comerciante dedicado á otros giros y comercios, por necesitar en el dia alguna partida de dinero, se prevalga de su crédito con sus corresponsales dentro ó fuera del Reyno, tengan ó no fondos suyos, y les gire una ó mas letras para subvenir á su urgencia: esto es muy permisible, es un desahogo importantísimo á los Comerciantes, y muy propio á la libertad del Comercio; pero no hacer oficio, digamoslo así, del giro de letras, sin otros repuestos, que ó el abusar de la buena fé de sus corresponsales, ó tal vez entenderse reciprocamente unos y otros en perjuicio de la pureza que exîge el Comercio. No son imaginarios estos discursos, tengo sólidos fundamentos. La experiencia de muchos años en el giro del Comercio, me ha hecho conocer estas y otras interioridades; siendo imponderables los daños que ocasiona semejante conducta. Ella ha ocasionado muchas quiebras, originando gran confusion en los concursos de los acreedores.

De aqui ha resultado haberse deteriorado la confianza que antes tenian entre sí unos Comerciantes de otros, investigándose con la mayor prolixidad el mérito de las firmas. Salvo el superior dictamen, me parece se estableciese una rigurosa pena contra estos, que sin caudales ni otros tráficos hacen

cen

cen el giro de letras , siempre que se les probase mala fé , ó haber abusado de la confianza ú opinion pública. Nada hay mas facil que la tal averiguacion. Sobrevino la quiebra á los tales , como conseqüencia precisa (dias mas ó menos) de su Comercio aparente. No hallarán (por lo general) en sus libros , si es que los tienen , otras dependencias , que el haber tomado géneros al fiado , y vendidolos al contado con gran pérdida , haber girado letras sin fondos en su corresponsal , sirviendole aquel dinero para pagar otras que aquel , ó baxo buena fé , ó entendiendose con él le hubiese librado. Apurado esto , es lo bastante á conocer la mala fé , y que no fué un Comerciante , sino un engañador (merece este título) que quiso vivir á costa de la tal qual confianza que le prestó el público. Aunque comunmente se opine , que no pueden darse exâctas y seguras reglas para conocer el verdadero crédito de una casa de Comercio , y discernible del aparente ó falso ; sin embargo, hay algunas , que bien exâminadas podrán conducir á formar un prudente juicio. La primera es la economía y ahorro de gastos , pues todo lo que se economiza es caudal.

No se me oculta el que la profusion en las mesas, los banquetes , las diversiones al campo , y otros obsequios, que acostumbran los Comerciantes, son negocio por ser medios de adquirir amigos , y de hacer por gratitud á una esplendida comida, una interesante negociacion , que en otros términos tal vez no se perfeccionaria. Verdad es , yo lo confieso: pero los juiciosos Comerciantes distinguen y aplauden estos dispendios , quando lo practican casas de Comercio , cuyo caudal y crédito tienen la primera indubitable reputacion. Por exemplo , (omitiendo

Tom. XXVII.   Z   otros)

otros) se halla una casa de Comercio con quatrocientos mil, ó mas pesos en géneros en sus almacenes, al apresto de una flota, y por medio de un esplendido banquete, ú otros medios de obsequio, á uno ó mas cargadores consigue el que prefiera los géneros de su almacen, en lo qual adelanta á mas de la venta á favor de su principal correspondiente, el importe de su comision. Estos y otros dispendios que se hacen diariamente en Cadiz por los Comerciantes de gran crédito, son muy conducentes al adelantamiento de las negociaciones é interes. Pero al contrario, los que sin solidos fundamentos de caudal pretenden adquirir crédito y reputacion á la sombra de semejantes profusiones, aparentando las facultades que no existen, comprando propriamente con dolo y engaño la confianza y sencilla fé de los concurrentes al convite ó diversion, son merecedores del mas severo castigo.

Diez ó doce mil pesos que una casa famosa de Comercio (hay algunas en Cadiz de esta clase) expenda cada año en la mesa, criados, diversiones, &c. les produce las ventas de muchos centenares de miles de ropas; y por consiguiente la correspondiente utilidad. Grande es el gasto, pero repartido á prorrata sobre los efectos que tiene propios ó de comision, es una bagatela lo que á cada uno toca, y todos concurren á aquel dispendio que se abona por los propietarios de las ropas. Aun quando el comisionista haga los tales gastos por su cuenta, siempre utiliza, porque logra hacer sus ventas, se acredita con sus corresponsales, y sin embargo de que gravando su comision con los dispendios, le queda menos utilidad en cada encargo ó efectos consignados, lo recompensa con exceso en la multitud

tud de comisiones que adquiere. No solo son loables *los* toles banquetes, diversiones y demás gastos por ser medios para adelantar los negocios, sino, convenientísimos á la causa pública del Comercio, y mas particularmente á las negociaciones de las letras de cambio. En un combite ó concurrencia se concilian los animos: y si ofrece la casualidad alguna duda sobre letra de cambio, pendiente entre los mismos concurrentes, la dirimen los otros amistosamente. Si se refiere la letra protestada, suele haber mas proporcion de que alguno la satisfaga por honor ó del librador, ó de los endosantes, ó del aceptante.

No hay en Cadiz como en Londres un formal establecimiento de bolsa de Comercio. La calle nueva y plazuela de San Agustin, sitios de gran concurrencia de Comerciantes, suplen y sirven de tales: pero ni todos freqüentan aquellos parages, ni puede haber la franqueza en las noticias de los negocios, que tal vez aprovecha á su propagacion. Corren las especies: se habla de tal ó tal negociacion, de tal ó tal letra á cargo de una ú otra casa, se suscita tal ó tal duda, y no se apuran ni el asunto, ni las dificultades. Esto se consigue en los combites, no siendo extraño el que durante el tiempo de tomar una taza de café se haga una gran negociacion, se repare el crédito del librador de una letra, saliendo quien por su honor la pague ó se dirima una duda, cuya purificacion costaria un pleyto. La utilidad de semejante práctica transciende al interés del Real Erario y Causa pública, en el excesivo consumo de las especies sujetas á derechos, vendiendo el labrador mas grano, el criador de ganado mas reses, y el cosechero mas vi-

nos

nos y demás frutos , mientras mayor es el gasto
que hacen los Comerciantes en sus mesas y en las
diversiones á los Pueblos de la comarca. Las naciones extrangeras observan igual conducta. No son los
combites y demás gastos de la clase expresada los
que ocasionan las quiebras de las casas de acreditado
Comercio. Las tales resultas son conseqüencia precisa de los que sin fundamentos solidos quieren imi-
tar á los acaudalados Comerciantes , y engañar al
público. Las quiebras de las casas famosas han derivado de otros principios , en lo general inculpables,
y, que por no desviarme de lo principal , omito producir por ahora. Las letras , ó prestadas , ó no reem-
bolsadas en sus valores á los giradores ó libradores
sin fondos efectivos en el corresponsal , son puras
desgracias en el giro de las casas famosas y acreditadas , y que de ningun modo deben degradar su buena fé , ni servir de pretexto para la limitacion , y
ceñidas circunstancias con que algunos autores , y aun
las ordenanzas de Bilvao y Francia (salva la venia)
quieren se establezca esta negociacion.

Castiguese sin remision á los que sin crédito so-
lido abusan de la amplitud y buena fé del Comercio:
pero sus desordenes no sirvan de regla general. Convendria , pues , (lo repito) se estableciese pena cor-
poral contra los quebrados , en cuyas negociaciones se averiguase la del giro de letras , careciendo
su Comercio de la competente solidéz , actuando
el tal giro sin la prudencia ó consideracion al corri-
riente del cambio. Un Comerciante , ó por mejor
decir , uno que quiere aparentar el serlo , que toma
y dá letras cada correo , sea qual fuese el cambio,
sin regularse por su mas ó menos ventaja , presenta
desde luego las pruebas menos equivocas de que
ha-

hace un Comercio ruinoso. El no ser desde luego descubiertos y abandonados, nace de que hay otros muchos de su clase, unos á otros se auxilian y encubren, no faltando corredores de lonja ó del número, que olvidando la legalidad de su oficio los patrocinan, de que hablaré en adelante. Continuando en proponer las reglas que hacen conceptuar lo bien fundado del crédito de una casa de Comercio, debe reputarse por tal la detencion y madura reflexion en la toma ó data de las letras de cambio. Todas las ideas de un buen Comerciante se encaminan á su utilidad. No ha de despreciar un medio por ciento de ganancia, ni ha de dejar de contenerle un medio por ciento de pérdida.

Baxo esta consideracion no puede perder de vista en cada correo qual sea el corriente del cambio, y su habilidad consiste en tomar ó dar letras segun conceptúe le dexe utilidad en uno ú otro; pero en todo caso abstenerse de tomarlas ó darlas quando conoce pérdida. Supuesto este principio, y que cada correo hay variacion del cambio, ya en unas, ya en otras plazas, y en muchos es perjuicio el tomarlas ó el darlas, se deduce por conseqüencia que no siempre se encontrará en las casas mas famosas la proporcion de letras. Añadese que esto es un giro muy arriesgado, y que rinde poca ganancia comparado con otras negociaciones, y por tanto utilizará quizas mas el Comerciante de Cadiz valiendose de los fondos ó crédito que tiene en su corresponsal de París para la compra de efectos ú otros negocios, que no sirviendose de él para el pago de una letra. Omito otras reglas que como relativas á otras negociaciones pudiera su produccion creerse desvío del asunto principal. Baste la exposicion de la di-

fe-

ferencia entre el verdadero Comerciante, y el que solo lo es en la apariencia, para que en las quiebras ó demás casos ocurrentes, sean tratadas las letras del uno con recomendacion, y las del otro con el correspondiente desprecio. No debe disimularse el que los corredores del número ó lonja, desviandose muchas veces de las estrechas obligaciones de sus oficios y legalidad con que deben tratar los negocios, abultan el crédito y esperanzas de uno de los contrayentes al otro, y este confiandose en su informe consiente en algun contrato, que despues le resulta en perjuicio grave.

Los corredores son unas personas importantísimas en el Comercio, y muy recomendables en su clase. No solo exercen las funciones de medianeros, conciliando las voluntades, dudas y dificultades de las partes, sino que son el organo por donde se comunican á todos los Comerciantes quantas noticias son conducentes al giro en general y particular. Son la confianza de cada casa de Comercio, saben la abundancia ó escaséz de tales ó tales géneros y frutos, su valor del dia, si circula ó no mucho dinero en la plaza. Cada correo acuden á las casas de Comercio, y se instruyen por las cartas y conferencias de los mismos Comerciantes el corriente del cambio, las proporciones ventajosas de letras, la salida ó apresto de navios de unos ú otros Puertos, calidad de sus mercaderías, &c. la novedad ocurrida sobre tal ó tal casa de Comercio de Amsterdam, Pasís, &c. y finalmente, adquieren los conocimientos mas exâctos, sin los quales se aventurarian mucho las negociaciones. Estas noticias, que seria imposible adquirir el Comerciante desde su escritorio, si no fuese por el ministerio de los corredores, se difun-

funden entre estos y todas las casas de Comercio,
sirviendoles de norte para dar en el correo cada una
sus ordenes á sus corresponsales, emprender ó no
las negociaciones para fuera ó dentro del Reyno.
Este breve bosquejo hace ver qual es el exercicio de
corredores, y quan estimables deben ser siempre
que se atemperen al exâcto cumplimiento de su obligacion, tratando los negocios con pureza é imparcialidad, sin proponer á cada uno de los contrayentes mas agigantadas esperanzas del otro, que aquellas que prudentemente conceptue en su crédito y
giro. En una palabra, no propongan las negociaciones
con el respecto preciso de su interés, y de complacer al que se vale de su interposicion para sacrificar á otro inocente.

No se les puede ocultar á los corredores el estado de las casas de Comercio. Esto es indisputable.
Las confianzas que tratan y les comunican los Comerciantes, los instruye muy á fondo en todas las
interioridades. En hora buena: los llama un Comerciante afligido por la precision de un pago de letras,
vale cumplido, ú otro motivo urgente, le manifiesta las esperanzas ó proporciones de recoger dinero á
uno ó dos meses, conoce su probabilidad, y em-
prende el empeño de sacarlo del conflicto, ya facili-
tandole letras, ya por otros arbitrios prácticos en
el Comercio; es muy laudable, cumple su oficio
de mediador, y nadie le culpará el que abogue
con eficacia en favor de aquel Comerciante, para
que el otro condescierda. Pero un corredor, por
cuya mano ha corrido la compra de géneros al fiado con el aumento de tres ó quatro por ciento, la
venta de ellos al contado con la pérdida de quince ó
veinte que ha facilitado otros negocios ruinosos á

tal

tal casa de Comercio , que conoce la mala cuenta,
que puede dar de las comisiones á su cargo , y finalmente , que penetra el que la tal casa no dá paso á
su adelantamiento , sino que todo su afán es , como
suele decirse , á salir del dia , desembarazandose de
un escollo , para caer en otro : ¿cómo puede el corredor orientado en todos estos antecedentes, enpeñarse
en conciencia y justicia á sostener su partido en la
toma ó data de una letra? ¿puede ocultarsele el mal
suceso de aquella negociacion? El otro contrayente confiado en el informe del corredor , condescien-
de , y luego experimenta el perjuicio de su confianza. Este es un desorden , que ojalá no fuese tan repetido. Trastorna el Comercio y hace propague la
desconfianza , aun entre las casas mas acreditadas.

Para conservar la ley , la fé y crédito de los corredores libre de todo peligro, á que les pudiera arras-
trar su mismo interés , prohibe el que puedan tratar
ni comerciar por sí ni interpositas personas (1). Lo
mismo se previene por sus ordenanzas expedidas
año 1750 (2). Igual prohibicion tienen las de Francia , explicando literalmente no puedan por sí ni
por interposita persona prácticar el giro de letras
de cambio (3). Asi lo opinan generalmente los autores que han escrito sobre la materia. Qualquier contravencion á su prevenida legalidad , ocasiona fatales conseqüencias , y por lo mismo siempre que se
justificase haber sido hecha la negociacion dolosa
baxo el crédito ponderado del corredor , debe ser
castigado y separado de su número , como persona
que

(1)   Ley 26. lib. 5. tit. 11. Ley 14. lib. 5. tit. 12. Recopilacion
de Castilla.
(2)   Capitulo 29.
(3)   Ordenanzas del año 1673, tit. 2. art. 2.

que abusa de un oficio, que debe ser acompañado de la buena fé. El desvio de ella en el Comercio es un delito grave contra la sociedad interesada en su conservacion. Recopilando todo lo expuesto desde el anterior resumen resulta: Que las letras de cambio deben formarse con la mayor claridad, con el nombre del dador que ha de firmar, el de aquel á cuyo cargo se libra, á favor de quien, si por valor recibido en contado, mercaderia ó en cuenta, con fecha, y el término de su curso. Que en favor de la libertad y amplitud del Comercio, sea valida la letra que solo explique, *valor del dicho* tomador, ó á cuyo nombre se concibe. Que este método es interesante al Real Erario y causa pública, y que los reparos opuestos y que se producen, no superan la conveniencia general del Comercio. Que no se puede en modo alguno retractar la convencionada letra de cambio, y lo mas á que tendrán derecho el librador y tomador, cada uno en su respectivo caso, será á afianzarse, si despues de la convencion hubiese sobrevenido novedad notable, que altere el estado de qualquiera de los dos.

Mucho menos arbitrio tiene el librador dada que sea la letra á recogerla, ni impedir al aceptante su pago con el pretexto de no haber recibido el dinero, haber faltado á su crédito el tomador, ó otro algún motivo. El aceptante tenga ó no fondos del librador, haya quebrado, ó sucedidole otro infortunio, no puede en manera alguna dispensarse de practicar su pagamento. El aceptante en virtud de la aceptacion se constituye verdadero deudor del portador de la letra. La accion del tenedor de ella ha de ser y dirigirse inmediatamente contra aquel, y hasta evacuada su insolvencia , no ha de poder reconvenir al librador ni endosantes. La aceptacion ha de ser clara y distinta, firmandola el aceptante , y si la letra es á dias vista, ha de poner la fecha. El aceptante y portador pueden muy bien negociar el pagamento de la letra , antes de su vencimiento, con tal que al tiempo de este no hayan deteriorado de condicion, fortuna ó crédito. Los endosos á exemplar de las datas de las letras, son validos, aunque no digan mas que valor del dicho. Aunque por punto general la sola firma al reverso de la letra , no es formal endoso , ni debe entenderse traslacion , es excepcion de la regla, quando aquella firma se ha puesto para que por medio de un corredor de lonja ó de cambio se negocie la tal letra , pues probada la negociacion , resulta una verdadera cesion ó traslacion. El librador está obligado á darle al tomador de la letra , segunda, tercera , ó mas que necesite , y si girase ó negociase en otras plazas con alguna de ellas , deberá avisar á donde se ha de executar el pago.

Protestada la letra , se debe seguir la execucion contra el aceptante, si este resulta insolvente contra el immediato endosante , y asi progresivamente hasta el librador, quien estará obligado no solo á desembolsar su importe, sino el de los cambios, recambios, gastos é intereses. Puede muy bien el portador tomar del aceptante una partida del importe de la letra , precediendo el protesto , y de los endosantes y librador, hasta completar el total valor de ella. En el caso que protestada una letra , se presentasen algunos que quisiesen pagar por el librador , ó endosantes , será preferido el que quisiese por aquel , y no habiendo, el que por el primer endosante. Qualquiera que paga ga por otro , se subroga en todo el derecho que la letra produce y tiene. Las letras de cambio , son una negociacion importantísima al comercio , y por tanto las ordenanzas de España (Bilvao) y las extrangeras , las constituyen en igual mérito al de una escritura. Esta consideracion exîge tenga el propio privilegio , que aquellos instrumentos en los concursos y quiebras , siempre que por los libros y exâmen de las dependencias de los fallidos se everigue haberse librado , negociado , tomado ó aceptado baxo buena fé , con fondos , ó crédito bastante á su pago ó reembolso. Este punto es muy digno de la atencion del Gobierno , y exîge se decidiese el privilegio correspondiente de las tales letras en los concursos y quiebras.

Las leyes de España , y las Naciones extrangeras en sus establecimientos de Bancos , han procurado que el giro de letras corra á cargo de las personas de toda providad. El giro Real de España , el que hacen los cinco gremios mayores de Madrid , y otras casas de acreditado comercio , legalidad y conducta , desempeñan el espiritu de la legislacion. Habria muchos menos fatales incidentes de esta negociacion , si todos los corredores de lonja ó cambio, por cuya mediacion se executa , procediesen con la legalidad de su oficio , no abultando esperanzas y crédito de un contrayente para con el otro.

Las leyes reales y ordenanzas del número , y las extrangeras , prohibiendoles á los corredores hagan el Comercio ni el giro de letras por sí , esto es , por su cuenta ni interposita persona ; han querido , no solo salvar la conveniencia pública del tráfico , sino manifestar la imparcialidad con que los corredores de-

deben comportarse , y por tanto , el que se justificase haber contravenido á estos reglamentos , y au-
xiliado á los tomadores ó dadores de letras que obran
de mala fé , y sin fondos para una negociacion tan
critica , deben ser castigados con la mayor severidad. Ultimamente , el Real Erario y la causa pública se interesan en que el contrato de las letras de
cambio , sea amparado por el Gobierno , se le purifique de todos los vicios que puedan hacerle odio-
so ó degradar su importancia , y que se establecan
reglas generales para que en todo el Reyno sea identi-
ca la decision á las ocurrentes dificultades. Supuesto
el innegable principio tantas veces repetido , que
las riquezas artificiales ó de credito , superan á las
naturales , y que una de las grandes ventajas del
Comercio , es la circulacion de aquellas , y siendo
indubitable que las letras de cambio son uno de los
medios mas freqüentes , poderosos , y eficaces á dar
movimiento á unas y otras riquezas ; mientras mas
amplitud y libertad se conceda á este contrato y
modos de practicarle , será mayor la utilidad resultiva al Estado , Nacion , y á su Comercio.

Castiguese y sirva de escarmiento el que abusase
de aquella libertad , amplitud , ó favor ; pero no
por la mala fé de algunos particulares ha de padecer la generalidad. En el dia cada comerciante lleva su opinion. Fixado que sea el reglamento , se con-
tendrán muchos desordenes. No dudo la crítica , ó
por mejor decir las dificultades que se opondrán para retardar el cumplimiento de un proyecto tan importante á la sociedad , qual es el de prefinir reglas
para las letras de cambio que sirvan universalmente
en todo el Reyno.

La

La experiencia de muchos años de bufete en Cadiz me hizo conocer la precision de semejante establecimiento , y así desde luego he trabajado en la materia quanto mis limitadas luces han alcanzado. No me desanimaban los reparos, y en el dia mucho menos por haber llegado á mis manos casualmente las observaciones, ó respuesta que un moderno amante de la sociedad y que pensó en igual proyecto, dá á un Antagonista, que opinó imposible el fixar reglamentos á los contratos de Comercio. Le traduciré en extracto, sirviendome de su contenido para satisfacer los reparos, que es verosimil se opongan al pensamiento propuesto.

„Mi proyecto (así responde) sobre el estableci-
„miento de una ley general para las letras y villetes
„de cambio, ha derivado de una juiciosa reflexiva con-
„sideracion sobre su necesidad y utilidad pública.
„Como negociante (yo como Abogado) he observa-
„do los inconvenientes en la diversidad de reglas y
„costumbres , en los quales me ha confirmado la ca-
„lidad de Juez, que he exercido en el Comercio.

„A estos poderosos motivos impulsivos del pro-
„yecto , se ha añadido el que me ha suministrado
„la lectura de varios autores , en donde he hallado
„reducidos los puntos á opiniones. Preguntais (ha-
„bla con el opositor) quién será el que decida ó re-
„suelva las dudas que propusiesen los hábiles Comer-
„ciantes , como dificultando que á vista de su habi-
„lidad é inteligencia, serán tales y de tanta fuerza,
„que no podrán disolverse. La respuesta es inmedia-
„ta y sin réplica. El Soberano, este es el primer Juez,
„el primer árbitro , de nadie depende : él solo pue-
„de interpretar , establecer , reformar , revocar , am-
„pliar , y corregir las ordenanzas. Sus decretos y de-
„claratorias son leyes positivas, las que debemos obe-

„decer y respetar : ellas autorizan ó derogan las cos-
„tumbres y estilos , segun lo conceptua convenien-
„te la legislacion. Baxo este incontestable principio
„de la legítima autoridad y jurisdiccion del Sobera-
„no , nuestro difunto Augusto Monarca (el Señor
„Don Luis XIV.) , estableció por su Real decreto
„de 19 de Julio 1700 el Consejo de Comercio , y
„succesivamente otros Consulados ó Cámaras en las
„principales Ciudades del Reyno (1).

„Si recurrimos á los tiempos mas antiguos , ha-
„llaremos que desde el año 1563 nuestros Soberanos
„han erigido en todos tiempos los mas importantes
„utilísimos establecimientos de jurisdiccion consular,
„y finalmente conoceremos que los deseos é intencio-
„nes de legislacion no pueden tener efecto , ni ve-
„rificarse de otro modo , sino con que los Comer-
„ciantes sean juzgados , y sus dudas decididas por
„otros de su profesion. Es aplicable á proposito el
„suceso de los Comerciantes de París en tiempo de
„Cárlos Nono. Pidieron al Rey les señalase Jueces : y
„su Magestad respondió , *juzgaos á vosotros mismos.*
„Yo condesciendo de buena fé, que por mas extensivo
„que fuese el reglamento no se podrian evacuar todos
„los casos ocurrentes , é imprevistos á la prudencia
„mas fina ; pero es innegable se avacuarian muchos y
„se evitarian al Comercio , y sus individuos no po-
„cos escollos , y dificultades. Esto solo les produci-
„ria considerable beneficio y tranquilidad , y por
„tanto siempre sería un servicio hecho á la causa pú-
„blica (2).

Se

(1) *Este exemplar corrobora todo el concepto de la obra.*
(2) *Jornal de Agricultura , Comercio , y Artes del mes de Marzo* 1769.

Se contrae el tal autor á las letras de cambio, procurando persuadir que los reglamentos universales en esta materia, son importantísimos, y que el no proceder todos de comun acuerdo sobre sus terminos, plazos, responsabilidades de mas tramites, y personas que comprehende, es el motivo de que se confunda muchas veces una negociacion tan freqüente en el comercio, cuyo inconveniente exîge la aplicacion del remedio, á lo menos en lo que sea posible. Pareceme he procurado dar un bastante conocimiento de este contrato. He estudiado las ordenanzas de otros Reynos, las de Bilvao, antiguas de Barcelona, y no pocos autores de los que han escrito sobre el asunto. He dirigido varias dependencias en calidad de Abogado. He recibido otras en las de Asesor, acompañado, árbitro, y árbitrador. He consultado hábiles Abogados, y Comerciantes de diversas Naciones, y finalmente tengo instruccion no escasa de pleytos y negocios ocurridos en la plaza de Cadiz y extrangeras. Sin embargo, estoy muy distante de erigirme en oraculo. Repito la ingenua protexta del prologo. Responderé á las dudas, segun alcancen mis limitadas luces. Me resignaré sencillamente á los convencimientos, y censuras. Será, y es lo que deseo, de singular complacencia el que sobre los puntos de Comercio, sean consultados los Abogados y Comerciantes que se señalen. No desisto de que las tareas de las letras de cambio, y los demás contratos de Comercio, ofrecen á una imaginacion estudiosa y obsérvativa, dificultades ó nuevas explicaciones á cada momento. Trabajaré las que se me ofreciesen, y las presentaré por via de adiccion, porque aspirando al establecimiento de unas reglas justas y equitativas, servirá de gloria al intento la acertada correccion.

Bb 2   Es-

Este mismo respeto y consideracion acompañarán igualmente quanto sobre la materia de seguros , otra de las negociaciones mas freqüentes propongo.

CAPITULO X.

Seguros.

Estos son unos de los contratos mas recomendables del Comercio. Se contraen constituyendose uno obligado á indemnizar el daño sobrevenido á las mercaderías ó navio, tomando á su cargo todos los riesgos y peligros que se convencionan por el precio de cierto interés que se pacta , y le dá ó entrega el dueño del navio , ó mercaderías , ó dinero , ó alhajas que son materia del seguro (1). Dudan los autores á qué especie de contratos debe equipararse. La mas corriente fundada opinion le iguala al de compra y venta , graduando al asegurador en verdadero comprador del peligro por el estipulado precio del premio. Aquel á cuyo favor se concibe el seguro , se titula *asegurado*. Esta convencion , sea qual fuere el contrato á que se compare , es utilísima á la sociedad , pues repartidas las pérdidas entre tantos quantos son los aseguradores , es menos sensible el quebranto. Formalizase por medio de un documento, que se llama *poliza*, y convenido de acuerdo el justo y legitimo valor de la materia , objeto del seguro, subscriben los aseguradores, cada uno con la expresion de la cantidad con que asiste para socorrer el riesgo. Por exemplo: la cosa asegurada se valuó en veinte mil pesos. Un asegurador firma por mil , otros por quinien-

(1) *Es contrato equiparable al de compra y venta.*

nientos , y así de los demás. No recibe mas premio
que el que corresponde á su partida ; pero tampóco
tiene mas responsabilidad en el caso de la total pérdida , que la de la importancia por que subscribió , y
en el de no ser la responsabilidad (porque no perc-
ció totalmente la materia asegurada) mas que á la
indemnizacion del daño , solo deberá satisfacer á
prorrata de lo que firmó.

Las polizas tienen la misma fuerza , que si fuesen
hechas ante Escribano (1) , pudiendo celebrarse este
contrato con su concurrencia , ó la de corredor , ó
entre las mismas partes (2). Entre dos contrarios extremos fluctuan los Comerciantes (así discurre el señor
Ortega), solicitando unos (los aseguradores) libertar
sus principales y ganancias de todos riesgos , y otros
(los asegurados) sacar ó reportar ganancias de los
mismos riesgos. Admira el advertir las disputas y qüestiones que se suscitan sobre los seguros , quando
siendo libres los contrayentes, pueden explicar y condicionar en las polizas quanto á cada uno le convenga. El es un contrato de buena fé , y segun exponen
los autores que han escrito en la materia , y lo autoriza la práctica , debe decidirse con abstraccion de
los apices y formalidades de derecho. Las ordenanzas
de Bilvao prescriben reglas oportunísimas : pero habiendo ocurrido posteriormente nuevas dificultades
por la variedad en el modo de concebir estos contratos , y no siendo aquellas una ley general , sin
perderlas de vista reausumiré su contenido , y ha-
ciendome cargo de otras dudas , propondré mi dictamen con resignacion á la superior censura. Para mayor

(1) *Ordenanzas de Bilvao , capit. 22. num. 2.*
(2) *Número 1.*

yor claridad reproduciré unos principios deducidos de las mismas ordenanzas, confirmados por las extrangeras, y uniformemente contestados por los autores y por comerciantes. En la póliza se han de expresar claramente los riesgos y contingencias de que se encarga el asegurador. Los regulares son naufragio, incendio, piratería, presas de enemigos, detencion de Príncipe, y otros de esta clase que dimanan de fuerza irresistible.

Para evitar la disputa de la materia asegurada, es convenientísimo el valuarla de comun acuerdo al tiempo de la celebracion del contrato, conformandose en ello asegurador, y asegurado con la convenientísima expresion de valga mas ó valga menos. A fin de precaver toda mala versacion, y los dolosos acaecimientos á que suele obligar el interés, aunque la ordenanza de Bilvao prefine que en quanto á las mercaderías corra el dueño el riesgo en la decima parte de su valor, y el del navio la quinta (1), sería conveniente aumentar la quota á uno y otro, á efecto de resguardar mas la fé pública, precaucionando las colusiones, quizás no pocas veces repetidas. En las pólizas se ha de declarar el navio, su porte, fuerza, artillería, armas &c. el nombre del Capitan, Puerto ó Puertos de su destino, y donde sale. Asimismo las escalas que ha de hacer si las llevase determinadas, ó las que por temporal, provision de víveres, ú otra cosa necesaria, fuga de enemigos, ó qualesquier otro preciso incidente practicase, pues aunque todo lo expuesto se entiende comprehendido en la poliza y contrato, es convenientísima su explicacion y dirime pleytos. Siendo con-

(1) *Número* 8 y 9.

conveníentísimo á la causa pública del Comercio el que se repartan entre muchos las pérdidas ó contingencias , pues es menos sensible el daño á cada uno, lo tiene la práctica autorizado, y es muy conforme á la órdenanza de Bilvao (1), el que los aseguradores puedan reasegurarse por otros, por mas, menos (esto es lo mas regular) , ó igual premio , y lo mismo los asegurados podrán tambien reasegurarse por otros , así de los premios que pagaron , como de las contingencias de la cobranza de los primeros aseguradores , expresandose por unos y otros estas circunstancias en la poliza que hiciesen de reaseguro.

El seguro por su naturaleza pide materia existente y expuesta á peligro, y por lo mismo no pueden asegurarse los fletes ni sueldos no devengados (2). Tampoco pueden correrse seguro sobre la vida de los hombres , pues á mas de resistirlo la humanidad y la licitud de los contratos , el interés pudiera seducir á alguna alevosía (3) , pero bien se puede asegurar la libertad por el encuentro de enemigos, piratas &c. en cuyo caso de desgracia el asegurador estará obligado á satisfacer el importe del rescate del apresado ó cautivo , pues se encargó en su riesgo por el premio que estipuló y recibió (4). Es tan estrecha la condicion del seguro, que si uno aseguró mas cantidad que la que efectivamente embarcó , y si se justifica, verificado que sea el naufragio, ó siniestro acaecimiento , el asegurador no estará obligado á pagar mas que la que efectivamente importe lo embarcado , deduciendose siem-

(1) *Número* 43.
(2) *Número* 11.
(3) *Número* 13.
(4) *Número* 13.

siempre el diez por ciento , sobre que el dueño, según lo arriba expuesto , debió correr el riesgo (1), esto se ha de entender como no hayan acordado de común acuerdo el valor de la cosa , con la expresion de valga mas ó menos. La buena fé del Comercio resiste el que sobre una misma materia se corran dobles seguros. Puede no obstante darse la casualidad que muchos interesados en las mercaderías , sin noticia unos de otros, aseguren la totalidad (deducido el diez por ciento) , en cuyo caso el seguro primero , que tal debe reputarse el de anterior fecha, es el valido , y los demás quedan nulos, siendo á cargo de los asegurados, luego que se instruyan en ello , el avisar á los posteriores , quienes le deberán devolver el premio. Se ha de proceder con distincion , segun fuesen las circunstancias.

El asegurado debe dentro de treinta dias de la averiguada equivocacion , llamemosla así por mayor claridad , avisar á los aseguradores posteriores , con la advertencia de que si habia la noticia en aquel tiempo de haber llegado el navio , ó materia asegurada con felicidad , aquellos (los aseguradores) ganaron legitimamente su premio. Y si la noticia fué de su pérdida todos los aseguradores la han de pagar á prorrata de la cantidad que subscribierón , y si alguno hubiese fallido, se executará igual prorrateo (2). Este principio en su última parte deducido de la ordenanza , es excepcion de la regla general de las responsabilidades en los seguros , pues ningun asegurador responde por mas cantidad , que la que subscribe , por no obligarse en el tal contrato *In solidum*.

A

(1) *Número* 15.
(2) *Número* 16.

A primera vista aparece alguna implicacion, porque decidiendose por nulos los seguros posteriores, pierdase ó llegue con felicidad el navio, solamente el primero tiene ó el lucro del premio, ó la responsabilidad.

Se satisface el reparo, reflexîonando que así como por la buena fé devengaron el premio los aseguradores, y disfrutaron su utilidad, es justo reporten el incomodo ó pérdida, mayormente quando por lo regular el asegurado, saneado su riesgo con los primeros aseguradores, no es verosimil se expusiese á que descubierto su doloso proceder, perdiese su crédito. Es posible que alguno abuse, pero uno ó muchos particulares no deben hacer regla general. La mutacion del viage sin noticia de los aseguradores anula el seguro, y estos ganaron el premio por la buena fé con que procedieron (1). La cantidad tomada á gruesa aventura ó riesgo maritimo, no puede asegurarse por la persona que la tomó, pues el que la dió exerce las funciones de asegurador. Pero bien puede el dador del dinero asegurar la cantidad principal (2). Mas claro : Pedro tomó mil pesos de Juan á riesgo sobre tales ó tales efectos, por el premio de un diez por ciento. Si los tales efectos se perdieron por naufragio, incendio, enemigos, ú otro motivo, debe pagar Juan aquellos mil pesos, baxo cuyo supuesto se advierte saneado el riesgo, y por consiguiente impracticable el seguro, por no poderse asegurar una misma cosa con duplicado saneamiento. El seguro debe recaer sobre peligro, pero no sobre acaecimiento, y asi el navio ó cargamento nau-

fra-

(1) *Número* 23.
(2) *Número* 17.

fragados , perdidos , incendiados , &c. no son materia valida del contrato.

Pudieron ambos contrayentes ignorar el infausto acaecimiento : pero para precaver la sospecha , las ordenanzas de Bilvao (1) , las de Indias , y las de otras Naciones y Autores , prefinen el tiempo de una hora por legua cotejado el en que se verificó la pérdida, con el que se firmó la poliza. De suerte, que si por el transcurso de horas se llegase á inferir , que en la de la suscripcion ya podia saberse el infausto suceso , es , y se declara por nula y de ningun valor ni efecto la tal poliza. Es excepcion de esta regla quando se convenciona sobre buenas ó malas noticias , pues para invalidar el contrato ha de probar el asegurador , que el asegurado la tenia del infausto acaecimiento. Por igual correspondencia , si el asegurador al tiempo del contrato tuviese (y asi se probase) previa noticia de la cosa asegurada , es nulo el seguro (2). La buena fé exige , que ya se estipule el seguro entre asegurado y aseguradores , ya por mediacion de corredor, se comuniquen reciprocamente con verdad y sinceridad las noticias que cada uno tuviese (3). Por igual respecto de la buena fé, el asegurado deberá avisar al asegurador qualquier novedad que ocurriese á la materia asegurada. Si estuviesen ambos dentro de un mismo Pueblo, al instante, y si fuera de él por el inmediato correo. (4). Estos principios deducidos de las ordenanzas de Bilvao , son presupuestos , que deben tenerse á la vista para cali-

fi-

(1)   Número 25.
(2)   Número 26.
(3)   Número 28.
(4)   Número 29.

ficar la naturaleza y circunstancias del contrato. Con
concepto al espíritu de dichos reglamentos, al de las
leyes reales de Indias, á las ordenanzas extrangeras y
dictamenes de autores, se ha de entender, que el
riesgo, y por consiguiente el seguro sobre mercaderias, géneros, y finalmente cargamento del navio,
principia á correr desde el momento en que se co-
mienzan á cargar, baxo cuyo concepto, luego que
el fardo se pone desde el muelle de Cadiz (por exemplo) en la lancha, que le ha de conducir á bordo del
navio en que se ha de navegar, se da principio al
riesgo por cuenta del asegurador, y no concluye
hasta tanto que en el puerto de su destino se descarga el fardo en tierra (1); lo que tambien previenen las de Bilvao (2).

Por lo respectivo al navió, comienza el riesgo
desde que se hace á la vela, hasta que llegado al Puerto de su destino echa anclas y han pasado las primeras veinte y quatro horas naturales (3). Asi se observa generalmente en la Europa, pero puede moderarse ó ampliarse el término del riesgo por cuenta
del asegurador, segun se convencione en la poliza.
Es convenientisimo hacer en ella la mas clara explicacion, para precaver las dudas y dificultades (he tocado muchas en mi bufete) que ocurren. El seguro sobre
el navio es el que las ofrece mas freqüentes. Por exemplo, el Puerto de la Veracruz es uno de los mas bor-
rascosos. No basta muchas veces el que los navios estén amarrados á las cadenas ó argollas del castillo de
San Juan de Ulúa, que es el surgidero y que se llama

Puer-

_____

(1)   *Ley* 37. *libro* 9. *tit.* 89. *Recopilacion de Indias.*
(2)   *Número* 19.
(3)   *Ley* 56. *del mismo título.*

Puerto , pues los impetuosos nortes los desatracan, rompen las amarras , y son repetidas las desgracias. Efectivamente , y por el contesto de la ley , luego que ancló el navio en Veracruz , y corrieron las veinte y quatro horas , concluyó el asegurador su riesgo. Puede despues perderse el navio , maltratarse &c. y parece que siendo las reglas de equidad, débe permitirse el que los dueños se aseguren sobre aquellos riesgos , ciñendolos á determinado tiempo, ó al en que el navio pueda volver , esto es , se dé á la vela para España , desde cuyo momento corren los seguros de vuelta. La misma dificultad , aunque no con tanto peligro, se ofrece en la Bahía de Cadiz, y me parece se evacuan todas las disputas , aclarandose con individualidad todas las condiciones , términos , y tiempos en la poliza del seguro. El Puerto de Brest en Francia ha ocasionado no pequeños litigios , porque no pudiendo entrar los navios cargados en la rada , y queriendo entenderse Puerto su Bahía , digamoslo asi , ha sucedido perderse los baxeles pasadas las veinte y quatro horas. Tuve motivo por la defensa de un seguro á instruirme en estas particularidades.

· · Todos los Autores que han querido explicar lo que es *Puerto* , se conforman en ser un sitio donde las naves surgen libres de todo peligro. Qual déba entenderse este , que surgideros sean ó no verdaderamente Puertos , si hay ó no distinción, y qual sea esta , con lo que es Bahía , son todas las dificultades que se promueven en semejantes litigios , y que verdaderamente se vienen á reducir á qüestion de voces. Es menester distinguir los parages que son surgideros de los que son destino para desarmar los navios. Basta que los primeros estén resguardados de

los

los comunes peligros, aunque no de todos. Es cosa
fuerte quiera el asegurado por la naturaleza del seguro obligar al asegurador haya de correr el riesgo por
un mes ó mas, que tarda la descarga. Esto se hace
mas perceptible en la Bahía de Cadiz, por lo respectivo á los navios extrangeros que en ella descargan,
y nunca entran á Puntales, sino por algun motivo
urgente de reparacion &c. Procedase en los contratos segun el órden regular de su progreso, y comun
concepto de los Comerciantes. Destierrese la excusa de yo lo entendí asi, este fue mi pensamiento.
Esto será origen de interminables litigios. No se me
oculta, que en los casos dudosos sobre el mas ó
menos riesgo y su duracion, el Cardenal de Luca,
y otros Autores que han escrito sobre la materia,
recurren á aquel premio ó interes que reportó el
asegurador, queriendo inferir de qualquier exceso sobre lo corriente en la plaza, el mayor riesgo á que aquel se obligó. El mejor y aun el único
arbitrio es, el que en las polizas se explique hasta que parage ó surgidero (es menester que sea de
los prácticos y usados en cada Nacion ó Provincia)
se ha de entender el riesgo del asegurador, respectivamente á las veinte y quatro horas. Ya observamos por lo tocante á los navios extrangeros, que en
Cadiz no pasan de la Bahía, pues en ella cargan y
descargan, y asi ella es el que debe entenderse Puerto en esta clase. Pero no sucediendo lo mismo en
otras Provincias, ni en los Reynos extrangeros, las
polizas, si los contrayentes quieren redimirse de
disputar, deberán explicarlo. Suelen hacerse seguros
de ida y vuelta en una misma poliza por los propios
aseguradores. En quanto á los cargamentos no se
ofrece dificultad, porque principia el primer riesgo
des-

desde la lanca ó barco en el muelle de Cadiz, concluye en el muelle y tierra firme de Veracruz, sigue el segundo riesgo desde que en aquel puerto recibe el barco la carga, la lleva á bordo del navio, y se descarga en el muelle, tierra firme de Cadiz, último término del seguro.

La dificultad consiste en el navio. Se corrió la poliza de ida y vuelta, con las cláusulas, *desde la Bahia de Cadiz hasta que regrese á este Puerto, y hayan pasado veinte y quatro horas naturales sobre sus anclas,* y se duda si todo el tiempo que el referido navio surgió en el Puerto de la Veracruz, (ú otro á que se destinaba) descargando lo que llevaba, y cargando lo que debia regresar, los riesgos de mar, viento, incendio y demás, corren á cargo de los aseguradores, en virtud de la poliza ó doble seguro que subscribieron. Confieso sencillamente la dificultad. Fue una de las que me ocurrieron durante mi bufete en Cadiz: creo apuré el estudio de las doctrinas, ambas opiniones (una que sostiene el riesgo, otra que le rebate) son defensables. Tuvose presente el premio del seguro que fue subido. Es qüestion que puede freqüentemente repetirse, y asi el medio será el que en las polizas se aclare, corren el riesgo ó no los aseguradores durante todo el tiempo que surgiese el navio en el Puerto de la Veracruz. Pero en el caso que no lo pactasen expresamente, aunque el seguro se haga de ida y vuelta, sea y se entienda espirando en primer riesgo á las veinte y quatro horas de anclado, y el segundo principie á correr desde que se haga á la vela para regresar á España, y pasado veinte y quatro horas sobre sus anclas, con lo qual se evitan todas las disputas. El exemplar le tenemos en las escrituras, y que á dos riesgos se otorgan

gan en Cadiz en la navegacion Americana, pues el cambista ó dador del dinero, aunque por el premio que se pacta se encarga de los riesgos de ida sobre las mercaderias, y de vuelta sobre los productos que se retornan, ningun incidente que ocurre á las mercaderias en tierra es á su responsabilidad. Lo mismo sucede si el dinero es dado sobre el navio, tambien á dos riesgos, pues solo corren á su cargo los peligros que sobrevienen en el mar. En el modo de concebirse las polizas, hay variedad, y por regla general, siempre que su contesto no sea contrario á la buena fé ni origen de mala versacion, han de tener su correspondiente validacion. Suelen extenderse baxo las clausulas, de aseguramos á *vos* puramente, *ó á vos por cuenta de quien perteneciere*, arbitrios ambos autorizados por el dictamen de escritores y práctica. En estos casos deben graduarse la propiedad ó pertenencia de la cosa asegurada á favor de aquel que baxo juramento (condicion práctica en tales polizas) declarase el que suena en el seguro pertenecerle.

Por todas partes se halla el Comercio rodeado de escollos: él es un teatro donde se representa *la buena fé: pero tambien lo es de la malicia.* Verdad es, que el citado modo de concebirse las polizas es admisible, no solo por la autoridad de clásicos escritores, y de la práctica, sino tambien por la reciproca correspondencia que debe haber entre las Naciones. Prevaliendonos unos de otros enlazados todos por el vinculo del Comercio, queriendo aprovechar un Inglés, Francés, ú Olandés &c. la mejor proporcion de los seguros, ó por el mayor abono de los aseguradores, ó por otro motivo en España, Genova, &c. encargan á su corresponsal le corra la poliza, y no habiendo precision de publicar por

cuen-

cuenta de quien, se oculta el nombre, reservandolo el encargado en sus libros, para su cuenta y formal conocimiento de la propiedad, siempre que ocurriendo justo motivo, se exâminen para la probanza en el caso de litigio. Verdad es, vuelvo á repetir, ser un arbitrio regular y práctico; pero puede oponersele el que en dicha conformidad se podrán correr en diversas plazas, varias polizas que quadrupliquen el valor de lo asegurado. Fuerte es la reconvencion; pero siempre que los seguros se corran en plazas distintas de las en que se hallen los asegurados, aunque se expliquen los nombres por cuya cuenta se hagan, en la misma poliza habrá el propio inconveniente. ¿Quien puede desde Cadiz averiguar si un seguro corriendo en su Comercio, se ha corrido igualmente en Francia? He procurado no solo con vista de los Autores, y auxîliado de las luces de la experiencia, sino informadome de habiles Comerciantes, apurar ó hallar algun arbitrio, que precabiese aquella contingencia: no es posible. Verdad es, que los libros del tal asegurado podrán servir al conocimiento ó averiguacion de estos duplicados seguros; pero no pudiendo obligarlos de oficio de los Jueces, ya sean de Comercio, ya Reales Ordinarios á que los manifiesten, es indispensable sea á instancia de parte, lo que no es facilmente verificable por las distancias y precisos costos, que tal vez superarian al importe de lo que el que lo reclamase aseguró ó subscribió.

Sin embargo, no ha de ser admisible la excepcion que oponga el asegurador contra el asegurado, de que tiene hecho duplicado ó triplicado seguro, para impedir ó retardar el pago. Executese este segun la naturaleza privilegiada del contrato, y en otro jui-

juicio oigase al asegurador. Por la propia razon de
ser universalmente admitidos semejantes seguros ó
medios de concebirlos, se ha de repulsar la excepcion de algunos aseguradores, de si la tal materia
asegurada pertenece ó no efectivamente á la persona
que declara, y la á cuyo nombre se concibe, porque
constando la existencia de la cosa asegurada, sea quien
fuere el dueño de ella, nada le incumbe al asegurador ni le mejora su derecho, especialmente, de-
mandandosele executivamente, pues para ello, y
cerrarle la puerta á toda excepcion de la propiedad,
se le convence con el hecho de haber firmado baxo las clausulas de *á vos, ó quien perteneciere*. El juramento á que regularmente se defiere esta declaracion por parte del que presta el nombre es, en virtud de la convencion, la prueba mas relevante. Otras
polizas han corrido y se han autorizado en la práctica en Cadiz, concebidas *por via de apuesta, si llega
ó no llega interes ó no interes*. Estos seguros, que se
multiplicaron durante la guerra entre Francia é Inglaterra, principiada en el año 1756, se corrian
baxo un fuerte premio, que era el incentivo. Para
hacer conocer las contingencias de la mala versacion,
y quizás experiencias, lo individualizaré. Se abria
una poliza sobre el navio A, que debia salir desde tal
Puerto, y dirigirse á tal. Se convencionaba por via
de apuesta, con el interés de un quarenta, cincuenta, y tal vez mas por ciento. Las clausu'as *interés
ó no interés*, libertan al asegurado de la precision de
probar el que efectivamente tenia interés en la cosa
asegurada, y el asegurador no debe ser oido sobre
esta excepcion hasta haber pagado. Esta especie de
contratos ha sido origen de increibles pérdidas y rui-
nas ocasionadas á los aseguradores, porque siendo el

término , ó una condicion de la estipulacion el si
llega ó no llega el navio , muy pocos llegaban , pues
ó eran apresados , ó daban en alguna costa.

Aunque por todas las ordenanzas sobre seguros se
halla prevenido, que el asegurado entregue el premio
al asegurador incontinenti que se subscribe la poliza;
la práctica ha introducido reducirlo á un pagaré á
quatro ó seis meses, ó á desquitarlo al tiempo de pagar el daño ó pérdida , ó entregarlo quando se verifica la feliz llegada. En esta conformidad, aunque en
las tales polizas por via de apuesta , se convencionaba un premio de un cinquenta por ciento , perdida
la nave , ganaba el asegurado , pues ningun interés
habia en ella embarcado á un cinquenta por ciento sobre el valor , que fué aparente materia del seguro, y
pagaba el asegurador. Algunas polizas se corrieron
por via de apuesta , en que el asegurado tenia verdadero interés : pero es indisputable que la amplitud de concebirlas en los términos expresados , fué
motivo de extraordinarios desordenes y abusos. Trans-
cendieron estos á la navegacion Americana , y se
prohibió por expresa Real órden semejante seguro.
En Francia se halla prohibido por sus ordenanzas , y
convendria que en España se executase lo mismo en
el Comercio Européo. Continuando la materia en
general , los riesgos á que se obliga comunmente el
asegurador , son los del mar , viento , incendio, amigos y enemigos. Las ordenanzas de Bilvao amplian la
obligacion del asegurador á la barateria de patron y
marineros (1). La ley Real de Indias sobre los seguros de su navegacion , exceptua expresamente este
caso (2). No

(1) *Número* 1.
(2) *Ley* 48. *lib.* 9. *tit.* 39.

No se advierte otro motivo para esta diferencia, sino la diversidad de los dictamenes de los Comerciantes, que es muy verosimil fuesen consultados en los respectivos tiempos de la expedicion de las ordenanzas. Consultados los autores que han escrito en la materia, tambien opinan con contrariedad. La práctica tiene autorizado el que la baratería del patron y marineros, no se estime á cargo de los aseguradores. Algun tal qual caso he visto, en que expresamente se ha condicionado. Con la protexta á la superior censura, y baxo el amparo de la ley Real de Indias, me parece que no solo no debe ser la baratería del patron á cargo del asegurador, pero ni se debe permitir semejante pacto. Bastaria para la prohibicion el reflexionar, que semejante arbitrio facilitaria á un Capitan ó Patron de mala fé, los medios de enriquecerse con ruina de todos los interesados en el cargamento. No se me oculta el que algunos naufragios han podido ser tinturados del vicio de mala fé; peró á lo menos se evitan en el modo posible, sabiendo el dueño del navio que la baratería (suya si le manda) ó la de su Capitán ó Patron, no ha de ser compensada ó indemnizada, en virtud de una poliza de seguro, y esto mismo se deduce del número 40. de las ordenanzas de Bilvao, previniendo sean nulos los abandonos hechos por los aseguradores en un navio, cuyo Capitan maliciosamente haya ocasionado su pérdida. Pero sin perder de vista la precedente reflexion, habrá de corroborarse lo justo de la prohibicion, con solo considerar las personalidades del dueño del navio y su patron.

Este es un verdadero preposito de aquel, que le nombró por su cuenta y riesgo, saliendo fiador por el hecho de la eleccion, de su conducta y provi-

Dd 2   dad.

dad. Si el patron ó preposito se desvió de ella, el dueño del navio es el inmediato responsable á resarcir todos los daños y perjuicios. A ello se obliga el patron expresamente en la poliza de *cargo ó conocimiento*. No hay que recurrir á que este sea quien lo satisfaga sin rehato ni conexion con el dueño, porque quando no hubiese los motivos expresados, y ser este el comun dictamen de los mas clásicos autores; el dueño y no el patron (pues este sirve por su soldada) es el que recibe, ó en cuyo favor se ponen los fletes.

Por el propio hecho se obliga á conducir el cargamento, aplicando todo el correspondiente cuidado á que no padezca en quanto estuviese de su parte, y de la de sus dependientes. Aun se obliga á entregar las ropas y géneros enjutos, y bien condicionados, en cuyo premio y remuneracion se le abona un tanto por ciento de *averias*. Este derecho consiste en cierta cantidad, que á mas del flete le paga el propietario, ó cargador de los efectos, en cuya virtud, si por exemplo las ropas se mojaron por mala cubierta del navio, ó no bien calafeteado, los vinos se derramaron por mas estrivada la barrilería en la bodega (que es el parage donde se conducen), ó los ratones royeron los fardos, ó finalmente por culpa del dueño del navio, su patron, contramaestre, ú otro dependiente le suceden estas ú otras especies de averías á los fardos, cargamento &c. al llegar al puerto del destino debe irremediablemente resarcirse el daño á cuenta del mismo navio por representacion de su dueño. Esta es doctrina corriente, y práctica inconcusa, y se deduce de otra ley (1). Tambien

(1) *Ley 20. Recopilacion de Indias lib. y tit. citados.*

bien lo es el que en la avería gruesa, consistente en la echazon al mar de algunos fardos por libertar el resto de la carga y al navio, entran en prorrateo de la indemnizacion del daño los fletes. Supuestos estos principios de responsabilidad, si ó por un daño pequeño (guardada proporcion) y casual, ó por uno inevitable, el dueño del navio debe responder al saneamiento, con razon mas poderosa se ha de graduar responsable por un hecho delinqüente de su patron ó preposito. Mirado á buenas luces se ha de considerar como un caso metafisico, ó imposible de acontecer en la buena fé del Comercio y Comerciantes el de la *baratería de patron*. El condicionar su indemnizacion en una poliza de seguro, es autorizar su posibilidad. Es mal sonante toda expresion que diga puede ser acontecible.

Por tanto me parece mas acomodable la ley de Indias, que exceptua semejante suceso ó riesgo del cargo del asegurador, y convendria se prohibiese expresamente el condicionarlo en los contratos de seguros. Otra dificultad se ofrece entre las ordenanzas de Bilvao, y las leyes Reales de Indias. Aquellas graduan responsables á los aseguradores de la echazon al mar de algunos efectos. Conviene explicar el punto para los que no se hallen instruidos. Sucede una tempestad ó gran borrasca en el mar, que expone á la pérdida total del navio, cargamento, y personas que navegan. Por mas esfuerzos y exercicio de su arte por el Capitan, Piloto, y demás oficiales de la tripulacion, no pueden remediar lo inminente del peligro. Resuelven al fin, precedido sobre ello su conferencia ó especie de consejo, que el único arbitrio es alijar, esto es, echar al mar parte de la carga (ó los cañones &c. que son los que regular-

men-

mente se alijan primero), para que el bagel menos empachado ó aligerado de peso, pueda maniobrarse, ó finalmente se acuerda que para salvarlo todo es menester sacrificar algo. En su conseqüencia se alijan ó echan al mar los fardos, pertenecientes por exemplo á Pedro. Este habia corrido su poliza de seguro sobre aquellos efectos, y supuesta su echazon ó alijo al mar, las ordenanzas de Bilvao prefinen sea su indemnizacion á cargo del asegurador (1).

La ley Real de Indias en el verdadero concepto de ser la tal echazon *avería gruesa*, prefine se haya de satisfacer el importe de aquellos efectos arrojados al mar, á prorrata entre la nao, fletes, y todas las demás mercaderías embarcadas (2). La justicia y equidad abogan á favor de esta determinacion, porque habiendo sido la echazon para salvar el navio y el todo del cargamento, es justo que todos estos renglones condurran al saneamiento, y este prorrateo alcanza al dueño de los efectos alijados, mediante que sin aquella maniobra, á mas de que hubiera quizá perecido, se habria perdido lo que le pertenecia (3). Verdad es que otra ley parece contraria á la anterior, y mas conforme á la ordenanza de Bilvao, pues previniendo que la avería, daño, ó falta, sea cargo del dueño, expresa que la gruesa haya de ser al del asegurador: Me parece que el modo de disolver la dificultad, es entendiendo que aquella pérdida ó menoscabo (pues entró al prorrateo) que tuvo el dueño de los efectos, la haya de compensar el asegurador. Esto mismo se confirma por otra ley (4), en que se man-

(1) *Número* 1.
(2) *Ley* 10. *lib.* 9. *tit.* 39. *Recopilacion de Indias.*
(3) *La* 10 *al mismo título y libro.* (4) *La* 18.

manda, que el asegurado pida al asegurador dentro de
un término prefinido, la *avería* ó pérdida. No puede
ser la avería ordinaria ó menor, porque esta corre á
cargo del dueño del navio. Tampoco el total de la gruesa consiste en la alijada ó echazon, porque como con
referencia á otra ley, se ha establecido tocarle á
prorrata al navio, fletes, y demás mercaderías; se
deduce consiguientemente que baxo el término de
avería, se comprehende unicamente aquella parte,
que en el prorrateo perdió.

Los medios de probar la pérdida del navio ó efectos asegurados, han suscitado en todos tiempos no pequeñas dificultades. Huyendo los Comerciantes de los
trámites y formalidades juridicas, pactan regularmente en las polizas deferir la prueba del infausto
acaecimiento al juramento del asegurado, ó de la
persona á cuyo nombre se ha corrido el seguro, y á
la certificacion de tres ó quatro negociantes del Puerto desde donde salió el navio. Puede diferirse al simple juramento, sin la agregacion de la tal certificacion. De uno y otro modo, y aun de varios lo con-
textan los autores que han escrito en la materia, y
se deduce de la ordenanza de Bilvao, pues previniendo en el caso de abandono el que el asegurado presente á los aseguradores los instrumentos calificativos
de la carga, y pérdida, exceptua el caso en que
por la poliza se le releve á aquel de dicha obligacion (1). Las leyes de Indias, según su verdadero espíritu, confirman lo mismo (2), pues aquella (la 35)
difiere la prueba del infausto acaecimiento á la certificacion hecha por parte legítima, y aun por la que
no

____

(1) *Número* 36.
(2) *Leyes* 35 y 41.

no lo sea : y esta (la 41.) previene que en el costo y valor de lo asegurado, se esté al juramento del cargador, que es el que se hace asegurar. Sin embargo de que los Comerciantes declaman contra las formalidades legales , y exposiciones de los letrados quando conviene á su interés la reproducion ; parece que constando la convencion por la poliza , se deberia mirar como procedimiento de mala fé todo desvio de lo estipulado. No obstante son innumerables los pleytos suscitados por los aseguradores , aun contra lo mismo que firmaron.

Para su remedio convendria se estableciese por regla fixa y ordenanza , el que para el pago de lo asegurado se hubiese de estar irremisiblemente á lo convencionado por la poliza. No deben desviarse los contrayentes de la buena fé con que debe ser considerado el contrato de seguros , y todo lo que es citar dudas contra este principio, es desestimable. La esencia del seguro consiste en la existencia de la materia, su efectivo valor , ya se justifique tal , ya se gradue de acuerdo entre las partes y la contingencia del riesgo , reservandose siempre el asegurado, segun arriba se ha expuesto, la parte sobre que el riesgo debe correr por su cuenta. Los seguros, como todos los contratos de Comercio , se hacen con concepto al sistema político , que subsiste al tiempo de su celebracion , y con temperamento á las reglas generales sobre que se sostienen los negocios públicos políticos. Baxo estos principios se celebran seguros en tiempo de guerra sobre efectos navegados en neutrales entre las Naciones beligerantes, en el firme concepto de que la neutralidad los redime de todo insulto. No han respetado los corsarios su patrocinio ; pues han apresado los bageles , y confiscado los cargamentos.

Con

Con este motivo han pretendido infundadamente los aseguradores, que los apresamentos y confiscaciones influian en las decisiones de los pleytos sobre el pago de los seguros, queriendo inferir de las sentencias dadas en los almirantazgos extrangeros, la pertenencia de las cargazones á enemigos de las naciones en guerra, arguyendo que habiendo sido el espíritu del seguro sobre efectos pertenecientes á amigos ó neutrales con ambos beligerantes, no se verificó el principio y supuesto en que se concibió el seguro. Son innumerables los pleytos en que se han producido estas excepciones, y porque conviene aclarar la dificultad, y convencer la sinrazon de los aseguradores, es menester presuponer como máxîma inalterable, que la guerra entre dos Soberanos no quita ni impide la navegacion á los subditos de otro Príncipe amigo ó neutral con aquellos. La vandera por derecho de gentes y tratado de paces, es la decisiva. Si es amiga ó neutral, salva á todos los efectos y cargazones que se navegan baxo su amparo, aunque pertenezcan á enemigos. Si la vandera es enemiga, hace confiscables todos los cargamentos sin respecto ni consideracion á si pertenece á amigos ó enemigos.

No solo son estos principios inconcusos en el derecho público y de gentes, sino que en las declaraciones y manifiestos, ó publicaciones de guerra, se recuerdan para que todos se hallen instruidos del modo con que han de conducirse en sus Comercios. A todo rigor el asegurado no tiene obligacion de justificar su pertenencia para el pago del seguro. Siempre que pruebe haber efectivamente embarcado los baxo la vandera neutral, ha cumplido. Pero aun procediendo con todas las formalidades prácticas de Comercio, nadie puede negar que los conocimien-

tos ó polizas de cargo, son los instrumentos autorizados para probar la propiedad de las cargazones. Estos son unos documentos (regularmente los hay impresos con sus respectivos huecos, que se llenan por
los contrayentes) por los quales el Capitan ó Patron
del navio confiesa haber recibido á bordo de su navio, nombrado *tal* de tal, ó tal nacion, surto en
tal ó tal Puerto en disposicion de hacer viage á tal
ó tal destino, tantos fardos ó paquetes ó embalaxes,
con la marca y números que se señalan al margen,
pertenecientes á Don N. los quales ofrece y se obliga á entregar al que le presentase dicho conocimiento en el Puerto de su destino.

Este documento y la factura, que es la relacion
ó minuta de los gastos que han tenido y causado
los géneros, son los calificativos de la propiedad y pertenencia y estado, á lo que puede obligar
el asegurador al asegurado. Si los corsarios ó apresa-
dores en tiempo de guerra pretenden otras justificaciones para probar la pertenencia, es pretension injusta, reclamada por todas las naciones, y que de ningun modo debe servir de regla, ni las sentencias de los juzgados de Almirantazgo contra el verdadero concepto y mérito de los seguros. Si verificada la desgracia, los aseguradores no quisiesen pagar reconvenidos extrajudicialmente el seguro, los
asegurados harán el abandono del navio, ó efectos
naufragados, apresados, ó á los que le haya succe-
dido otra igual desgracia, que ha de ser total, pues
qualquiera otros daños que sucedan, si son pror-
rateables, se actuará el reparto (1), y si son á cargo de los aseguradores, bastará el que se les haga
sa-

(1) *Número* 30. y 31.

saber para que lo indemnicen, continuando el riesgo sobre lo demás que se comprehendia en lo asegurado. Tampoco puede hacerse el abandono sobre una
parte y reservarse otra, ni del casco del navio, como
no haya quedado absolutamente inservible (1). Uno
de los incidentes que suelen ocurrir es la detencion
de Príncipe: esto es, si el navio llegado á un Puerto le detiene el Soberano de él: en tal caso, aunque
la ordenanza de Bilvao prefine no se puede hacer el
abandono hasta pasados los seis meses de la detencion ó embargo (2), parece plazo muy dilatado, y
en grave perjuicio del asegurado.

Aunque ni el navio ni las mercaderías padecie-
sen, (en cuyo caso la misma ordenanza previene,
que sin esperar á los seis meses en los Puertos de la
Europa, y al año en los de Indias, se haga el abandono) padece el interés del asegurado todo el tiempo que se dilata en la venta de sus efectos, y para
ello, lo mismo el que no venda sus mercaderías, porque las tragó el mar, se quemaron, ó las apresaron
los enemigos, que porque detuvo el navio un Príncipe. Este caso es comprehendido (salvo el superior
dictámen) en los infaustos acaecimientos por *amigos*,
y en los *pensados ó no pensados*. No encuentran mis
limitadas luces el por que de semejante prefinido plazo, y me parece que ó debería suprimirse, ó restringirse á menos tiempo. En hora buena, que quando la detencion es por el Soberano de la nacion, sufran, ya sea el asegurador, ya el asegurado, los perjuicios, pues como subdito natural debe resignarse
al beneficio de la causa comun, que sin duda seria
el motivo de la detencion; en hora buena, que se

Ee 2   anu-

_____

(1) *Número* 32. (2) *Número* 33.

anule la poliza como previene la ordenanza (1), pero siendo en dominio extraño, es una desgracia ó siniestro suceso que debe resarcir el asegurador. Sucedido el naufragio, incendio, &c. ú otro de los incidentes de que se hicieron cargo los aseguradores, deben estos pagar las cantidades que subscribieron.

Hay diversidad en los seguros Européos y Americanos: sobre aquellos se despacha execucion, y siguen los trámites de dicho juicio. Sobre estos se despacha inmediatamente apremio, sin oirseles excepcion, réplica, ni excusa alguna á los aseguradores hasta tanto que han pagado, pues asi se previene expresamente por una de las leyes Reales de Indias (2). Convendria se ampliase su disposicion á todos los seguros en la navegacion Européa. Aunque luego que se hace el abandono, ya sea la nave, ya las mercaderías, quedan por cuenta de los aseguradores, como estos no tienen inmediata personalidad para reclamar lo apresado, recaudar los restos de lo naufragado, &c. será de la obligacion del asegurado practicar todas las activas diligencias que correspondan á la restitucion de lo apresado, á la libertad de lo detenido ó embargado, y á la recoleccion de lo que pudiesen salvar del naufragio, y finalmente, hacer quanto sea posible, noticiandolo á los aseguradores, de cuyo cargo será el abono de todos los gastos que hubiesen ocurrido, pues este es el concepto de las ordenanzas de Bilvao, de las de otras naciones, la comun práctica del Comercio, y de los autores que han escrito en la materia. Se evitarian muchos pleytos si al tiempo de firmarse las polizas, ó convencionarse el seguro, se procedie-

(1) *Número* 35. (2) *Ley* 29. *lib. 9. tit.* 39.

diese con la debida claridad , condicionandose á explicar la mente de los contrayentes. Por exemplo, el seguro se hace en tiempo de guerra sobre efectos cargados en navio neutral : cerciorese el asegurador de que lo es verdaderamente tal. Lo mismo el que asegurase el navio. Instruyase , vea y exâmine en caso necesario la patente y letras de mar , hagase de ellas mencion en la poliza por via de nota , ó en papel separado que sirva de resguardo al asegurador.

Muchas tropelías han hecho los armadores y corsarios. No han sido pocas las sentencias de los Almirantazgos, confiscandose navios y cargas, ignorandose los principios en que se hayan fundado : pero ha habido algunas muy justas por haberse encontrado dobles patentes. Este es un hecho contrario aun á la buena fé que debe guardarse al enemigo , y como tal , se halla reprobado por el derecho de gentes, ordenanzas marítimas y de corso de todas las naciones civilizadas. El seguro sobre este navio y efectos, es reclamable. No pueden excusarse los aseguradores por via de apremio el satisfacerle , pero siempre que prueben aquella mala fé , se les deberá restituir con las costas , daños é intereses. El hecho no es imaginario , me consta de algunos. En hora buena el encuentro de navios enemigos se use de echar vandera de amigo ó neutral ; pero no asegurarla con el cañon segun la práctica de mar. Conviene reducir esta pública jurídica prevencion á ordenanza en materia de seguro. Se ofende á los Príncipes de quienes son las vanderas ó patentes : á la fé pública, y es origen de pleytos , para cuyo remedio convendria se estableciese que siempre que se justificase haberse hecho el seguro sobre navio que llevase pa-
ten-

tente de diversos Soberanos, se declare por nulo, y aun se castigue á los dueños de navios, ó Capitanes que usasen tan reprehensible artificio. Otra de las pequeñas dificultades que suelen ocurrir, consiste en si el seguro se hizo en tiempo de paz, y durante la navegacion sobrevino la guerra.

La dificultad milita por parte de los aseguradores, pues corriendo mas riesgos parece deben reportar mas premio que el que practicaron en el tiempo pacifico, no siendo verosimil que por un seis ó siete por ciento se quisiesen obligar á los inminentes freqüentes peligros de la guerra. Confieso sencillamente, que he procurado apurar varios autores, y no hallando ordenanza que expresamente toque el punto, me acomoda la opinion de los que afirman debe en tal caso graduarse el premio corriente en la plaza en tiempo de guerra. El formulario regular de las polizas, explica los riesgos á que se obligan los aseguradores, siendo uno de ellos expresamente el de *enemigos*, baxo cuyo concepto por su misma firma se obligaron los aseguradores á aquel riesgo que sobrevino. Tambien estipularon el correr los pensados ó no *pensados*, en cuya clase ha de estimarse la *intempestiva*, *acaecida no pensada guerra*. Estos argumentos á primera vista se presentan eficaces; pero se disuelven. Lo primero, las tales cláusulas *enemigos y casos no pensados*, son de comun estilo y formula impresa en todas las polizas, que como hechas preventivamente para todos tiempos, y para explicar la voluntad de los contrayentes; por sí solas no prueban todo el espíritu del contrato. Este verdaderamente (y es lo segundo) se demuestra por el premio que se estipula, por el sistema político en las naciones, y por la costumbre y práctica de

Co-

Comercio, nivelada por aquel respecto. Mas claro: inconcusamente en todas las plazas de Comercio sube ó baxa el interés del dinero, y el premio de los seguros, segun es el sistema de las naciones con quienes se trafica.

Indudablemente corriendo el seguro en el sistema de la paz á un seis ó siete por ciento, sobrevenida la guerra sube mas ó menos, á correspondencia de los mas ó menos peligros de que se hace juicio. Seria mofado un Comerciante, que asegurase á seis por ciento, ó á igual cantidad en la guerra que en la paz. Tal vez no habria (y es lo mas cierto) quien se confiase de su firma, porque presumiendose que el Comerciante dirige toda su idea á lucrar, al observar que aquel abandonaba sus intereses, ó se sospecharía que su crédito se hallaba muy decadente, pues se valia de aquellos debiles sufragios de pronto, con el ánimo de no pagar si acaeciese la desgracia, ó se le tendria por fatuo. El vende (digamoslo asi) la responsabilidad á los riesgos, y al modo que si un Comerciante vendiese los géneros con la pérdida de un noventa por ciento, se le tendria por quebrado ó loco; el propio concepto deberia formarse de nuestro asegurador. De suerte, que un negociante sensato, se compromete al seguro, llevando por norte invariable el sistema político y la valuacion comun y corriente en la plaza sobre los riesgos. Ambos contrayentes, como se ha expresado arriba, con referencia á una de las ordenanzas de Bilvao, deben comunicarse las noticias que tengan sobre el estado, riesgos, &c. de la materia que ha de ser del seguro, y por consiguiente, uno y otro deben estar cerciorados de si hay temor ó recelo fundado de guerra.

El

El asegurador luego que sobreviene la novedad impensada , aumenta sus cuidados y contingencias, que son precio estimable. De suerte , que si durante la navegacion del baxel y mercaderías aseguradas sobreviene la guerra , que no se receló al tiempo de subscribirse la poliza , parece justo se haya de entender el premio á los aseguradores , el corriente en el tiempo de la guerra. Y por el contrario , si se subscribió la poliza en esta última circunstancia , y sobrevino la paz , el premio debe moderarse al corriente en el sistema político. De este segundo exemplar tenemos caso práctico decidido. El navio Español nombrado el Gran poder de Dios , navegaba en el año de 1748 , habiendose corrido sus seguros al premio del tiempo de guerra , por haberla entonces entre España é Inglaterra. Durante su navegacion sobrevino la paz , y se mandó se hubiesen de entender en esta conformidad los seguros , moderandose los premios al corriente , sin embargo de haberse estipulado en el de guerra , y como tal obligadose á ello los asegurados. Este súceso , que resulta de expediente controvertido en el tribunal del Consulado de Cadiz , qualifica la decision (por ser la razon la misma) en el caso en que convencionado el seguro en tiempo de paz , sobreviniese la guerra durante la navegacion. He leido varias memorias de pleytos sobre seguros suscitados en Francia , con el motivo de las inesperadas hostilidades , que principiaron los Ingleses contra aquella nacion en el año 1756. Conozco la dificultad en unos y otros casos , y me parece , que el unico arbitrio que puede dirimir las dudas , es explicar en las polizas la diferencia de los premios expresamente. , segun las ocurrencias. Asi lo practicaron en Francia muchos habiles Comerciantes

tes en el año 1756, antes que los Ingleses hubiesen comenzado sus irupciones, y obtuvieron los aseguradores favorable providencia en el aumento de sus premios, segun se refiere en el jornal del Comercio de Bruselas, mes de Diciembre 1756. No perdamos de vista ser la buena fé, la equidad, y la reciproca conveniencia de los contrayentes, circunstancias inseparables de los contratos de Comercio.

El cargador de lienzos, por exemplo, en tiempo de paz conceptuó ganar un diez por ciento en las Indias. Sobrevenida la guerra, durante su navegacion, forma fundado juicio de que lucrará un veinte porque la paz y la guera prácticamente alteran los precios de las cosas, y el valor corriente del dinero. Parece pues justo, á mas de los sólidos motivos arriba expresados, el que reporte, pues utiliza por la novedad el tal qual perjuicio que se le añade en el premio del seguro. Este es un contrato tan recomendable, que con autoridad del Gobierno se han establecido en Francia, Inglaterra, Genova y Olanda, (segun lo refiere el Savari, y el Negociante Inglés) con sus ordenanzas relativas á su buen regimen, y á hacer confiar la fé pública del Comercio. En Cadiz tenemos compañías muy sólidas, establecidas con el mismo objeto. La materia lo merece: es lastimoso carezcamos de unas ordenanzas generales y preventivas de los casos que comunmente ocurren, y aun de aquellos que rara vez acontecen. Las ordenanzas de Bilvao no se hallan recibidas por reglamentos generales, y salva la venia, necesitan algunas explicaciones y adiciones. Este sería un gran servicio, hecho á la sociedad del Reyno. Sin que el amor propio me arrastre, creo he leido lo bastante en la materia, y que la experiencia de muchos años de bufete, el estudio continuado y observaciones , me hacen conocer la importancia del reglamento , asi sobre seguros y letras de cambio , como sobre los demás contratos de Comercio , y que he procurado explanar las dificultades , y proponer las soluciones , salva la superior censura , con respecto á la buena fé y á la verdad sólida , que son el norte del tráfico y de los Comerciantes. Si se creyese pueden mis pobres talentos ser útiles , los dedico al beneficio comun , no excusando responder á las objeciones que se me hagan, protestando reverentemente , que no es mi animo erigirme en oraculo decisivo , que mi intencion ha sido, es , y será , la instruccion pública , acreditando en ello mi amor al Real servicio y á la Patria , que como origen de mis tareas , le dedico de nuevo en la conclusion de la obra.

RE-

━━

REPRESENTACION AL REY NUESTRO SEÑOR
sobre el Comercio Clandestino de America , y su remedio, hecha por un buen vasallo.

NOTA DEL EDITOR.

La presente obra , aunque no manifiesta su Autor, nos consta que lo fue Don Juan Francisco de los Heros , de quien acabamos de dar á luz la grande obra sobre el Comercio, cinco gremios mayores , &c, que el público ha recibido con tanta aceptacion. Nos lisonjeamos de que merecerá la misma satisfaccion esta , y quantas podamos proporcionar del mismo Autor. En ella está patente el Comercio Clandestino que se hace en America por los extrangeros : los daños que origina á la Monarquía , y los universales remedios para extinguirlo. La práctica de ellos no es dificil, por mas que algunos timidos abulten escollos para establecerla. El animo de nuestro Autor en todas sus producciones , fue manifestar los beneficios que puede producir el Comercio á la Nacion ; el modo de cerrar el paso á los que le hacen sin legítimo derecho , y las ventajas que produciria al Real Erario , y al comun de los vasallos un exercicio tan honrado , si contribuyesen todos los que pueden á su giro y elevacion ; cuyas circunstancias y beneficos deseos de la gloria , y opulencia del Estado, le hacen digno de repetidos aplausos.

SE-

SEÑOR.

Un sugeto Comerciante , vasallo fiel de V. M. práctico y experimentado en el Comercio de la America Meridional , por haber girado los Reynos del Perú , Chile y Lima , Provincias de la Plata y Tucuman , Istmo de Panamá , Portovelo , Cartagena , Habana , y demás Colonias extrangeras , lleno de zelo y de amor á su Soberano y á su Patria , y penetrado del dolor que le causa ver los formidables perjuicios, y enormísimas lesiones que experimenta la Real Hacienda de V. M. y las de sus fieles vasallos en aquellas partes ; con la veneracion mas profunda, puesto A. L. R. P. de V. M. expone:

Que estos gravísimos daños se originan del continuado Comercio Clandestino , que las Naciones extrangeras introducen en aquellos Paises , con el qual nos extraen casi todo el oro , plata , y demás frutos preciosos , que producen aquellas regiones riquísimas , burlandose al mismo tiempo con acciones y palabras insultantes de nuestra infeliz desidia y tolerancia.

Este dicho Comercio Clandestino , es tan público , constante y notorio , que le parece al exponente inutil el tiempo que gastare en demostrarselo á V. M. porque está persuadido, que no se le esconderá á su alta penetracion; pero que si aun subsistiere algun motivo de dudar, el exponente suplica á V. M. tenga la bondad de deducirlo , atendiendo á lo que pasa en Portugal con sus pequeños Estados del Brasil, que no teniendo en ellos mas que cinco Ciudades capitales, como son Marañon , Paraá , Fernambuco , Bahía , y Rio Jeneiro , y algunas otras pocas Provincias capitanias interiores , consumen la carga de 105 , 110,

y

y á un 120 navios, que anualmente envian á aquellos Estados ; y que nosotros con mas de 50 Ciudades capitales , tanto mas populadas que las suyas , y con mas de 80 Provincias latísimas , llenas de habitadores nacionales y européos existentes en aquellos vastos Imperios del Perú y Chile , Reyno de Santa Fé, Provincias de la Plata y Paraguay , no se puede consumir la carga de 5 ó 6 registros, que son los que anualmente van para Buenos-Ayres , Cartagena , y mares del Sur , sin que sus cargadores é interesados no experimenten tan lamentables perjuicios y quebrantos, que no se pueden referir sin dolor , y V. M. una visible é interminable diminucion en sus Reales haberes , con decadencia lastimosa y total del Comercio de esta Monarquía, y aumento del de los enemigos de ella , que se opulentan con nuestros propios caudales y se hacen formidables , al paso que nosotros nos consumimos y enflaquecemos.

Esta succesiva y continuada perdicion y decadencia de nuestro Comercio , no se puede Señor hacer visible y demostrable á V. M. con palabras , que por mas fuertes y eficaces que el exponente las busque , no serán capaces de explicar la mas pequeña parte de lo que pasa en este asunto; y en tal caso será preciso ocurrir á los hechos , suplicando á V. M. atienda , á que solo en la capital de Lima (y en las mas Ciudades de aquellos Reynos respectivamente) se cuentan mas de 180 mercaderes concursados y fallidos , sin entrar en este número las principales casas de Comercio de aquella Corte, como son la de Guisa , Sola y Olave , la de Artega , y Comin , la de Otegui , la de Escobar y compañía , que se hallan en la misma conformidad , y otras , ó por mejor decir todas amenazadas de semejante perdicion y rui-

ruina , señal la mas evidente de la asolacion de aquellos Reynos.

Hallandose el Comercio en aquellas partes en esta constitucion tan fatal y miserable , y siendo este
la columna de las Monarquías, y de donde reciben su
principal subsistencia , conseqüentemente se experimenta otra extraordinaria y semejante decadencia en
todos los demás ramos que de él dependen , como son minas , obrages , y demás frutos que producen los predios rusticos de aquellos Reynos , pudiendose justamente recelar nos hallamos en el caso
critico de poder experimentar otras conseqüencias
mucho mas perniciosas , que las que hoy pulsamos,
porque de la decadencia del Comercio , resulta la de
las minas , de la de estas , la falta del dinero , la asolacion y despueblo de las Ciudades , y de esta infelicidad , la ultima desgracia de ser invadidas por los
enemigos de esta corona , que hallandolas pobres y
casi desiertas (como hoy lo están Porto Velo , Cha-
gre , Panamá , y otras) con facilidad las reducirán
á sus dominios y se harán señores de aquellos vastos
imperios , que la providencia divina entregó á esta
Monarquía para plantar y propagar en ellos la religion Católica , y para que V. M. y sus fieles vasallos se utilizasen de sus riquezas.

Estas calamidades tan lastimosas , que como otras
tantas heridas mortales en la actualidad experimenta
el cuerpo de esta Monarquía , y que precisa y necesariamente le han de obligar y conducir á la última
ma consternacion y miseria ; piden y claman , Señor , por un pronto y eficaz remedio , que la exî-
man de males tan perniciosos como presentemente
padece , y la eviten y aparten de los futuros de que
está amenazada ; y al exponente compelido y esti-
mu-

mulado de los desordenes tan graves y perniciosos,
que por una parte ha pulsado con sus propias manos,
y por otra agitado y movido de zelo y amor á V. M.
y á su nacion : despues de serias reflexiones , que sobre asuntos de tanta gravedad ha formado, se le ocurre un arbitrio que por su suavidad y dulzura , por
oportuno y conveniente al honor é intereses de V. M.
y al bien público de su Patria , y por la facilidad en
executarlo , faltaria á la obligacion de buen vasallo
si no lo hiciese presente á V. M. por considerarlo el
único y verdadero medio de remediar tan perniciosos daños , que contienen en sí resultas tan formidables y temerosas.

Este arbitrio , Señor , no consíte en otra cosa
mas, que en la formacion de un nuevo establecimiento ó proyecto de Indias opuesto totalmente al antiguo , que como formado para aquellos felices tiempos en que solo los Españoles negociaban en ellas,
era entónces admirable y convenientísimo : pero hoy
que con el curso de los tiempos las circunstancias se
han mudado , y que las Naciones extrangeras como
aves de rapiña, se han cebado en las crecidas utilidades que consiguen con su continuado Comercio Clandestino , seduciendo y provocando á los mismos Españoles con la comodidad de los precios , y dándoles
á beber este pestifero veneno en copas de oro , para que no conozcan su propio daño y los perjuicios tan mortales que por otras causas en sí envuelve.
Es indispensablemente necesaria la mutacion de dicho establecimiento antiguo, y formacion de otro nuevo en que se conceda libertad y franqueza al mismo
Comercio, absolviendolo totalmente del gravamen de
derechos de arqueacion y palmeo , y de otros gastos
que por incidencia son indispensables en Europa, pa-

ra

ra que con esta celestial indulgencia pueda el Español en los respectivos Puertos marítimos de aquellas conquistas, vender sus géneros con comodidad, y que los viageros que los compran para internarlos, los encuentren en dichos Puertos tanto ó mas varatos que en las Colonias extrangeras : con cuya providencia cesará enteramente el referido Comercio ilicito, á causa de que ninguno será tan tonto que vaya á comprar fuera con inmenso trabajo y eminente peligro , aquello que en su misma casa encuentra al mismo precio con descanso y seguridad.

No por esto , Señor , pretende el exponente que V. M. sea defraudado de los derechos, que los referidos registros contribuyen en Cadiz al Real Erario por establecimiento antiguo ; mas antes al contrario , piensa se recojan dentro del término del mismo año centuplicadamente , lo que se consiguirá con facilidad, solo con la providencia de erigir Aduanas en las gargantas ó pasos precisos por donde deben internarse dichos géneros , en donde paguen lo mismo que debian pagar en Cadiz , con la notable diferencia de que si ahora los cinco ó seis registros contribuyen por exemplo ciento para V. M. , entónces contribuirán mil ó muchas veces mil , respecto de que quitadas por el arbitrio ya expresado las introduciones extrangeras , en lugar de los cinco ó seis registros que anualmente salen de Cadiz para aquellos Reynos , será preciso que salgan quinientos ó seiscientos, y visible cosa es , el interminable aumento que por este modo va á conseguir la Real Hacienda de V. M. fuera de otras utilidades que despues se harán visibles y demostrables.

De esta celestial providencia resulta abrirse una espaciosa puerta (que hasta aquí ha estado cerrada) pa-

para un lastimoso campo de conveniencias, que á manera de un caudaloso rio fecundarán estos Reynos y aquellas conquistas, porque absueltos los navios del pesado yugo de los derechos, que ahora pagan en Europa, conseqüentemente los fletes serán muy moderados, y entonces cargarán con convenieneia infinitos géneros gruesos, que ahora no pueden cargar porque valen poco y ocupan mucho; cargarán las harinas y vizcochos para la Habana, Cartagena, Porto-velo, Panamá, y para toda aquella costa que ahora abastecen los Ingleses; cargarán con utilidad de los hacendados de estos Reynos, los muchos frutos de que abunda esta Peninsula, de la pasa, el higo, la ciruela, la almendra, la nuez, la avellana, la castaña, la bellota, la aceytuna, y la alcaparra: cargarán las muchas especies de menestras, los aceytes, los vinos, los vinagres, los aguardientes y demás bebidas finas: cargarán los espartos fabricados de que carecen mucho los habitantes de aquellos Paises: cargarán la losa gruesa para cocinas, y la blanca de Sevilla, Valencia y de otras fábricas, que necesariamente será preciso establecer de nuevo para provision de tantas Ciudades: cargarán los quesos, las sardinas, los jamones, los chorizos, y otras carnes de cecina, que allá se estiman mucho y va'en caras: cargarán las jarcias, alquitranes, breas, cab'es, y demás peltrechos para habilitar los navios, sin que sea necesario ocurrir por ellas á las colonias extrangeras, como ahora con descredito nuestro se executa: cargarán en fin innumerables equipages y trastos de casas de que hay gran carencia en Indias, en que á los fabricantes y artistas de estos Reynos les faltarán manos para trabajar, y otras muchisimas cosas que absolutamente no se cargan, ni se pue-

Tom. XXVII.   Gg   den

den cargar por el gravamen de los derechos.

Conseqüentemente experimentarán un beneficio semejante los habitadores de aquellos Paises, viendo que los muchos y riquísimos frutos que producen aquellas vastas regiones (y que por las mismas causas se pierden) ahora se comercian y reducen á dinero, entonces cargarán los navios á su regreso infinito azucar baratísimo, no solo para el consumo de estos Reynos, sino para comerciarlo á otros, sin que tengamos necesidad del de Portugal y franquicia: cargarán innumerable cacao, cascarilla, algodon, tabaco, pimienta de tabasco, añiles, zarzaparrilla, lanas de vicuña, de alcapa, y de ovejas, que mucha parte de estos géneros se pierden por falta de navios que los conduzcan : cargarán innumerables y excelentes carnes de baca saladas y secas, sebos y quesos, pieles de tigre, y otras drogas que en Buenos-Aires se pierden : cargarán muchísimos é innumerables géneros medicinales, balsamos, y otras resinas que igualmente se pierden : cargarán innumerables palos, unos para tintas, como el de campeche, y otros como caobas, ébanos blancos y negros, cocogolas, cedros, y otros para los artefactos de que carecen mucho estos Reynos, y en la misma conformidad se pierden : cargarán en fin cobres, estaños, y otros riquísimos é innumerables frutos de que ahora en aquellas partes no se hace caso por considerarlos inútiles y de ningun provecho ; con cuyo trasporte los Reales haberes de V. M. reportarán un abultadísimo aumento y los habitadores de estos Reynos, y aquellas conquistas un conocido y evidente beneficio.

Siendo de tanta consideracion las crecidas utilidades y adelantamientos que por medio de este nuevo giro de Comercio, van á experimentar esta Monarnarquia y aquellas conquistas , resta que ponderar otro beneficio, que en opinion del exponente , entre los principales es el principalísimo , pues consiste no solo en el aumento de Marina, que precisa y necesariamente se ha de establecer en todos los Puertos de esta Peninsula , sino en la seguridad y defensa de los de la America, que resulta del grande y activo Comercio que se va á entablar en ellos , con el qual las Ciudades arruinadas volverán á su antiguo explendor , y las que no experimenten esta desgracia por mantener algun Comercio , se pondrán en mayor opulencia en caso de ser invadidas de los enemigos de esta Corona : punto que merece toda la atencion de V. M.

Para el establecimiento de esta grande obra con la suavidad y eficacia que necesita para propagarla, aumentarla , y ponerla en estado de perfeccion, para defenderla de las maquinaciones y baterías que contra ella han de suscitar los Ministros de las Potencias extrangeras , para impedir que no salga á luz ni tenga efecto , como opuesta á los intereses de sus respectivos Reynos , y á la potencia de sus fuerzas, con aumento de las de esta Monarquía, y para otros nobilísimos y admirables fines del servicio de ambas Magestades y bien público de estos Reynos y sus conquistas ; considera el exponente indispensablemente necesaria la ereccion y establecimiento de un nuevo y supremo Consejo de Estado y Comercio de extrangería , de fábricas , de minas , y de moneda ; de economía y de bien comun, que gire baxo la inmediata proteccion de V. M. cuyos Ministros sean políticos y Comerciantes , prácticos é instruidos cada uno en sus respectivos Paises , y todos juntos en el Comercio de esta Peninsula y sus conquistas , á

sa-

saber : dos del Comercio de Vera Cruz y México, dos del de Onduras y Guatemala, dos del de Cartagena y sus inmediaciones, dos del de Caracas y toda su Costa, dos del de la Habana y demás Islas de Varlovento, dos del de Buenos Ayres, Provincias de Tucúman, Plata y Paraguay, dos del Reyno de Chile, dos del de la Capital de Lima y Reyno del Perú, dos del de Santa fé y todo su Reyno, dos del de Manila y demás Islas Filipinas, dos del de Canarias, dos del de Cadiz, dos del de Valencia, dos del de Barcelona, dos del de Bilvao, dos del de la Coruña y Reyno de Galicia, y seis, ocho, ó diez del de esta Corte, que sean políticos y letrados para autorizar dicho Consejo, y para la decision de algunos puntos de derecho que se ofrezcan, pero al mismo tiempo de los mas expertos é inclinados á la práctica del Comercio y modo de girarse. Los Presidentes de este Consejo serán los Ministros del despacho universal de Estado, Hacienda, y de Indias, que en atencion á sus precisas é indispensables ocupaciones al lado de V. M. podrán nombrar en su lugar á un Vice-Presidente ó Regente, sugeto hábil y que haya girado los Reynos extrangeros, para que diariamente asista á las juntas y asambleas, y puedan recibir por su conducto las noticias, y las determinaciones del Consejo, y aprobadas que sean por V. M. llevarlas á su debido cumplimiento.

Este supremo Consejo debe ser, Señor, cabeza y superior de todos los Tribunales de Comercio de estos Reynos y sus conquistas, con quienes mantenga una precisa y freqüente comunicacion, en órden á plantificar por este medio en todas las partes de esta Monarquía los verdaderos proyectos y máximas de él, y los arbitrios que sean oportunos, no solo á su conservacion y subsistencia, sino tambien á
su

su propagacion y aumento , y con el fin de que noticioso el tribunal por sus avisos de los accidentes que en contrario se experimenten, se les acuda con el mas pronto remedio que necesiten , respecto de hallarse dentro del mismo Tribunal Ministros prácticos y experimentados de todos los Paises , que con dificultad pueden padecer engaño en sus determinaciones , que todas tendrán por objeto el respeto de esta Monarquía , y la utilidad pública de sus habitantes , que ambas cosas se conseguirán facilmente siempre que el Comercio florezca y esté activo , como al contrario se experimenta con la decadencia en que hoy subsiste.

No es el ánimo del exponente gravar al Real Erario de V. M. con los salarios abultados que deben obtener los Ministros que compongan este superior Consejo , antes al contrario piensa que desde luego la Real Hacienda de V. M. va á excusar por este medio lo que en la actualidad contribuye á los Ministros de la Junta de Comercio , que por falta de práctica y experiencia no son aptos ni á proposito para asuntos de esta naturaleza (aunque para otros de mayor gravedad se les concede y admira su elevada penetracion y literatura) , los quales cesarán desde el punto de la nueva ereccion de este Consejo , y posesion de los empleos de sus referidos Ministros, que deben recibir sus salarios de sus respectivos Tribunales de Comercio; v. g. los dos de Lima del Consulado de aquella capital , los dos de México de su mismo Tribunal , y en los mismos términos todos los demás en lugar de los Diputados y Apoderados que dichos Tribunales de Comercio , siempre y casi siempre mantienen en esta Corte para sus pre-
ten-

tensiones (que las mas veces no consiguen) con salarios muy crecidos y gastos considerables, con cuyo entable el Real Erario de V. M. conseguirá no solo este ahorro y beneficio, sino otros inumerables que despues en parte se harán demostrables y visibles.

Formado que sea este superior Consejo para fundamento y tronco de este gran arbol de Comercio, cuyas ramas y frutos se van á difundir por las vastas regiones de esta Monarquia para que á todas alcance; los Ministros que lo compongan, como abejas oficiosas, prácticas y experimentadas en el arte de criar cera y miel, al punto harán sus proyectos, formarán sus arbitrios y tomarán sus medidas tan ciertas y seguras, que correspondan al fin de criar un capital ó banco de quatro, seis ó mas millones de pesos, que su producto sirva para fomento del mismo Comercio, para mantener en respeto con las demás Potencias á V. M. y para utilidad pública de estos Reynos y sus conquistas; porque ante todas cosas pensarán con la seriedad que la necesidad pide en propagar y aumentar la Marina y fuerzas navales de estos Reynos, fabricando anualmente en los Puertos de la America y de esta Peninsula, varios navios de guerra, que sirvan de amparo al mismo Comercio y á V. M. en las ocasiones que los necesite, que siendo continuada y sin interrupcion esta cultura, insensible y brevemente tendrá V. M. á su disposicion una armada tan numerosa y florida, que se haga formidable y temible á las mas soberbias Naciones de la Europa. Por otra parte pensará este Consejo con toda eficacia en formar casas ricas de Comercio, ayudandoles con dinero sin interés alguno, sacando para este fin varios mozos há-

hábiles, que se hallan en una continuada inaccion, por falta de fomento en las Plazas de Comercio de Cadiz, Bilvao y otras (poniendo otros en su lugar para que aprendan), y congregandolos en várias casas de Comercio, comenzarán á girar y á ser útiles para sí y para su patria, y siendo estas creaciones por el mismo Consejo freqüentes, continuas y anuales, visible cosa es que en breves dias se verá en estos Reynos una gran copia de casas ricas y fuertes, que puedan sosbtener á V. M. en el mayor respeto contra todos los enemigos de su Corona, y al mismo tiempo una abundancia de bienes, tal que trascienda y alcance hasta el mas ínfimo individuo de esta Monarquía.

En los mismos términos este supremo Consejo atenderá muy particularmente á establecer con los correspondientes fomentos de dineros, los Comercios del Oriente, Levante, Costas de Africa, y Portugal, formando para este fin varias compañias, las unas por acciones, y las otras particulares para que giren á las Costas de Caromandel, China, Filipinas, Alepo y Esmirna, establezcan casas de negocio en aquel Reyno de Portugal, y factorías en la Costa de Africa, para la saca de los negros tan necesarios y precisos para la cultura y labores de nuestras Indias, que sin ellos es muy dificil su subsistencia, haciendose al mismo tiempo digno de reparo, que estemos dependientes en un punto de tanta entidad, y en un negocio tan grave de nuestros propios enemigos, que con este Comercio consiguen dos ventajas muy considerables: la una el abultado caudal que por este medio nos extraen, y la otra, que vendiendolos muy caros, los frutos que se ex-

traen

traen de sus labores, no se pueden comerciar con la comodidad de precios que los suyos.

Por lo que respecta al ramo de extrangería ó dependiencias de extrangeros, siendo estas siempre ó casi siempre sobre puntos de intereses de negocio y de estado, ninguno otro tribunal en estos Reynos está dispuesto á discernir lo util ó pernicioso de sus pretensiones para concederlas ó denegarlas, que este superior Consejo, compuesto todo de sugetos políticos y Comerciantes, y asi sus decisiones en tales casos serán las mas acertadas y convenientes al honor de V. M. y bien público de sus Reynos.

En la misma conformidad por lo tocante al ramo de fábricas como tan inmediato y dependiente del mismo Comercio, no es posible se manejen con la utilidad y provecho que ellas reportan á las naciones extrangeras, sino por manos de Comerciantes, que por no haberse executado asi el establecimiento de las que hoy existen en estos Reynos, el Real Erario de V. M. ha sido tan grandemente perjudicado, y los Ministros inspectores de ellas padecido una interminable fatiga por falta de práctica en asuntos tan agenos de su profesion, cuyo defecto será prontamente remediado luego que pasen al manejo de este superior Consejo, que las que hoy se hallan imperfectas y abandonadas, serán inmediatamente reparadas, propagadas y aumentadas, fundando y estableciendo otras de nuevo en diferentes Provincias de estos Reynos, para que á todos alcance su beneficio, y todas ellas sean con utilidad y conveniencia de la Real Hacienda de V. M. y bien público de los habitantes de estos Reynos.

Lo

Lo mismo, Señor, se puede decir sobre el ramo de minas, que siendo este totalmente dependiente del Comercio, este superior Consejo tomará providencias tan acertadas para su cultura, que en breves tiempos las haga florecer y reportar á V. M. y á estos Reynos un excesivo aumento en sus Reales haberes, en lugar de la decadencia que hoy se experimenta, las que ahora el exponente no especifica por no ser prolixo, y porque está persuadido que V. M. con su alta penetracion conocerá, que ningunos otros que Comerciantes son aptos ni á proposito para este manejo.

Por lo respectivo al ramo que pertenece al bien comun y economía de estos ramos, ¿quién habrá, Señor, que dude que en este superior Consejo residirán las mas propias y bellas calidades para su desempeño? pues como miembros los mas habiles y principales del Comercio, que todo se funda sobre principios de la mas fina economia, les será tan facil entrar con acierto en asuntos de esta naturaleza, como al mas diestro musico el tocar un instrumento; buscarán ante todas cosas medios los mas propios, y arbitrios los mas eficaces para poblar esta peninsula, que se halla casi desierta, convidando á varias naciones católicas que vengan á establecerse en ella, ayudandolos y fomentandolos con gracias y dineros, y repartiendoles las mas fertíles y pingües tierras de esa Sierra Morena, y otras que se hallan incultas para su subsistencia, con cuyo arbitrio V. M. aumentará grandemente su Real Erario, y las fuerzas terrestres de esta Monarquía se pondrán en estado mas respetuoso, pensarán con la seriedad correspondiente en la cultura de las tierras, arreglando sus labores á un establecimiento regular y económico, que ponga término á los desordenes que por falta de él se experimentan: darán providencias para que infalible y prontamente se pongan plantíos de robles, y se siembren pinares en innumerables partes de estos Reynos, con que se remedie la gran carencia y necesidad que tenemos de estas maderas: pensarán en allanar los caminos que en muchas partes de estos Reynos por incuria están intransitables, y componer los aloxamientos de posadas con la decencia y policía que corresponde, estableciendo sillas de postas para el facil y comodo tránsito de lós viageros, de que ahora enteramente se carece: tratarán eficazmente el hacer navegables los muchos y bellos rios de que abunda esta peninsula, como el Tajo, Guadiana, Guadalquibir, Hebro, Duero, Miño y otros para el mas pronto giro del Comercio, y acomodado transporte de unas Ciudades á otras, y de otras para los Puertos Maritimos: pensarán en la hermosura, aseo y limpieza de esta Corte y demás Ciudades de estos Reynos, (que son las mas feas é inmundas de la Europa) y al mismo tiempo en precaverlas de robos, muertes y otros insultos que casi siempre se originan de la ociosidad y pobreza de muchos de sus habitadores: pondrán en muy diferente figura los gremios de oficiales y artistas de estos Reynos, señalandoles y prescribiendoles nuevos arreglamentos para el adelantamiento de sus maniobras, y premiando á los que en ellas se señalaren para estimulo de los otros: buscarán en Amberes, Bruselas y demás Países baxos, y tambien en Francia, Italia y aun en esta Corte mugeres diestras en diferentes habilidades, para que en escuelas públicas que tengan en esta Corte y demás Ciudades principales de estos Reynos, enseñen á las niñas y donce-

ellas á hacer encages finos de Flandes, á bordar
con hilo puños, y otros lienzos finos, á recamar
de oro y plata varias piezas, á hacer flores, marle-
tos, escofietas, guarniciones y otros adornos mugeriles, con los quales las naciones extrangeras nos
sacan el dinero con tan insaciable hidropesía, que
mas parece fluxo y refluxo de oro y plata, que sale
de estos Reynos para fertilizar los suyos, con lo
que se conseguirán dos beneficios muy atendibles:
el uno que dice respecto á ellas mismas, que con
estas habilidades se harán menos costosas á sus maridos, y si enviudaren tendrán con que socorrer su
necesidad sin que sea necesario andar en tropa por
esas calles á pedir limosna ó á ofender á Dios, como
ahora con dolor lo experimentamos: y el otro que
se refiere al bien público de esta Monarquía, que
con esta providencia cesará por una parte la extraccion de tantos caudales, y por otra se harán
estos trabajos mugeriles mas á proposito para co-
merciarlos en estos Reynos y sus conquistas, por
la comodidad de sus precios.

Ultimamente, tomarán tales y tan acertadas
providencias sobre otros innumerables asuntos relativos al honor é interés de V. M. y al bien público de estos Reynos, que para expresarlos todos
sería proceder en infinito, pues el exponente no
pretende mas con esta representacion tan sucinta,
que hacer ver á V. M. por este pequeño dedo que
le manifiesta, la formidable grandeza de este gi-
gante, que á manera de una fortísima columna con
una mano sustentará inflexible á V. M. la corona
en sus Reales sienes, y el honor y respeto á su
Monarquía, y con la otra se difundirá como un
suave rocio en fertilizar y colmar de beneficios á

Hh 2

todos sus fieles vasallos que habitan estos sus Reynos y sus conquistas.

REPRESENTACION HECHA AL REY N. Sr. por los Diputados-Directores de los cinco Gremios mayores, sobre lo que predicó contra sus contratos el Rmo. P. Mtro. Fr. Antonio Garcés, solicitando se aclarase este punto en justificacion del honor, conducta y conciencia de los mismos cinco Gremios.

SEÑOR.

Los Diputados de los cinco Gremios mayores de Madrid, recurren á los R. P. de V. M. y con la debida veneracion hacen presente: que la casa de negocios de los mismos gremios, se halla hoy combatida de una especie de clamor difundido en el público, á esfuerzo del M. Fr. Antonio Garcés, del Orden de Santo Domingo, quien con zelo y nombre de doctrina, ha dias que sostiene en sus sermones la opinion de ser ilicito y usurario el moderado redito de dos y medio por ciento, que la casa satisface á las Comunidades y personas de todas clases que ponen caudales en ella, á imitacion de censos redimibles, aunque temporales, porque durante el plazo de los contratos, se privan los dueños del dinero de lograr otras imposiciones en bienes inmuebles.

Están bien asegurados los suplicantes con dictámenes de hombres sabios y timoratos, que su conducta y negociaciones nada tienen de reprehensible en lo político, ni en lo christiano; pero justamente zelosos del honor y buen nombre de la casa que dirigen, y de la mayor seguridad de sus conciencias,

cias , se ven en la precision de exponer á los pies del Trono de V. M. qual es la actual constitucion de la misma casa, y quales pueden ser las conseqüencias de que el público en la duda de lo licito se retrayga de la confianza con que la franquea sus fondos sin limitacion.

Han sabido los Gremios mayores establecer y dirigir su casa de negocios con tanta solidéz y buen órden , que en pocos años ha llegado á ser el unico banco público de España , adonde la nacion ofrece y pone sus caudales con una plena seguridad; por que esta casa no solo responde con sus fondos comunes , sino tambien con los bienes , crédito y fortunas particulares de todos los individuos de las cinco Comunidades de mercaderes, circunstancia que la distingue y eleva sobre las demás compañías y bancos establecidos en otras naciones de Europa, y que pudiera facilitarla el honroso distintivo de que se la declarase suficiente finca ó hipoteca para imponer en ella á censo los fondos pertenecientes á fundaciones perpetuas , respecto de que este medio proporcionaria al estado y los vasallos , los grandes beneficios de evitar que cada dia recaigan los bienes inmuebles en manos muertas , de abrir una puerta segura por donde entrasen á circular en el Comercio las muchas riquezas que existen ociosas , y como enterradas en todo el Reyno; y de franquear al comun un destino á sus caudales , libre de esterilidades , retardaciones en el pago de reditos , y otras contingencias á que están expuestas las regulares imposiciones en bienes raices.

Lo cierto es, Señor, que la subsistencia y fomento de la casa de los Gremios en su actual estado, interesa directamente á V. M. y á la nacion , porque

en

en repetidas ocasiones ha franqueado quantiosos fondos con que subvenir á las mayores urgencias de la corona y del público, y de su ventajosa constitucion se puede esperar con bastante fundamento que sea el mas poderoso movil de restablecer en esta Monarquía el Comercio activo que tanto floreció en los siglos anteriores, asi como otras potencias de Europa han debido la extension y auge del que poseen, á la concordia y actividad de sus mercaderes, aun sin tener el poder, crédito y proporciones con que hoy se hallan los cinco Gremios mayores de Madrid.

Conocen los Diputados de ellos que es regular pension de todos los establecimientos utiles y grandes, experimentar las contradicciones y embarazos á medida de los beneficios que producen; y como por el notorio abono de su casa de negocios, no es facil desacreditarla en el concepto del público de otro modo, que poniendo en duda la legitimidad y pureza de sus contratos, esta perjudicial novedad les obliga en honor y justicia á solicitar una declaracion, que satisfaga y tranquilice los animos de todos.

Para que la decision recaiga sobre los hechos ciertos, deben los suplicantes advertir, lo primero, que los caudales puestos en la Diputacion son en la mayor parte de comunidades, fundaciones pias y profanas, de pupilos, y otras personas que destituidas de propia industria, las proveen las leyes del auxilio ageno, y autorizan que el dinero de ellas se ponga donde fructifique. Lo segundo, que los expresados capitales de fundaciones están destinados por su privativo instituto y voluntad de los primeros dueños, á imponerse en bienes que redituen aquel

jus-

justo interés que la autoridad del Soberano prescribe
con arreglo á las circunstancias de los tiempos, y á
la escaséz ó abundancia de la riqueza dependiente
de la mayor ó menor copia de la moneda. Y lo tercero, que la práctica y metodo con que la casa de
los Gremios ha recibido las cantidades puestas en
ella, ha sido obligandose sus Directores por escrituras á volverlas despues de quatro años, *y el demás tiempo necesario para hacer el pagamento*, y á satisfacer entre tanto el moderado redito de tres ó
dos y medio por ciento.

A vista de esta condicion de los contratantes,
parece que no deben adaptarse á ellos las sentencias
que todos los teologos y juristas circunscribiéron
al mero mutuo ó puro prestamo, respecto que los
dueños de los capitales no pueden rigurosamente pedirlos á la casa, exponiendose por consiguiente á
perder las ocasiones de imponerlos. Y aunque es verdad que por la abundancia de fondos que hay siempre en la caxa, y por desempeñar los Gremios mas
allá de su obligacion el utilísimo objeto de beneficiar á todos, se ha observado regularmente volver
el dinero á los que lo han necesitado antes del cumplimiento de las escrituras; estos actos en todo gra-
tuitos y voluntarios de parte de la casa, no han
sido capaces de alterar la naturaleza y circunstancias de los contratos en su origen.

Y supuesto que los Directores de la casa de los
Gremios, y las comunidades y personas respetables que
tienen caudales en ella, han estado muy distantes de
incurrir en la abominacion de negociaciones usura-
rias, por lo mismo desean justamente que se borre
y desvanezca semejante concepto, tan sensible como
denigrativo para todos. En esta consideracion:

Su-

Suplícan rendîdamenté á V. M. se digne remitir
esta representacion al Real Consejo de Castilla, ó
al Tribunal que sea de su agrado, para que exâminada la qüestion instructivamente y con vista de los
dictámenes y papeles que los suplicantes entreguen,
consulte á V. M. lo que tuviere por justo, á fin
de que en su conseqüencia tome la resolucion correspondiente, y cesen por este medio la nota y los
graves inconvenientes que se originan al público y
á los Gremios. Asi lo esperan de la soberana justificacion de V. M. = Juan Antonio de los Heros. =
Francisco de Guardamino. =

Dictamen de los Reverendísimos Padres Maestros Fr.
Francisco Freyle, Fr. Ignacio Andrés de Moraleda, Fr.
Juan Garcia Picazo y Fr. Joseph Garcia, del orden de
San Francisco de observantes de esta Corte: Sobre si se
puede llevar ó no, lícitamente interes del dinero tomado á
daño por los Gremios, y si estos en caso de prestar á otras
casas de Comercio algunos caudales sin seguridad, podrán
llevar el interés regular y corriente de medio por ciento al
mes, segun práctica: concluyendo en uno y otro asunto,
que pueden lícitamente llevar los intereses que
contienen los dos puntos.

Resolucion de las dudas á favor de los cinco Gremios.

Suponiendo por ahora (para acaso no molestar
despues con la repeticion) quanto conviene saber del
mutuo, su esencia, la de la usura (su ordinario, infeliz y bastardo parto), y demás variedad de contratos innominados unos, y otros nominados, afirmamos
y

y decimos, que los contratos sobre que somos preguntados en la presente consulta, son licitos y validos en conciencia, aunque quiera la parte contraria bautizarlos con nombre de *mutuo*, ó ya de contrato de Compañía llamado *trino*, ó ya con qualquiera otro innominado ó nominado.

Pruebase por partes, el contrato primero sobre que se funda la duda, se reduce en substancia á estos tres principales puntos; primero, que los caudales puestos en la Direccion de los cinco Gremios, son en la mayor parte pertenecientes á Comunidades, fundaciones pias y profanas, á pupilos, y otras personas, que careciendo de propia industria, les proveen las leyes de auxílio ageno, y expresamente mandan que el dinero de ellas se ponga donde fructifique; lo segundo, que los expresados caudales ó fondos estén destinados por su primitivo instituto y voluntad de los disponedores, á imponerse en efectos ó bienes que rediten aquel justo interés que la autoridad legítima del Soberano prescribe, con arreglo á las circunstancias de los tiempos, y á la escasez ó abundancia de la riqueza cifrada en la mayor ó menor copia de moneda; y lo tercero, que la práctica y método con que la casa de los Gremios ha recibido las cantidades puestas en ella por comunidades y personas de todas clases, ha sido otorgando Escrituras los Directores de la misma casa, con obligacion de volverlas despues de quatro años, y de satisfacer el moderado interés anual de tres ó dos y medio por ciento (que es el permitido y corriente en los censos redimibles) de modo, que pendiente el plazo de las Escrituras, no pueden los dueños pedir sus capitales, y por consiguiente se exponen á perder las ocasiones de imponerlos. Hasta aquí literalmente el tenor de la consulta : es asi que este contrato atendido en sí , y por todas sus circunstancias igualmente se admira util y sin perjuicio alguno á la casa de negocios de los cinco expresados Gremios , á los particulares ó Comunidades que en ella ponen sus caudales , y á toda la Nacion ; luego no solo es licito, sino laudable y dignísimo de la proteccion del Soberano.

Evidenciase esta menor , que es de la que pende toda la presente dificultad : En primer lugar es evidentemente util á la república , por las razones que en la misma consulta se expresan, y ningun prudente niega á los mismos cinco Gremios ; porque aunque sobre asegurar el capital á los mutuantes, como es regular en todo mutuo, los dan el interés anual de tres ó dos y medio por ciento en cada un año; tambien es constante que los mutuatarios , facilitando con estos caudales el giro y aumento de sus respectivos Comercios , para cuyo fin , y no por otro motivo , reciben dichos caudales , se proporcionan á ganar acaso cincuenta anualmente por medio de su industria , con que si dando dos y medio ó tres por ciento logran cincuenta, suficientemente queda compensada su industria, peligros, &c. al cumplirse los quatro años pactados , si á cuenta de 110 , ó 112 que pagan con capital y reditos , se hallan con 200, y por consiguiente con noventa de líquidas ganancias ; es útil finalmente á los que ponen en esta casa sus caudales , porque además de asegurarles sus capitales los mutuatarios , reciben de ellos en cada un año el interés que pudieran por sí mismos lograr comerciando , por aquellos ú otros modos licitos á que sin duda los destinarian, caso que aqui no los aplicasen, como supone la consulta ; porque dado caso que por
otro

otro rumbo utilizasen mas , son ganancias puramente en esperanza, y como *id quod est in spe non æquiva-
let ei quod est in re* , que dice el proverbio , ó el *mas*
vale pajaro en mano , que ciento volando , de nuestro
vulgar español , de aqui es , que vienen á encontrar
de utilidad presente , lo que justamente pueden lograr. Convencida la utilidad por las razones insinua-
das , ningun capítulo se descubre para juzgarse perjudicial á las partes contratantes , mas que el de apa-
recer este contrato de *mutuo*, en el qual está por todos derechos prohibido el tomar ó dar , *aliquid ultram*
sortem, y declarado herege formal por Clemente V. (a)
qualquiera que apoyase lo contrario ; pero como lo
que aqui se dá y recibe , no es *lucrum ex mutuo pro-*
veniens ó tamquam debitum vi mutui precise , (que es la
difinicion de la usura) sino por modo de interes proporcionado á lo que pudieron utilizar los mutuantes
recurriendo á otros modos licitos , junto con otros
justos títulos , que despues asignaremos con la comun de teólogos y juristas ; de aqui es , que verificada la validad sin injusticia en alguna de las dos partes
contratantes , no puede negarse ni aun con fundamento aparente lo licito.

Téngase por regla principal la siguiente para entender en todo género de contratos , quando son licitos , y quando ilicitos. Dice Benedicto XIV. en
su Enciclica dirigida á los Patriarcas , Arzobispos,
Obispos, y demás Ordinarios de Italia : siempre que
el contrato (sea qual fuese) tan recta y justamente se
efectuase , que bien atendidas , y pesadas todas las
circunstancias de que se viste en el peso fiel de la jus-

ti-

(a) *Clem. V. de usuris in Concil. Vienen.*

ticia , en ninguna de las partes contratantes se notase perjuicio ó dolo , en tal caso tengase por verdad
indubitable , que en tales contratos , sobre ser por
varios títulos licitas y justas las ganancias ó intereses
moderados en ellos , aun la misma recta razon dicta y pide , que los Príncipes protejan y fomenten
dichos contratos , para conservar y aumentar esta asi
licita negociacion , mirando á la utilidad y conveniencia pública ; asi el gran Benedicto XIV. en su Enciclica citada , *Vix pervenit ad aures nostras* , dada en
Roma á primero de Noviembre de 1745 (b).

Reponen contra esta aurea regla Pontificia , que
la mente de Benedicto no pudo mirar en ella , ni menos incluir el contrato del *mutuo*, á causa de que antes alli mismo condena en él todo interes *ultra sortem*,
aun baxo el pretexto de que sean ricos los mutuatarios, y que los mutuantes tengan destinados sus caudales á procurar con ellos el aumento de sus propias
haciendas por medios licitos : que es sin duda el caso
in terminis de la presente consulta. Este mal fundado
empeño de instar asi contra la evidencia , (repito)
solo viene á ser un llamar la atencion á los hombres
cuerdos, para que justamente admiren lo que puede un tenaz escrupuloso capricho ; *callen barbas* , y
hablen cartas : lease la Pontificia constitucion citada,
y se entenderá que el contrato de que primero alli
trata es del *mutuo* : resuelve para él , ante todas cosas,

(b) *Ita si rite omnia peragantur , et ad justitiæ li-*
bram exsigantur , dubitandum non est , quin multiplex in
iisdem contractibus licitus modus , et ratio suppetat huma-
na comercia et fructuosam ipsam negotiationem ad pu-
blicum commodum conservandum et frequentandum &c.

sas , que para purgarse del crimen gravisimo de usurario el que presta , ningun pretexto le puede servir,
ni dexará de serlo aun *ex eo* (son palabras suyas) *quod
is , à quo id lucrum (N. B.) solius causa mutui deposci-
tur , non pauper, sed dives exsistat , nec datam, sibi mutuo sumam relicturus sit otiosam*: (esto es en el mutuatario que urge mas) *sed ad fortunas suas amplificandas, vel
nobis de emendis prædiis , vel quæstuosis agitandis negotijs
utilissime sit impensurus*: y prosigue dando la causal alli
mismo el S. Pontífice ; porque á la verdad obra
ciertamente contra la ley del mutuo, todo aquel mutuante que no se averguenza de pedir al mutuatario,
*plus aliquid (N. B.) vi mutui ipsius , cui per æqualè jam
satis est factum* : por ser constante que la ley del mutuo necesario , (es expresion del Papa) *in dati atque
redditi æqualitate versatur*. Luego dado caso que en el
mutuo por sus circunstancias , *licet non causa vel vi
mutui*, se verificase igualdad verdadera , *in dati atque
redditi* , sería sin duda licito , atendida la mente de
Benedicto ; y consiguientemente su aurea regla se
deberá tambien aplicar al mutuo.

Supuesta esta tan innegable ilacion , prosigamos
la leccion benedictina , y nos hallaremos al punto
con toda la luz necesaria , para totalmente desterrar
la obscuridad que consigo trae la antecedente réplica ; *mas hoc autem (N. B.) nequaquam negatur* , dice , prosiguiendo el S. Pontífice su Enciclica ; *posse
quandoque una cum mutui contractu quosdam alios , ut
ajunt titulos , eosdemque ipsimet universim naturæ mutui minime innatos , et intrinsecos , forte concurrere , ex
quibus* : (*N. B.*) *justa omnino legitimaque causa consurgat , quiddam amplius supra sortem , ex mutuo debitam
rite exsigendi*. A conseqüencia de esta sólida doctrina , sigue la instruccion Pontificia , afirmando , que
ade-

además del mutuo circunstanciado, son otros varios los contratos y modos de negociar con licitos intereses; y luego para todos en general, propone la segura regla que dexo mencionada, cuyo principio es asi; *quemadmodum vero* (**N. B.**) *in tot eiusmodi diversis contractum generibus &c.* Juzguen ahora los desapasionados discretos, si acaso la mente de Benedicto XIV. pudo dirigirse á excluir de su general regla el contrato del *mutuo*, acabando de asegurarnos, que asi como sería usurero el que diese ó tomase algo mas *vi vel causa solius mutui*, por qualquier pretexto de los que alli expresa; asi tambien justa y licitamente pude tomarlo y darlo sobre la aseguracion del capital, *seu supra sortem ex mutuo debitam*, siempre y quando con el mutuo concurren títulos intrinsicos, al que hagan totalmente licitos y justos los totales intereses.

A esta tan clara luz de la constitucion benedictina, se admira bien el ningun fundamento con que se dice de nuestro doctor sutil Escoto, que absolutamente niega ser licito el lucro en el mutuo, como quiera que se pinte circunstanciado. En primer lugar, Benedicto entra explicando la esencia del riguroso mutuo (c), *in eo est repositum &c.* y esto mismo executa Escoto en el quarto de las sentencias, *dist.* 15. *quæst.* 2. quasi con las mismas palabras (d):

Ad

(c)   *In eo est repositum, quod quis ex ipsomet mutuo, quod suapte natura, tantumdem dumtaxat reddit postulat, quantum receptum est.*

(d)   *De ultimo contractu, ad juste contrahendum mutuum, oportet servare æqualitatem simpliciter in numero et pondere.*

Ad justè contrahendum mutuum &c. Benedicto añade
que la usura, parto infeliz, que es el del mutuo, ó
todo lucro *ultra sortem,* está prohibido por ilicito (e)
omne propterea &c. y esto mismo defiende Escoto, y
aun da pruebas de estar por derecho divino reprobado; *usuræ crimen &c.* (f). En tanto grado está prohibido el lucro el en mutuo riguroso, prosigue Benedicto, que no es cogitable pretexto para el lucro en el
mutuo, *solius causa mutui,* ni aun á título de que los
caudales prestados no habian de estar ociosos, sino destinados precisamente á procurar conveniencias
propias, ó negociar con ellos &c. *Nec datam sibi mutuo sumam* (g) *&c.* Y esto mismo resuelve Escoto del
mutuo, *solius causa mutui,* ni aun con el pretexto de
que la cantidad estaba prevenida para procurar el
mutuante sus propias utilidades: *si non vult damnificare* (h) *&c.* Con todo Benedicto nos advierte cuidadoso, que no porque en el mutuo causa *solius mutui,* está con tanto rigor el lucro prohibido, pretendan inferir incautos los escrupulos que no pueda
dar-

(e) *Omne propterea hujusmodi lucrum, quod sortem
superat, ilicitum et usurarium est.*

(f) *Usuræ crimen* (dice S. artic. 3.°) *utraque pa-
gina detestatur.*

(g) *Nec datam sibi mutuo sumam relicturus otiosam,
sed ad fortunas suas amplificandas &c.*

En Escoto el caso identico le hallarás despues en la
letra (s) vide.

(h) *Del tercer art. ad primun respondeo: si non vult
damnificare pecuniam, sibi necessariam, reservet; sed si
vult misericordiam facere necessitatur ex lege Divina ut
non faciat, eam vitiatam,* otro v. in (5).

darse título extrínseco al mutuo , por los quales el lucro en el mutuo no puede ser absolutamente licito y justo , *per hoc autem nequam negatur* (i). Y esto mismo sienta Escoto como indubitable principio , *ad juste contrahendum mutuum &c. ubi supra* (j). Ultimamente , Benedicto nos propone una segura regla, para conocer ciertamente quando el lucro será licito, asi en el mutuo , como en todo otro género de contrato : *Ita si rite omnia peragantur &c* (k). Y la misma regla substancialmente nos dexó Escoto para el mutuo : *secunda regula , quod non ponat se in tuto de lucrando &c* (l). Luego Escoto negó estar reprobado el lucro en el mutuo, en el preciso sentido que Benedicto; respecto que como este Pontífice concede titulos extrínsecos al mutuo , por los que puede verificarse en él , ser licito y justo el lucro , asi tambien Escoto los concede , *exceptis quibusdam casibus.*

Evidenciada esta vulgar impostura sin cuya circunstancia correria nuestro papel insulso y sin su proporcionada solidéz, pruebase ya en general lo lici-

---

(i) *Per hoc autem nequaquam negatur posse , quandoque una cum mutui contractu , quosdam alios , ut ajunt, titulos , eosdemque ipsimet universim naturæ mutui minime innatos, et intrinsecos forte concurrere, ex quibus (N. B.) justa omnino legitimaque causa consurgat quiddam amplius supra sortem ex mutuo debitam rite exigendi.*

(j) *Ad juste contrahendum mutuum oportet &c. Vide (D) exceptis quibusdam casibus dequibus dicitur in fine.*

(k) *Ita si rite omnia peragantur (vide supr. (c.b).*

(l) *De ultimo contractu secunda (regula) quod non ponat se in tuto de lucrando, & illum, cum quo commutat; de damno. Intelligo in tuis semper vel ut plurimum &c.*

cito del lucro en el mutuo circunstanciado, con prueba adequadísima del mismo Doctor subtil Escoto.

Util es á la República, dice Escoto, (m) el tener Comerciantes que conserven en sus lonjas géneros para que comodamente los halle el Pueblo, y pueda comprar de aquellos que necesita, y aun lo es mucho mas el mantener Comerciantes que conduzcan estos géneros de las Ciudades ó Provincias en donde abundan, á otras que de ellos carezcan, infiriendo de aquí que siendo justo mantenerse cada uno de su honesto trabajo, pueden licitamente dichos Comerciantes y Mercaderes sacar de sus géneros ó venta de ellos, no solo lo necesario para la congrua sustentacion, sino tambien lo correspondiente á su industria, y aun al peligro en que regularmente están de perder gran parte de los géneros ó caudal por su tráfico continuo de mar y tierra, ya en una nave ricamente cargada que se fué á pique, ó ya en un casual incendio de la lonja &c. Veráse toda la prueba de tan fundado como sutil Doctor en el lugar antes insinuado, y ahora atiendase al modo de confirmarla, que es á la verdad como suyo. Tanto puede (prosigue) (n) procurar de ganancias en sus

Tom. XXVII.   Kk   gé-

(m) *Sequitur de commutatione negotiativa: de hac ultra regulas predictas, quid justum & quid injustum, addo duo: primum est, quod talis Commutatio sit utilis Reipublicæ; secundum est, quod talis juxta diligentiam suam, & prudentiam, & solicitudinem, & pericula in commutatione pretium correspondens &c. vide ibi late de hoc.*

(n) *Hæc omnia confirmantur, quia quantum deberet ali-*

géneros el Mercader ó Comerciante, con segura
conciencia por la utilidad que traen á la República,
quanto el zeloso Príncipe ó Gobernador de ella debería en justicia darlos para que á ella quisiesen concurrir con sus géneros, en el caso de carecer de tales Mercaderes y Comerciantes buenos (que de los
malos y avarientos ya aquí mismo dice lo que se debe hacer de ellos) es así que tal Príncipe ó Gobernador faltaria á darlos lo justo si sobre pagar su
conducción y darlos lo necesario para su manutencion, no les pagaba asimismo su industria, y lo
correspondiente al continuado peligro de crecidas
pérdidas: luego todo esto mismo pueden y deben
procurar de ganancias por sí propios. Hasta aquí
literalmente Escoto (ibi).

De aqui ahora el tránsito á los particulares que
contribuyen con sus caudales á la caxa de estos
Mercaderes y Comerciantes, fundado en la conseqüencia de doctrina que Escoto observó constante.
En primer lugar es verdad indubitable que son tan
útiles al Reyno como los negociantes, todos los
particulares sugetos que en lugar de dar otro destino licito á sus caudales, á fin de lograr justos inte-
re-

alicui Ministro Reipublicæ legislator justus & bonus re-
tribuere tantum potest ipse, si non adsit legislator, de Repu-
blica non extorquendo recipere; sed si esset bonus legislator in patria indigente, deberet locare pro pretio magno
mercatores hujusmodi, qui res necessarias afferrent & qui
eas allatas servarent & non tantum eis familiæ substenta-
tionem necessariam invenire; sed etiam industriam peritam
& pericula omnia locare, ergo etiam hoc possunt ipsi in
vendendo.

reses se resuelven á ponerlos en dicha casa de Comercio , porque careciendo de gruesos caudales los Comerciantes , ciertísimo es que la industria de todos ellos juntos de ninguna utilidad sería para la República: lo segundo porque sobre privarse estos particulares del logro acaso de mayores intereses dandoles otros destinos lícitos, que pudieran y debieran darlos , como expresa la consulta , quedan asimismo expuestos á perder sus capitales por la propia razon de temerse pérdidas considerables por mar y tierra , estos Comerciantes, á quienes los caudales confian ; porque dado el caso (freqüente en Comerciantes de iguales ó mayores fondos) de una falta ó quiebra en dicha casa de Comercio ; ¿qué hombre de sano juicio no reputará tales capitales ó totalmente perdidos para los que se los confiaron, por mas escrituras de seguridad que guarden , ó que á lo menos no mire como preciso el gasto de la mayor parte de ellos en diligencias para recobrarlos ? Luego si para que los Mercaderes y Comerciantes pretendan intereses justa y licitamente son suficientes los motivos insinuados , con razon y justicia podrán tambien procurarlos aquellos particulares que les confian sus caudales , verificandose, como efectivamente se verifican estos mismos títulos en ellos.

Convencese lo concluyente de este discurso con lo que el mismo sutíl Doctor nos dexó advertido en especialísima regla para todo género de mutuo , de que ya hicimos mencion , y con razon asimismo del Doctor Angélico. Para que el lucro en el mutuo no sea usurario , necesariamente se debe entender, dice Escoto, á que el mutuante no quede asegurado de ganar siempre *vel ut plurimum* mutuando , y el mutuatario damnificado ó gravado: *secunda (regula) quod*

non

non ponat se in tuto de lucrando & illum, cum quod commu-
tat , de damno : intelligo in tuto semper , vel ut pluri-
mum : es asi que en nuestro caso, aunque es verdad
que los mutuantes aseguran con el capital las moderadas ganancias del tres ó dos y medio por ciento,
no por esto dexan damnificados á los mutuatarios, sino antes muy beneficiados, por quanto con los caudales que reciben ganan regularmente veinte ó mas,
á cuenta de los tres ó dos y medio á que quedan
obligados. Luego lícitos son en nuestro caso los intereses moderados á los mutuantes, como lo son á los
negociantes: y es la razon, dice muy á nuestro proposito Santo Thomás (2. 2.) (o) *quæst.* 78. *art.* 2.
ad 1. porque verificandose (como puede suceder) que
sea mas notable la utilidad , ó lucro que consigue el
mutuatario , con el dinero que se le presta , que el
lucro que ofrece al mutuante por el propio interés
de que por mutuarle se priva este , en tal caso lí-
cita y justa es la recompensa por este título : este
in terminis es el caso de nuestra consulta , *ergo &c.*
Ni obsta á la solidéz de la máxima de Escoto el que
alli mismo (§. del tercer artículo) conceda lícito, á
los Mercaderes los intereses , y los niegue á los mutuantes aun en caso de daño prudentemente temido:
porque como ya dexamos notado aquí, Escoto niega
que

(o) *Dicendum, quod ille, qui mutuum dat, potest absque*
peccato in pactum deducere cum eo , qui in tutum accipit , re-
compensationem damni, per quod subtrahitur sibi aliquid, quod
debet habere , hoc enim non est vendere usum pecuniæ, sed
damnum vitare , & potest esse (N.B.) quod accipiens mu-
tuum majus damnum evitet quam incurrat ; unde accipiens
mutuum cum sua utilitate damnum alterutrius recompensat.

que sean lícitos en el sentido mismo que tambien Benédicto XIV. los niega en caso mas urgente, esto es: *solius causa mutui, seu ex vi mutui præcise*: mas no quando con el mutuo concurren títulos extrínsecos, *exceptis quibusdam casibus*, que expresamente nos advierte el mismo Escoto (p).

Corroborase nuestro aserto con la resolucion de Inocencio III. á un caso quasi terminante: dudabase de resultas de un pleyto matrimonial que ocurrió en Génova, si la señora dexaria en el marido la dote en atencion á la poca confianza que tenia de su seguridad, y resuelve el Pontífice por una decretal (q): ó que para dexarsela al marido ofrezca este correspondientes seguridades para que el capital no perezca, ó que se entregue á un Comerciante con la carga de moderados intereses para la decente manutencion de la señora; ahora á nuestro proposito, los caudales de que aqui trata el Pontífice es la dote de una señora, los de nuestra consulta son de menores, obras pias &c. de aquellos dice el Pontífice y aun man-

---

(p) *Tertia conditio est quando utrumque, scilicet capitale & illud superfluum ponitur sub incerto, quod probatur; extra de usuris cap. naviganti.* §. *quinto ratione arguendo per locos à simili:* vease como aqui Escoto infiere que puede el mutuante *in casu, ex eo,* que el mercader ó vendedor lleve algo mas, como expresa en los dos casos últimos de la decretal *naviganti,* á que se remite; *ergo &c.*

(q) *In cap. per vestras* 7. *de Donationibus inter virum & uxorem* (ibi): *mandamus quod dotem asignari faciatis eidem sub ea quam potest cautione præstare, vel saltem alicui* (N. B.) *mercatori commiti, ut parte honesti lucri dictus vir onera posset matrimonii sustentare &c.*

manda que puedan darse á un Comerciante , estos
se entregan á todos los Comerciantes juntos de los
cinco mayores Gremios de Madrid : allí el Pontífice
ordena que, sobre asegurar el Comerciante á la señora Genovesa el capital de su dote , le considere asimismo los moderados anuales intereses que puedan
corresponder al capital , para que con ellos pueda
decentemente mantenerse : esto , y nada otra cosa es
lo que piden á nuestros Comerciantes los mutuantes
de la consulta presente. Luego no pudiendose negar,
ni aun con apariencia de razon que lo allí decretado
por Inocencio III. fué lícito y justo ; tampoco podrá dexar de ser lícito, justo, y seguro en conciencia
á la casa de Comercio , el pactar moderados intereses sobre la aseguracion del capital , y á las personas que asi les confian sus caudales el tomarlos. Porque el decir que esto es solo privilegio de la dote,
es recurso á *fidelium* que llama el vulgo : pues teniendo unos mismos visos de mutuo, que los de nuestro caso , y estando (como es de fé) prohibidos por
Derecho Divino los intereses en el mutuo, mal pudiera dispensar en aquel á título de dote de una señora;
luego no es menos lícito y justo á los que ponen el
dinero en la casa de Comercio , el tomar proporcionados intereses, atento á los títulos antes asignados,
que lo es de los Comerciantes y Mercaderes el procurarlos para sí propios con sus ventas y comercio
en sentir de Escoto , como ya vimos.

    De otro modo no menos eficáz puede fundarse
en nuestro parecer , y será el que nos conduzca á las
pruebas de cada uno en particular de los títulos por
que son lícitos y justos estos intereses. Fundola así
disonante pareceria á toda razon el negar justos y lícitos intereses á este contrato bautizado con nombre
de

de mutuo, y concederlos en toda otra clase de mutuo, sea á pobres ó á ricos, para urgencias precisas ó no precisas, es asi que la mas comun verdadera opinion fundadísima entre Téologos y Juristas defiende ser lícitos y justos en toda clase de mutuo, no por razon del mutuo *seu vi & causa solius mutui*, sino por ciertos títulos extrínsecos que suelen asociarle : á saber, el daño emergente, lucro cesante y peligro prudente de perder el capital, luego concurriendo en el mutuo de nuestro caso alguno de estos títulos, ó todos juntos, ya se vé que por ellos se deberá pedir interés á la casa de Comercio con mas razon y justicia que si los prestasen á un pobre particular. La mayor de este discurso es innegable : la menor consta de tres partes principales que convendrá probarlas con la posible brevedad en esta forma : Licitos son los intereses á título de daño emergente, y lucro cesante : ya en el principio dexamos insinuado con Benedicto XIV. y nuestro Escoto, que aunque por razon del mutuo *b ex vi vel solius caiso mutui* en ningun caso, ni baxo de algun pretexto es lícito el lucro, no por esto se deben negar ciertos títulos, por los quales justa y licitamente se pueden dar y pedir moderados intereses, á causa de ser extrínsecos al mutuo, y de ellos ahora diremos aqui lo que basta. El daño emergente diverso es á la verdad del lucro cesante; y tanto que unos mismos autores conceden lícito lucro á título del daño emergente, y lo niegan por el lucro cesante : con todo otros, (y son los mas) suponiendo ser cierto que no todo daño emergente es lucro cesante; pero que todo lucro cesante es en realidad daño emergente para quien se priva de tal lucro, de un mismo modo discurren de los dos y los defienden lícitos por ambos títulos,

mi-

mirando como en conseqüencia de doctrina lo contrario; á esta cuenta, y porque lo lícito á título de daño emergente es universal opinion se proponen juntos, para que insinuado el fundamento de ser lícito en el primero, descendamos al punto á tratar del segundo, en que por la variedad de opiniones se hace forzoso detenernos algun tanto.

Entiendese por daño emergente aquel que sobrevino á Pedro, v. g. á causa de que Pablo por el mes de Enero le instó para que le prestase cien doblones, los quales Pedro tenia preparados para comprar trigo de que necesitaba, y por causa de haberlos prestado entonces que valia varato, se vió precisado á comprarlo por Mayo, que valia caro, á causa de este daño justamente temido, preguntan los Teólogos y Canonistas si será lícito al mutuante pedir ciertos moderados intereses? Que sea lícito pedirlos por el daño que efectivamente se le siguió por causa ciertamente del mutuo, y haber faltado á pagar en el tiempo prefijo, ya se pactase antes ó no se pactase, es sentir expreso de Escoto, de Santo Tomás, y consiguientemente comun de Teólogos y Juristas; mas el tomarlos por el peligro de daño prudentemente temido al tiempo de mutuar, aunque comunmente defienden ser igualmente lícito, con todo previenen que sean moderados y no como se temen, porque así como la ganancia en esperanza, por fundada que sea no debe estimarse tanto como la ganancia efectiva; *apari &c.* veanse á la margen parte de los autores clásicos por esta comun opinion. La causal la dá Santo Thomás, porque el pactar interés por el daño emergente, dice, *non est vendere usum pecuniæ, sed damnum vitare.* Para los requisitos precisos, á fin de honestar los intereses, facil es el recurso á los infinitos autores que tratan la di-

dificultad , pero todo se reduce á que dado el pacto sea ciertamente el mutuo la causa , ó quando menos muy probable.

Dicese lucro cesante el que aparece en los mutuantes de nuestra consulta ó semejante , que teniendo estos destinados los caudales por voluntad , ó precision á grangear con ellos por los varios medios lícitos que no ignoran , con todo se resuelven á mutuarlos, exponiendose por esto necesariamente á privarse de muchos intereses: á esta quinta se pregunta si por razon de esta esperanza fundada de mayor lucro , les es lícito pactar y tomar moderados intereses proporcionados á dicha esperanza de mas lucro? En este punto algunos Tomistas , como son, Soto, Durando, Concina, y otros defienden la negativa , suponiendo ser sentencia expresa de Santo Thomás; mas con todo la comun mas bien fundada opinion de Teólogos con muchos Canonistas defienden ser lícitos, y aun alegan á Santo Thomás á favor de esta nuestra afirmativa sentencia : certísimo es que Santo Thomás (V) en el lugar aqui citado concede poderse licitamente pactar intereses á título del daño emergente circunstanciado , y niega se puedan pactar por el lucro cesante ; pero sus expresiones para lo primero dan probabilidad conocida: Para lo segundo especialmente en el caso de la presente consulta , y las expresiones en que funda su razon para la negativa , á la verdad no convence , si se careáse con la razon que dá para la antecedente afirmativa , y con lo que prueba su resolucion alli mismo, quest. 62.

Explicome: tratando Santo Thomás del daño emergente , en la citada qüestion 78. concede que el mutuante puede pactar intereses , y asigna esta causa

con la solucion de paso á la tacita instancia, porque quien presta, dice el Santo, se priva de las utilidades que debia esperar, teniendose en su poder
el dinero que presta, y tambien porque suele suceder ser mayor la utilidad que logra el mutuatario á
beneficio del dinero que le prestan, que lo que pide
de intereses el mutuante por su daño prudentemente temido; por lo que ambos quedan igualmente
compensados, y consiguientemente le son licitos al
mutuante los intereses, *quia hoc enim non est vende-*
re usum pecuniæ sed damnum vitare (S): ahora pregunto,
toto damnum vitare & toto recompensationem, damni
per quod subtrahitur sibi aliquid quod debebat habere, frases con que el Santo aqui expresa su mente, ¿de qué
daño deberemos entenderlo? de solo el daño que regularmente emergente llaman, bien se puede entender por la expresion *Damnum vitare*: pero siendo
impropísima expresion para éste, el decirse daño
que debia tener ó padecer: *per quod subtrahitur sibi*
aliquid quod debebat habere. De aqui es que el Santo
concede igualmente licitos intereses por privarse de
las ganancias que podia conseguir (y aun debian procurar en nuestro caso) por otros modos licitos, como
por el riesgo á que se exponen de padecer daño en
sus bienes por prestar.

Contra: replican algunos Tomistas por el daño
emergente riguroso, debe precisamente interpretárse
al Santo; porque expresamente reprueba alli mismo
el título de lucro cesante. Asi es cierto, ¿pero qué
lucro cesante es el que reprueba? *Quod nondum habet*
& potest impedire ab multipliciter habendo: es decir en
substancia, que á título de lucro cesante, prestado
en quien ni es Comerciante, ni su costumbre ó intento en quien presta es de comerciar ó destinar á
in-

intereses los caudales que presta, sino porque acaso
el año que viene se le podrá presentar ocasion licita
de lograr interés; en tales casuales circunstancias son
ilícitos. Pero asi es entendido el lucro cesante, ¿qué
prudente habrá que no lo repruebe? La dificultad
presente no habla de tales casos remotos, sino de
mutuantes que voluntariamente ó por obligacion
grangearian ó procurarian licitos intereses por otros
medios en el caso de no mutuar, de los quales se
privan virtualmente. Y como Santo Thomás acaba de
decirnos, que puede pactar lucro en caso en que
subtrahitur sibi aliquid quod debebat habere: dicho se
está que el Santo concede tambien los intereses por
el lucro cesante *virtual y próximo*, y que los niega
unica y precisamente á título del casual remotísimo
*quod nondum habet & potest impediri multipliciter ab
habendo*: á esta cuenta distingue el Santo de dos géneros de daños padecidos, (quest. 62.) de los quales el segundo lo explica así: *alio modo si damnifi-
cat aliquem impediendo, ne adipiscatur, quod erat in via
habendi, & tale damnum non oportet recompesare ex
æquo, quid minus est (N B) habere aliquid virtute, quam
habere actu, quia autem est in via adipiscendi aliquid,
habet illud solum secundum virtutem vel potentiam, te-
netur tamen aliquam recompensationem facere secundum
conditionem personarum & negotiationum*: luego atendida la letra de Santo Thomás y su mente, el lucro
que pierde el mutuante por mutuar, quando su fin
era interesar por otros modos licitos, debe el mutuatario recompensarlo no á tanto como á caso gana-
ria por ser lucro, entónces en potencia próxima ó
in virtute tantum, que dice el Santo, pero á lo menos el proporcionado *secundum conditionem personarum*,
ni sirve contra esto el que Concina nos advierta que

el Santo aqui habla del daño padecido por la demora en el mutuatario, porque á la verdad, la respuesta
de Santo Thomás no solo mira al caso de que trata,
sino que se estiende á todo caso de daño, sea emergente
ó lucro cesante, como lo evidencian las máximas generales, de que se vale para dicha respuesta, y así lo entien-
den la mayor parte de Tomistas con todos los extraños.

Aun mas freqüentemente citan muchos á nuestro Escoto por la negativa, tanto para el lucro cesante
como para el daño emergente ; pero evidentemente se engañan , verdad es que en el parage á que
se remiten de la distincion antes citada, §. de tertio artículo. Suponiendo licito lucro en el mercader, lo niega al mutuante para el daño emergente. (im. h) Mas tambien es constante que teniendo
ojos en la cara los que le citan , pueden con evidencia conocer por lo que antecedentemente dexa
alli escrito, que aqui solamente resuelve con todos
los Católicos, que *vi mutui seu causa solius mutui*: no
son licitos los intereses, por lo que concluye que
si impelido de la caridad, intenta socorrer á su próximo prestando, debe executarlo de pura caridad,
pues lo contrario está por la divina ley prohibido; *ad
primum respondeo* (dice) *si non vult damnificare, pecuniam sibi necessariam reservet, sed si vult misericordiam facere, necessitatur ex lege divina, ut non faciat
eam vitiatam*: pero así como vimos en la Enciclica
de Benedicto XIV. esta resolucion misma, en caso
mas urgente que tambien los niega *causa solius mutui*, y luego pasa á conceder títulos justos extrinsecos al mutuo, que pueden muchas veces hacerlos
licitos, á este modo Escoto antes no solo los concede como Benedicto, sino que pasa á explicarlos,
el primero por daño emergente y lucro cesante, como

sos-

sostienen los mas clásicos Escotistas, ni en su prueba de riguroso mutuo habla Escoto sino causa *mutui* (s), y de mutuante *in potentia tantum remota lucrandi.*

Mas quando la citada letra de Escoto admitiese alguna duda por falta de expresion distinta, destierra al fin el temor con la regla general suya, para todo género de mutuo, de que ya antes hicimos mencion, y es como se sigue: *respondeo præter regulas prædictas, pertinentes ad justum vel injustum in singulis contractibus pro præsenti* (es el mutuo) *addo istas duas, prima....*

Son tambien licitos los intereses por el peligro de perder el capital.

La regla antecedente de Escoto, es el unico poderoso argumento para negar algunos Doctores que sea licito lucro por el peligro de perder el capital; porque asegurando este con la Escritura formal por los negociantes, ciertamente se verifica que los mutuantes quedan asegurados de no perder el capital *in tuto semper, vel ut in pluribus* (que dice Escoto), y los Comerciantes al daño *& illum cum quo commutat*

de

(s) *Alia ratio est, quod pecunia maneret, sua tamen illa pecunia non habet ex natura sua aliquem fructum, sed tantum provenit aliquis fructus ex industria alterius, scilicet utentis, industria autem illius non est ejus, qui concedit pecuniam, ergo iste volens recipere fructum de pecunia vult habere fructum de industria aliena,* razon porque tambien Benedicto XIV. lo condena en el mismo identico caso, *causa solius mutui,* como queda notada in (g).

de damno, á causa de quedar estos precisados al tres por ciento, sobre la aseguracion del capital, á lo qual agregan la Decretal de Gregorio IX. *Naviganti* (t), en que expresamente se prohiben como usura, suponiendo no obstante el aspecto temible del fundamento contrario, son por sin duda licitos los intereses por este título en la mas comun segura opinion de Teólogos y Juristas con Santo Thomás y Escoto.

Mas para desembarazarnos de la Decretal *Naviganti*, *de Usuris* hasta traerla despues en confirmacion de nuestra prueba, decimos con Salomon *ad Sanctum Thomam* (v), que el Pontifice solo prohibe aqui ser licito el lucro por quanto el mutuante precisaba al mutuatario á los intereses, por tomarse sobre sí la seguridad del capital, no permitiendo otra seguridad que la suya, y esta sola precision de aseguracion con mutuo, ya se ve que es título puramente paliado y doloso.

La máxima de Escoto por lo respectivo á la seguridad cierta siempre *vel ut in pluribus acta*, tambien es constante; ¿pero quién será quien con fundamento sostenga en los Comerciantes aun de gran fama, mas caudales principales que el de su acreditada opinion, ni saber la hacienda ó caudales ciertos que efectivamente tienen, quando ellos mismos lo ignoran? pero dado que de algunos se supiera, son tan in-

(t) *Extra de Usuris*, cap. *Naveganti*.

(v) *Salom. ad Sanctum Thom. 2.2. quæst. 78. art. 2. controv. 20. num. 7. §. 2. ibi, in isto capite Naviganti quod ab illis adducitur, Pontifex loquitur de mutuante compellante, ex pacto mutuatarium ut secum conveniret de periculo, &c.*

irregulares los casos de quiebra en ellos, ya por los varios acaecimientos de tierra, y ya de mar, que no se numeren algunos en cada un año; pues si esto todos los dias lo tocamos por la experiencia, ¿cómo puede con fundamento decirse que con tal aseguracion queden damnificados los mutuatarios, y los mutuantes sin riesgo del capital, y ciertos de los intereses? Omitense otras pruebas que dan los Doctores; porque á la verdad esta como mas de bulto, es por sin duda conveniente.

Pero atiendase á la siguiente reflexion fundada en letra de la prueba de Escoto, propuesta en el principio á favor de Comerciantes y Mercaderes, y se admitirá *implicatorio in terminis* el negar licitos intereses á los mutuantes, á título del peligro de perder sus respectivos capitales, y concederlo á los mutuatarios; alli Escoto nos dexa con evidencia probado que todo Comerciante ó Mercader (siendo de los timoratos y buenos) pueden licitamente tomarse ciertos limitados intereses, no solo para su congrua sustentacion y en pago de su industria, sino tambien por el continuo fundado temor y peligro en que viven de perdidas notables (*et ultra hoc tertio*) (dice Escoto) *aliquid correspondens periculis suis:* sentada esta verdad, que todo Teólogo y Jurista tambien confiesa; pregunto ahora á los recelosos que no permiten lucro á los mutuantes á título de peligro, dado el caso de tales perdidas considerables en nuestra casa de los cinco Gremios, ¿quienes son los que efectivamente perderian quebrando? ¿nuestros Comerciantes solos, ó con ellos tambien los que les tienen prestados sus caudales? pero dicho se está que sería para mutuatarios y mutuantes tan lastimosa quiebra; en los mutuatarios porque absoluta-

men-

mente quedaban perdidos, y tambien en los mutuantes por la suma dificultad de poder recobrar sus capitales con toda su formal escritura de aseguracion,
porque dado el de poder obligar, aun en tales infor-
tuitos casos seria imposible moralmente á lo menos
que no perdiesen una notabilisima parte de capitales
en diligencias, pleytos, &c. luego el peligro en los
mutuantes no es á la verdad distinto, sino uno mismo certísimamente con el que supone fundado la comun sentencia con Escoto para conceder á título de tal
peligro licitos intereses en los Comerciantes mutuatarios; luego el concederlos á estos y negar sean licitos á los
mutuantes, siendo el peligro indistinto, fuera ciertamente una crasa inconseqüencia de doctrina; luego dado por
licito en los mutuatarios necesariamente deben conce-
derse igualmente licitos en los mutuantes de nuestro
presente caso. Confirmase ya nuestro sentir con los dos
casos de la decretal *Naveganti* siguientes al antecedente;
en ellos concede el Pontifice licitos los intereses,
tanto al que compra, como al que vende, ya sea
comprando á precio mas varato de lo que corre, si
compra no para entonces, sino para meses despues,
ó ya porque el que vende no está en ánimo de vender entonces, sino meses despues de aquel tiempo, y
esto unicamente fundado en la duda presente de que
asi como puede suceder que valga varato, puede
suceder tambien que valga mas caro (x), *ergo à pari*
se-

(x) *Naveganti: ille quoque qui dat decem solidos, ut
alio tempore totidem sibi gratis redantur, qua, licet tunc
plus valeat utrum plus vel minus solutionis tempore fue-
rit valiturum, verosimiliter dubitatur, non debet ex hoc
usurarius reputari ratione hujus dubii etiam excusatur
qui pannos vendit ut amplius, &c.*

será motivo suficiente el prudenté temor para licito lucro no obstante la escritura de aseguracion ; el
caso mismo tercero es el que Escoto propone en
prueba del lucro lícito , y Santo Thomás 2. 2. *quæst.*
77. *art.* 4. *ad* 2. dice ser esto lícito *propter periculum*
cui se exponit, transferendo rem de loco ad locum , que es
la prueba principal con que en la letra de Escoto se
probó antes nuestra conclusion.

Respuesta á la duda segunda.

Ultimamente se duda asimismo por los cinco mayores Gremios si quando ocurre prestar estos á otros
Comerciantes tambien , ó no Comerciantes de Europa , licitamente pueden tomar el medio por ciento cada mes, que es el sentado interés en Europa?
Aqui la accidental diferencia que se nota respecto del
antecedente , sola es que los mutuatarios antes, ahora son mutuantes, con que las mismas que han servido
hasta aqui para evidenciar la antecedente resolucion,
indubitablemente evidencian lo licito en esta, *mutatis*
mutandis , pero para lo licito de esta última se hallan
aun mas convincentes motivos; lo primero que para
seguridad no tienen otra escritura ni mas hipotecas
que las meras obligaciones , y á esta cuenta pueden
licitamente tomar lo que el mutuatario debia dar á
un fiador abonado por el riesgo á que se expone,
luego pudiendo el fiador pedirlo licitamente , como
constantemente suponen Juristas y Teólogos , tambien nuestros mutuantes ; lo segundo por estar á su
favor varias decisiones de la sagrada Rota , especialmente en la del año pasado de 1747 (y) , en que se

Tom. XXXII.   Mm   re-
(y) *Indict. Romana pecuniaria* 20 *Mart.* 1747 , *&*
in

resuelve que quando los mutuatarios son Comerciantes se supone son licitos intereses, y se debe excusar otra vez el no molestar preguntando.

Epilogo concluyente.

Todo extremo es vicioso, dice Benedicto XIV. concluyendo la Enciclica citada, ni tan tímidos que oyendo mutuo, al punto infieran, *ergo* usura todo lucro, ni tan lexos en opinar que en todo género de mutuo se concedan : lease el punto con madura reflexion, y lo que hallare apoyado de sólida razon, y que A.A. clásicos lo defiendan, resuelva seguro, ser lícito en conciencia , pero sin propasarse á censurar las opiniones contrarias, que esto es malo y ocasion de perjuicios gravisimos (z). Asi Benedicto XIV. es asi que nuestra resolucion en quanto á sus dos únicas dudas tiene á favor suyo las sólidas razones propuestas , sin otras muchas que pueden verse en los innume-

in. confirmatoria 9 *Decembris* 1748. §. 2. *Coram eminentis. Busio , confert etiam sacrum tribunal in Mediolanen. Seu laudem pecuniaria* 25 *Aprilis* 1749. §. 11. *cor. illustris. Caprar. Alm. vrb. gubernatore.*

(z) „ *Secundo loco qui viribus suis ac sapientia confidunt, ut responsum ferre de iis quæstionibus non dubitent ab extremis, quæ semper vitiosæ sunt longe se abstineant , etenim aliqui tanta severitate de iis rebus judicant, ut quamlibet utilitatem ex pecunia desumptam accussent tamquam illicitam , & cum usura conjunctam : contra vero nonnulli suis privatis opinionibus nec mihus adhæreant deinde eas partes suscipiant , quantum ratione tum authoritate plane confirmatas intelligent , quod si disputatio insurgat &c.*

merables, autores que de esto tratan y de Doctores
clásicos, Teólogos, y Juristas, son poquisimos los
que no defienden nuestro parecer sobre ambas dudas,
luego los Comerciantes de los cinco Gremios mayores de Madrid pueden con segura conciencia proseguir en tomar y dar intereses, segun su actual
práctica con la cautela prudente, y observancia de
las reglas asignadas freqüentemente por los autores,
y que suponemos perfectamente sabidas de los mismos Comerciantes.

Dado este contrato por trino es asimismo lícito.

Sobre lo lícito del contrato nombrado trino diremos brevisimamente nuestro parecer, ya porque el
contrato sobre que se funda la duda le mira como
mutuo riguroso la parte contraria, y queda sobradamente evidenciado ser lícito en el lucro, ya porque dexando solvente lo lícito del contrato trino,
no obstante la Bula de Sixto V. en que se supone
condenado por la parte contraria, nada otra cosa
de dificultad ocurre: supongo sabida la esencia de este contrato, ya sea celebrado entre tres distintos sugetos, entre quienes le defiende lícito la comun opinion, ó ya solo con uno, en lo que no hallan mayor dificultad los autores que le tienen lícito en tres,
y supongo tambien con estos mismos que para que
se verifique ser trino contrato, á saber, de compañía, aseguracion, y venta, no es necesario sean contratos formales ó expresos, sino que bastará sean
tales implícita ó virtualmente, esto es, dar dinero á intereses con aseguracion del capital en el modo que los Católicos con segura conciencia lo practican, supongo asimismo que la opinion que lo de-

Mm 2

fien-

fiende lícito , no solo no está al presente condena-
da aun como asegura la parte contraria , sino que
Benedicto XIV. manda á los Obispos de Italia *de
Sínodo Diocesana* lib. 10. cap. 7. que ninguno se
atreva á censurarla , y en su Enciclica tantas veces
mencionada (que era lugar propio para reprobarlo)
concluye así : *de Contractu autem, qui novas has contro-*
versias excitavit, nihil in presentia statuimus nihil etiam
decernimus modo de aliis contractibus , de quibus Theolo-
gi & Canonum interpretes in diversas abeunt sententias,
nunc sic : dados todos estos supuestos verdaderos,
como efectivamente lo son y pueden comprobarse
facilmente , no es verdad que Sixto V. condenase
el contrato trino en el sentido pretendido por Cóncina , y otros pocos ; y aunque innumerables Teólogos y Canonistas lo defienden lícito , luego siendo
esta supuesta condenacion el único fundamento que
pudiera contenernos , ó con que los contrarios pretenden aterrarnos , ya nada nos puede obstar para
darlo por licito , pero á mayor abundancia lo dare-
mos aprobado en el año de 1744 (z) , por la sagrada
Rota , ibi, *quem enim hujsmodi per solutio sit contractus in*
dicta civitate usitatus & nuncupetur depositum mercan-
tilem continens trinum contractum, nempe, societatis , ase-
curationis capitalis & conventionis fructuum, ex quo ho-
nestum & limitatum lucrum retrahi valet , utrique fruc-
tus ex acti à canonico reputandi amplius non erunt illicita
usura &c. luego los lucros de nuestra consulta salen
por varios títulos licitos , y sus contratos , sea su
nombre qual fuese , utilisimos al Reyno , y como tales

(z) *In Lucania petuniaria 21 Jannuarii 1744.* §. 3.
con. Eminentis. *Bussio.*

les acreedores de justicia á la constante dignísima
Real proctecçion.

Respuesta breve á los argumentos.

Contra la sólida doctrina hasta aqui propuesta le-
vísimo puede ser el argumento que se nos presenta:
ciertísimo es que San Ambrosio y la comun de Santos Padres, tratando del mutuo afirman y dicen,
que en el todo lucro es usura, y por consiguiente
es ilicita, pero se responde, ó que trataron de lucro en el mutuo con este rigor para contener á los
Christianos, que no abusasen con la libertad que los
innumerables Judios, con quienes por entonces estaban mezclados en todas las Provincias, ó que lo
negaron (y es lo mas seguro), en el sentido mismo que ya vimos lo niega Benedicto XIV. *solius cau-*
sa mutui vel vi mutui precise : y en este sentido es
verdad constante, ya se preste al pobre, ya al rico,
ó ya al Comerciante, pero sin negar por esto los
Santos, asi como Benedicto no niega títulos justos
para lucro licito por extrinsecos al mutuo.

El principal formidable argumento de la parte
contraria, se reduce en substancia á decir que
Juan XXII. declaró por opuesto á toda razon y derecho, decir que en las cosas que se consumen con el
uso, es separable el de hecho del derecho, y por consiguiente que el mutuante traspasando como traspasa
en el mutuatario, asi el uso como el derecho de dinero
que presta, por ser esto razon intrinseca del mutuo,
no debe asegurar el capital, y asimismo determinado
lucro; porque esto seria pretender que sobre ase-
gurarle el mutuatario la paga del derecho se pagase
tambien el uso, lo qual es sin duda repugnante á
to-

toda razon. Se responde que en este modo de argüir la parte contraria, ó pretende renovar el teson de los que pretenden persuadir que la evangélica pobreza de los Frayles Franciscos, no es tan estrecha que solo tengan el uso simple de hecho, y no de derecho en las cosas que comen, visten &c. ó afecta ignorancia, afirmando que lo contrario está declarado falso y opuesto á toda razon por Juan XXII. Seamos ingenuos, esta declaracion pontificia deja eco de difinicion en los incautos lectores, y tomada en este sentido la declaracion es por sin duda falsísimo y ageno de fundamento y razon entenderlo asi : porque habiendo años antes declarado Nicolás III. y Clemente V. en la exposicion de nuestra sagrada regla por cosa indubitable que efectivamente el uso simple de hecho puede separarse del derecho, aun en cosas consuntibles, mal podia despues Juan XXII. declarar ó difinir lo contrario, como puede conocer todo hombre medianamente cuerdo. Una de las graves instancias que le hicieron por entonces á Juan XXII. empeñado en oponerse á su antecesor Clemente V. fue esta, fundada en la Clementina *exivi de Paradiso*, y no hallando modo de evadirse de ella Juan XXII. recurrió á Clemente V. no habló alli como Pontífice difiniendo, sino como Doctor particular opinando y tomandole desde entonces su solucion de la boca á Juan XXII. la comun de Teólogos, Juristas, y Universidades, arrimando su parecer como de solo autor particular, aunque Pontífice ; todos universalmente siguen la declaracion de Clemente V. por única verdadera sobre su decretal *exivi de paradiso* á que me remito. A esta cuenta nuestro Doctor sutil en el lugar antes citado reprueba por insuficiente tal medio de pro-

bar

bar , que por esta razon de indistincion pueda probarse , bien que en el mutuo nada pued: pedirse
ultra sortem , y manifiesta la insuficiencia por quanto recurre á un medio falso habiendo muchos sólidos y verdaderos, alegando para prueba de ser falso
la citada Clementina (i) , en conclusion ; dada y no
concedida la inseparabilidad respondemos con Santo Thomás : *hoc non enim est vendere usum pecuniæ sed
damnum vitare* , que ya nos dixo el Santo 2. 2.
quest. 78. *art.* 2. *ad* 1.

El doctísimo Daniel Cóncina para reprobar el lucro, artículo del lucro cesante, funda su razon en que
tal modo de opinar no lo imaginaron jamás los antiguos PP. ni el derecho Civil ni Canonico hacen
mencion de tal título , como notó Soto , y consiguientemente que debe ser reprobado por opinion
nueva ; ó Santo Dios! y quanto pudieramos escribir
aqui contra tan insuficiente modo de argüir , pero á cuenta de no molestar ya mas , basta reflexionar en que el parecer sobre que Maria Santísima fué
concebida en gracia , era tan nuevo en tiempo del
señor San Bernardo , que con ser hijo amantísimo
suyo criado á sus purísimos pechos , reprehen-
dia la novedad de celebrar fiesta á esta inmacu-
culada Conception , alegando lo perniciosas que
eran las novedades. Vino despues al mundo nuestro

(i) *Ratio hujus à quibusdam asignatur talis : quia
usus pecuniæ est ejus consumptio , ergo concedens eam
mutuo, per consequens consumit eam : contra hoc objicitur
per illud extra de significationibus verborum : exiit qui
seminat & est hodie in 6. lib. quod quarumdam rerum
usus perpetuo separatur à dominio.*

tro Juan Duns Escoto para hacer ver los testimonios divinos : á tan soberana Reyna la predicaban en el primer instante de su ser , toda hermosa , inmaculada toda : y á diligencias suyas y de sus discipulos (que en este punto son Escotistas todos) se admira ya aquella novedad tan ilustrada como ser proxìma difinible , y estar impuesto perpetuo silencio á la opinion contraria : luego el que este título de lucro licito fuese nuevo en los siglos pasados , nada prueba para que en los presentes dexe de ser , como efectivamente mas probable que lo contrario : En quanto á que nada expresa de este título ni el Derecho Civil , ni el Canónico ; se responde, que en decir ambos intereses es licito con el mutuo algunas veces , nos dexaron instruidos para todos los casos en que ya la mas comun verdadera opinion lo defiende licito , como es entre otros el lucro cesante.

Contra el contrato de Compañía nombrado trino, supuesto lo indubitable de nuestra prueba á favor de su posibilidad , y que como licito está permitido y aun aprobado por la Sagrada Rota , solamente tiene visos de dificultad la implicacion que en el modo de pactar se nota , porque en el contrato de Compañía , dicen los contrarios , ninguno de los Socios queda asegurado, ni de capital ni de lucro , y en este trino lo queda de uno y otro , luego dexa por esto de ser contrato de Compañía: fuera de esto en el contrato de Compañía queda el dominio del capital en quien concurre con él ; y aqui pasa el dominio de quien se le asegura : luego es mutuo riguroso , y consiguientemente ilicito este lucro , sobre ser quimerico el contrato. Este fundamento facilmente desaparece instando en el mutuo , asi de razon de
mu-

mutuo riguroso , es que nada se pida *ultra sortem*: luego el asegurar este lucro en los casos en que es lícito por titulo extrinseco al mutuo , se destruye este contrato de mutuo en quanto á su esencia: se niega en dictamen general , se varia accidentalmente , se concede luego semejantemente en el presente caso. En quanto á que por la asecuracion pase el dominio al que asegura , se niega absolutamente , porque de que en el caso de parecer esté obligado á pagarlo , esto proviene de la asecuracion á que se obligó , mas no por la traslacion de dominio ; al modo que por la misma razon queda obligado qualquier sugeto en el deposito comodato &c. sin que se verifique tal translacion de dominio. Todos los demás reparos , ya en el cuerpo de este papel quedan desvanecidos , por lo que concluyendo , decimos y somos de parecer , que los intereses sobre que somos preguntados son lícitos en conciencia por los títulos insinuados , y tales contratos (sea su nombre qual fuese) utilísimos al Reyno : y por tales acreedores de justicia , los cinco mayores Gremios de Madrid , á la especial constante Real proteccion de S. M. (que Dios guarde) Asi lo sentimos en este de nuestro Padre San Francisco , de observantes de Madrid (salvo &c.) en 23 de Octubre de 1763. Fr. Francisco Freyle: Fr. Ignacio Andrés Moraleda: Fr. Juan García Picazo : Fr. Joseph Garcia.

INDICE
DE LOS PAPELES
QUE CONTIENEN
LOS TOMOS XXV. XXVI. Y XXVII.
DE ESTA OBRA.

néficios y opulencias que producen los dignos objetos que ofrece para bien de la Patria : el que exer-
caitn los cinco Gremios mayores de Madrid, partici-
pando todo el Reyno de sus ventajas, y que es compatible el Comercio con la primera nobleza. Por
Don Juan Antonio de los Heros, Diputado Director de los mismos cinco Gremios, con la nota del
Editor, pag. 145.

TOMO XXVII.

Representacion al Rey nuestro Señor sobre el
Comercio Clandestino de America, y su remedio,
hecha por un buen vasallo, con la nota del Editor, pag. 223.

Representacion hecha al Rey nuestro Señor por
los Diputados Directores de los cinco Gremios mayores, sobre lo que predicó contra sus contratos el
Reverendísimo Padre Maestro Fray Antonio Garcés, solicitando se aclarase este punto en justificacion del honor, cunducta y conciencia de los mismos cinco Gremios, pag. 240.

Dictamen de los Reverendísimos Padres Maestros Fray Francisco Freyle, Fray Ignacio Andrés
de Moraleda, Fray Juan Garcia Picazo y Fray Josef Garcia, del orden de San Francisco de observantes de esta Corte; sobre si se puede llevar ó
no, licitamente interés del dinero tomado á daño
por los Gremios, y si estos en caso de prestar á
otras casas de Comercio algunos caudales sin seguridad, podrán llevar el interés regular y corriente
de medio por ciento al mes, segun práctica : con-
clu-

cluyendo en uno y otro asunto , que pueden licitamente llevar los intereses que contienen los dos
puntos , pag. 244.

FIN DEL TOMO XXVII.

SEMANARIO ERUDITO,

QUE COMPREHENDE

VARIAS OBRAS INEDITAS,

CRITICAS, MORALES, INSTRUCTIVAS,

POLÍTICAS, HISTÓRICAS, SATÍRICAS, Y JOCOSAS

DE NUESTROS MEJORES AUTORES

ANTIGUOS Y MODERNOS.

DALAS A LUZ

DON ANTONIO VALLADARES

DE SOTOMAYOR.

TOMO XXVIII.

CON PRIVILEGIO REAL.

MADRID: M.DCC.XC.

POR DON ANTONIO ESPINOSA.

Se hallará en el Despacho principal de esta obra, calle del Leon, frente de la del Infante, en las Librerías de Mafeo, Carrera de San Gerónimo, de Bartolomé Lopez, Plazuela de Santo Domingo, en la de la Viuda de Sanchez, calle de Toledo, y en el Puesto del Diario, calle de Atocha frente de Santo Thomás.

RAZON QUE SOBRE EL ESTADO y Gubernacion Política y Militar de las Provincias, Ciudades, Villas y Lugares que contiene la Jurisdiccion de la Real Audiencia de Quito, dá al Excelentísimo Señor Don Josef de Solís Folch de Cardona, Comendador de Ademus, y Castielfabi en la Orden de Montesa, Mariscal de Campo de los Reales Exercitos y Virrey, Gobernador y Capitan General del nuevo Reyno de Granada, Don Juan Pio de Montufar y Frasco, del Orden de Santiago, Marques de Selvaalegre, del Consejo de S. M. Presidente de la misma Real Audiencia, Gobernador y Capitan General de las Provincias de Quito.

NOTA DEL EDITOR.

La presente obra nos parece muy digna de la pública aceptacion, asi por su claro estilo, como por las muchas y particulares noticias que nos da de las producciones, Rios, Montes, Villas, Vecindario de cada una, y otras infinitas preciosidades de las Provincias de Quito. Esta bellísima porcion de los vastos dominios de America, mereció á la naturaleza un terreno el mas delicioso, apacible y ameno. En él se respira un ayre puro y saludable. Los autores que han escrito de este País concuerdan unanimes en su fertilidad y abundancia de admirables producciones: cuyas relaciones exâctas, que en esta obra nos hace el Marques de Selvaalegre su discreto autor, la distingue y recomienda.

Exc.^{mo} Señor.

En vista del superior órden de V. E. contenido
en su carta de 21 de Marzo del presente año, en
que me previene le informe con especificacion é individualidad los Corregimientos ó Alcaldías mayores, que en el distrito y jurisdiccion de este gobierno se contengan, los Tenientes que cada Corregidor
tuviere, salarios que gozaren, de donde y en que
especies se les paguen, los sugetos que actualmente
los sirven, y desde que tiempo, con expresion de
los que se hallaren vacantes; y asimismo, qué Ciudades, Villas y Lugares, Puertos, Rios y Lagunas
se incluyan en esta jurisdiccion, con individuacion
del Corregimiento ó Tenencia á que se hallen sujetos, é igualmente las caxas Reales que estuvieren
establecidas, y la subordinacion y correspondencia
que tengan á otras, quienes las sirven, con que despachos, títulos y salarios, y desde que tiempo; que
plazas, fortalezas y fuertes se hallen construidas;
que tropa ó milicia las guarnezca, con que cabos
y oficiales, el prest y sueldos que percibieren, y
de que ramos se les satisface; con mas, los frutos,
minas y comercio interior y exterior que estas Provincias tengan con otras; que derechos pagan, y
en que Puertos ó parages.

Y sin embargo de que mi reciente llegada á
esta Provincia, y las graves quanto prolijas ocupaciones de su gobierno, no me han permitido registrar su extension y términos con la perspicáz solicitud que deseo, á cuyo logro ha sido no poca
re-

remora mi escasa salud , no avenida al temperamento y clima de este País; con todo , el vivo quanto
ferviente anhelo de desempeñar la confianza de V. E.
ha hecho en el diligente escrutriño de los lugares, que
la contemplacion de ellos los demuestre demarcados
hasta aquel punto en' que la narrativa pueda llenar
todo el de la idea. Hame parecido empezar por esta
capital , y que su delineamiento sirva de preambulo
al que se formare de los demás lugares.

Quito. Esta Ciudad se halla situada baxo la linea
equinoccial , en 13 minutos , 3 segundos de latitud
austral , y en 298 grados , 15 minutos , 45 minutos de longitud. A la parte que corresponde al
Norueste , la guarnece el famosísimo Cerro Pichincha. Comprehendese baxo de esta Capital , su Corregimiento , el del asiento de Latacunga , Villa de
Riobamba , gobierno de Macas y Quijos , asiento
de Chimbo , Gobernacion de Guayaquil , Corregimientos de las Ciudades de Cuenca y Loxa , Gobierno de Jaen de Bracamoros , Misiones de Maynas , Corregimientos de la Villa de Ibarra , y asiento de Otábalo , con la Gobernacion de Esmeraldas
y sus Puertos.

El Corregimiento de esta Ciudad comprehende
veinte y ocho Pueblos , que se nominan en esta forma : San Juan Evangelista , Santa Maria Magdalena , Chillogallo , Conocotoc , Zambiza , Pintac,
Sangolqui , Amaguaña , Guapulo , Cumbaya , Co-
tocollao , Puembo y Pifo , Yaruqui , Quinche,
Guaillabamba , Macbache , Aloasi , Aloac , Vium-
bichu , Pomasque , Lulumbamba , Peruchu , Calaca-
li , Mindo , Gualea , Canchacoto y Tumbaco. Estos
Pueblos se computan por contenidos en las cinco leguas á que debe extenderse la jurisdiccion del Corre-

gi-

gidor, aunque algunos tienen mayor distancia de esta Ciudad.

En ninguno de ellos hay Teniente, ni en la Capital, por no producir su escasez emolumento que pueda reportarse de utilidad; y solo nomina el Corregidor en cada Pueblo un vecino de razon, que con el título de Juez de desagravios, vindique á los Indios de los que se les quieran irrogar.

Al Corregidor están asignados por salario 20 ducados de plata en estas Reales caxas, y en las mismas se le dan poco mas de 700 pesos por razon de Corregidor de Indios. Estos salarios perciben integros los Corregidores, siendo provistos por S. M. y se les acude con la mitad de ellos quando ocupan el cargo por nominacion de los Excelentísimos Señores Virreyes, como acontece al que, al presente lo sirve, que es Don Francisco Xavier de Larrea Zurbano, nombrado por el Excelentísimo Señor Marques de Villar, y ha mas tiempo de dos años que exerce el referido empleo.

Los frutos que producen los enunciados Pueblos, son á proporcion de sus temperamentos. En los mediatamente templados se cosechan sin diferencia todos granos, y con mas abundancia los de maíz, cebada y trigo. En los que gozan temple calido se tienen plantadas muy hermosas y dilatadas eras de caña dulce, y en trapiches se labran de ellas el azucar, raspadura, miel y aguardiente, que se destina al individuo que por subastacion tiene á su cargo el Real Estanco de esta especie. Estos frutos abastecen la Ciudad, en donde á su entrada se exîge el Real derecho de alcabala, respectivamente á las porciones que se internan, al sugeto en quien regularmente está rematado este derecho por cuenta de S. M.

Lo demás de estos Pueblos comprehende muchos po-

potreros en que ceban las reses que han de conducirse al abasto de carnicería. El resto de Indios de los destinados á labores del campo, se ocupan en exercicios mecanicos, y en fabricar algunos texidos de algodon, que sirven á la gente pobre en su vestuario. La Real caxa se halla servida por Ministros que la asisten, uno en qualidad de Contador, y otro de Tesorero. Hallanse en estos empleos al presente con títulos librados por S. M. Don Christobal Vicente Calderón, y Don Juan Villavicencio y Guerrero; el primero exerce la Contaduría ha mas tiempo de dos años, y ocupa la tesorería el segundo tiempo ha de diez meses: cada uno goza salario de 19500 pesos. Estas caxas están subordinadas y sujetas al Tribunal y Audiencia Real de cuentas, que reside en la Corte de Santa Fé.

Hallase erigida en esta Ciudad ha tiempo de siete años, y por órden del Excelentísimo Señor Don Sebastian de Eslaba, Virrey que fué de este nuevo Reyno, una compañía de Soldados Infantes, que consta de veinte y un hombres, en esta forma: diez y siete sirven y ocupan plaza de soldados, quatro sirven de Oficiales reducidos á un Capitan, que lo es Don Mariano Perez de Ubillus, Teniente Don Francisco Xavier de Arellano, Alferez Don Estevan Silva, y Sargento Josef Paredes. Á los diez y siete soldados se asignaron de sueldo diez pesos mensuales, y quince á los tres Oficiales subalternos. Al Capitan no se asignó salario alguno por servir el empleo honorariamente.

Paganse estos sueldos del Estanco Real de aguardientes. Esta compañía se erigió con inspeccion de autorizar las Reales Justicias, con motivo del rebelion que se excitó en esta Capital, é igualmente sir-

vi

ve en el Real Palacio, donde tienen su quartel, y custodian las Reales caxas que en él residen, y se ha reconocido la importancia de su ereccion, manteniendose desde entonces muy sujeto este Lugar, y en consideracion á su crecido vulgo, y al gentio numeroso, que compone hasta 40⊘ almas, se ha representado á S. M. lo conveniente que sería, que las plazas de soldados se extiendan á veinte, que con los Oficiales integren el número de veinte y quatro. Las armas de los soldados consisten en igual número de lanzas, y corto de bocas de fuego. Guarnecese el quartel con doce cañones de artillería, que se hallan montados en cureñas, proporcionadas á su calibre, que será hasta de seis libras.

El mencionado Cerro Pichincha, que desde la gentilidad se ha conceptuado por de mucha riqueza, ha venido á demostrarla en este tiempo con betas de finísima plata, que en él se han reconocido: y desde luego, tanto en este, como en otros de la Provincia, se hubieran extraido porciones crecidas de este metal, pues se han registrado en pocos meses muchas betas, si el beneficio de ellas no se hubiese dificultado, por no encontrarse minero perito en toda la jurisdiccion.

Al sudoeste de la Ciudad hay un llano ó egido que nominan Turubamba, y en sus margenes un pequeño Cerro, conocido por el Panecillo, por lo que su figura hace semejanza á la de un pan de azucar: de este se vierten algunos arroyos de agua por la parte del Sur y Occidente, que unidos con mucha de manantiales, y la que por varios atenores destila el de Pichincha, se forma asi al Sur un hermoso rio, que nominan Machangara, y transita por una hermosa puente de piedra.

Al

Al Norte del Pueblo de Machache se registran unas vertientes de aguas calidas á causa de las nitrosas y sulfureas materias que las impregnan : en ellas se experimentan tan deliciosos como benéficos baños, y se ha reconocido ser profluvios que corren del centro de la tierra. En términos del Pueblo de Conocotoc, se encuentra un pequeño cerro, que nombran Illalo, y manan de él á formar en su base ó plan, hermosas fuentes de aguas igualmente calidas, cuyo uso en baños es recobro de muchas enfermedades, y las mismas se han descubierto en el Pueblo de Alangazi. En las inmediaciones al Pueblo de Perucho, hay un sitio que llaman Tanlagua, y es hacienda perteneciente á los Padres Jesuitas del Colegio Máximo de esta Ciudad : en el se encuentran emerciones de aguas calientes de iguales saludables usos, y con la especialidad de lapidificar muy en breve qualesquiera cuerpos menos sólidos que las toquen.

Al Norte de esta Ciudad y en el egido, que llaman Anaquito, hay una hermosa Laguna, que su diametro por qualquiera parte del círculo que e la figura, es de mas de veinte picas : formase de subterraneas emerciones de agua, que de los cerros inmediatos destila.

Latacunga. El asiento de Latacunga está al Sur de esta Capital : su Poblacion se forma en un espacioso llano, á que por la parte del Este hace respaldo la cordillera Oriental de los Andes. Cerca de este asiento hay un cerro de eminente elevacion, á cuya base está el vecindario ; situase en 55 minutos 14½ segundos de latitud austral. Incluye en su jurisdiccion este Corregimiento diez y siete Pueblos, que son: Sicchos mayor, Sicchos menor, Yungas ó Colorados,

Tom. XXVIII.   B   dos,

dos , Isinlivi , Quizalo ó Toacaso , Pillaro , San Felipe , Mulahalo , Alaques , San Miguel de Mollehambato , Saquisilli , Pujili , Tañicuchi , Cusubamba , Angamarca y Pilahalo.

En estos Pueblos se contienen veinte y ocho obrajes , en que se texen paños , bayetas , algunos lienzos de Algodon y gergas ; siendo esta Fábrica misma la que se sigue en muchos Galpones, y Chorrillos , que son Oficinas en que se trabajan por menor estos texidos ; el regular destino de ellos es internarlos al Perú por Guayaquil , cuyos Oficiales Reales exigen alli los derechos correspondientes á S. M.

Este asiento se gobierna por un Corregidor, quien en los Pueblos constituye Jueces de desagravios para moderar los vicios en aquellos lugares , que por distantes no se proporcionan á su vista. Estos Jueces no gozan salario alguno , ni aun oportunidades de utilidad. En el Pueblo de Sicchos mayor hace esta judicatura de desagravios con el título de Teniente Don Esteban Ortiz de Zárate , á quien nominó el Corregidor y confirmó esta Real Audiencia ; y en el de Angamarca se halla en la misma qualidad de Teniente por nombramiento del Excelentísimo Señor Marqués de Villar , Juan Manuel de Sarabia ; pero ni éste ni el anterior Teniente logran emolumento alguno.

Al Corregidor (si es nombrado por S. M.) le están asignados 19400 pesos de salario en estas Reales caxas, pero ha mucho tiempo no se pagan , por decirse deber contribuirse estos de los tributos. Emolumentos no tiene algunos este Corregidor , y solo podrá establecerlos logrando se le remate con alguna equidad la cobranza de tributos , ó repartiendo mulas en la jurisdiccion. Al presente sirve este

Cor-

Corregimiento por Real despacho Don Isidoro Yangues Valencia , habiendo entrado al empleo el dia 24 de Junio del año pasado de 1753.

El vecindario consiste en Indios mestizos , y corto número de Españoles ; sus destinos se reducen á las labores de texidos unos , y á las del campo en granos , y legumbres otros. Hay campañas de hermoso sembradío en que se ceban ganados para el abasto, y alguno que de alli se conduce para el de esta Ciudad : hay en aquel asiento un Estanco Real de aguardiente , y otro de polvora , que por el mucho salitre en que abunda el País, se labra finísima. La gente pobre se exercita en sebo de puercos , que se traen á esta Ciudad para el abasto de manteca.

En el Pueblo de Mulahalo y su distrito , está el famoso cerro nombrado Cotopacci , tan conocido por los extragos que en esta Provincia han motivado sus reventazones : de él nace el Rio de San Felipe , que corta toda la jurisdiccion de este Corregimiento , y otro nombrado Guapante , que pasando sobre el Pueblo de San Miguel, se une con el de San Felipe , que juntándose con el de Hambato, forman el caudalosísimo Rio nombrado Patate , que corre por los Pueblos de Patate y Baños. Hanse registrado en estos dias muchas betas de minas de plata , halladas en término de este asiento , imposibilitandose hasta lo presente sus labores, por ignorarse en toda la Provincia el beneficio de los metales.

Riobamba. Está sitiada la Villa de Riobamba en un grado 41¼ minutos de latitud meridional , y 22 minutos al Occidente de la Ciudad de Quito : su jurisdiccion tiene de longitud cerca de 30 leguas, y de latitud hasta 16 : está su poblacion inmediata al famoso cerro Chinboraso , contiene en sus términos

18 Pueblos , que se nominan : Calpi , Lican , Ya-ruquíes , San Luis , Caxabamba , San Andrés , Punin , Chambo , Quimiac , Pungala , Licto , Guano , Ilapo , Guanando , Penipe , Cubijies , Sebadas , y Pallatanga. Su vecindario consiste en muchas ilustres familias de Españoles , y crecido número de mestizos é Indios , que en prudente estimativa se computan hasta 209 almas.

El mas establecido destino de sus habitadores es de los texidos de paños, bayetas, lienzos de algodon, pabellones , y alfombras , que en 12 obrages se labran, dirigiendo los interesados estas Fábricas por el Rio de Guayaquil , y navegacion de aquel Puerto , ó tráfico de sus costas al Perú. Esta especie de Comercios satisfacen los Reales derechos en su tránsito á los Oficiales Reales de las caxas de Guayaquil. Hase regulado que en cada un año se fabrican en esta Villa mas de mil piezas de paños , constando cada una de 55 varas: la mas freqüente labor se exercita en los azules, y algun corto número de paños pardos. Texense igualmente algunos sayales para los Religiosos de San Francisco , y estameñas para los de otras Religiones, siendo esta especie de texidos muy freqüente en los muchos Galpones y Chorrillos que contiene aquella Villa. Gran número de los Indios de su jurisdiccion se ocupa en las labores del campo, cultivando en algunos sitios fertilísimas tierras, cuyas producciones en abundantes granos y hermosos pastos para los ganados , hacen subsistir el abasto de esta Villa: ella contiene crecidas ovejerías , que al año producen hasta 149 arrobas de lana , que se consumen en las tareas de sus obrages.

Gobiernase por un Corregidor y concurren á la administracion de justicia y economías públicas dos

Alcaldes ordinarios, anualmente electivos por los veinte y quatro que componen su Cabildo. Al Corregidor, siendo nombrado por S. M., están asignados 1082. pesos anuales por razon de salario, situado este en varias encomiendas de aquellos Pueblos; pero efectivamente solo percibe 800 pesos, llevando los 282 pesos restantes un Teniente de este Corregidor, que asiste en el asiento de Hambato. En los Pueblos de Chambo y Guano instituye el Corregidor jueces de desagravios, que con este título hagan proteccion á los Indios, administrandoles justicia en los casos en que se les tratase molestar; sin que estos Jueces puedan reportar utilidad alguna, y la del Corregidor podrá consistir en la cobranza de Reales tributos y algun expendio de mulas, que conducidas á gran trabajo de la Provincia de Loxa, reparta en toda su jurisdiccion. Hallase sirviendo este empleo con título librado por S. M. Don Bruno de Urquizu y Zavala, habiendo empezado á exercerlo diez meses ha.

El asiento de Hambato, que está sujeto á este Corregimiento, contiene en su jurisdiccion nueve Pueblos, que se nominan : Isamba, Quisapincha, Quero, Pelileo, Patate, Santa Rosa de Pilagun, Tisaleo, Baños, y Pillaro. Este asiento se halla fundado en un plan muy llano y espacioso; sus habitadores son poco número de Españoles, y crecido de mestizos é Indios. La industria de ellos se exercita en todos texidos y labranza de campos, haciendose muchos de estos fertilísimos en granos, especialmente en los de trigo, pues se nota en aquel circuito que al mismo tiempo están sembrando, segando, y trillando trigos; de modo que de este grano es todo el año continua la cosecha sin diferencia

de

de tiempos : tienense plantadas de cañas y delicadas frutas , que se logran en su mas estimable sazon á causa del benéfico ayre que sopla aquel terreno. Este asiento se gobierna por un Teniente cuya nominacion pertenece á los Excelentísimos Señores Vireyes, y habiendo fallecido poco tiempo hace Don Baltasar de Bascones y Velasco , que en esta forma exercia el empleo , lo sirve hoy interinamente Don Francisco Naranjo , por nombramiento del Gobierno de esta Real Audiencia.

En la Villa de Riobamba está establecido el Real Estanco de aguardiente de Caña. En el territorio del Pueblo de Chambo corre un Rio con el nombre del mismo Pueblo ; es ferocísimo, tanto por su violenta rapidez , como por la inmoderacion de aguas que lleva ; ellas no permiten se vadee , por lo que se transita por Puentes de maromas , que aquellos naturales forman del mimbres. A los márgenes del asiento de Hambato baña con crecido cauce otro Rio, cuya violencia no permitiendose vadear se transita por un puente de madera , que se ha mejorado con otra de robustas cadenas de fierro , que á sus expensas ha trabajado aquel vecindario.

Por la parte del Sur tiene la Villa de Riobamba una bellísima llanada , y esta se hermosea no poco con una laguna que en ella se reconoce , y constará de mas de legua de largo y tres quartos de legua de ancho : nominase colta, y hay en ella crecido número de patos y Gallaretas.

Hanse registrado estos dias muchas y riquísimas vetas de minerales de plata en toda la jurisdicion de la Villa de Riobamba , conceptuandose ellas por las mas apreciables , entre quantas se han registrado en esta Provincia ; pero aun expuestos y francos los
ani-

animos á su labor, se imposibilita el progreso, no encontrandose perito beneficiador á quien encargar esta confianza.

En la jurisdiccion y términos del asiento de Hambato, está el gran promontorio de Tunguragua, y á su pie unas vertientes de aguas cálidas, que son emerciones de él, en que sin duda se derraman los nitros sulfureos de que aquella maquina está impregnada : ellos han hecho muy salutiferas estas aguas, á cuyo beneficio es crecido el número de enfermos que ocurre : en el fondo de estos baños se habia observado quajada una especie de sal Alkalina, en cuyo cuerpo se reconoció una gran virtud insidente, y haciéndose menos tratable para el uso á causa de unas sucias escorias, que á su vista excitaban fastidio, el Doctor Don Jósef Antonio Maldonado y Soto mayor, Cura Rector de esta Catedral, sugeto bien conocido en la República literaria por su recomendable mérito, y por el particular cuidado con que se ha dedicado á examinar muchos ocultos Phenomenos de la naturaleza, se encargó á reducir á artificio estas benéficas sales; y lo executó calcinando aquellas aguas hasta reducirlas á una sal muy pura : de esta se usa con notorio alivio, reconociéndose una suave incidencia en todas obstrucciones, á que es propenso este País, en que sin apice de recelo se ministra la referida sal como blando cathartico.

Tienese en Hambato la grana ó cochinilla tan celebrada de los antiguos, cuyo invento ha hecho muy estimable la Provincia de Guatemala : su color roxo es el del finisimo carmin : la planta en que se abrigan los insectos, y cuyo jugo chupan, es pequeña, y muy semejante á la que producen las Tunas : en aquel asiento se esmeran poco en esta co-

se-

secha, y así la que se logra destinan sus habitadores
á ligeros tintes de algunos delicados texidos.

Cerca del citado Promontorio de Tunguragua
corre el famoso Rio Napo, hasta incorporarse con
el caudalosísimo Marañon, de que hablaré tratando
de la jurisdiccion de la Provincia de Loxa.

Macas y Quijos. Al Oriente de la Villa de Riobamba está la Ciudad de Macas, perteneciente al
gobierno de Quijos, y se halla constituida en 2 grados 30 minutos de latitud austral: contienense en su
jurisdiccion ocho Pueblos, que son en la manera siguiente: San Miguel de Narbaez, Barahona, Juan
Lopez, Suña, Payra, Copueno, y Aguayus.

En estos ocho Pueblos se contienen poco mas de
600 almas, reducidas á corto número de Españoles,
Mestizos, y gente de todas castas. El destino de estas, por lo general, consiste en las labores del campo, en donde cosechan sementeras de tabaco, y
plantíos de caña y algodon. El tabaco es estimable en el Reyno del Perú, adonde lo dirigen por
Guayaquil y Piura.

Las labores de caña y algodon, limitan á aquellas
cortas porciones que han de consumir en su beneficio, como el trigo, maiz, y cebada. Tienen algunas minas de resina de copal, que en el exercicio Medico logra algunos usos: hallanse minerales de pol-
vos azules, y una resina que ellos llaman estoraque,
siendo en la realidad el menjui finísimo: cosechase
en aquella jurisdiccion la canela en grado estimable,
y se conduce á esta Ciudad, en donde tiene todos
los destinos de la mas apreciable que pueda traerse
de Zeylán.

Los habitadores de aquel distrito son combatidos del freqüente, ascedios, en que les mantienen las in-
va-

vasiones de los Indios barbaros que los circundan: transitan por sus márgenes algunos caudalosos Rios.

La situacion de Quijos, en que consiste la mayor extension de este gobierno, se halla por la parte del Oriente, á la cordillera Real de los Andes de esta Provincia. Principiase por un Pueblo nombrado Papallacta, que consta de 26 casas, y en ellas se contienen 29 personas entre Indios y mestizos; su exercicio se reduce á sacar de aquellos montes tablas, y fabricar algunas Bateas, que venden en esta Ciudad. A distancia de 4 leguas del referido Papallacta se encuentra una corta Poblacion nombrada Maspa: ella contiene solo quatro familias de Indios, que integran hasta 18 personas. A siete leguas de este sitio, hay otro en que habitan 22 individuos de todas castas. Esta fué la populosa Ciudad de Baeza, que han exterminado con sus asaltos los Indios infieles. Es aquel País bien templado, la tierra fértil, aunque al presente no ministra utilidad alguna; hallanse sus caminos asperos y fragosos, tanto que solo pueden transitarse á pie. A distancia de 24 leguas está construida la Ciudad de Archidona: contiene 70 casas, y en ellas poco mas de 150 personas: el terreno es ameno y fértil, alimentanse de yuca, maiz, plátano, y cacería de monte. A poca distancia de Archidona se reconoce un corto Pueblo, que nombran Misagualli: hay en él 9 habitaciones, y se recogen en ellas 13 familias, 2 de Indios, y el restante número de mestizos, usan igual alimento que los anteriores. Siguese otra Poblacion, que nominan San Juan de Tena; hay en ella 11 casas, que recogen mas de 50 personas: logran abundante yuca, plátano, y maiz, con algunos peces de los Rios que bañan su continente. A alguna inmediacion de este sitio está

Tom. XXVIII.   C   el

el nombrado Napo, hay en él 56 casas, y en estas 32 personas, que se integran con 8 Españoles.
Es esta Poblacion abundante en peces, plátano, yuca, maiz, y arroz: bañala el Rio Napo, por donde se navega al otro sitio que nominan Santa Rosa; y se
compone de 22 casas, siendo una de ellas de gente
Española: es este lugar fértil en los granos y raices
que he dicho, y abundante en peces, y cacería por hallarse sus habitadores con suma pericia en el uso de
la flecha. Medio dia de camino tierra adentro se reconoce otra situacion nombrada San Juan de Cata-
puyo, en que se alvergan 10 familias, y á corta
distancia, la conocida por la limpia Concepcion,
con 34 casas, todas de Indios, que logran los mismos
alimentos que los antecedentes. Cinco leguas de la
Concepcion está otro Pueblo nombrado Loreto; él
tiene 41 casas, todas de Indios. Al Norte de
esta Poblacion se encuentra la nombrada el Salvador, ella contiene 14 casas de Indios, y es de un
temperamento muy enfermizo, á causa del calor y humedad á que está sujeta. De la situacion en
que se halla el Pueblo de Loreto, se corta una lí-
nea que dirige á la Ciudad de Avila; es ella de temperamento menos ardiente que las Poblaciones anteriores, y el que goza es oportuno á la produccion
de todos frutos; son los regulares que gozan sus
habitadores el maiz, plátano, y yuca, estando muy
desviados tanto de la pesca, como de la cacería. Dos
dias de camino acia el Sur de la Ciudad de Avila está un Pueblo, que nominan San Josef de Mote; él
consta de 10 casas en que habitan Indios, cuyo
mantenimiento, á causa del rígido frio que alli se
padece, consiste solo en papas, maiz, y camotes.
La Mision, que en aquel continente han esta-
ble-

blecido los Padres Jesuitas, y nominan el Rio Napo, consiste en un territorio hermoso, dividido en dos partes: á la derecha baxando de Archidona, están este Rio y el de Curaráy, y á la izquierda entre el citado Napo, y el Rio Putumayo, hasta el Marañon es todo espesas montañas; encuentranse grandes lagunas, cienegas, y riachuelos, que todos entran en el Marañon. Hallanse en la situacion que está á mano derecha Indios feroces, y de diversas lenguas; los de mano izquierda todos son dociles, y sujetos á un idioma. Estas reducciones han medrado poco, acaeciendo lo mismo en las del Rio Aguarico á causa de que aquellas gentes se marchitan y enferman mucho, extraidas del interior de su centro á los margenes de estos Rios.

Tratóse en el año pasado en esta Real Audiencia de construir sobre el Rio Napo un fuerte, á expensas de S. M. para impedir qualesquiera introducciones de ilicito comercio con los Portugueses, que del Pará, y por el Marañon al Napo, se intentasen internar hasta esta Provincia; pensamiento que no produxera de contado otro provecho, que el costó de la fortificacion; por no ser la senda del Rio Napo la única, para del Pará y Marañon penetrar en esta Provincia, hallandose la del Rio Putumayo, que se dirige á la Provincia de Pasto; la que por el Rio Pastaza corre á Hambato y Tacunga por los Canelos, la que sale por el Rio de la Coca á Avila: otras dos por Jaen de Bracamoros, Lamas y Moyobamba, al Perú, cuyos francos pasos hacen ver la ninguna seguridad que fundaría el Fuerte, puesto en el Rio Napo, y que ella se establecerá, impidiendo por esta y otras sendas sus designios á los Portugueses del Pará, con avivar el zelo de los Ministros en sus respectivos territorios.

Es

Establecer aumento al Real haber en aquellas tierras, sin poseer las del Marañon baxo, que ocupan los Portugueses, es un logro dificil, por ser tierras cenegosas y de ninguna proporcion á crecidas Poblaciones.

Dirigiéndose de la Provincia de Quijos y Sumaco, á esta de Quito se camina para la de los Canelos; es camino de 15 dias, los 7 de senderos abiertos, y los restantes de muy aspera y fragosa montaña. Transitanse á vado muchos Rios, y entre ellos el nombrado Topo, á cuyos margenes se halla situada la Poblacion de los Canelos. El vecindario de ésta consiste en 20 casas, que incluyen 40 familias de Indios: sus frutos son algunos granos de que viven, y la canela, que aunque se cosecha en abundancia, es de infimo precio por su desestimable calidad. Este arbol produce una flor que los naturales llaman ispingo, que por muy aromatica es de aprecio. Todas las referidas Provincias se hallan sujetas al Gobernador de Quijos y Macas: él tiene de salario en estas Reales caxas 1⊕300 pesos, y al presente sirve este empleo por merced de S. M. Don Josef de Bazabe y Urquieta; este Gobernador no tiene Teniente alguno, nomina sí Gobernadores y Alcaldes de Indios en los referidos Pueblos de su jurisdiccion.

Fuera de los Rios que he referido circundan otros aquel distrito. Cerca del Pueblo hay un asiento de minas de oro, de que sacan algunas porciones de él. Cerca del Rio Napo, y en el sitio que llaman Santa Rosa, hay labaderos de oro, que logran los Indios, y con él satisfacen los Reales tributos. Las Poblaciones de Loreto y limpia Concepcion, pagan los Reales Tributos con pita que hilan y tuercen: ella tiene el estimable precio de dos pesos en la Ciudad de de Lima , adonde se conduce. El Pueblo nombrado San Josef de Mote , está al pie de un cerro elevadísimo , que nominan Sumaco : tienen estas Poblaciones contra su aumento las freqüentes correrías de Indios barbaros , que saliendo de sus retiros han hecho siempre sangrientos destrozos en los habitadores , asi se extinguieron las Ciudades de Baeza, Archidona , y Macas , dicha por otro nombre Sevilla del oro.

Chimbo. A la parte Occidental de la Villa de Riobamba está el asiento de Chimbo : contiene éste 7 Pueblos , que se nominan en esta forma : San Lorenzo , Asancoto , Chapacoto , San Miguel , Guaranda , Guanujo , y Tomavelas. Habrá en este Corregimiento mas de 2⊕ almas, entre las que se reconocen hasta 500 mestizos y mulatos : ellos tienen muy cortas labores de campo , reducidas á pocos granos de maiz , y trigo ; y en tales casos para su abasto conducen lo necesario de la jurisdiccion de Riobamba , y asiento de Hambato. No tienen otro comercio que conducir en número de 1⊕500 mulas que habrá en aquel distrito , que cargazones de paños , y algunos comestibles de la Villa de Riobamba á la bodega de Babahoyo , margen primero de la jurisdicdicion de Guayaquil ; regresan de esta bodega con cargas de vinos y aguardientes , que se internan del Perú , y con los frutos que la Provincia de Guayaquil produce y se consumen en toda esta de Quito, siendo tan freqüentes como precisos el cacao , arroz, pesca , y sal.

En esta Provincia de Chimbo no se nomina Teniente alguno , á excepcion del que en el Pueblo de Guaranda suelen constituir los Corregidores , para que en su falta ocurran á providenciar lo muy urgen-

te:

te : estos Corregidores gozan por razon de sueldo
mil pesos pagados en la cobranza de tributos de este
distrito. Hallase al presente ocupando este cargo con
título librado por S. M. Don Josef de Unda y Luna,
y le exerce tiempo ha de nueve años , por haber logrado segunda merced , cumplido el término que
igualmente debió en la primera á la Real piedad. Está de Teniente en el Pueblo de Guaranda Don Nicolás de Abilés.

En el tránsito del referido asiento á la bodega
de Babahoyo , median algunos Rios , que todos se
vadean con poca dificultad en la estacion del verano,
y son impracticables en la de invierno : media igualmente largo trecho de espesa montaña , y se supera la
elevada cumbre de San Antonio ; este paso no es
tan molesto é inaccesible como se ha concebido , y
sube de punto la ponderacion de Don Jorge Juan , y
Don Antonio de Ulloa , de la Real Academia de
las Ciencias de París , y Sociedad Real de Londres,
en la descripcion que de su viage hicieron estos famosos varones. Ellos emprendieron aquel repecho
por el mes de Mayo , tiempo en que la inundacion
de las aguas dexa en la humedad de aquellos sitios
huellas de horror , que ellas producen en su vigorosa estacion ; y es sin duda que en los meses que comprehende el verano, se halla aquel lugar menos aspe-
ro al tragin.

En todo el distrito de este Corregimiento no se
ha reconocido mina alguna : descubrióse sí el especifico de la cascarilla muy igual á la que se trae de Loxa , á esmeros de la incesante solicitud , con que
demarcó todo este continente Don Miguel de Santisteban.

Guayaquil. Hallase situada la Ciudad de Guayaquil

quil en 2 grados 52 minutos de latitud austral ; es esta una Ciudad de las mas pobladas que hay en la América : contendrá mas número de 240 almas : ella es una Provincia que comprehende varios Puertos y Poblaciones : su Capital Guayaquil , contiene un hermoso surgidero de Naos , y es el mayor astillero de ellas que hay en las Indias : sus Puertos principales , sin incluir Caletas , ni Ensenadas , son tres: el de Manta , cinco leguas á Sotavento del cabo de San Lorenzo ; el de la punta de Santa Elena , media legua á Sotavento del cerro de este nombre ; y el de la Puná que es el mas comun , y freqüente para las embarcaciones marchantes de grande buque, y en el que se anclan de paso las pequeñas que alli entran á tomar y desembarazar sus cargazones , y executan lo mismo las mayores para lograr carenarse en la apacibilidad del hermoso Rio que circunda aquel Lugar.

Las poblaciones de aquella Provincia son la Puná , Machala , el Naranjal , Yaguache , Ojibar , Baba , el Palenque , Daule , Balsar , Puertoviejo , Morro , y Chongon , que es cabeza de la punta de Santa Elena. La Ciudad dista de la Puná ocho leguas, de Machala diez y seis , del Naranjal siete , de Yaguache por navegacion del Rio once , y cinco viajando por tierra ; de Ojibar dista la Ciudad veinte y ocho leguas , doce de Baba , veinte y quatro del Palenque , de Daule diez leguas por tierra , y doce por navegacion del Rio ; del Balsar veinte y seis leguas , y quarenta de Puertoviejo , de la jurisdiccion del Chongon , por el Morro seis.

Esta Provincia se rige por un Corregidor , y en la jurisdiccion hay once Tenientes destinados en esta forma : en la Ciudad y su jurisdiccion el Sargento

ma-

mayor Don Francisco Casaus ; en la Puná interinamente y por muerte de Don Lorenzo Goytia , el Capitan Don Antonio de la Flor; en el Naranjal Don Casimiro de Haro ; en Yaguache , y por renuncia del propietario Ministro Don Francisco Xavier Casaus , el Capitan Don Diego Casaus ; en Ojibar el Capitan Don Cárlos de Vatemburg y Platzaer ; en Baba Don Bartolome de Echeverría ; en Palenque Don Pedro Antonio de Rivera; en Daule , por renuncias de Don Vicente Carbo , de Don Ignacio Moran , y Don Antonio Moran , se halla de Teniente Don Francisco de la Pedrosa , con nombramiento del actual Corregidor ; en el Balsar con igual nombramiento , y por muerte de Don Josef de los Reyes , Don Esteban Coto ; en Puertoviejo , habiendose removido por esta Real Audiencia al Teniente propietario Don Pedro Sanchez de Mora , se ha nombrado interinamente á Don Josef de Molina, y en la punta de Santa Elena se halla de Teniente propietario Don Manuel Perez Palacios. Estos Tenientes deben servirse por merced del Excelentísimo Señor Virrey de este Reyno , en fuerza de la Real Cédula expedida por S. M. en San Ildefonso á 20 de Agosto de 1739 años. Ellos no gozan salario alguno, y consiste su utilidad en la que la actuacion les produce con la administracion de justicia. Al Corregidor le están asignados 19 pesos ensayados por razon de salario, y se le pagan en aquellas Reales caxas. Hallase al presente de Corregidor Don Manuel de Abilés, con título y merced de S. M. Exerce el empleo tiempo ha de siete meses. Está constituido en aquella Ciudad un Cabildo y Regimiento , presidido de dos Alcaldes Ordinarios anualmente electivos , que promueven el gobierno político , y pública economía.

El

El alma que hace vivir á aquella República son los Reales Astilleros : ellos le producen crecidas sumas de dinero , en las construcciones y carenas de grandes y pequeñas embarcaciones , y aunque á punto fixo no se ha computado lo que esto fructifica , la prudente estimativa regula este ramo por igual á lo que en sus frutos dá toda la Provincia.

Estos son á proporcion de los temperamentos que en aquellas Poblaciones se logran , y segun lo mas ó menos que en las precisas inundaciones del invierno les bañan las aguas. De la Isla y Puerto de la Puná, sacarán sus vecinos 600 mangles , que para pies derechos y soleras se conducen al Puerto del Callao. Vendense á 5 y 6 reales los mangles , y las soleras á 12 reales. Cosechan igualmente hasta 19500 cargas de cacao en el Pueblo de Machala , jurisdiccion del citado Puerto de la Puná : este cacao , aunque su ordinario precio es de 2 pesos , suele venderse á 5 y 6. De Pesca recogen hasta 300 arrobas , que seca conducen á esta Provincia , en donde se expende á precio de 3 pesos arroba. A mas de estas utilidades tienen los vecinos de aquel Puerto las que les motivan las embarcaciones que en él surgen , comprandoles durante el tiempo que se mantienen alli todos los viveres : de manera , que reguladas al año solo doce embarcaciones , y que estas consuman alli en sus precisos bastimentos 500 pesos cada una , quedan en aquel Puerto 69 pesos anuales.

El Naranjal produce muchas maderas de roble, figueroas y otras muy gruesas , hasta en número de 59 piezas al año , de que se forman canoas para el Comercio del Rio. Están alli las Reales Bodegas, que nombran de Bola , cuya subastacion se hace en la Ciudad de Guayaquil las mas veces en 300 pesos,

Tom. XXVIII. D de

de que se destina la mitad á S. M. é igual parte á los propios y rentas de aquella Ciudad. El Comercio del Naranjal es con la Ciudad de Cuenca y su jurisdiccion, adonde anualmente se remiten de aquellas Bodegas mas de 19 fanegas de sal, vendidas á precio de 5 pesos; y se conducen de dicho Cuenca porciones de harina, azucar, bayetas y lienzos que se consumen en la Ciudad de Guayaquil.

Yaguache produce en sus Montañas las mas apreciables maderas de guachapeli, amarillos, canelos, balsamos, guayacanes, robles y cañafistolos, de que se construyen las embarcaciones y casas, y se hacen cargazones para los navios que se dirigen á los Puertos del Callao y Truxillo. Contienense en aquellas Montañas las Reales Bodegas de Bulu-bulu: estas se arriendan á S. M. y se contribuye por ellas en la Real caxa la cantidad de 416 pesos. Esta Montaña contiene los maderos nombrados marias, de que se arbolan las embarcaciones: produce tambien dicho Yaguache mas de 19 arrobas de algodon, que se venden á precio de 12 reales en las jurisdicciones de Riobamba y Cuenca. Tienense en este Pueblo algunas crias de novillos, caballos y mulas, y siembras de arroz y tabaco, que siendo cortas se consumen en aquel vecindario. Tambien tienen aquellas Montañas vijao, caña, cadí y vejuco, y se destinan á la construccion de habitaciones de gente pobre. Estos renglones producirán á aquel Lugar hasta 400 pesos. En los margenes de dicho Yaguache están las Reales Bodegas del mismo nombre: estas se comprehenden en el remate que de las Bodegas de Babahoyo se hace; salen de las referidas Bodegas hasta 300 fanegas de sal, vendidas á precio de 4 pesos. Ojibar produce las maderas mesmas que se

lo-

logran en Yaguache, á excepcion de los marias; pero se distinguen en este Lugar los cedros espinosos, muy apreciables para tablazon. En la jurisdiccion de dicho Ojibar se contiene el Pueblo de Santa Rita de Babahoyo, en donde están las Reales Bodegas de este nombre. Es Lugar de mucho Comercio, y mas abundante que otro en arroz y todos granos. En cada año produce hasta 29 cargas de cacao: de allí se conduce crecido número de potros, mulas y novillos á esta Provincia de Quito, adonde igualmente se dirigen de aquellas Bodegas Reales hasta 69 fanegas de sal en todos los años, vendida ella al precio de 3 ó 4 pesos. Son allí crecidas las cosechas de algodon y tabaco, y mucho el pescado salado que á esta Ciudad se remite.

El Partido de Baba es el mas abundante de ganado vacuno, yeguas, caballos y mulas: él produuce la mayor porcion de cacao, y su cosecha de esta especie unida con las del Palenque (que es contiguo á su territorio) del Balsar, Babahoyo y Machala, llega anualmente á mas de 309 cargas: estas se dirigen á España por el Reyno de Tierrafirme, y por el cabo de Hornos; abastecese con ellas toda la jurisdiccion de Guayaquil, la mayor parte del Reyno del Perú, y Provincia de Quito. Su regular precio ha subido en estos tiempo á 6 pesos. Cosechanse algunos granos comestibles, y el tabaco de hoja tanto, que abasteze su vecindario, y á Guayaquil se remiten algunas porciones. Producen sus Montañas con abundancia guachapelies, ebanos, algarrobos, morales y tillos, que se consumen en aquel Astillero; los novillos, potros y mulas, se conducen á esta Provincia por las Bodegas de Babahoyo.

El Palenque tiene crias de todos ganados; su

D 2

Prin-

principal fruto consiste en el cacao , que hace cuerpo con la cosecha de Baba , y se regula que de San Lorenzo al Balsar , se cosecharán hasta 12⑨ cargas de esta especie. Ellas se dirigen por el Rio á la Ciudad de Guayaquil , y los novillos , potros y mulas por las Bodegas de Babahoyo á esta de Quito.

El Partido de Daule , por su amenidad y hermosura , es el mas célebre de aquella Provincia. Su vecindario consiste en crecido número de Españoles: las orillas del Rio que le baña , son amenísimas en sus muchas vegas ; hay en estas mucha hortaliza y platanares , cuyo fruto contribuye en gran manera al mantenimiento de aquellos vecinos y los de la Ciudad de Guayaquil. Tienense en las Riveras de su Rio abundante cosecha de tabaco en hoja , que con la del Balsar se regula hasta 100⑨ mazos de á 100 hojas , cuyo ordinario precio es el de un real y medio. Produce aquel Partido 1⑨ arrobas de algodon , como delicadas y deliciosas frutas. Tienense plantadas de caña , de que molida en trapiches se abastece toda la jurisdiccion de aquella Provincia de mieles , garapos , y hasta mas de 500 arrobas de azucar , con otros muchos exquisitos dulces. Son sus campañas anegadizas en el invierno , porque en esta estacion se derrama en ellas el Rio. Con todo tienense tan hermosos pastos de criaderos de ganado, que despues de consumido el necesario para el abasto de aquel vecindario y el de la Ciudad , se conducen en cada un año mas de 1⑨ novillos á Lugares de esta Provincia por las Bodegas de Babahoyo. Produce aquel territorio la mayor parte de Guachapelies, amarillos , maderos negros , laurel , pinuela , guyones , canelos y otras maderas que se consumen en la construccion y carenas de las embarcaciones y casas.

La

La Ciudad de San Gregorio de Puerto viejo, consta de un vecindario de hasta cien Españoles, y mas de trescientos mestizos, mulatos y otras castas que todos habitan á orillas de su Rio; y aunque algunos se dedican á las crias de ganado, los mas se exercitan en labranza y culturas de tierras en que siembran pallares, mani, ajonjoli, maiz y algodon, de que sobradamente se abastecen: hacen con abundancia plantíos de tabaco: esta anual cosecha con la de esos Pueblos llega á 89 mazos de á cien hojas: tienese alli el beneficio de la cera, de que logran hasta 709 libras, cuyo regular precio es de dos ó tres reales. El de la pita, que llegará á 809 libras, y el de la cabuya, que se destina á jarcias, tan estimable, que alquitranada se equipara á la de Genique del Realejo: usase de ella para el aparejo de embarcaciones, y en especial para obencaduras y cabos pendientes, por resistir mas en ellos que en los de labor. De estos ramos, como ni de la zarza que aquellos Pueblos producen, puede hacerse calculo fijo, por ser el consumo á proporcion de la urgencia. Todos ellos le tienen en la Ciudad de Guayaquil, Puerto de Manta, Salango y Machalilla, que son intermedios al de la punta de Santa Elena.

Los frutos mesmos que Puerto viejo, á excepcion del tabaco, produce el Puerto de Monte Christi; pero le excede en el Comercio que mantiene su Puerto con las embarcaciones que en él se anclan á hacer aguadas, y tomar bastimento. Picoasa es el Pueblo menor de aquella jurisdiccion, é igualase en frutos y ganados á Puerto viejo.

Chongon, que en su territorio comprehende el Morro, Chandui, Punta de Santa Elena y Colonche, es una poblacion grande, y en que por lo

ge-

general habitan muchos Indios y poca gente de otras castas. Los frutos de este Partido consisten en la sal, que es abundantísima é inagotable : abastecense de allí la Provincia de Guayaquil, la de Quito, Pasto y Chocó, y pudieran servirse con ella otras muchas. Tienense todos ganados en abundancia, y se cosechan la cera, cabuya y pesca : conducense todos sus frutos á la Ciudad de Guayaquil, cuyo abasto fomentan, y por las bodegas de Yaguache y Babahoyo se internan á todas las Ciudades, Villas y Lugares de la Provincia de Quito. Sus ganados son muy apreciables por lo delicioso de sus carnes, y se tuvieran mas abundantes si la esterilidad de las aguas, que se logra solo llovediza, y de pocos manantiales, no les ocasionase mortandad.

El Comercio interior de todos los frutos de la Provincia de Guayaquil se hace con la de Quito, y el exterior de mar y tierra con el Reyno del Perú, y sus valles ; tienele solo Naval con el Reyno de México, el de Tierra-Firme, y Provincia del Chocó, y en los respectivos Puertos á que los frutos se dirigen, satisfacen los Reales derechos de entrada, segun los particulares aranceles de las Reales caxas.

Circundan la Provincia muchos Rios que descienden de la cordillera, y forman los principales nombrados el Grande, ó el de Babahoyo y Daule : estos en las estaciones de invierno inundan aquellas campañas tanto, que en los meses de Febrero, Marzo y Abril, es la comunicacion y comercio de aquellos Pueblos, solo por navegacion de Canoas y Balsas, que de la canal principal del Rio se dirigen á aquellos contornos. Esta tan grande emercion de aguas por aquellos campos, los fertiliza á la produccion

cion de nuevos pastos para los ganados, quando de sus invernaderos descienden á los llanos; asi se facilitan á los labradores las siembras y cosechas de sementeras. Notase en aquel Rio el que en la estacion de invierno, como impedido el curso de las aguas de sus muchas avenidas, en su mayor creciente sube solo la marca de ellas tres leguas á mayor distancia de la Ciudad, y en la estacion de verano llegan por los dos principales Rios á internarse las aguas mas de veinte leguas: sin duda por agitarlas entonces el mayor ímpetu de las del mar, de que resulta que mezcladas estas con las del Rio hasta las mismas tres leguas en que suele terminar la creciente del invierno en los sitios de Mocolé por el Rio Grande, y en los de Estancia-vieja por el de Daule; el salobre gusto las hace inutiles al uso de los habitadores, que precisados ocurren á conducirla de estos Rios hasta últimos del mes de Diciembre que principian alli las lluvias, y hacen aumentar el fondo del Puerto para el surgidero de los baxeles. El Rio tiene en sus Riveras espaciosas huertas de arboles frutales de toda especie, en abundancia de platanos, palmas de cocos, y plantas de tabaco, yuca, maní, y muy exquisitas frutas propias del País.

Esta fecundidad y hermosura constituyen á aquel País muy delicioso y ameno, y lo fuera en términos de la mas alta comparacion si á la estacion del invierno que sobre el demasiado calor la hacen penosa las muchas sabandijas é insectos, que producidos de la humedad, llegan á tantos que pueden con ella compararse, se ocurriese á muchos arbitrios que pudiera prevenir la astucia, volviendo mas templado el lugar, y extirpando los criaderos de tan molestos animales.

Es

Esta plaza, que es una de las mas estimables de America, y parte la mas preciosa de este gobierno, ha sido incendiada repetidas veces, á causa de la construccion de sus habitaciones, reducidas generalmente á fábricas de madera, y se ha tomado por los enemigos Ingleses en 20 de Abril de 687 por los Flibustiers, y les saqueó otro pirata el de 709. Hanse ocasionado estos ataques é invasiones de la ninguna guarnicion y reparo que aquella plaza tiene.

En los años de 741 y 42, habiendo entrado en nuestros mares el pirata Anson, se construyeron en aquella plaza dos fuertes, nombrados, uno Limpia Concepcion, y San Felipe otro; formóse el primero en el prospecto y centro de la Ciudad, y el segundo en el sitio abanzado á los Reales Astilleros; hallanse al presente uno y otro arruinados por no haberse reparado la ceja del Rio, que en sus avenidas ha cortado gran parte de terreno, y las freqüentes lluvias han llegado á consumir las explanadas de madera con las trincheras de terraplen y estacada, de manera, que del fuerte San Felipe solo han quedado algunos fragmentos de casa que se destinó al alojamiento de la gente de Marina que tiene en aquella Ciudad para la prosecucion del baxel de S. M. el Comandante del Mar del Sur Don Juan Bautista Bonet.

El fuerte de la Concepcion, en el todo extinguido, á causa de la incuria, sirven sus cortos vestigios de una pequeña sala de armas que alli se tiene.

En el sitio que nominan Ciudad Vieja está una planchada de cal y piedra que hace figura de media luna; ella es monumento que reservó el acaso en la pérdida de las murallas que guarnecieron á aque-

aquella Ciudad: tiene de largo ocho varas, y el ancho correspondiente.

Por el último inventario que de la artillería, armas y municiones de aquella plaza se hizo en 23 de Noviembre de 1748, consta, y parece hallarse 8 cañones de bronce, los 6 de calibre de á 12, y los 2 de calibre de á 6; 8 cañones de fierro, calibre de á 4; 7 de la misma materia, calibre de á 6 y 5, uno calibre de 10, y 4 calibre de 8. En el fuerte de Ciudad Vieja hubo 4 cañones de fierro, los 3, calibre de á 8, y el uno de 6; estos se conduxeron á la Ciudad, y de todos se hallan unos faltos de cureñas, otros sin perños, y alguno sin muñoneras; igual desconcierto se reconoce en las cucharas, atacadores, y sacatrapos.

Halláronse 184 valas de á 12, en fierro y bronce, 356 valas de á 8, y las mas de fierro, 180 valas de á 6, todas de fierro, 128 valas de á 4 de fierro y bronce, 147 saquillos de metralla de fierro, plomo y cobre, 20 sobre muñoneras, 11 perños de fierro, 12 pernetes de sobre muñoneras, 290 cartuchos de crudo y ruán, correspondientes á diversos calibres, 96 cartuchos de pergamino, 51 valas de plomo de calibre de á 4, 20 de fierro al mismo respecto, 55 agujas de artillería, 3 barrenas, 44 chifles para cebar cañones, un rascador para artillería de fierro, 2 compases, uno curvo y otro recto, ambos de á media vara, un pasavalas de madera, 3 cuñas de fierro, un rascador con sacatrapo, 5 cuñas de palo, 4 aparejos para montar y desmontar artillería, 46 palanquetas de piedra, 200 saquillos de metralla, también de piedra, 3 macetas para atacar las camaretas de los pedreros, un pie de cabra, y una barreta de fierro; una plan-

E cha

cha de plomo con peso de 6 arrobas, una pala de
fierro, 800 tacos de cabuya para artillería, 38 es-
peques, 48 guardacartuchos de caña, 100 libras
de cuerda mecha, 30 cuñas de madera, 4 ruedas
para las cureñas.

Encontraronse en dicho inventario 124 fusiles
y escopetas, inclusas una espingarda, y dos escopetas cortas de encaro, 6 trabucos, 4 medio
res de pistolas, 7266 valas de plomo para todas
mas de chispa, 42 espadas anchas sin vaina,
machetes, 2 alabardas, 3 sacatrapos, un rasca
de fierro para fusiles, 100 faroles, 199 garni
una cuchara de fierro para recibir el plomo de
tido en la fundicion de valas, 94 lanzas con
de madera, 2 esmeriles cortos sin llaves, un c
calibre de á 6 que se tiene en la Puná para dar c
seña ó aviso á la Ciudad, 888 piedras para esco
tas, fusiles y pistolas, 62 botijas de polvora,
32 de ella fina, y las 25 de polvora de Cañon.
se reconocieron estas armas mas tiempo ha de oc
años: la incuria y ningun esmero en su conservacio
debe entenderse las tengan en mas lastimoso estado
ignorase al que se hayan reducido por no haberse in-
ventariado en el reciente ingreso del actual Corregidor, que no se encargó de la sala de armas contra lo
dispuesto en la Real cédula, dada en San Ildefonso
á 10 de Octubre de 725.

Tropa militar reglada no tiene alguna aquella
Plaza, y aun la guarnicion, que en otros tiempos logró, formada del empeño con que sus vecinos reglaban compañias de Infantería y Caballería de Españoles, y todas castas, subsiste por hallarse aquellos vecinos poco afectos á los empleos Militares á
causa de que no produciendoles ellos sueldo alguno, se

les ha privado del esplendor que la extencion y fuero les contribuian, y eran vivos estímulos á opcion de los cargos. Produxo esto la indiscreta solicitud que en ese superior Gobierno, y ante el Excelentísimo Señor Don Sebastian de Eslaba, plantó un Individuo del Regimiento de Guayaquil, en donde la decision de su Excelencia, para que solo con vandera aquartelada gozasen aquellos Soldados el fuero militar, se ha extendido á los Oficiales, no reglándose por lo prevenido en la ley 3. tit. 9. lib. 3. y ley 2. tit. 19. del mismo libro. De que ha dimanado llegarse á entibiar los ánimos de los Oficiales, que en otro tiempo con el mayor esmero reglaban sus Compañías, hallándose por esto en tan deplorable estado aquel cuerpo militar, que no hay quien ocupe una bengala, viniendo asi á quedar indefensa en el todo una Plaza tan importante.

Las caxas Reales de la Ciudad de Guayaquil estan subordinadas al tribunal y Audiencia Real de cuentas, que reside en la Ciudad de Santa Fé: ellas tienen relacion con las del Perú, Guatemala, Tierra-firme, y Quito. Hay en ellas dos Ministros que las sirven en qualidad de Contador uno, y Tesorero otro: ocupan al presente estos empleos Don Gaspar de Ugarte desde el año de 729, y Don Josef Ventura Laynes desde el de 45, que fué recibido por Oficial futurario, habiendo obtenido la propiedad el de 753: ambos son provistos por S. M. ganan salario de 649 pesos y 5 reales pagados en aquellas caxas: ellos cobran derecho de salida á la madera, cacao, cera, tabaco, y demás frutos del País, á razon de 2 pesos 4 reales de entrada: á los que se conducen del Perú, México, y Tierrafirme á razon de 5 pesos.

E 2

Cuen-

Cuenca. Del Naranjal á la Ciudad de Cuenca es
viaje que se hace en cinco dias : está Cuenca en 2
grados 53 minutos de latitud austral, y en 29 minutos y 25 segundos al Occidente del Mediterraneo de
Quito : hallase aquella Ciudad en un espacioso llano,
y la circundan campañas muy amenas. Contienense en
su jurisdiccion diez Pueblos que se nominan : Azogues, Hatun, Cañar, Jiron, Cañaribamba, Espíritu Santo, Paccha, Gualasco, Delec, y Molletu-
ro. Su vecindario consiste en muchas familias de Españoles, y considerable número de mestizos é Indios.
El principal destino de los primeros es la labranza
de sus haciendas, en que se cosechan todos granos y
muchos sembrados de caña. Los segundos se exercitan en texidos de algodon y lana, que todos con
crecidas porciones de azúcar y harinas, se dirigen por
el Naranjal á la Ciudad de Guayaquil ; internanse á
la Ciudad de Quito algunos ganados. Su vecindario
incluye mas de 140 almas.

Gobiernase Cuenca por un Corregidor, y promueven la administracion de justicia y gobierno económico dos Alcaldes Ordinarios, anualmente electivos por el Cabildo que allí reside. El Corregidor
tiene asignados por salario 800 pesos, pagados en
aquellas caxas : él no tiene campo á otra alguna utilidad que la que pudiera proporcionarle el logro de la
cobranza de los Reales tributos: hallase sirviendo este
empleo Don Juan Tello de la Chica, tiempo ha de
nueve años, habiendo continuado quatro mas de los
que contiene la merced que de S. M. tuvo, á causa
de no haber aparecido succesor.

Tiene aquel Corregidor tres Tenientes, uno en
la Ciudad, otro en el partido de Alausí, y otro en
el Pueblo de Cañar: ellos no tienen salario alguno,

y su utilidad se concibe en la administracion de justicia. El Teniente de Alausi se nomina por los Excelentísimos Señores Virreyes: al presente lo es Don
Ignacio de Vicuña, nominado por Excelentísimo Señor Marqués de Villar. A los otros dos Tenientes
nombra el Corregidor.

Hallase erigida en Cuenca Real caxa, sirvenla
dos Oficiales que exercen en ella empleos de Contador y Tesorero, cada uno con sueldo de 800 pesos
anuales: ocupan estos cargos como Contador Don
Juan Bautista Benitez, que tiempo há de trece años
tuvo merced de S. M. habiendo servido antes el mismo empleo por espacio de doce años; y como Tesorero Don Juan Bautista Zavala, con título librado por S. M. Estos Ministros nominan Receptores
de tributos, y otros Reales derechos en las Ciudades de Jaen, Loxa, y Villa de Zaruma; y los en-
teros que en aquellas caxas se hacen, los dirigen á
las de Quito. Hallanse sujetas al Tribunal mayor de
Cuentas de la Corte de Santa Fé.

A inmediaciones de aquella Ciudad corren varios
Rios: al Sur el de Yanuncay, y al Norte el de Machangara, siendo en aquella Ciudad famoso el de
Tumebamba, que nominan Matadero: ellos cortan
el valle en que está situada la Ciudad, y la han hecho nominarse Santa Ana de los Rios de Cuenca;
crecen con demasia en los tiempos de aguas, y se
transita por puente de madera el citado Matadero:
lograse en ellos muy selecta pesca.

Tuvieronse en la antigüedad minas de oro en Cañaribamba, y de Azogues en el Pueblo de este nombre. Hanse registrado en estos dias vetas de minas de
plata en toda aquella jurisdiccion, se tienen lavade-
ros de oro en el Pueblo de Siece, y cordillera de
Chau-

Chaucha : hay en aquellas inmediaciones una célebre mina , de que extraen preciosas piedras de alabastro. El plan en que está construida la Ciudad de Cuenca , estriba todo en minas de fierro. Por el citado Pueblo de Azogues corre un arroyo , que en las resacas de avenidas arrastra arenas de fino rubí, que dexa en sus margenes. En un sitio perteneciente al Curato de Cañaribamba, que nominan Gualguro, hay un cerro de que se extraen cristales muy semejantes al de roca , de que se han sacado piezas de á tres varas. En inmediaciones de Cuenca hay una montaña que habitan barbaros , y los llaman Jibaros, y es Lugar de muchos labaderos de oro , por lo que le dicen Provincia rica.

Hallase con abundancia la cascarilla, y en toda la jurisdiccion se cosecha el tinte de cochinilla , y con ella se tiñen algunas vayetas que alli se texen , muy semejantes á las de Europa.

Ello es sin duda que Cuenca tiene las mas puntuales proporciones á ser una de las Ciudades muy sobresalientes de America , en cuyo grado podria constituirla un Gobernador que ideáse promover su aumento , y refrenar el demasiado orgullo que en su plebe ha establecido el mucho ocio.

Loxa. El ultimo Corregimiento de esta jurisdiccion por la parte del Sur es Loxa: esta Ciudad incluye en sus términos catorce Pueblos, que se nominan asi: Oña de Zaraguro , San Juan del Valle , Zaruma, Illuluc, Guachanama, Gonzanama, Cariamanga , Sosoranga , Sisne , Dominguillo, Catacocha , San Lucas de Ambocas , Malacatos , y San Pedro del Valle. La Ciudad de Loxa incluye mas de 109 almas en algunas familias de Españoles, mestizos, gente de todas castas , y corto número de Indios : rigense por un un Corregidor, á quien suelen denominar Gobernador de Yaguarsongo, y Alcalde mayor de las minas de Zaruma. Este Corregidor nombra Jueces de desagravios en la Provincia que llaman de Calbas y Cariamanga, y dá título de Teniente al que constituye en Zaruma: ni este, ni aquellos logran salario alguno: el Teniente de Zaruma podrá tener alguna corta utilidad en las compras del oro que allí se saca. Al Corregidor están asignados por salario 1⌀200 pesos, que se le pagan en las Reales caxas de Cuenca, sirviendo el empleo por merced de S. M. y tiene el medio sueldo quando lo exerce por nombramiento del Excelentísimo Señor Virrey. Este Corregimiento podrá lograr alguna corta utilidad expendiendo mulas en esta Provincia de Quito, sus adyacentes y Ciudad del Piura. Al presente está sirviendo este Corregimiento Don Gabriel de Piedrahita, por merced del Excelentísimo Señor Marqués de Villar, y se halla provisto para él por S. M. Don Pedro Palacios.

Además de los muchos granos que se cosechan en los fértiles campos de aquel distrito, son en abundancia los ganados que se internan á las Provincias de Quito; propenden sus naturales á los texidos, y los labran de la mayor estimacion en lienzos, bayetas, y alfombras.

Desde el año de 1630, que fué el invento de la quina ó cascarilla, se ha tenido todo aquel territorio por el mas propio á la produccion de este específico: son de él abundante las cosechas, tanto por el consumo que tiene en toda la America por febrifugo, como por las excesivas remisiones que de la cascarilla se hacen á Europa, en donde se destina tambien á finísimos tintes. Dirigen los vecinos de Loxa la cascarilla á Europa por el Reyno de Tierrafirme, y por los valles de Piura al Puerto del Co-

Collao , de donde por el cabo de Hornos se interna.
El regular precio de este admirable especifico es el
de dos reales libra.

La Villa de Zaruma constará de 69 almas : fué
en la antigüedad populosa á causa de los abundantes
criaderos de oro que ella contiene. La negligencia y
el ocio , hicieron perder á aquel lugar la pericia de
beneficiar los metales , tanto que hoy son muy cortas las labores que exercen aquellos vecinos , y todas
de beneficio por menor , y algunos cortos labaderos
en que se exercitan los Indios. El oro que se extrae
es baxo , concibiendose que ocasiona esto la rudeza
en el beneficio , y que sin duda no llega el metal á
separarse de las escorias de otros que lo impregnan.

Con mas abundancia que en los otros Lugares, se
cosecha en Loxa la cochinilla , empleandola los naturales en sus texidos , y la venden tambien con
aprecio á los de Cuenca : si la industria fuera alli mas
solícita , podria remitirse este tan estimable tinte á
otros Lugares, en donde se tendría por subido precio.

Jaen de Bracamoros. La Ciudad de Jaen , que es
el término último de la jurisdiccion de esta Audiencia , está situada á los márgenes del Rio Chinchipe:
su latitud austral será de 5 grados 25 minutos. Las
Poblaciones que aquella jurisdiccion contiene son 10,
y se numeran asi : San Josef , Chito, Sander , Cha-
rape , Pucará , Chinchipe , Chirinos, Pomaca , To-
mependa , y Chuchunga: la Ciudad de Jaen contiene 49 almas en pocos Españoles , algunos Indios,
y muchos mestizos.

Rigense por un Gobernador : en aquellos Pueblos no hay Teniente alguno , si solo Jueces de desagravios , que no tienen salario ni utilidad alguna.
El Gobernador siendo nombrado por S. M. goza

500 pesos de salario , que se le pagan en las Reales caxas , y la mitad quando sirve el empleo con título librado por el Excelentísimo Señor Virrey. Al presente tiene aquel gobierno D. Francisco Xavier Queri: exercelo ha tiempo de dos años por merced de S. M.

El País es fecundo de los frutos que permiten las demasiadas aguas. El cacao es abundantísimo, aunque los vecinos poco propensos á su uso. Del tabaco son crecidísimas la cosechas: él se logra en el mas estimable grado : conducenle por Piura , y sus valles á Lima y Reyno de Chile , donde se venden á subido precio. Cosechan igualmente mucho algodon que destinan á texidos. En aquellas campañas se tienen hermosos potreros , y crias de mulas, hay labaderos de oro , y extraen de él algunas porciones los Indios. Circunda á Jaen fuera del Rio Chinchipe el Marañon, con quien se une.

Maynas. El gobierno de Maynas se extiende á todo lo que las misiones que alli tienen establecidas los Padres Jesuitas : ellas comprehenden mucha parte de las hermosísimas riveras del Rio Marañon , que atraviesa todo lo que se incluye en este gobierno, cuyos términos á Norte y Sur no se han exâminado, siendo poseidos de barbaros é infieles. Este gobierno confina por el Oriente con Paises de la Corona de Portugal , de quien es la linea divisoria entre aquella Monarquía y la de España , el Meridiano de demarcacion. Del origen y principios del Marañon bien prudentemente conceptuado, con la laguna de Lauricocha, que está cerca de la Provincia de Tarma en el Reyno del Perú, su extension y término, se ha dicho por varones de circunspecta meditacion , y á la descripcion presente no conduce una averiguacion , cuyo asunto está aun en la clase de contienda, quando se trata de dar idea

Tom. XXVIII.   F   ve-

veridica á los de que V. E. me manda informar.

Las Poblaciones que en aquel gobierno se contienen son estas : San Bartolomé de Nocoya , San Pedro de Aguarico , San Estanislao de Aguarico, San Luis Gonzaga , Santa Cruz , el nombre de Jesus , la Ciudad de San Francisco de Borja, San Ignacio de Mapsas , San Andrés del Alto , Santo Thomás Apostol de Andoas , Similaes , San Josef de Pinchis , la Concepcion de Caguapanes, San Pablo de Guayola , el nombre de Maria , San Xavier de Iguacates , San Juan Bautista de los Encabellados , la Reyna de los Angeles , San Xavier de Urarines , la Presentacion de Chavitas , la Encarnacion de Paranapuras , la Concepcion de Jibaros , San Antonio de la Laguna , San Xavier de Chanicuro , San Antonio Abad de Aguano , Nuestra Señora de las Nieves de Yurimaguas , San Antonio de Padua , San Joaquin de la Grande Humagua , San Pablo Apostol de Napeanos , San Felipe de Amaonas , San Simon de Naguapo , San Francisco Regis de Yameos, San Ignacio de Pebas , nuestra Señora de las Nieves, y San Francisco Regis del Varadero. Hay tambien otros pequeños Pueblos , y en todos algunos Españoles y Mestizos. Todos se mandan por el Gobernador que se titula de Maynas : este se ha nominado hasta aqui por el superior gobierno de la Corte de Santa Fé, habiendole asignado el Excelentísimo Señor Don Sebastian de Eslaba 400 pesos de salario en estas Reales caxas. Al presente exerce el empleo Don Alexandro de la Rosa , por nominacion del gobierno de esta Real Audiencia mas tiempo ha de nueve años. El Gobernador de Maynas no tiene Teniente alguno ; nombranse Alcaldes ordinarios y Gobernadores Indios en los respectivos Pueblos.

Los

Los regulares frutos de aquel País se reducen á granos, que en algunas llanadas siembran los naturales, ya cera negra y blanca, cacao, y zarza que sacan de los montes: estos frutos se internan á las Ciudades, Villas y Lugares de esta jurisdiccion. En la de Maynas debe entenderse hay minerales de oro, pues labando aquellos Indios á orillas del Marañon las arenas, sacan de ellas porciones de este metal.

San Miguel de Ibarra. Al Norte de la Ciudad de Quito, y á inmediaciones del Pueblo que nominan Guayllabamba, corre un caudaloso Rio del mismo nombre: transitase este por un Puente de cal y piedra: es sendero ella á la Villa de San Miguel de Ibarra. Esta Villa está situada en un hermosísimo llano: su vecindario consiste en familias de Españoles, número de Mestizos é Indios. Contiene 7 Pueblos, que se regulan en esta forma: Mira, Pimampiro, Carangue, San Antonio de Carangue, Salinas, Tumbabiro y Caguasqui. El general destino de ellos es la labranza de campos, por ser aquellos fecundísimos á causa del benéfico temperamento que alli se goza. Los regulares frutos que ellos producen, son todos granos sin excepcion, muchos plantíos de caña dulce y siembras de algodon: las cosechas son en todo excesivas y abundantísimas, aun en muy sazonadas y deliciosas frutas. De la caña se labran en Trapiches mucho azucar, mieles y raspaduras. Tienense algunos cortos texidos de algodon y lanas, destinan lo mas de estas especies á comercios. Hay muy grandes potreros en que se ceban las reses para el abasto. El comercio de aquella Villa es con esta Ciudad de Quito, adonde se traen crecidas porciones de azucar, harinas y algodon; con la de Po-

pa-

payan , Barbacoas y Chocó , adonde dirigen bayetas , jergas y algodon al uso de Pabilos : igualmente comercian con el gobierno de Esmeraldas que
está al Poniente de dicha Villa , adonde por una
vereda franca solo al camino de á pie , conducen
cacao , tabaco , pita , cera y algun oro de que
hacen cambio con los de esta Villa por harinas y
otros frutos. Si esta vereda fuese mas comoda , no
hay duda que podia establecerse un comercio muy
util.

La Villa de San Miguel de Ibarra es la senda
precisa para conducirse de Cartagena y nuevo Reyno á esta Ciudad de Quito , por lo que los mercaderes que viajan estos términos , hacen escala en
la referida Villa , en donde logran algunas ventas
de sus ropas , exîgiendo á respecto de estas el Real
derecho de alcabala el Ministro que está encargado
de cobrarla. Los frutos que de la citada Villa se
traen á esta Ciudad pagan en ella el mismo derecho ; como en las Reales caxas de Popayan los que
se remiten á aquella Provincia.

La Villa de San Miguel de Ibarra se gobierna
por un Corregidor. Exercen justicia tambien dos
Alcaldes ordinarios anualmente electivos por su Cabildo. En este Corregimiento no hay Teniente alguno , ni el Corregidor goza salario por no haberse destinado ramo de que se contribuyan los 500
pesos que S. M. le asignó. Podrá tener el Corregidor alguna corta utilidad en la cobranza de Reales
tributos , si se les rematan equitativamente. Sirve
al presente este cargo tiempo ha de un año , y por
merced del Excelentísimo Señor Marques de Villar
Don Antonio Pereyra.

Circundan esta Villa dos hermosos Rios , uno
que

que corre á la parte del Oriente, y llaman Taguando, y otro que dirige su curso al Occidente, y se nomina Afabi. Media legua al Norte de esta Villa está la célebre laguna nombrada Yaguarcocha : tiene esta de circumbalacion mas de legua y media. En un cerro que llaman Chiltason, y dista de la referida Villa 8 leguas, se han descubierto muchas vetas de plata, habiendose registrado sus metales conforme á ordenanza. En el Pueblo que nombran Salinas, hay minerales de sal, que abastecen aquella Villa y las Poblaciones que están al norte de esta Ciudad. Está establecido allí el Real Estanco de Aguardiente de caña.

Otábalo. El asiento de Otábalo es el mas inmediato al Sur á la Villa de San Miguel de Ibarra : es una Poblacion hermosa, que incluye crecido número de Españoles, Mestizos, é Indios, y en todos hasta cerca de 209 almas; contienense en su jurisdiccion 8 Pueblos que se nominan asi, Otábalo, Cayambe, Tabacundo, Atontaqui, Cotacache, San Pablo, Tocache y Ureuqui. Todo aquel territorio es fertilísimo en las cosechas de granos con que se abastece el vecindario, y en gran parte esta Ciudad. Hay obejerías muy abundantes para el consumo de lanas. Tienense muchas plantadas de caña dulce, y de ella se labran el azucar, raspaduras, miel y aguardiente. Hay allí crecidas cebas de ganado para el abasto. Cosechase en abundancia el algodon. Los naturales propenden mucho á los texidos que exercitan en muchos obrages en las fábiicas de paños, bayetas, lienzos, alfombras y pabellones. Estos frutos son de comercio con la Ciudad de Quito, adonde se traen los paños, bayetas, mucho algodon,

azu-

azucar , harinas , y hasta 29 reses para el abasto de
la carnicería. Remitense muchos de aquellos texidos
y frutos á las Provincias de Popayan , Chocó , y
Barbacoas , y en todas pagan los correspondientes
Reales derechos.

Gobierna aquel asiento un Corregidor á quien
están asignados 500 pesos por salario en estas Reales caxas , y no tiene otra utilidad que la que logra-
re en la cobranza de tributos. Empezó á servir este
empleo habrá tiempo de dos meses, con título y merced librada por S. M. Don Fernando Bustamante.
En este asiento de Otábalo no se nomina Teniente
alguno, y solo hay un Juez de desagravios en el Pueblo de Tabacundo.

En términos de este asiento se han reconocido
dos Lagunas, una que nominan San Pablo, que de largo tiene hasta una legua, y media en su ancho ; otra
de igual mensura á la primera , y situada en la base,
que forma un cerro nombrado Cuicocha , de quien
ella tomó el nombre.

Cerca del Pueblo de Cayambe está un cerro
que nominan Cayamburo : él es de los mas eleva-
dos que se reconocen en toda esta cordillera. Hallase establecido en el asiento de Otábalo el Estanco Real de Aguardiente de caña.

Esmeraldas. El gobierno de la Provincia de Esmeraldas se halla entre las dos jurisdicciones de
Barbacoas y Guayaquil, en la costa del Mar del Sur.
Tiene este Gobierno mas de 56 leguas de longitud,
desde Usmal , que es la linea divisoria que lo sepa-
ra de la jurisdiccion de Popayán , hasta la Sierra
nombrada del Balsamo, que por la parte del Sur
hace division de aquella , con el distrito de Guayaquil.

quil. La Provincia de Esmeraldas ha estado desde la antigüedad inculta, ó por el esmero que se llevaron otras, ó por ignorarse la fertilidad y hermosura de aquel País. A él se nominaron distintos Gobernadores, y como el destino era empresa que se dirigia á una conquista, anduvo menos dispierta la resolucion, hasta que la de Don Pedro Maldonado Sotomayor, Gentil Hombre de Cámara de S. M. y Varon de elevado espíritu, y esclarecida conducta, á quien confirió este Gobierno el Soberano por el tiempo que durase su vida y la de su hijo, con la asignacion de 49600 ducados de renta anual, la emprendió zanjando cámino desde esta Ciudad á aquella Provincia, que estableció hasta los términos de hacer ver la preciosidad que ella contiene, y hubiera sin duda llegado á mayor aumento si el fin de su estimable vida no se le hubiera puesto á los progresos de la conquista.

Es aquella Provincia de un territorio muy fertil, productivo y abundante de todo género de frutos, muy semejante en ellos á los que se cosechan en Guayaquil. Contienense en aquella jurisdiccion con tres Puertos de Mar, y la Ciudad de Limones, erigida por el citado Don Pedro Maldonado, 21 Poblaciones en esta manera: los Puertos de Tumaco, Tola, San Mateo de Esmeraldas, Atacames, la Canoa y los Pueblos de Lachas, Cayapas, Inta, Gualea, Nanegal, Tambillo, Niguas, Cachillacta, Mindo, Yambe, Cocaniguas, Cansacoto, Santo Domingo y Nono. En toda aquella jurisdiccion habitan Indios, Negros, Mulatos y poco número de Españoles: los mas apreciables frutos consisten en cera, copal, balsamos, brea, pita, bainilla, achote, zar-

za,

za , la yerba de que se labra el añil y tabaco. En sus montañas se tiene cacao muy sobresaliente , y de calidad superior al de Guayaquil : hay las mesmas maderas que en aquellos montes , y por no freqüentados los de Esmeraldas , mas hermosas y abundantes , hasta poderse destinar á la construccion de las mayores Naos.

Circundan aquella jurisdiccion los dos célebres Rios de Santiago y de Mira : ellos son navegables, y en sus orillas y esteros se laban las arenas extrayendo de ellas crecidas porciones de oro que las corrientes arrastran de las poderosas minas de este metal que hay en aquel territorio : ellas han sido trabajadas con mucha utilidad , y se ha conocido hacen ventajas á las de la Provincia de Barbacoas , porque sus proporciones forman la comodidad de poderse trabajar todas con aguas vivas , y la de tenerse en los muchos ganados que contiene aquel distrito , facilidad para el mantenimiento de la gente que se destinase á las labores.

Es constante que aquella Provincia tiene minas de Esmeraldas , de que son testimonio irrefragable las que de alli sacó Don Pedro Maldonado. La muerte de éste ha privado á la Monarquía de la utilidad que su zelo hubiera establecido en aquellos dominios. Estos están hoy en la mayor decadencia , porque solo podria promoverle aumento el alma del comercio, que no se practica desde la falta del citado Gobernador , y hallandose aun la senda que él franqueó desde esta Ciudad á aquella Provincia quasi impracticable : de modo , que solo existe la que para camino de á pie hizo de la Villa de Ibarra , siendo Corregidor Don Manuel Diez de la Peña.

No

No puede llegar esta Provincia á todas las medras de que ella es capaz , mientras no se arbitraron medios de su fomento. La merced que S. M. hizo de este gobierno al hijo de Don Pedro Maldonado, por su fallecimiento , no se ha verificado por haber quedado succesion solo en linea de hembra , cuyo derecho en fuerza del matrimonio contraido, deduce ante la Real persona , Don Manuel Diez de la Peña , en quien hay aptitud para desempeñar este y otros encargos.

Gobiernase hoy aquella Provincia por Teniente que nomina el gobierno de esta Real Audiencia ; el qual no goza salario alguno , y solo puede subsistir hallandose avecindado en la jurisdiccion.

He dado razon á V. E. de lo que en la suya se incluye con respecto á los articulos que me manda V. E. le responda. Celebraré que lo que he expuesto sea del superior agrado de V. E., á quien solo me resta informar cerca de esta Capital y la Provincia de Guayaquil.

El comercio de texidos , que poco despues de su ereccion estableció esta Provincia con el Reyno del Perú , ha sido toda su utilidad civil, y el medio único de entrar á ella el dinero, hasta que en este tiempo con las crecidas cargazones de ropas de Castilla , que se internan en aquel Reyno, han venido á ser despreciables en sus Provincias los texidos de estas, que no teniendo para su aumento otra subsistencia , está reducida á la mas estrecha inopia; pues no entra á ella dinero alguno, al mismo tiempo, que el que circulaba en su Cuerpo se extrae, ya á esa Capital , en los situados que anualmente se destinan , y ya en las remesas que á Europa hacen algunos Mercaderes de este comercio , con lo que deberá sin duda experimentar esta Provincia su ultimo exterminio, constituidos sus vecinos en lamentable miseria. Ella demanda en el presente sistema arbitrios muy eficaces á su reparo. El gasto de las tintas con que benefician sus texidos, es hoy el mismo que en los tiempos de mayor opulencia, lo que produce que quando en el Perú (á largo tiempo) se venden estas ropas, el corto precio de sus compras con las crecidas expensas en la Fábrica, dexan arruinado este comercio: quien si comprase las tintas en los Puertos del Realejo y Sonsonate, destinando por ellas anualmente una pequeña Nao desde Guayaquil, tendrian mas comodidad en las Fábricas, y por mas baxo precio las expendieran prontamente en las Provincias del Perú, de donde fueran freqüentes las remisiones de dinero, que harian sin duda florecer aun en la constitucion presente esta Provincia, á donde traidas las tintas desde la Ciudad de Lima, se venden por exôrbitantes precios.

El fomento en la labor de minas podria ser otro medio á su reparo, hallanse ellas sin progreso á causa de ignorarse aqui el beneficio de metales, y dificultarse en el Perú la venida de peritos que lo instruyan, por lo que el asunto demanda esfuerzo superior á este logro.

La Plaza de Guayaquil es una parte la mas estimable de este gobierno. Alcanzan sus frutos á lo mas de la America, y mucha parte de la Europa: el Real Astillero es única oficina de bageles en estos Reynos. Construyense alli los que sirven de asegurarlos de las invasiones enemigas, y los que hacen existir los comercios; y es dolorosísimo que aquella Plaza esté sin la mayor guarnicion, franca y expuesta á padecer las tomas, que aun en tiempos que

ella

ella tuvo alguna fortificacion, experimentó en la violencia de los piratas Flibustiers. Y ultimamente en la
que le hicieron el año de 709 los corsarios Ingleses Rodrigo Raques , y Guillermo Dampie re , que
sin duda excitaron el zelo del Excelentísimo Señor
Don Jorge de Villalonga , primer Virrey de este
Reyno , quando en su tránsito por aquella Ciudad á
esa Capital , arbitró se formase un Castillo que dexó delineado en la ceja del Rio , y en el sitio que,
nombran Puntagorda , para que él fuera defensa que
impidiese la entrada á los enemigos en aquella Plaza.
Emprendióse la Fábrica con los arbitrios que ordenó
S. E. en cuyo gobierno extinguió el Virreynato, y no,
tuvo medras aquel proyecto. Y hallandose hoy la
Plaza en la constitucion lastimosa que habrá reconocido V. E. en su descripcion , parece oportuno hacer revivir el pensamiento de aquel Excelentísimo
con los mismos medios que entonces produxo su elevada meditacion. Ellos consisten en que se erigiera el
Castillo con lo que produxese el ramo de sisa en las
reses que abastece la Ciudad , que hoy se adjudican
aquellos Corregidores , con el pretexto de mantener
limpias las armas: el producto de las arboladuras de
Naos , que se sacan de las Reales montañas de Bulu-
bulu , y se rematan por cuenta de S. M. y gravan
en un real y medio (á mas del Real derecho de salida) cada carga de cacao ; á que podria agregarse un
corto gravamen á la sal, que en crecidas porciones
se conduce á las Ciudades , Villas , y Lugares de esta Provincia , siendo constante que con alguna corta ayuda que á estos arbitrios diese S. M. , se podria plantar en aquella Plaza una fortificacion de la
mayor importancia , á cuyo menos costo contribuiria no poco mandarse que de esta Provincia , y de

G 2

la jurisdiccion de Cuenca, que contienen mucha
gente bagamunda y ociosa, se embiasen por las
Justicias delinqüentes, que á racion y sin sueldo tra-
bajaran en esta Fábrica; que es cierto se executa con
mas instancia, que la construccion del fuerte en el
Rio Napo: cuya inutilidad he expuesto á V. E., y de
su ferviente zelo espero se verifique asunto tan importante, y en que sin embargo de mi combatida
quebradiza salud, celebraria yo merecer á V. E. el
honor de este encargo, sobre que estudiaria mi aplicacion quantos medios pudiese dictar el arbitrio, á
fin de cumplir con prontitud la idea, y que ella se
efectuase con menos gravamen al Real haber, por
lograr el lustre de este servicio en el tiempo de mi
gobierno. Es quanto debo informar á V. E. en lo
mas executivo é importante de mi jurisdiccion.

Nuestro Señor guarde á V. E. muchos años.
Quito y Septiembre 13 de 1754.

*Autenticidad de las escrituras contenidas en los Archi-
vos, asi públicos como privados, y en especial de los
Archivos de las Iglesias, por el Doctor Don Jayme Ca-
resmar, Canónigo Premostatense, y ex-Abad del Real
Monasterio de Santa Maria de Bellpuig delas
Avellanas, en 1774.*

NOTA DEL EDITOR.

Nó se puede abrir el tomo 28 y 29 de la España Sagrada, sin repararse no solo la parte que tuvo
en ellos, si tambien los elogios que mereció al Padre
Florez, y á su continuador, el famoso Literato, cuyo
es-

escrito vamos á dar á luz deseosos de que el público goce de la instruccion , y exquisitas noticias que
contiene. Una larga vida gastada toda en investigaciones antiquarias, reconocimiento y arreglo de Archivos,
tiene al sábio Don Jayme Caresmar en la clase de
los Mabillones de Acheris y Martenes. Y si la proteccion y auxilios correspondiese á la gran copia de
instrumentos que tiene recogidos de varios Archivos
del Principado de Cataluña, á costa de un desmedido
trabajo, el público tendria una Coleccion tan preciosa
como la de qualquiera de los referidos. „ Este laboriosí-
„simo varon, dice el Padre Risco en el prologo del tom.
„28 de la España Sagrada, mas por lo que tiene tra-
„bajado y dispuesto para darlo á luz, que por lo que
„tiene publicado , es hoy el deposito y rico mineral
„donde se halla todo quanto bueno hay que saber del
„Principado de Cataluña. „ Maron doctísimo en las antigüedades , le llama Capmany en sus Memorias His-
toricas de la marina , comercio y artes de la antigua
Ciudad de Barcelona, y capáz de restaurar la ciencia
Diplomatica si se perdiese su conocimiento. Tal es el
autor de la presente obra trabajada en el año de 1774,
como de ella misma se deduce, y aunque la menor, esperamos que merezca la estimacion pública. Nosotros,
nos detendriamos gustosos en referir la que merece el
autor si la que hacen de él los Extrangeros Literatos no
fuese superior á nuestros elogios. Los Franceses aseguran que si los de su Nacion contribuyesen como él á verificar la grande obra Diplomatica que se meditaba,
presto se veria verificada. Y el regalo que S. M. Christianísima por medio de su Guarda Sellos mandó hacerle de una obra, indica el aprecio que se hace de
sus trabajos. Asi que no podemos menos de concluir
con los dichos del Padre Risco , de que se muevan
á

á protegerle quantos puédan para beneficio y honor
de nuestra España.

Nadie ignora que desde los primeros tiempos las
Iglesias y Monasterios, en su primera fundacion
acostumbraron á escribir en sus libros destinados á
este efecto las Bulas Pontificias, concesiones, y privilegios de Reyes, donaciones hechas por los Mag-
nates, Prelados, ó privadas personas, compras, in-
feudaciones, ó establecimientos, resoluciones capitulares, y otros instrumentos pertenecientes á los derechos y posesiones de la Iglesia ó Monasterio, y á
su buen gobierno civil y económico.

La antigüedad y legitimidad de estas escrituras,
se conoce por la materia en que fueron escritas, de
la lengua y formulas de hablarla, del caracter de la
letra, de las subscripciones y monógramas, de las
notas cronológicas, y de su modo y uso segun los
tiempos, y de la materia misma de que tratan: observadas todas estas cosas, ó las que tengan lugar
en el instrumento ó documento, qualquiera versado
en antigüedades conocerá si hay motivo ó razon
convincente para probar que es falsa ó fingida la escritura, ó para dudar prudentemente de su legitimidad.

No ocurriendo materia de duda se debe reputar
por verdadera, y fé haciente, conciliandole autoridad, y legitimidad, su antigüedad, y el lugar donde
habia sido custodiada, pues no se puede presumir mala fé en los custodios ó archivos, que desde los primeros siglos de la Christiandad acostumbraron nombrar,
y tener las Iglesias para guarda de dichas escrituras;
como lo supone San Agustin en su carta 43. escribiendo á Glorio cap. 9. n. 25. diciendo así: *Non cartis vete-*
ri-

ribus, non archivis publicis, non gestis forensibus, aut Ecclesiasticis agamus. El Concilio Romano celebrado por el Papa Simaco, quejandose de la negligencia de algunos Obispos en defender los bienes de las Iglesias *causa* 16. *quæst.* 5. *can.* 57. los llama : *Custodes potius cartarum , quam Defensores rerum creditarum.* La Iglesia Africana era tan cuidadosa en esto , que en el Concilio Milevitano ap. L' abbe, tom. 2. Concil. col. 2001. estableció que : *Matricula , & archivus Numidiæ, & apud primam Sedem sit , & in Metropoli , id est Constantina.*

En el Concilio Cartaginense del año 525 , que publicó D' Acheri Spicil. tom. 6. edit. vet. el Obispo Bonifacio habla así : *Proferantur ea archivo hujus Ecclesiæ scripta , quæ direximus , & rescripta quæ sumpsimus.* El Concilio de Agde en la Provincia Narbonense del año 506 , excomulga á los que hurtaren algun instrumento de los bienes que la Iglesia posee, condenandolos á la restitucion de los daños que por la falta de aquel título padeciese la Iglesia L' abbe tom. 2. Concil. ed. 1387. San Gregorio Magno en diferentes Epístolas hace memoria de los documentos, instrumentos , ó cartas de los Monasterios , llamando al custodio ó archivo *Chartularius.* Vease *lib.* 7. *epist.* 17. *lib.* 2. *epist.* 3. *lib.* 7. *epist.* 18. *lib.* 8. *epist.* 38.

El Emperador Ludovico Pio en sus capitulares tom. 1. Baluzii col. 552. hablando de las escrituras ó instrumentos , dice así : *Exemplar vero eorum in archivo Palatii nostri censuimus reponendum, ut ex illius inspectione, si quando fieri solet, aut ipsi reclamaverint, aut comes, vel quilibet alter contra eos causam habuerint, definitio litis fieri possit.* El Emperador Cárlos Calvo en las Cortes que tuvo año 868. *In capitul, Baluz.*
tom.

tom. 2. *col.* 214. mandà : *ut Episcopi Privilegia Romæ-
næ Sedis , ad Regum Præcepta Ecclesiis is confirmata
vigili solertia custodiant , ut exinde auctorabili firmitate
tueantur.* En nuestra España Ervigio Rey de los Godos año 1.° de su Reynado , de Christo 685 , hizo
y publicó una ley en Toledo en órden á los Judios
que se convertian á la fé Católica , para que : *solli-
cita diligentia unusquisque sacerdos eas ipsas professiones
in archivis suæ Ecclesiæ recondat , qualiter pro eorum
perfidorum testimonio studiosius conservata persistant. In
Codice Friderici Lindembrogii pag.* 238.

Por lo mucho que importaba el guardarse los
instrumentos ó documentos , los ponian dentro de
un edificio firme , como lo hizo Ebbo , Arzobispo
de Rems , segun refiere Frodoardo en la historia de
aquella Iglesia : *archivum Ecclesiæ Rhemensis tutissimis
ædificiis construxit lib.* 2. *cap.* 18. Los Monges Floria-
censes guardaban los privilegios ó instrumentos *in tur-
ricula. Rodulfo Tortario sæculo* 4. *Benedict. part.* 2.
pag. 409. Los Croylandeses en Inglaterra *In chartaria
arcu lapideo per totum contecta* , como dice Ingulfo en
la historia de aquel Monasterio *ad an.* 1091. *tom.* 1.
Veter. Scriptor. Anglic. Hariulfo Monge de San Rica-
rio , ó Centulense , que compuso la historia de aquel
Monasterio *an.* 1088. dice haberla sacado de los documentos secretos reconocidos en sus armarios , y
bien cerrados con llaves:

Quam puto vos latuisse diu......
Condita secretis armaria clavibus arcent.
Mabillon tom. 1. *Analect. pag.* 432.

Y porque era facil extraviarse las escrituras sueltas , ó rasgarse , ó perderse de otra manera ; ocurrieron los antiguos á la prevencion de este daño y
peligro , formando unos grandes volumenes , y co-
pian-

piandó en ellos los instrumentos que se hallaban en
el archivo de la tal Iglesia : á estos volumenes llamá
San Gregorio Turonense *lib.* 10. *cap.* 19. *col.* 512. *to-*
mos Chartarum , otros llamaron *regesta* , el Colector
de los de la Catedral de Barcelona los llamó *Libros*
Antiquitatum , y vulgarmente son llamados Chartorales. Hallanse muchos de estos en los Archivos de
las Iglesias de Italia , como de varios de ellos refiere
Mabillon en su Museo Italico, tom. 1. En Castilla
hay muchos en sus Iglesias que se llaman Tumbos Becerros : estos se diferencian de los que en Cataluña
llamamos Especulos , Mulazas , ó Indices , pues en
ellos no se transcribe el instrumento á la letra , como
en los Chartorales , si que solo se ponen en ellos por
aprisia , ó un Compendio ó Sumario del instrumento.

En los Chartorales se transcriben los instrumentos por entero , sin dexar los signos ó monogrammas de quienes son los instrumentos , imitando todos
sus ápices con toda puntualidad y primor , de forma , que el versado en el manejo de Escrituras antiguas , á la sola simple vista de ellos , aun sin ver
las letras de la subscripcion dirá de que sugeto es aquella firma , como lo tengo observado en varios Chartorales que he visto , que en todos se guarda esta escrupulosa exáctitud, descifrando los siguientes signos
ó monogrammas , y otros varios.

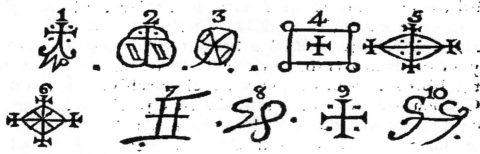

El 1.º es de Ramon Borrell, Conde de Barcelona. El 2.º de Ramon Berenguer II. dicho cabeza de estopa. El 3.º del Rey Don Alonso, hijo del Conde de Barcelona Don Ramon Berenger IV. El 5.º es del Rey Don Pedro II. en Aragon, I. en Cataluña. El 6.º es del Rey Don Jayme I. El 7.º de Spargo, Arzobispo de Tarragona. El 8.º del Obispo de Barcelona, Deusdedit. El 9.º del Obispo Guisliberto de Barcelona. El 10.º de San Olagario.

De donde se ve quan recomendables son este género de libros, por la puntualísima fidelidad con que fueron escritos, y por la exâcta correspondencia que tienen con los originales, si con ellos se colacionan; y aunque á veces no puede practicarse por faltar ya los originales, con todo, como la formacion de estos libros ya fue á fin de que en caso de faltar los originales (siendo mas expuesto y freqüente perderse un instrumento suelto, que un gran volumen) supliesen aquellos la falta de éstos; y observandose que los instrumentos copiados en el Chartoral, corresponden puntualmente con quantos originales restan en el dia, hace presumir esto igual exâctitud en aquellos de quienes falta su original: asi lo han pensado hasta ahora los hombres mas doctos y juiciosos, y los tribunales mas graves, sin que jamás se haya dudado de la autenticidad de estos libros, y á no tenerse esta seguridad, ni las Iglesias y Monasterios, ni las Ciudades y Pueblos, ni aun los Archivos Reales hubieran tomado el grande y costosísimo trabajo de la formacion de semejantes libros, como se ven en el Archivo Real de la Corona de Aragon, situado en Barcelona, y en el de la Corona de Castilla, en el de Simancas, en la Casa de la Ciudad de Barcelona, y en otras Ciu-

Ciudades y Villas , y casi en los mas de los Monasterios antiguos , Catedrales y Colegiatas.

La practica del Archivo Real y de otros es , que quando se pide compulsar algun instrumento no se recurre al original, que á veces no está ; pero ni aun quando esté , solo se acude al Chartoral , Chartorales , Registros ó Becerros donde están continuados los instrumentos de sus originales , y de aquellos se saca copia , y comprobada , la certifica el Archivero , y con esto se dá por copia autentica y fé haciente en qualquiera Tribunal. De otro modo sería desposeer á las Iglesias y Monasterios , á las Ciudades y Pueblos de los títulos de sus privilegios y posesiones , pues de muchas , y tal vez de las mas , se han perdido los primitivos originales.

Dudar de la fé de estos libros , sería exponer los títulos del Real Patronato que adquirieron los Soberanos con la fundacion y dotacion de las Iglesias y Monasterios ; pues estas fundaciones y dotaciones en muchas solo se hallan los instrumentos en el libro Chartoral. Sería dexar un gran vacio en la Historia Ecclesiastica , texida en gran parte de instrumentos sacados de estos Chartorales , á quienes han dado toda fé y credito los hombres mas erudítos. Sería ocasion para declinar á la impiedad , pues se llegaria á dudar del legitimo culto que se dá á muchos de los Santos declarados tales por noticias sacadas de instrumentos contenidos en este género de libros.

Por fin estos Chartorales ó Códigos de los Archivos , tienen á su favor , como se ha dicho , la posesion inmemorial de ser reconocidos por autenticos, y como tales los certifican los compulsores quando mandan sacar copia de sus escrituras ; y no solo esto, sino que semejantes libros se reputan por originales

al

al modo que llaman originales los escribanos á las escrituras que extraen y copian de las notas aprisias, ó escrituras que ellos retienen en su poder, y lo son con toda propiedad: llamandose tambien originales los trasuntos que de ellas sacan y entregan á los interesados, reputandose unas mismas con las que quedan en poder del Escribano. Lo mismo sucede con los Chartorales: las escrituras sueltas del Archivo son los originales; la copia de ellos continuada en un volumen, ó muchos, son tambien originales, pero no sueltos, sino continuados en un volumen, guardados y tenidos en la misma custodia que los originales, y con esto tienen la misma autenticidad que aquellos.

Asi lo declararon los Escribanos de Barcelona, nombrados en 28 de Noviembre de 1607 por el Capitan General de Cataluña Rosellon y Cerdaña, en el pleyto que vertia entre el Abad de San Cucufate del Vallés, y los nobles Don Francisco de Eril, y Constancia su muger, y hablando del Chartoral de San Cucufate, que está en la misma forma, ni mas ni menos, que todos los demás que he visto, dixeron: «Diem y referim, que tenim per legal y autentich al dit llibre Chartoral y aquell y les escritures contengudes en aquell...... Lo qual llibre Chartoral diem que tenim per original en respecte de las copias autenticas que de ell se trauhen; al modo que diem dels trasuntos autentics que los originals de aquells diem que son los extractos de ahont se traslladan dits trasuntos com no sien dits extractos verdadera y realment los originals de aquells actes, sino les notes que restan en ma del Notari de ahont ixen, y alló es lo verdader original...... vuy als 26 de Mars de 1608. Bernat Puigvert. = Geroni Tala-

lavera , Priors del Colegi de Notaris de Barcelona. =
Joan Sala.= Esteve Gilabert y Bruniquer , Notaris
de Colegi de Barcelona. "

,En quantos pleytos he visto oposicion y duda
de la autenticidad de dichos Chartorales, siempre he
visto declararse á favor de la fé pública de aquellos,
sin haber visto una declaracion siquiera en contrario.
Del solo Chartoral de San Cucufate , en mi libro
de las vindicias de San Severo de Barcelona , cap. 1.
refiero las muchas y varias contradicciones que ha
tenido en juicio en distintos Tribunales, y los triunfos que en ellos ha obtenido constantemente , y aun
despues de aquel escrito mio obtuvo otro en el pleyto que dicho Monasterio seguia contra el Ilustrísimo Sales , Obispo de Barcelona, en la Real Cámara
de Castilla.

Verdad es que algunas escrituras de dichos Chartorales no fueron copiadas de los originales que tal
vez ya estaban perdidos, sino de trasuntos, como se
nota á la cabecera ó al pie de dichas escrituras, poniendo la certificacion del Notario que las trasuntó;
esto no obstante tales trasuntos, que de dichos Chartorales se extraen y producen en juicio, no se reputan por trasunto de trasunto, sino por originales
trasuntos , reconociendo en obsequio de la venera-
ble antigüedad aquellos trasuntos por originales, pues
no es posible que de siglos remotísimos quede sino
casi como quien dice de milagro uno ú otro de los
originales : asi lo juzgó la justa , prudente y sábia
circunspeccion de esta Real Audiencia de Barcelona,
en la Sala que presidia el Señor D. Jacobo de Huerta , de un instrumento de Poblacion de la Villa de
Constanti del año 1165, trasuntado año de 1286,
copiado despues en el Chartoral de la Santa Iglesia

de

de Tarragona, la qual copia fué sacada por Escribano público año 1770 por parte de Josef Domingo, Labrador de Constantí, actuario Juan Perez Clarás, no obstante que la parte adversa de Geronimo Clariana, vecino de Reus, expresamente se opuso por razon de que dicho exemplar producido era trasunto de trasunto, y aun menos legal, pues en el trasunto á mas del Escribano que lo saca y autoriza, atestiguan otros dos Escribanos ser legal y concordar en todo, y que no dandose por legal un trasunto trasuntado con estos requisitos, mucho menos debia darse por tal un trasunto de trasunto en que faltaban dichos requisitos. Esto no obstante con Real sentencia proferida por S. E. á los 24 de Julio de 1771, se dió toda fé y credito á la dicha escritura, haciendose expresa mencion de ella en la explicacion de la pretension de dicho Josef Domingo, quien con aquella obtuvo declaracion favorable. El largo y gravísimo pleyto que siguió mi Monasterio de Bellpuig de las Avellanas, desde el año 1625, hasta el de 1675 contra el Fiscal de S. M. primero en esta Audiencia, despues en la Sagrada Rota, y por último, en una congregacion particular presidida por uno de los Cardenales, instituida por Alexandro VII. sobre si dicho Monasterio era ó no de Patronato Real riguroso, todo vertia en el auto de la fundacion hecha por los Condes de Urgel, y este era un trasunto de trasunto, y con todo, ni por una ni otra de las partes, ni Tribunal alguno excitó jamás duda sobre la autenticidad y legalidad de dicho documento.

Pero no solo los Originales, Chartorales y Trasuntos antiguos se reputan en juicio, y fuera de él por autenticos y legales, sino tambien toda otra suer-

suérte de libros ó codigos que se hallan custodiados
en el Archivo, y fueron formados para el buen gobierno Civil ó Económico de la Ciudad, Villa, Iglesia ó Monasterio: lo que aunque es notorio por la
freqüentísima práctica de extraerse certificatos autenticos de ellos ó de otras notas alli guardadas, se
apoya con la declaracion siguiente: Los Regidores
de la Villa de Tarrega seguian causa en esta Real
Audiencia contra el Abad y Monasterio de Poblet,
y Regidores de Verdú, actuario Josef Viñals y Tos,
y habiendo producido diferentes certificaciones de
cosas contenidas en dos libros de la universidad de
aquella Villa, recondidos en su Archivo; mandó
S. E. que dichos libros fuesen puestos en poder del
actuario, y habiendose disputado de la fé que merecian se mandó á los Priores del Colegio de número de Barcelona que hiciesen relacion de la con-
cordancia de dichas certificaciones, con lo contenido en los indicados libros, y de la fé que merecian, y á los 6 de Junio de 1757 unanimes hicieron relacion de que "como dichos libros fuesen del
siglo XVI. y que contenian escrituras ó copias de
escrituras, algunas sin las reglas del arte de Notarios
y uso ó estilo de los Notarios en lo antigüo, y otras
con otros defectos dixeron y acordaron no ser los
referidos libros Protocolos ó Manuales de Notarios,
pero sí libros para el regimen y gobierno de la universidad, y que se les podia dar la misma y tal y
tanta fé, qual y quanta en juicio se ha acostumbrado dar á semejantes libros, respecto del grave fin
para que estaban escritos, y haberse y estar recondidos en el archivo de dicha universidad."

  Ni obsta que dichas escrituras antiguas no fuesen
recibidas por Personas públicas ó Notarios, sino
por

por personas particulares , y comunmente por Clérigos y Monges ; porque en verdad fuera de éstos, eran pocos los que sabian escribir , y tengo por cierto que todos aquellos que en la subscripcion que debian de hacer para cerrar el instrumento, dicen *puncto ó punctis firmavi* , no sabian de escribir , pues si no lo ignoraban , y por enfermedad ó por ceguera no podian escribir , ya se advertia en la subscripcion de sus nombres, que por ellos escribia el Escribano. Se ve esto en el instrumento de num. 78. fol. 39. del *lib.* 1. *de las Antigüedades* , que concluye así: *Sig†num Regiato qui.....præ nimia cæcitate quan Deus mihi dedit meo peccato impediente manibus meis firmare non potui , sicut solitus fui , sed digito meo firmavi & firmare rogavi* (es del año 1019.) En el mismo libro, *fol.* 112. *num.* 280. hay esta. *S†um seniofredi qui per multam ægritudinem quam habeo non potui firmare , sed punctis firmo.* (es del año 1075.) En el mismo libro, *fol.* 296. *num.* 810. hay esta. *S†um Mironis Goltredi, quia caligans oculis literis non potui , puncto roboravi* (es del año 1092.) En el mismo libro 1. *fol.* 40. *num.* 81. *Sig†num ega feminæ puncta pingendo in charta roboravi , & ab aliis subscribi jussi.* (es del año 1094.) San Olaguer , que tanto habia subscribido , y tanto escrito , estando ya muy enfermo de la enfermedad de que murió en el dia 13 de Febrero del año 1137, y no en 1136, como se dice y escribe, lo que puedo demostrar con muchas escrituras irrefragables, otorgó cierta escritura , *lib.* 3. *Antiq. fol.* 37. *n.* 104. en que subscribe así : *Sig†num Ollegarii Archiepiscopi qui nimia detentus infirmitate hoc donum punctatim firmo & laudo.* Pero como era tan general la ignorancia de escribir , por esto ocurre tan freqüente en las subscripciones el *puncto ó punctatim firmo.*

Es-

Esta ignorancia no solo era en Cataluña donde no habia lugar para esgrimir plumas sino espadas, sí que venia muy de lexos, y era comun en todos los Reynos, aun entre personas de la mayor estofa. Del Emperador Justino el Senior, afirma Procopio *Historia Arcana*, cap. 6. que no sabia escribir, lo mismo dice del Rey de los Ostrogodos Teodorico, el anonimo, publicado por Henrique Valesio, *ad calcem Ammiani Marcel. pag.* 669. Withredo Rey de los Cancios, lo confiesa en cierta subscripcion en que dice: *Ego VVithredus Rex Cantiæ omnia suprascripta confirmavi, atque á me dictata propria manu signum Sanctæ Crucis pro ignorantia literarum expressi. Spelman. in Concil. Baitanniæ*, tom. 1. pag. 198. Lo mismo confiesa de sí Heribaldo, Conde del Sacro Palacio, en tiempo de Ludovico Balbo (an. 877.) diciendo: *Signum†Heribaldi Comitis Sacri Palatii, qui ibi fui & propter ignorantiam literarum signum Sanctæ Crucis feci. Mabillon de Re Diplom. pag.* 544. El Emperador Cárlo Magno aunque fué el Mecenas de los Literatos, y el Restaurador de las Letras, tampoco supo escribir, quiso aprender el arte, tentólo, pero en vano por haberlo enprendido tan tarde; asi lo refiere Eginhardo su Secretario, en la vida que le escribió: *Tentabat & scribere, tabulasque & codicillos ad hoc in lectulo sub cervicalibus circumferre solebat, ut cum vacuum tempus esset, manum efigiandis literis assuefaceret. Sed parum prospere succesit labor præposterus ac sero incohatus. Ap. Duchesnium*, tom. 2. pag. 102.

Ni solo fue comun esta ignorancia de escribir entre personas particulares, y grandes Príncipes: comprehendió tambien á muchos Eclesiásticos, y aun á algunos Obispos. En la collacíon que tuvieron los Católicos con los Donatistas de Africa, cap. 113.

se dice de Paulino Obispo Zurense : *Litteras nescien-*
te , que por él subscribió Quincto. De otros Obispos que no supieron escribir , lleva otros exemplares Mabillon *lib.* 2. *de Re Diplom. cap.* 21. *pag.* 164.
Con que siendo tan raro el uso de escribir entre los
legos , no es de admirar se valiesen de Clérigos ó
Monges , entre quienes era mas freqüente este uso,
para escribir los instrumentos , ó documentos de
que se necesitaba.

Esto consideró muy maduramente el Senado de
esta Real Audiencia de Barcelona , en la causa que
vertia entre el Rector del Colegio de Belen de Jesuitas de esta Ciudad , y Don Gerónimo de Ferrér de
otra parte (actuario Josef Boson) , quien daba de
nulidad el testamento de Geraldo de Sabó producido por parte del Rector del Colegio , por motivo
de no ser recibido por persona pública , sino por
cierto Clérigo llamado Bernardo Sacerdote ; pero el
Senado en la sentencia que dió á favor de dicho Rector en 29 de Abril de 1727 , haciendose cargo de
esta objecion , dice : „ *Præterquam quod in omnibus*
„*Tribunalibus habentur pro authenticis omnia instrumenta*
„*in antiquissimis temporibus recepta per Sacerdotes , Cle-*
„*ricos , & Levitas , constant in præsenti processu ex*
„*certificatoria facta per Felicem Avella Notar. publ. Bar-*
„*cin. regentem scripturas Collegii de Bethleem , quod in*
„*Archivo dicti Collegii inter scripturas publicas reddituum*
„*qui antea fuerunt Monasterii Castriserrensis receptas us-*
„*que ad annum* 1300 *vidisse , & observasse plusquam*
„*ducenta instrumenta illius antiquissimi temporis, scripta,*
„*recepta , & clausa per Presbyteros , Sacerdotes, Dia-*
„*conos , Subdiaconos , absque eo quod enuntietur Notarii*
„*publici..... Ex quibus remanet legitime probata consuetudo*
„*illius temporis antiquissimi , quod instrumenta publica re-*
ci-

,,cipiebantur , per Sacerdotes , Diaconos , & Subdiaco-
,,nos : qua concurrente fides non potest illis denegari ; imo
,,pro publica tenenda est scriptura præfati testamenti Ge-
,,raldi de Sabo , Militante in hoc publica utilitate. ,, Palabras que como nacidas de una profunda prudencia,
y discreta entereza , merecen escribirse con letras de
oro , pues en verdad que si los tribunales se desvia-
sen de una regla tan sólida , se seguiria un gran trastorno , y confusion al público , como arriba se tiene insinuado.

Igual fé y crédito que se ha dicho debia darse en
juicio , y fuera de él á los chartorales , codigos , ó
libros de los archivos , originales ó trasuntos au-
ténticos sueltos , debe darse á las copias simples antiguas ó hechas sin ninguna solemnidad , sean escritas en pergamino ó en papel , ó en otra materia,
aunque estén separadas , y de por sí en qualquier
fragmento , sea de piedra ó de metal , papel ó membrana: mientras que la escritura no contenga reparos que hagan dudar prudentemente de su legitimidad , y por otra parte en lo substancial de ella
esté entera ó no mutilada. Tal es el dictamen comun de todos los hombres mas sábios: pues el cuerpo de la coleccion de los Concilios , cuya doctrina
y disposiciones se veneran por autenticas , tiene las
mas de sus actas sacadas de un exemplar sencillo, sin
saberse quien lo escribió , y sin llevar consigo fé alguna de su legitimidad , sin mas recomendacion que
su antigüedad misma , y el haberse conservado á pesar de las injurias de los tiempos en alguno de los
archivos ó librerías de alguna Iglesia ó Monasterio.
¿Quántas obras de Santos Padres , ó Escritores antiguos se han dado á luz , se estiman y se veneran,
habiendose sacado de un solo exemplar antîguo que

ha-

habia quedado , y tal vez redimiendose este con dinero de las manos de algun especiero , como sucedió con las obras de Agobardo Arzobispo de Leon?

La correccion de la sagrada Biblia , que de órden de los Papas se ha hecho en varias ocasiones , no se ha practicado con otros subsidios que el de varias copias simples halladas en varias Librerías y Archivos de diferentes Reynos y Provincias , las quales entre sí se han colacionado, y de la constante uniformidad de copias se ha visto si el texto estaba adulterado ó correcto. Los mismos Correctores han confesado y confiesan , que aun quedan algunos textos que dexaron como estaban , por no tener suficientes copias antiguas para asegurarse como debia leerse el tal texto. Quizá uno de estos es el del Evangelio de San Juan cap. 1. v. 13, donde leemos : *Qui non ex Sanguinibus , neque ex voluntate carnis , neque ex voluntate viri , sed ex Deo nati sunt.* Este texto en un codigo antiquísimo en membrana fina , que se guarda en el Archivo de la Santa Iglesia de Barcelona, se lee así: *Qui non ex sanguinibus , neque ex voluptate carnis , neque ex voluptate viri , sed ex Deo nati sunt.* De tanta importancia es el guardar las escrituras antiguas , que en muchas partes se han malbaratado por no entenderse su valor y precio , considerandolas de puro embarazo , lo que quan perjudicial haya sido al Orbe literario , no es facil ponderarse dignamente, ni estimarse como corresponde el daño, que esta incuria ha causado á nuestros paysanos, como lo pudiera decir de determinados lugares , si no perdonase al rubor de las personas.

Para que dichas escrituras tengan autoridad, bastales ser antiguas, y haberse conservado á pesar de las inclemencias de los tiempos en los Archivos públicos ó psi-

privados. Me consta que algunas de estas escrituras
ó notas sueltas, ó copia de ellas concordada, se
han presentado en juicio, y que han sido admi-
tidas como autenticas, no solo en los tribunales de
España, sino tambien de Francia : yo puedo dar de
esto una prueba la mas cabal y evidente. Registran-
do yo de órden de la Real Cámara de Castilla el Archivo de la Iglesia Colegial de San Pedro de Ager,
entre su copiosa multitud de instrumentos y documentos encontré dos, el uno escrito en pergamino,
que contenia algunos Decretos (juzgo que no todos)
del Concilio Claramontano, celebrado en tiempo
de Urbano II., y otro en papel, que era la Bula de
la extincion de los Templarios, que despachó Clemente V., y se publicó en el Concilio Viennense;
uno y otro eran unas meras copias sueltas sin nombre del Copista, ni solemnidad alguna : con todo
la Real Cámara hizo tal aprecio de estos dos documentos, que expidió una Real Cédula dirigida al Ilustre Señor Don Josef Martinez, Presidente de la Real
Chancillería de Valladolid, mandandole que las copias que se sacaron de aquellos dos documentos las
recondiese en el Real Archivo de la Corona de Castilla, que es Simancas, dentro el distrito de aquella Chancillería, como se sirvió dicho Señor avisar-
melo en carta del mes de Febrero del año proximo
pasado 1773.

De aqui se vé lo que bastó para que dicha Real
Cámara tuviese por autenticas dichas escrituras : pero
el motivo del especial aprecio que hizo de ellas, fue
porque una y otra pieza eran ineditas, á lo menos
en su todo. Graciano en el Decreto pone alguno de
los Cánones del Concilio Claramontano ; pero no está en Graciano, ni en la edicion de los Concilios

d

de Severino Binnio , lo que se contiene en el pergamino de Ager , que es escrito coetaneo segun el caracter de la letra , que tal vez es del mismo Abad de Ager, Arnaldo, que asistió y subscribió en él , y se llevaria la copia de lo que conducia para su régimen. Yo cotejé á Graciano con el pergamino , convienen en la substancia , pero en el pergamino hay algunas palabras , que dan mayor claridad y mas alma al texto, las quales faltan en Graciano.

La copia de la Bula de la extincion de los Templarios tambien es coetanea , y tal vez de letra del Abad Andres, que asistió á dicho Concilio : cosa es casi increible, pero no menos verdadera que entre tantos Escritores de todos Reynos y Naciones , que han tratado con especialidad de la tragedia de los Templarios, nadie publica la Bula de su extincion: y si la citan no es la Bula propia de su formal extincion, sino la de la aplicacion de sus bienes, que supone y refiere su extincion: no obtante ésta reputan por la formal de su extincion, y con título de tal se halla publicada en las colecciones de los Concilios , siendo asi que no lo es , como se ve cotejando el contexto de una y otra , y de que la que yo hallé tiene data anterior , como que en ella se fundan las otras Bulas del destino de las personas (que tampoco se ha publicado , y cuyo exemplar remití tambien) , y la otra de la aplicacion de los bienes , que equivocadamente llaman *Bulla extinctionis Templariorum* , que es la que unicamente se ha publicado sobre este memorable suceso. De lo que se infiere , quan recomendable es qualquiera Archivo, pues quizá contiene cosas que solo se pueden hallar en él y no en otro. La lastima es que sus tesoros son escondidos, y que unicamente se guardan con cuidado los títulos de

las

las posesiones , y los cabreos de los censos y cen-
sales , siendo muy raro el uso que se hace de sus riquezas para la ilustracion de la Historia y República de las letras.

De todo lo dicho hasta aqui no se pretende que
se admita por autentico qualquiera documento antiguo , que se halle custodiado en un Archivo: sobre
esto es menester gran uso de prudencia y de discrecion : si el documento que se extrae atentamente
leido y considerado , no contiene cosa que le haga
sospechoso de falso , es justo se admita como fé haciente , pero si es sospechoso , es menester considerar en que se funda la sospecha ; pues si solo es
por contener algun error en la data , ó en la narrativa que se pueda atribuir á error ó alucinacion del
Escribano ó copista, no por esto se ha de tener por
falso, pues ni el texto de las Biblias impresas ó MSS.
dexa de tener algunos de semejantes defectos : pero si la narrativa se opone á lo que consta por otros
documentos ciertos, ó contiene cosas que sean incompatibles con otras verdades constantes , se debe
desechar el tal documento , sin que por esto pierda
su autoridad y aprecio el Archivo en que fuere hallado , como no la pierde el Erario por mas que contenga alguna moneda falsa.

- *Frag-*

Fragmentos históricos de la vida del Excelentísimo Señor Don Josef Patiño, Secretario que fue de Estado, Hacienda, Marina é Indias, en el Reynado del Señor Don Felipe V.

NOTA DEL EDITOR.

No sabemos quien fue el autor de la presente obra; pero la contemplamos con la recomendacion necesaria para que sea recibida del público gratamente. Las noticias históricas que ofrece la pureza de su estilo, y lo cierto de todo su relato, son circunstancias tan apreciables, que no solo nos obligaron á incluirla en nuestro periódico, sino á hacer otra nueva impresion separada de él, á fin de que no carezcan de ella los que no tengan el semanario.

Amigo mio: Pudiera tu curiosidad ser igual á la piedad que te he visto exercitar siempre, para no mandarme escribirte, lo que la libertad de la crítica, y la formalidad de los Españoles, haya dicho del caracter de Don Josef Patiño, pues no siendo este Ministro conocido fuera de España, no has tenido ocasion de haberle tratado en Corte alguna de Eropa, ni en algunos de los congresos celebrados para su pacificacion, en los años corridos de este siglo.

Encárgasme tambien que te avise el juicio que se formare de los que eligieren para servir en sus empleos, tendiendo la vista sobre todos los que estén en aptititud de ser nombrados , y participandote sus nombres , virtudes y vicios , para aprovecharte de mis advertencias en el manejo de tus negocios.

Quan dificil sea el obedecerte en las dos cosas que me ordenas , no te lo puedo ponderar , porque en esta Corte mas que en otra , luce la lealtad á su Soberano , y esta excelente calidad hace á los vasallos tan resignados con el gusto de sus Reyes, que aunque alguna vez padezcan agravios de sus Ministros , lo sufren , si no con alegria , con tal conformidad , que la graduarán por paciencia Evangélica los que no sean muy versados en su trato.

De esto puedes inferir que sin embargo de que la muerte de este Ministro daría en otra Nacion grande motivo de quejas y recursos á su Rey : los Españoles serán tan moderados , que oculten todo el material de que mi obediencia pudiera valerse para dexarte gustoso en la difinicion de Patiño , á quien traté tan poco como puedes discurrir de las raras ocasiones, que por los intereses de nuestra Patria necesité buscarle.

Con mas difusion te hablaria de los Ministros de toga , y espada , en quienes puede recaer el despacho , si por algun antecedente se pudiese inferir el nombramiento que por mi ociosidad , y genio me han franqueado ocasiones de observar de cerca sus talentos , y como en larga carrera flaquea aun el mas fogoso caballo si no le despierta la espuela , asi ellos viendo tan distante en un ministerio tan dilatado como el de Patiño, el blanco á que llevaban la mira, alguna vez descuidados han dexado obrar el natural de que se ha servido mi atencion para inferir lo que cada uno puede ser puesto á la mira de todos.

Mas como hablar aunque sea en confianza de los

vicios particulares es culpa , has de permitirme que calle todo lo que sé : pues la conducta del que se eligiere dará brevemente á tu penetracion luz para discernir su capacidad , y la afectacion ó desagrado con que se recibe en el público , es antorcha que descubre la opinion que se tiene del sugeto.

No te admire que escrupulice en este reparo un Italiano , porque aunque en la cabeza del mundo Roma , donde estudiamos todos en nuestra juventud , está en uso á detenerse en publicar faltas agenas ; acá en España se tiene por sacrilegio de la nobleza , y la vanidad que se pone en guardar las leyes de la distinguida crianza , sirve de freno á no romper el precepto del Decalogo , que manda no mormurar , y asi como de los nuevos alimentos de un País se contraen al cuerpo humores diferentes, asi estos ayres , y costumbres de España , me han apartado de aquel defecto congenito , y natural á todos nuestros compatriotas, mientras viven en Italia.

Pasando pues á descubrirte el caracter de Patiño, debo presuponerte dos cosas , que me embarazan tratar de él con la exâctitud , y puntualidad que tu lo deseas. Una es , que debiera contener esta relacion todas las representaciones suyas de palabra y por escrito á los Reyes, porque nada mejor que ellos esclareceria el fin de sus operaciones , y el fondo de sus luces ; y otra es , que tambien deberia expresarte el valor , y estimacion que SS. MM. dieron á su capacidad. En la primera hay mas inconvenientes , que dificultades , porque referir por menor lo expuesto por Patiño á viva voz , y por escrito pudiera (si se supiese) originar nuevas cavilaciones , y desconfianzas entre los Soberanos de Europa. Algo diré en su lugar , porque sería temeridad mia fiar

á

á tan facil prision , como la de un sello , los secretos que apenas se guardan con muchos candados en
los gavinetes. La otra es mas impenetrable , aun
siendo tan dificil la primera , porque los Reyes de
España son hoy aquel misterioso emblema de la torre , en cuyo chapitel , aun no teniendo puertas , y
ventanas, se miraba un hombre , que desde lo alto
decia á todos : *ad omnia sufficit amor* , dando á entender , que sube á la cumbre el que con fidelidad,
fé , y amor acomete las dificultades.

Estas partidas fueron la escala por donde Patiño
ascendió á la gracia de SS. MM. Ellas le mantuvieron en la misma altura todo el tiempo que vivió , y
aunque su Real discrecion , y profunda capacidad,
notaron en su ministerio defectos personales , sin los
quales no hay hombre mortal , ni los Reyes los ma-
nifestaron , ni él pudo registrar aun desde la cima,
lo que encerraba la fortificada torre de sus Reales
corazones ácia su interior concepto.

Esta misma dificultad me priva de saberlo ; y
por ello esta respuesta carecerá de todo lo que contienen estos presupuestos , que la dexarán sin alma,
porque podrá decirse lo mismo que hayan notado todos los curiosos por los públicos movimientos.

Nació pues Don Josef Patiño en Milán , el dia
de Santo Thomás Canturiense á 29 de Diciembre del
año de 1667 : su padre sirvió de Veedor del Exercito que estaba baxo el dominio Español.

No es mi intento referir su ascendencia , ni importa al tuyo saberla. Su extraccion fue de Galicia,
en cuyo Reyno hay casas nobilísimas de esté apellido. Crióse de complexion robusta , genio festivo , y
de fisonomía agradable. Fue educado en letras humanas con gusto de su Maestro , que siempre reparó en

su

su genio espirituoso , mas inclinado á la variedad, que al estudio de su precisa profesion. Teniendo ya edad de discrecion , oyó un Miercoles de Ceniza á un Jesuita un Sermon, predicado en el Domingo con tanta eficacia , que llevó atravesada en el corazon la saeta con que le hirió la energía de aquel varon apostólico. Era este Padre Constantino Tiorelli, cuya discrecion y manejo en la Escritura Sagrada eran entonces admiracion de Lombardía. Prendió tan de veras en él el fuego del Espíritu Santo , que aunque era el mayor de sus hermanos, y llamado á la inmediata succesion de su casa, en cuyas moderadas conveniencias tenia asegurada para toda su vida la conservacion de su descendencia ; resolvió dexarla , y vestir la ropa de la Compañía , como con efecto lo hizo , dexando á su segundo hermano todo lo que la naturaleza le habia ofrecido.

Quál fuese en aquel género de vida su aplicacion; quál su perseverancia en aquel santo proposito, y los motivos de haberlo dexado, aunque pudieran descubrir mucho cuerpo , y ayudar no poco á formar dictamen de nuestro sugeto , no es razon que te lo escriba , porque sería apartarme de la ofrecida brevedad , y empeñarme en hacer la historia de su vida , de que solo notaré lo que se ha sabido desde que pasó á España , que es lo que bastará para dexarte obedecido.

Despues de once años salió de la Compañía el de 1699 , porque no bien visto en ella , por adicto y entregado del todo al antiprobabilísimo del Padre General Tirso Gonzalez , y previniendo, y teniendo quanto padecería en la interior tormenta, que sufria entonces aquel cuerpo , en llegando á faltar su Patron , tuvo por mejor restituirse á la compañía

de

de su hermano Don Baltasar ; á quien la fé de no tener en el siglo hermano mayor , habia empeñado en el matrimonio con una señora de notoria calidad.

Antes de salir de la Compañía de Jesus de Roma , en donde á la sazon vivia , manifestó su ánimo al Padre Tirso : oyóle aquel hombre grande , y las causas de temor en que se fundaba Patiño , á quien respondió estas precisas palabras : „ Hijo , la mise-„ricordia de nuestro Dios te sacó de Babilonia antes „que tu espíritu estuviese pervertido de su malicia. Es-„ta piedad pide un gran reconocimiento. De la Com-„pañía de Jesus te hiciste soldado , obligandote co-„mo tal á seguir á aquel divino Capitan , que nunca „volvió la espalda á la fatiga , á la deshonra , ni á „la ignominiosa muerte. Desde aquella Cruz (le dixo „enseñandole un Crucifixo ,) te está exhortando á se-„guir sus pasos hasta perder la vida por su gloria. „Nada te persuade , que él no hizo. Teme la excla-„macion del Apostol , y no apartes la mano del ara-„do , que á su tiempo te colmará de eternos frutos, „y gracias inmortales. „ Pero la timidéz de Patiño excedió á la exhortacion de su Maestro , y resuelta-mente confesó , que le faltaba el ánimo para rebatir y sufrir las aprensiones de la persecucion.

Volvió á Milán , en donde se esparció con esto la voz de que tomaria posesion de su hacienda ; de que se siguió alguna turbacion á su hermano , que con desenfado , y mas libertad de lo que creyó Don Josef , le manifestó lo que se decia , y éste le respondió , que no habia salido de la Compañía de Jesus para tomar otra: que conocia quanto debia agradecer á su eleccion la que tenia en su muger , por lo que adelantaba la estimacion de la familia: y que creyese que todo lo que la fortuna le diera de ventajas tem-

temporales , serviria al aumento ilustre de sus hijos.

Dudóse en el camino que seguiría , entre los que le proponia su viveza , porque en todos hallaban repugnancia sus desos; habló un dia al Marqués Pompeyo Camili , de cuyas canas , juicio , y consejo quiso fiar la determinacion. Este , oída la duda , le preguntó : ¿si habia dexado la Compañía con ánimo de casarse? Respondió que no ; pues en esta misma Ciudad , replicó el Marqués , fue San Agustin combatido de tus mismos pensamientos , y dando de mano al mundo , trató solo de su verdadera conversion ; y asi qual otro pródigo , volved á la casa de vuestro Padre Ignacio , que teniendo tantas mansiones , sin duda se os recibirá en alguna que afiance vuestra perplexidad , y colme de fortuna mi consejo.

Don Josef no tenia ánimo de abrazar de nuevo aquel ni otro regular instituto , porque toda novedad le era genial , y asi empezó á leer por diversion los textos , y comentarios del derecho civil , de que brevemente tomó lo suficiente para que no le mirasen los doctos como extrangero en aquella profesion.

De la Compañía habia sacado un mediano conocimiento de la Teología Escolástica ; y su argumento contra los Luteranos , Dogmáticos del Septentrion , se celebró freqüentemente en Roma de sutil, y nuevo , porque la delicadeza de su discurso trató muy de intento todas las apariencias , y sombras de la metafisica , con las que les halló senda abierta para parecer en el derecho mas experto que los que en la verdad navegaban su pielago con mas conocimiento.

Su conversacion entretenida , trato , y manejo acomodado á la introduccion con todos , le hizo conocido del Marqués de Leganés , que mandaba el
Exer-

Exercito en Lombardía , y despues del Príncipe de Baudemont , que le succedió en aquel mando. El Marqués necesitaba entonces en esta Corte un Agente hábil , y un testigo ocular de su zelo al servicio del Rey : y como Patiño le tenia muy acreditadas estas calidades le envió á esta Corte la primera vez que vino á ella. Detuvose pocos dias , porque los negocios á que fue enviado tomaron tan diverso semblante , que el Cardenal Portocarrero , que debia entender en ellos , embarazado todo en las últimas dolencias del Rey Cárlos II , y en las grandes dificultades de reglar la succesion del Rey , no se desprendió de ellas por particulares atenciones.

Volvió á Lombardía , y el Marqués de Leganés le hizo Potestad de la Villa , y Puerto del Final, en cuyo exercicio le halló la muerte del Rey Cárlos II. Gobernando aquel Estado el Príncipe de Baudemont , en cuyas gracias se habia introducido Don Josef , porque en conversaciones sueltas de la situacion que entonces tenian las cosas de la Monarquía, habia penetrado la inclinacion francesa del Príncipe , y le habia manifestado las conveniencias , de que subiese al trono de ella Felipe V. Hablaba en esto , porque sabia que aun antes de morir Cárlos II. ni de saberse su Testamento , seguia su Corte , y Familia un Francés , cuyo empleo y calidad se ignoraban , aunque veían todos que tenia con aquel Príncipe mas familiaridad , que la que correspondia al personage que representaba. La Corte de Viena , siempre atenta á lograr para la casa de Austria la succesion de España , supo la nueva calidad de que se habia dexado impresionar Baudemont , y por medio del Conde de Castelblanco le insinuó , que el Estado de Milán , siendo como era

„era feudo Imperial , debia reconocer al Empera-
„dor , con exclusion de todo otro pretendiente; „ y
dando el Príncipe noticia de esta insinaucion á la Francia , fue enviado á aquella Provincia el Mariscal de
Catinat con exercito correspondiente á embarazar los
ánimos que el Conde de Sincendorf habia manifestado en París , tenia su amo el Emperador de atacarla.

Esta digresion te parecerá fuera de la brevedad
prometida , y del proposito de esta carta ; pero
como fueron los Franceses en Italia, como lo llaman
los Químicos ; materia proyectante de sus operaciones , no he podido excusarla para fundar sobre ella
todo lo que hemos visto en la fortuna de Don Josef,
y Don Baltasar , que por el servicio de algunos re-
clutas para completar las tropas , y por el mérito
de su padre , habia logrado succederle en la Veedu-
ría de aquel Exercito ; que con el de los Franceses
habia de obrar de acuerdo contra la invasion de los
Alemanes , que conducidos por el Príncipe Eugenio por caminos hasta entonces inpracticables , desembarcó en el Bearnés quando el Exercito Gálispa-
no le aguardaba fortificado en los confines de Tirol,
en tierras de la señoría de Venecia.

La guerra de Italia conduxo á ella al Rey Felipe de España , y los Franceses de aquel Exercito,
que ya conocian á los dos hermanos , y los creian
hábiles para disponer lo necesario á la manutencion
de las tropas, hablaron de ellos siempre á S. M. muy
favorablemente. Tu sabes , y el mundo todo el fin
de aquella guerra , que desterró de Italia á todos
los que no reconocieron la injusticia con que la do-
minaron los Alemanes.

Con esta ocasion vinieron á España los dos hermanos , y apartandome por ahora de todo lo que
hi-

hizo Don Balthasar para su establecimiento; paso á Don Josef, que arrimado á las esperanzas de los mismos Franceses que le conocieron en Italia, y cargado de cartas de París para los que tenian la gracia del Rey, y la disposicion en los negocios, entró en Madrid y dió principio á sus pretensiones, solicitando vestir la Toga, y que se le diese plaza en alguno de los Consejos de la Corte.

Exornó su memorial con las circunstancias de su literatura, y servicios hechos en la administracion de la justicia en el final; y solo á los Franceses que podian promover sus deseos, representó lo que habia servido en el Estado de Milan en el ministerio de la guerra, pero remitido su memorial á informe de un Ministro Español, que lo habia sido en aquel estado, respondió: *que era desproporcionada y temeraria su instancia, y que quedaria muy premiado siempre que la piedad del Rey le concediese plaza en qualquiera de las menores Audiencias del Reyno.*

Los Ministros Españoles, que en lo pasado mas que ahora, atendian á parecer moderados en su exterior decencia, miraban con aversion que les excediese en lo que llaman tren de calle un pretendiente á los limitados goces de sus plazas, y no querian por compañero un hombre que les fuese superior en la doctrina ó en el lucimiento. Y aunque el tiempo hizo despues á Patiño sufrido, y grande encubridor de sus mortificaciones, llevó tan mal la del informe de su memorial, que habiendo ido aquel dia á comer con Monsieur Duplesi su hermano, le dixo el ánimo que habia formado de dexar á España, y le preguntó si podria vivir en París privadamente con el producto de su efectivo dinero, refiriendole la cantidad que tenia.

Serenólo Duplesi en su desconsuelo, y le alentó á no desmayar en el primer paso de la carrera , y creyendo que el Mariscal de Tessé podria esforzar sus deseos , le habló en favor de su pretension del mismo modo que si la conversacion del Rey en el trono consistiese en la colocacion de Patiño en algun Consejo de la Corte. Esta diligencia se hizo tambien con el Embaxador de Francia Amelot, que intervenia en la provision de todos los empleos de la distribucion de S. M. y á breves dias fue nombrado Ministro en el Consejo de las Ordenes Militares , que es donde se pagaban mejores gages , que consisten en rentas Eclesiásticas , de que el Rey tiene la Administracion perpetua.

Era entonces Presidente de este Consejo el Duque de Beraguas , que habló contraria y libremente á S. M. sobre esta eleccion , que fue contra su dictámen y contra el de los demás Ministros de aquel Consejo por quienes se gobernaba el Duque , pero sostuvo el Rey su determinacion , mandando que corriese el nombramiento : en cuya virtud tomó posesion y sirvió aquel empleo , en el qual , contenido á precisas causas y materias, se halló violento á pocos dias Don Josef , porque se elevaba y entretenia mejor en las tareas de los Doctores Jurisperitos, en la varia leccion de la Historia , y en tratar y discurrir con los Franceses en los medios de continuar la guerra para desalojar de España á los enemigos del Rey.

Uno de los discursos que aprobaron entonces por utiles y necesarios , fue la creacion á la manera que en Francia de los Intendentes en las Provincias, para que asi como en aquel Reyno , se encargase en este un solo Ministro de policía de la Real Hacienda,

y

y de los gastos de la guerra. Eligieronse los que parecieron mas utiles, y se envió á Patiño á Extremadura, en cuya frontera se hacia á los Portugueses la guerra con tanto desorden de las tropas contra los vecinos del País, que vivian quasi á discrecion de su codicia y pasiones. Arreglaronse á su llegada los alojamientos de los Regimientos de Caballería y de Infantería, ordenóse á los Oficiales que contuviesen á los Soldados, y se publicó un vando, en que se hacia responsables á los mismos Regimientos de las culpas que contra los paisanos cometiesen sus respectivos Soldados, condenandoles en el tres tanto del valor que se hurtase: La observancia de esta ley, y su puntual execucion contra las alegaciones y excusas de las tropas, hizo adorable el nombre de Patiño en Extremadura, y tan exácta la militar disciplina, que ya el concurso de la gente de guerra aliviaba al País, y producia contrarios efectos en la Provincia.

De ella salió este Ministro para servir en el exercito de Cataluña, en donde con mayor vigor se trataba de la recuperacion de aquel Principado, y de su Capital Barcelona. Si se hiciese relacion de lo que trabajó hasta la reduccion de aquella Plaza, te sería increible, aunque sabes quanto huyó de las ponderaciones. La falta de medios, porque allí se gastaban casi todos los productos de las Rentas Reales, le llegaron á aconsejar muchas veces, porque en la distribucion de ellos, creyendo entonces inagotable los fondos de la Corona, fue poco contenido, porque decia, *que las cosas grandes nunca se lograban sin grandes desperdicios é inconvenientes.* La esplendidez de su mesa y tienda, no tenia igual en el exercito, y su ánimo superior á las consideracio-

nes

nes de la economía , hizo que muchas veces su voluntad batiese todas las reflexîones del entendimiento y de la razon. Cataluña sujeta , borrados sus fueros , y ocupadas todas las haciendas de aquel Principado con el justo título de la guerra : trabajó Patiño el modo de exîgir de ellas los tributos Reales, y baxo el nombre de *Catrasto*, que aunque hoy se cobran con tanta equidad y beneficio de los Catalanes , quedó corriente aquella contribucion , y la oficiosidad y aplicacion de aquella nacion menos gravada que las Provincias que en Castilla dexaron correr sus venas de sangre y bienes hasta padecer mortales deliquios , por no dexar ni perder el glorioso blason de leales.

Bien oirias decir entonces que asi el nombre de *Catrasto* , con que la antigüedad del Imperio Romano cobraba sus tributos en las Provincias del Oriente , como la forma de imponerle , fue pensamiento de otro , que con verdad puedo decir hoy: *Ego versiculos feci* , pero la fortuna , que enamoró siempre á Patiño sin mudanza , le quitó de delante opurtunamente , que no pudo quexarse ni decir: *tulit alter honores*.

Acabada aquella obra , tendió la consideracion asimismo , y reflexîonó quanto perderia de estimacion y de aplausos en la quietud un hombre á quien nada quedaba ya que hacer en que pudiese conservar igual respeto. Sabia que el Conde de Bergeik, que de órden del Rey habia venido de Bruxelas á Madrid , á dar nuevo método en todas las Rentas Reales , trataba de reducirlas á la capitacion , aunque se oponian á ella los mas inteligentes en el manejo de la Real Hacienda , á quienes el Conde nunca quiso conceder otra calidad , que la de infieles

al

al Rey, tiranos de su Patria, y verdugos de sus hermanos.

Las razones y pruebas que daba de esto, dicen que eran de gran peso, pues nadie pudo negarle, ni que el ingreso de las Rentas Reales sería mayor reducida á capitacion; y que con mas alivio de los vasallos excusaria el gran perjuicio que reciben ellas en su valor cobradas como ahora, y ellos en el modo y especie de que pagan. Como Patiño era de este mismo parecer, habló en favor del Conde con personas que pudieran prevenirle que adheria á la rectitud de sus intenciones: El Duque de Populi, que mandó al principio el sitio de Barcelona, preguntaba en la Corte su aptitud, el Conde de Bergeik, que rindió la Plaza, conoció bien que no habian consistido en el Ministro las faltas que habia experimentado en aquel largo asedio, y habló de él no con las ventajas que Populi, pero sin agravio de sus operaciones.

Antes que el Conde de Bergeik llegase á Madrid, y de paso para esta Corte en Guipuzcua, habia manifestado que la Monarquía de España necesitaba armada naval para su respeto, y para conservar los remotos dominios de la America, y como nacido y criado en las Provincias septentionales, que sacan mayor utilidad del Comercio, venia con deseo de que todos los Españoles conociesen este bien, y estableciesen fábricas y manufacturas donde á lo menos se labrase la seda y lana que sacan de este Reyno los Extrangeros.

Sabía tambien el Conde que la division de España en aquellas sangrientas guerras no habia dexado conservar, ni aun aquel Comercio pasivo que los Españoles tenian con sus dominios ultramarinos; y

que

que aun para corresponderse con ellos habia necesitado el Rey émbiar Bageles Franceses, porque los que servian en la Armada del Rey Cárlos II. los habia consumido el tiempo y el abandono en los Puertos y Careneros. Por eso llamó en San Sebastian al Almirante Don Antonio de Gastañeta, expertísimo en la naval Arquitectura, y con quien confirió la fábrica de seis Bageles, que perdiendo mucho de su hermosura, fuesen capaces de conducir mucha carga á las Indias, y de ellas á España el dinero defendido como en navios de guerra: Esto fue hablar á Gastañeta en su mismo deseo, porque quantos Bageles habia fabricado tenian con este fin esas mismas proporciones.

Sobre estos seis Navios contaba el Conde para que en ellos navegasen en derechura á la America los Españoles; y conociendo la necesidad de hacer Armada, trató en Madrid de ella y dió órden para que en San Feliu, cerca de Barcelona, se construyesen dos Navios de guerra por asiento, para experimentar si salian asi mas varatos que los mandados hacer en Guipuzcoa por Administracion. Dieronse á Patiño, Intendente de aquel Principado, las órdenes para que atendiese á que la calidad de estos Bageles fuese conforme á lo convenido con los asentistas, y á las condiciones de su capitulacion; y como su natural amó siempre la novedad y sabía la precision de que la nacion fabricase Bageles, porque la situacion de su Monarquía no puede sin ellos conservar la gloria de su nombre; se aplicó á enterder, ver y nombrar las piezas de la Arquitectura, y antes que hubiese Bagel acabado tuvo un pequeño modelo de los Navios hechos en su casa por mano del mismo constructor que habia de dirigir la fábrica de

los

los del asiento , y usando ya de las voces de la construccion con propiedad , explicó al Conde de Bergeik la conveniencia que tendria el Rey en que se variasen en algo las medidas de aquellos Bageles, como en efecto se hizo ; dandole órden para que se hiciesen segun sus representaciones. Habia ya Patiño considerado que entre los Ministros del Rey, no habia quien entendiese cosa de marina , porque aunque de inteligencia en Fábricas y apresto de Navios , no ignoraba que la pobreza que los habia oprimido por todo lo ocurrido del siglo , los tenia tan abatidos, que se contentarian de servir en qualquier cosa que les facilitase alguna mas comodidad: fuera de que carecian de otras calidades, sin las quales conocia bien que nunca le podian servir de estorbo.

Con estas consideraciones se propuso hacerse preciso en el manejo de esta negociacion , aunque recelaba que á Don Berdo Tinagero se le prefiriese , porque habia desde el año de once ponderado la necesidad de ella , y proyectado el establecimiento del exercito naval , y señalado en Europa y America los parages mas convenientes para la fábrica , y los medios de que ultimamente se podian valer los Españoles , para que les fuese en la calidad y poca costa mas ventajosa que á otra ninguna nacion : mas sin embargo tuvo poca aprension de que se le antepusiesen , porque como manejaba con anterioridad al Conde Alberoni, que ya entonces , aunque no descubiertamente , llevaba el mayor peso del gobierno , no ignoraba que Tinagero ya no era necesario , habiendo con zelo Español propuesto y dado al público de una vez todo lo que sabia de Maria y Comercio , con que se perjudicó gravemenmente por no haber observado los preceptos de aquella política, que enseña que se han de dar los frutos del espíritu del modo mismo que nuestra comun madre la tierra dá los suyos en diversas oportunas sazones.

Adquirido así por Patiño el comun concepto de inteligente en las materias de Marina, tuvo órden á primeros del año de 1717 para pasar á Cadiz á trabajar en la formacion de todos los miembros de aquel cuerpo, llevando reservada en la instruccion que se le entregó formada por los papeles de Tinagero toda el alma de esta idea; y como á la luz natural de su capacidad para comprehender las cosas, juntó siempre un misterioso disimulo y silencio, que guardaba inviolablemente en las materias de que no estaba fundamentalmente impuesto, y queria en todas parecerlo y producir como suyo todo lo que notaba digno de aprecio; ocultó de todos los que le servian con inmediacion, aquella ley de serle guia de su oficio, y norte de su ministerio; y sacando de ella los principales capítulos, por los que habia de principiar el exercicio de él, manifestó lo primero, que se debia señalar parage comodo para fabricar un grande Arsenal de Marina, en que se construyesen todas las obras necesarias á grandes armamentos de mar, á la construccion de baxeles y galeras, y á la seguridad de los buques en invierno, y en tiempos en que no navegasen.

Exâminó todos los contornos de Cadiz, vió los careneros y almacenes antiguos, propuso á la Corte que nada de lo que habia podia servir: y ultimamente previno, que desde el cimiento era necesario emprender esta grande obra en un terreno que ofrecia con la ventaja de no poder ser atacado

por

por tierra ni por mar, sino con exercitos imposibles de mantener á ninguna nacion, todas las seguridades y conveniencias, que á grandes esperanzas han formado las naciones extrangeras en sus dominios.

Este sitio, que se llama la Carraca por haber quedado abandonada en él una grande nave de guerra, á quien los Españoles daban antiguamente este nombre, goza á la verdad todas las utilidades que Patiño se figuró mirandolo superficialmente; pero la experiencia le enseñó, aunque nunca lo quiso confesar, que la tierra pangosa y paludosa de su distrito, no permite que las fábricas tengan toda la consistencia y solidéz necesaria á su larga duracion, porque he oido decir, que las hechas alli por disposicion de Patiño, se unden en aquel terreno, de modo, que en pocos años perciben los ojos su disminucion; y aunque entonces propuso estos inconvenientes el Ingeniero Mariscal de Campo Don Pedro Barreras, que por su experiencia en las obras de agua de los Estados generales fabricadas todas en semejantes parages, tenia mas conocimiento de él; no hubo forma de que Patiño accediese á su parecer, y así siguió con aprobacion de la Corte adonde nadie quiso escribir lo contrario, temiendo con razon, fuese desatendida qualquiera oposicion en un Ministerio, que hacía tanto caso de lo que Patiño proponia.

Alli se han fabricado muchas obras, todas necesarias y útiles á las cateneras de los bageles, al resguardo y conservacion de sus pertrechos, y á la seguridad de todas las cosas de que hacen y forman las armadas navales; y aunque los Espa-

ñoles en todos los siglos pasados han tenido exercitos poderosos en la mar , y hechose temer en
ella de todas las naciones , y tenian en un immediato sitio á la Carraca algunas obras para su servicio , eran de corta extension , y no de la hermosura , capacidad , y simetria , que al presente usan los grandes Principes en las obras públicas , erigidas para bien de sus Estados.

Como en uno de los articulos del tratado del
Comercio y navegacion que se hizo en Utreck entre Españoles é Ingleses , se acordó que todas las
mercaderías que estos introduxesen en el Reyno de
España , habian de pagar un solo derecho de entrada , suprimiendo en él los que con muchos y
diversos nombres impuestos en varias ocasiones pagan los generos forasteros ; instaron los Ingleses
en la reformacion de aquel abuso , y el Conde
Alberoni observando los pactos de aquella convencion , ordenó á Patiño que formase una junta de
mercaderes Españoles é Ingleses , y de los Ministros de las Aduanas , y Consules de otras naciones ; de esta junta resultaron varias quejas , porque oponiendose los extrangeros á que el Rey sacase en el reglamento nuevo tanto como hasta entonces habia sacado , se consultó á la Corte , de donde no se tomó providencia sobre aquella representacion , y entretanto sobrevino la guerra , que llevaron los Españoles á Sicilia para recuperar aquel
Reyno , adonde fue enviado Patiño en calidad de
Intendente ; pero como su espíritu hecho ya al
mando , no llevaba bien que no fuese su parecer
el seguido en todas materias , representó al Cardenal Alberoni , para poder en aquella distancia
disponer todo lo que le pareciese conveniente.

El

El Cardenal le facilitó esta facultad, y durante la navegacion dió Patiño cuenta al Marques de Lede, cuya condicion afable nunca aspiró al supremo mando de otra cosa, que el de las operaciones de las armas una vez determinadas, porque deseaba solo la gloria de mandarlas por cierto, y no responder de los motivos de moverlas con oportunidad ó sin ella, y asi entregó su obediencia á Patiño, como si en ella tuviese toda la aprobacion del Rey.

Publica fue, y es en Europa la grande esquadra que los Ingleses enviaron entonces siguiendo á los Españoles; pública fue la rabia con que esta nacion miró, que los Españoles empezasen á dexar ver su vandera en la mar, y mas por esta que por otra causa (aunque supieron algunas), determinaron acabar con aquellos pocos Navios, como lo hicieron á 10 de Agosto, cogiendolos á la entrada del Faro divididos y sin forma de poder hacer una pequeña linea que los hiciese mas temidos ó perdidos con mas honra. Riñeron separados en las aguas que cada uno ocupaba; todos los Navios que mandaban Españoles fueron apresados, menos los que Don Baltasar de Guevara governaba con su corneta: los que se fiaron al Marques de Mari Don Andres Reggio, Principe de Chale, y otros extrangeros, ó se entregaron á los Ingleses sin reñir, ó bararon en las costas sufriendo desde luego la vandera Española el oprobrio de mal defendida, hasta que supieron los enemigos quienes eran los que mandaban aquellos bageles.

Don Antonio de Gastañeta, Comandante General de aquella esquadra receloso de que los In-

gle-

gleses traian la intencion que manifestó aquel dia, escribió á Patiño, que estaba en tierra, preguntandole como debia portarse con los Ingleses, que sabia se acercaban á aquellos mares con muy superiores fuerzas á las suyas, y sin haberse declarado enemigos. Patiño le respondió prontamente en tal séntido, que ni pudo penetrarlo por la brevedad con que los Ingleses llegaron á pedir declaracion de su respuesta, ni de ella entender la resolucion que habia de tomar, por lo qual se hizo á la vela, y siguió su navegacion hasta que los Ingleses le obligaron á defenderse.

Sucedió despues en Sicilia todo lo que sabes, y vuelto Patiño á España y cargado con las resultas de aquella guerra, y principalmente de la perdida de la armada, se quedó en Barcelona, porque Alberoni retirado desgraciadamente á Italia, habia antes impuesto al Rey en que la demasiada confianza de Patiño era la causa de haber los Ingleses logrado deshacerlas. El Principe Pio, que mandaba en Cataluña, estaba muy sentido de que Patiño en su manejo habia hecho poca atencion de su persona y dependientes; y viendole entonces sin él le mortificó con muy particular desayre, tanto que por no poderlos aguantar, aunque fue tan gran maestro de ocultar sus pasiones, se fue á vivir en la inmediacion de Barcelona, dando lugar á que en la Corte mejorasen de partido sus diligencias.

Logró por las del Padre Confesor del Rey, que se atendiese á que para quanto habia hecho en Sicilia, habia tenido orden del Cardenal, y venido á Madrid puso en manos del Rey una firmada de su Real mano, en que le mandaba hacer
cer

cer quanto el Cardenal le advirtiese, y como quisiese. Tambien manifestó sus órdenes originales; y como la memoria de aquel Purpurado era poco grata á los Reyes, bastó para su justificacion lo dicho.

Pidió que se le restituyesen los empleos que habia dexado en España para pasar á Sicilia, y despues de algun tiempo se le dió nuevamente la Intendencia, con la qual volvió á Cadiz hallando ocupada la Presidencia de la Contratacion, y la Intendencia del Reyno de Sevilla. Esta nunca la pudo agregar, pero la Presidencia de la Contratacion, que le daba credito y utilidad, era el blanco de que nunca baxó la mira, hasta que se le agregó por la solicitud de sus amigos, á quienes frequentó mucho siempre que los necesitó. Nunca quiso serlo de Don Andrés de Pej, desde que en Barcelona, pasando con una Esquadra á conducir á España la Reyna, trató su natural facil y ligero en tanto grado, que por haberle creido se halló avergonzado y empeñado en Genova á buscar sobre su palabra el dinero que necesitó para comprar todo lo necesario para mantener á la Reyna y su familia en su navegacion; y á poner el Navio que habia de conducirla con la decencia que correspondia á su soberana huespeda.

Este Ministro que hasta su muerte tuvo el gobierno de la Marina y de las Indias, fondeó el talento de Patiño, en quien nunca vió concertados los discursos y las execuciones, porque quanto tenia de feliz en aquellos, tenia de desgraciado en estas, quando su propia mano era la que habia de intervenir con inmediacion en las operaciones, y así aunque admitió como convenientes muchos dictamenes de su entendimiento, nunca quiso fiar la práctica de ellos á su autor, de que llegó á servirse tánto

to

to que muchas veces su disimulo no bastó para reprimir la fuerza de su dolor , pues aborrecia en Patiño la falta de economía , el desden con que s ufria la necesiad de aplicarse á entender el consumo d e los géneros , y el exceso de sus presupuestos para t odas las cosas , porque como criado en las de la marina, no podia ser engañado en ellas.

.   Succedió á Don Andrés Pej en aquel manejo Don Antonio de Sopeña , que heredó del primero la mala fé á Patiño , y carecia enteramente de la noticia del campo que se lo fió ; y como era su desconfianza la directora de todos sus movimientos , le trató con menos atencion que Pej , quitandola hasta aquellas cortas facultades que habian quedado unidas á la Intendencia , porque aun para lo infimo le obligaba á dar cuenta , y esperar las órdenes de la Corte.

De este taller de mortificaciones sacó Patiño la destreza consumada con que el resto de su vida supo suprimir sus afectos , y nunca desde entonces le vieron ni oyeron quejoso , hasta que hecha la paz de Viena , y puesto en el supremo honor del ministerio de España el Duque de Riperdá , dispuso que Patiño fuese á servir en Bruselas , cerca de la Archiduquesa , y su hermano á Venecia de Embaxador. Vino á la Corte , y rendido al dolor de verse desterrado de las esperanzas con que habia aspirado al todo del gobierno , se detuvo como enfermo , ó en realidad lo estuvo , hasta que las atropelladas acciones de Riperdá obligaron al Rey á considerar en la necesidad de nombrar quien le sostituyese.

Patiño , que en su detencion se habia hecho tratable á todos , aunque ya estaba notado de que solo en las adversidades tenia esta virtud , explicando al Duque de Riperdá el mal estado de su salud , y pretentendiendo moverle á que mudase de parecer , se valió de una Dama , á quien regaló explendidamente para que promoviese con Riperdá sus deseos; y aunque esta pudo por entonces solo conseguir que no se le obligase á salir con celeridad de la Corte , fué la que lo desprendió de la gracia del Rey aquel Ministro , habló la primera palabra como por discurso, y como quien deseaba saber si Patiño sería bueno para Secretario de la negociacion de Marina en Indias , advertida y prevenida de observar el semblante que notase en los circunstantes , para inferir de aquel primer movimiento la accion que tendria la propuesta en el ánimo del Rey , que obraria en la eleccion con parecer de aquellos ante quienes la Dama hablaba.

Reparó que entre los que eran , solo un hombre de ropa larga habia descompuesto la fisonomía de su natural apacible , y queriendo saber la causa le preguntó , si conocia á Patiño ; conózcole, respondió , de haberle visto estos dias en la Corte , y tengo mucha noticia de que importaria que siempre estuviese fuera de ella. Facilmente se engaña un entendimiento que resuelve por solas noticias , dixo la Dama , y acaso las que teneis se os habrán dado por sugetos desafectos á Patiño ; pero él conociendo el fin de ella , y que su autoridad era muy considerada , continuó el discurso y dixo: que no tenia noticias contrarias á las buenas calidades de Patiño , sino muchas y muy buenas , de lo que habia trabajado en Extremadura y Cataluña , y que habiendo sido tan util al público fuera de la Corte , creía que no ofendia su agrado en desear que á favor de la nacion continuase el des-

7

ve-

velo de aquel hombre. Torcido de este modo el sentido de sus palabras, se separaron los concurrentes, y la Dama tomando una flor de un maceton se la dió á la despedida, diciendole, que deseaba con él una sincera correspondencia, y que en prueba de ello le queria distinguir de los demás con aquella demostracion.

Esto era á fin de Abril del año 1725, la vispera del dia de San Felipe, cuyo nombre tiene el Rey, y aquella noche quedando la persona encargada en dar el primer paso por la exáltacion de Patiño, se puso de acuerdo con sus Magestades en que caminase con lentitud en las prevenciones para pasar á Bruselas. Quedóse en casa como enfermo, y á mediado de Mayo se le declaró Secretario de las Indias y Marina, por cuya gracia besó la mano á los Reyes, lleno de reconocimiento, y empezó á servir en ella con mucha confianza de hacer en su exercicio practicables todas las ventajas de que estaban á su parecer olvidados los Españoles, en la propiedad de los grandes dominios de la America. Atendia con gran puntualidad á estar instruido menudamente todo lo que subia al despacho, y deseaba que el Rey, segun su costumbre, echase mano de los ultimos expedientes de la bolsa, para que en su relacion conociese S. M. que los llevaba vistos, y que estaba mas enterado de ellos que lo habian estado otros Secretarios; cuya desidia tenia conocida y reprehendida S. M. de haber hecho semejantes pruebas. Una de las noches del mes de Agosto, siguiente á la que subió al despacho, habló Patiño al Rey en la manera siguiente.

„V.

„V. M. Señor , es el mayor Príncipe de la tier-
„ra , porque ningun Soberano de ella posee tanta
„parte de su globo , pero toco con las manos que
„ó no se ha entendido esta grandeza por desgracia de
„la nacion Española , ó por poca inteligencia de los
„Ministros que la han debido conservar y mantener.
„Digo esto , porque V. M. se dignó mandar , que
„el Marques de la Paz, que maneja y despacha las
„cosas de la Hacienda, hiciese ver y pusiese en esta-
„do mi diligencia para su execucion , y la detiene ó
„imposibilita con que no hay caudales. Sirvase V. M.
„de creer que á no haberse dificultado estaria ya dias
„ha efectuada su Real órden, que siendo de tanta
„gravedad merece preferencia en la distribucion de
„los fondos de la Corona , asi como en los plante-
„les de un jardin son mas atendidos del riego del
„discreto hortelano las yerbas medicinales , que las
„que solo sirven al recreo de la vista. A mas de que el
„ingreso del caudal , si no me engaña mi experien-
„cia y la curiosidad con que he notado los gastos, de-
„be cubrir todas las consignaciones , y excederia á
„ellas si se remediasen los abusos que he visto en la
„Administracion de las rentas Reales en las Provincias.

Nunca hasta entonces se habia atrevido Patiño á
hablar á los Reyes , sino preguntando por enterarse mas exâctamente de lo que se le habia mandado,
asi por irse insinuando en su gracia , como por hacer ver su puntualidad en lo que tenia á su cargo,
pero esta vez habló en aquellos términos desèoso
tambien de ser oido en las cosas de Hacienda , porque el método de Catastro con que se cobraba en
Cataluña le parecia útil á todo el Reyno : El Rey
le respondió que prevendria al Marques de la
Paz ; y no hubo mas en aquel despacho. Subió el

dia que le cupo al suyo el Marques , y despues de haber dado cuenta de algunos expedientes , le vino á las manos el papel que Patiño le había escrito sobre el dinero para la materia de que se ha tratado, y con este motivo dixo al Rey: „que en la nego-„ciacion de la guerra , y partes dependientes de „ella como Artillería, Armamento , y vestuario de „Caballería , Infantería , y Dragones , funciones de „Artillería , y fortificacion de Plazas , de que cui-„daba el Marqués de Castelar , y en la fábrica de „nuevos bageles , conservacion de los ya fabricados, „paga de las tropas de Marina , y sueldos de las „Academias erigidas para crear Oficiales de la Arma-„da naval , de que cuidaba su hermano Don Josef „Patiño , se consumiria toda la hacienda Real , si se „habia de pasar por los presupuestos que habian da-„do de todo lo necesario para su manutencion.

Nunca el Marques de la Paz tuvo peculiar conocimiento , ni en Hacienda , ni en cosas de tropas, ni exercitos : habiase criado al lado del Marques de Grimaldo , y la ternura con que le quiso este Ministro , no le dexó conocer que toda su habilidad se reducia á formar letras de un caracter hermoso. Tenia en su Secretaría un oficial , á cuyo entendimiento daba la preferencia de su voluntad , y este zeloso de que Patiño habia de exâltarse sobre todos , le aconsejó que diese este paso , que le conceptuaria de prudente, y produciria sin duda que no fiase á Patiño el manejo de la Hacienda , escollo inevitable de perderse , pues que sobre estar empeñada , y entregada á arrendadores , para que se hiciesen pagos de los suplementos que tenian hechos , no bastaba á la profusion y magnificencia , con que el Rey gustaba que se mantuviese su casa , y atendiese á todo lo depenpendiente de su corona , pues que nunca torcia el semblante , ni se veía su desagrado , que quando se pretendia limitar y reducir su generosidad á la consideracion de que su Erario no podia corresponder ni alcanzar á munificencia.

Desde luego admitió el Rey como renuncia del manejo de la Hacienda , la expresion del Marques de la Paz , y acostumbrado á no oir que faltaban caudales , mandó que Patiño se encargase de la Presidencia de Hacienda , de la Secretría de ella , y de la distribucion , segun lo que ocurriese. Miró Patiño como fortuna la que el Marques de la Paz desprendia como peligro , y formando un estado de los empeños que tenia el Reyno , otro de lo que anualmente era preciso para todos sus gastos , y otro de las entradas ordinarias de sus rentas , que no cubrian con quatro millones de escudos el estado del gasto, se presentó una noche al Rey , y reconociendo que estaba de buen humor le dixo.

„Señor , V. M. se ha dignado encargarme la di-„reccion de su Real Hacienda , que anualmente con-„siste en 9 millones de escudos. Las cargas de ella „importan 9 millones , y no se puede sin gravar en „la cantidad excedente cada año mantener la casa „Real, Ministros, Tropas, y todo lo demás que sirve á „la conservacion del Estado. Todavia hay pendientes „deudas del Reynado de Enrique IV. Cárlos V. de-„xó muchas : todos sus succesores mas ó menos , se-„gun los tiempos que gozaron de paz ó guerra , que „son los que hacen florecer ó consumir los Reynos. „Si durase la quietud de Europa , me basta el áni-„mo para pagar todas las deudas atrasadas , aumen-„tar el Erario de modo , que cubra todas sus obli-„gaciones dando mas alivio á los pueblos , que con-

tri-

„tribuirán casi la mitad menos ; y á poner una ar-
„mada tal en mar y tierra , que quando V. M. nece-
„site de sus tropas, no habrá quien no le busque co-
„mo proctector.

Hablando de las tropas quiso lisongear el ánimo
del Rey , que ha manifestado que solo le divierten
y agradan las armas , proponiendo aliviar á los vasallos , y aumentar el Erario, quiso culpar á sus antecesores de poco inteligentes ó faltos de aplicacion, y
dar al Rey señas de que se acercaba el tiempo en que
podian tener logro las fatigas y desvelos con que
S. M. habia trabajado, para dar á sus Reynos quantos alivios le inspiraba su paternal piedad , y la experiencia de lo que han padecido en la guerra que
han sufrido en la peninsula; pero el Rey acostumbrado á oir grandes ofrecimientos de los anteriores
Ministros , no hizo demostracion que hiciese entender á Patiño que creia las ventajas propuestas, y
solo respondió , iremos viendo , y segun caminaren
las cosas de fuera, se pondrán las de dentro ; id disponiendo , y salió del aposento del Rey culpando
interiormente su facilidad : rezeloso de que S. M. le
conceptuaria de ligero en lo que habia proferido y
contenido desde entonces. En solo lo que daba el despacho de su negociacion, manifestaba en la puntualidad de lo que se le mandaba su deseo de agradecer.

El Conde de Conisek , Embaxador de Alemania , y bien recibido de sus Magestades , manifestaba en esta Corte los negocios de la suya , con
aquel ayre tudesco , que parece despejo á la vista, y
en la realidad es altivez ; y no contento con tener
en ellos el buen despacho , y brevedad con que el
Rey atendia á sus instancias , quiso interiorarse á
las pretensiones particulares , y aun interceder en la
gra-

gracia de que fuesen preferidos en la eleccion del Rey algunos sugetos, para servir con inmediacion á sus Reales personas, y en manejos de mucha confianza, y S. M. siempre propenso á manifestar al Conde la sinceridad de su Real corazon, y lo que estima al Emperador, cuya representacion tenia, nada dificultó de quanto el Conde pidió en derechura, ó por medio de sus Ministros.

Una de las condiciones de la paz ajustada en Viena habia sido, que se daria al Emperador cierta cantidad pagadera en los plazos contenidos en aquella negociacion: Supongote instruido en ella, y no me detengo en desmenuzar las circunstancias de aquel artículo: cuya execucion estrechaba el Conde con toda aquella eficacia, que los Alemanes ponen en sacar dinero de la tierra que los sustenta. Nuestra infeliz patria dirá lo que aqui dexo yo de referir, porque el dolor no me dexa, ni aliento para la quexa, ni pulso para escribirla; hablo en el cumplimiento de aquel pacto de los Reyes, que los respondieron que tenia el Ministro de Hacienda la órden para su despacho. Buscó á Patiño, con quien solo habia tenido hasta entonces algunos ligeros discursos, y hablandole en el de su comision, y en la órden que tenia de S. M. para tratar con él, le despidió asegurandole que por su parte contribuiria á que no se detuviese.

Si el compendio que voy escribiendo de las memorias de Patiño, permitiera digresiones de otra naturaleza, saliera con menos defectos, pero no me es licita la introduccion de otras materias de Estado, que darian á esta relacion toda la alma que necesita para que sean consiguientes los hechos, y apreciales las noticias, y asi diré solo, que despues de al-

algunos meses empezaron á turbarse las nubes del Septentrion, y á dexarse ver en España la poca claridad y lisura con que en las Cortes de Viena y Londres se habian querido entender las diligencias hechas por esta Corte, para establecer al Infante Don Cárlos con los Estados de Parma y Toscana, que le pertenecian por los derechos de sangre, que nadie ha podido disputarle; dexo tambien de referirte los motivos que empezó á manifestar la Corte de Viena para fundar y regular los primeros pasos, que descubrieron su desconfianza, y el ánimo de que España comprase aquellos Estados, que puestos en venta por el Turco, nunca se tasarian tan altos, que llegasen á saciar la codicia de la Corte de Viena, porque los principios, medios, y fines de esta negociacion los habrás visto en los Manifiestos escritos en las Cortes despues de rota la guerra, y en los papeles que algunos Ministros de los Príncipes que se han empeñado en ella, publicaron en todas partes, y con particularidad en aquel que tuvo por título, *parecer desapasionado sobre el publicado ultimamente por la Corte de España sobre la presente guerra*: porque en él se tomaron con tanta puntualidad las citas de los antecedentes hechos, que nadie ha podido inestruir con menos sospecha al público.

Previóse en España la necesidad de la guerra, porque las pretensiones argullosas de Viena no eran disimulables, y fue necesario para ella prevenir á la Corte de Francia, por los mismos motivos resentida de que á un Príncipe de su Real sangre se le quisiese tratar, por el Emperador, en el uso y exercicio de la dignidad ducal, heredada con las limitaciones mismas que pudieran proponerse al varon Teodoro, que al presente combate á Córcega, pa-

para quitar á los Genoveses su dominio.

El Cardenal de Fleuri, cuyo pacifico natural habia disimulado todos los sentimientos de Francia por no ver encender una guerra que acaso no podria acabar con gloria y satisfaccion , porque su cadente edad no le dexaba engañarse con la lisonja de que tendria vida para concluirla , propuso algunos nuevos medios de· llegar á un amigable ajuste , y con efecto por los Ingleses se empezó á manejar la negociacion con tanta felicidad , que brevemente se descubrieron sendas para finalizarla.

Aunque el Marques de la Paz servia en propiedad la Secretaría de Estado , ya en aquel tiempo habian los Reyes descubierto en Patiño capacidad superior á todos los demás Secretarios del despacho; y esta ventaja le habia dado á él un manejo que le distinguia de todos en la Corte , sin excepcion de los Ministros extrangeros , que necesitaban conferir alguna materia , porque el Rey aunque conservaba exteriormente al Marques de la Paz en la Secretaría de Estado , hallaba en Patiño mayor claridad para enterarse de las pretensiones forasteras , y mas expedicion para concluirlas , y asi por el mismo Marques de la Paz tuvo órden para estas conferencias, templando el Rey la mortificacion que precisamente recibiria de ver que se le mandaban dar papeles de su negociacion á otro Secretario , con decirle : Entrega esos Documentos á Patiño , que debe tener mas presentes las ordenanzas de presas , respecto de que paran en su poder los avisos venidos de la America sobre ellos , y di al Embaxador que por él me haga entender la voluntad de su amo en estas instancias.

Nunca Patiño habia perdido ocasion de hablar oportunamente en aquellas cosas , que juzgaba que da-

daban cuidado á los Reyes, ni tampoco habia dexado de apuntar los medios de ocurrir á las dificultades que se ofrecian, y mas aquellos dias que vió
expedir las órdenes para sitiar á Gibraltar, con cuyo motivo y con el de otros puntos que tenian
conexîon con los fundamentos que apoyaban la justicia de aquella guerra, tuvo tan freqüentes entradas al quarto del Rey, que cada dia fue haciendo
mayor aprecio de Patiño, pues se trataba en las tareas, como si fuese intigable, y daba tanta libertad
al discurso, que muy freqüentemente se veía S. M.
obligado á preguntarle dos ó tres veces una misma
cosa, porque ni su real presencia, ni la pluma que
necesitaba todo el pulso de los dos para notar las resoluciones, bastaron para que la imaginacion estuviese en aquello de que se trataba, y hubo vez que
la Reyna viendole totalmente abstraido, y sin uso
de sentidos, dixo al Rey, que se reia, dexele V. M.
que no tardará en volver su espíritu, que está al
lado de la Silla de N. y nombró un Ministro de Estado de una Potencia extrangera, de que se trataba
en aquel despacho.

No habia perdido ocasion favorable de hablar en
la reduccion de las rentas, al pie mismo que las habia querido poner Bergeik, aunque como deseoso
de no pisar, ni seguir senda que otro hubiese abierto, nunca nombró á aquel Ministro, pero como no
se esperaba un tiempo tan sereno, que pudiese ofrecer
los frutos de una paz duradera, era intempestiva
toda la novedad, y se fue dirigiendo á mejor ocasion esta materia, sobre la qual escribió un papel un N. Zabala versado en los manejos de la Hacienda Real, y
le puso en las manos de S. M. Vióle Patiño de su
Real órden, y como en él estaban entendidas las
mas

mas de las razones, en aquel creía que estaba el beneficio de los vasallos, y el aumento del Erario; á veces quería que fuesen obra solo de su trabajo, nunca mas habló en aquella idea, antes bien la desaprobaba despus como perjudicial, zeloso en todas ocasiones de que hubiese otro que alcanzase algo de sus pensamientos.

Como sabía la necesidad que tenia España de aumentar armada naval, y distribuía la hacienda, procuró siempre que fuesen en aumento las fábricas de navios en España, y en la America, y logró poner un cuerpo de bageles numerosos, y de hermosa construccion, adelantó las obras de Arsenales en las tres partes en que juzgó convenientes que se dividiesen, y si hubiera tenido sola la Secretaría del Despacho de esta negociacion de Marina, hubiera tenido lugar de perfeccionarla en todas sus partes, y de dar reglas á la economía en dilatadas navegaciones de los Españoles, que segun he oído decir, gastan en la conservacion de navios, y equipages mucho mas de lo que utiliza el Rey, en él envió á la America de sus buques entregados al arbitrio de sus oficiales; de modo, que el que consigue conducir un bagel á aquellos Reynos, vuelve tan poderoso, que ayudado del genio altivo de la nacion de los medios de vivir con independencia, desconocen la superioridad, y sufren con repugnancia la obediencia; cuyos defectos conoció y tocó muy de cerca Patiño, aunque nunca ayudó á castigarlos con severidad, queriendo mas disimularlos y corregirlos ligeramente, que quitar á los oficiales aquel género de ayre y despejo con que deseaba se distinguiesen entre otros de diferente nacion; y como no podian engendrarse ni mantenerse estas calidades en donde

reynase la pobreza , y hubiese de estar la considera-
racion ceñida á solos los gastos de sus sueldos , con-
descendió siendo Intendente en Cadiz , y exerciendo la Secretaría de Marina en la Corte , á todo
quanto supo redundaba en utilidad de los individuos
de la armada , por mas que con órdenes públicas previniese todos los inconvenientes de esta tolerancia.

Llegó el fin del año de 28 en que ajustamos,
y capitulamos los casamientos con Portugal , fue
convenido que ambos Reyes concurriesen sobre el
Rio Tajo á hacer las respectivas entregas de los Príncipes contrayentes , y sabiendo el dia de la marcha de SS. MM. se encargó á Patiño todo lo con-
cerniente á que esta funcion se executase con la
grandeza correspondiente á su dueño , y como el
Rey naturalmente no tiene diversion , ni amor á
otro lucimiento que el de sus tropas , se dispuso
que alguna parte de su Caballería ligera concurrie-
ra á la frontera de Portugal , con la guarnicion de
las Plazas de Extremadura , y con las guardias que
habian de ir escoltando las personas Reales , y que
todos estuviesen vestidos de nuevo , como en efecto
se hizo , dejandose ver el dia de las entregas el Rey
de España entre seis caballos tan lucidos , y bien
montados , que admiraron con razon á la Corte de
Portugal.

De Badajoz por huir los frios de Castilla , determinó S. M. pasar á Andalucia , que era la sola
Provincia que no habia visitado en su Reynado , y
caminando á Sevilla regló Patiño todas las jornadas
de la marcha , y cargó sobre sí todo el cuidado , de
que ni en ella , ni en la detencion de Andalucia , se
hiciese agravio á los vecinos de los Lugares , á quienes se mandó proveer todo lo necesario por precios

muy

muy ventajosos á los vendedores, y se prohibió que
á título de reconocimiento ni regalo se diese cosa alguna al Rey , ni á los Gefes de sus oficios de boca,
porque la experiencia de los desordenes que habia
visto el Rey en la gente que le acompañó , durante
la guerra de España, le hizo ahora reparar aquel mal.

En Sevilla fue recibida toda la familia Real con
quantas demostraciones de amor y lealtad caben en
la felicidad acreditáda de sus naturales , y teniendo
en ella los Reyes de Castilla Palacio antiquísimo, y
de grande hermosura y comodidad para todas las estaciones del año, se hospedaron y mantuvieron en él,
hasta que habiendose separado un navio del cuerpo de
los Galeones, que venía navegando á Cadiz, se recibió
esta noticia en Sevilla, y la participó Patiño al Rey,
añadiendo que pues entrarian en el Puerto de Cadiz
aquellos bageles, y era mas templada en la costa la
region , seria de gran consuelo á todos los bageles
de ella recibir la honra de ver á su Rey y Real familia, y que descansando algunos dias mas , siendo
de su Real agrado se dispondria pasar á las cercanías
de Cadiz: preguntó el Rey , para que dia le parecia que llegarian los bageles al Puerto, y Patiño le
señaló uno del mes de Enero de 1729, y S. M. determinó la vispera de aquel dia, para pasar á la costa.

Dió Patiño las órdenes de que se dispusiese para
alojar á SS. MM. una casa , cuyos cimientos bañan
las ondas del Puerto en la Isla de Leon ; y el dia
señalado partieron de Sevilla distante veinte y dos
leguas del parage á que marchaba el Rey, que á las
once de la noche llegó á su prevenido alojamiento,
y se acostó para descansar de tan larga jornada por
la distancia, y porque las aguas la habian hecho mas
dificultosa.

Pa-

Patiño se alojó en la misma casa, que había sido testigo de sus desconsuelos, quando en el exercicio de la Intendencia de Marina se había retirado de Cadiz á la Isla, por no hacer mas públicos los desayres con que le trataron los Ministros, que en la Corte dirigian aquellas dependencias: allí recibió la bien venida de sus amigos, y tambien de los mismos que antes le habian olvidado y considerado inutil, tratando á todos con igualdad tan descubierta, que ni los amigos fueron admitidos con prendas de adelantar sus negocios, ni los enemigos con recelos de hallarle contrario en sus pretensiones, superior á todas las pasiones del ánimo le observaron entonces los ojos mas linces, y nadie antes ni despues pudo descubrirle amor, temor, ni aborrecimiento, sino en las ocasiones en que su espíritu batallaba con la desconfianza de que el Rey le tuviese en aquel grado de estimacion que creia deberse al valor, con que desempeñaba quanto era de su servicio.

La mañana que amaneció allí recibió de Cadiz el aviso de que los Galeones estaban á la vista; pasó al quarto del Rey, y le dixo que su armada atenta á la obligacion de su obsequio, aguardaba la órden para saludarle con su artillería, y que los Galeones habian medido tan ajustadamente su navegacion á la llegada de S. M. á aquel sitio, que aquella misma mañana darian fondo enfrente de su Cámara.

Admiró el Rey este accidental suceso, y sirvió mucho á Patiño que se hubiese verificado su pronostico, porque S. M. oyó de la boca de algunos, que juntas á las luces del entendimiento de este Ministro, las prudentes consideraciones con que governaba su experiencia las cosas, tenia en él S. M. un criado cuyo conjunto dificilmente podia hallarse: habia-

biale ya oído tratar y resolver cosas de Teología
Moral , y su Confesor las habia comprobado en diferentes materias de derecho civil y canónico , y
visto que no se apartaron de él las juntas de Ministros que se habian formado para determinarlas : ha-
llabale corriente en las lenguas , Española, Latina,
Francesa, é Italiana, para atender y responder á todos
los Ministros extrangeros , y veia juntas estas calidades , á un zelo infatigable , á un amor que solo
aspiraba á servir , y á una tan ciega resignacion á la
voluntad de los Reyes , que en todo el tiempo de su
ministerio no se le oyó replicar , ni dificultar resolucion suya , porque en las que convino tener presentes , cosas que aun no sabian SS. MM. al tiempo de la determinacion, suspendia la execucion hasta instruirles oportunamente de todo con tanta destreza , que navegaba felizmente entre los escollos,
en que ordinariamente naufragan todos los validos
que acuerdan á sus dueños , que tiene limites el poder , y términos la soberanía.

Pusose S. M. á un balcon , y vió navegar los
Galeones ácia el Puerto , y hasta el viento , aquel
dia lisongero , soplaba tan de lleno en sus velas,
que concurrió á aquel cortejo ; empezó el de la artillería de los bageles de la armada que habia en el
Puerto , y estuvo S. M. tan divertido , que toda la
mañana no se apartó de la ventana , lleno del general agrado con que oyó el ruido de las armas , y
Patiño que no ignoraba la diversion de su dueño,
hizo triplicar las salvas en navios, baluartes, y castillos , de modo que se pudo bien creer que no podian haber hecho mas fuego dos armadas navales
muy poderosas , que disputasen la reputacion de
sus Reyes.

So-

Solicitó Cadiz que la honrase con su presencia
el Rey , y empeñó en el logro de sus deseos á Patiño , que se constituyó Agente de su instancia , y
dentro de pocos dias pasó S. M. á aquella plaza , en
donde tuvo este Ministro todo el lleno de su ambicion , que fue el vicio que pudo descubrir en la
mas delicada y sutil advertencia; si para los efectos
puede haber disculpa , razon es que la tenga en este
caso un hombre , que siendo siempre el mismo en
sus virtudes , habia en aquel lugar sufrido á vista
de todos , los desordenes de la fortuna , y las mortificaciones con que justa , é injustamente castigan
los que pueden , á los que miran y consideran acreedores á la confianza de los Príncipes.

Vióle Cadiz abatido por la indiferencia con que
se miraban por los Ministros de la Corte sus representaciones ; vióle mortificado y obligado á dar sa-
tisfacciones de casos particulares , que no tenian
conexion , ni con su persona , ni con su oficio , y
vióle retirado á la Isla , por no hacer mayor la pu-
blicidad de su abandono, y como sabía que para nada
de esto habia dado causa al servicio del Rey , parece que le disculpa el que se tomase la satisfaccion de manejarse en aquel mismo sitio , como arbitrio de la voluntad de su amo.

Tú sabes que no admite compañero el Imperio,
y que esta política es casi tan antigua como el mundo , que la naturaleza corrompida no tiene otros
remedios de sus desordenes , que los auxilios de la
gracia con que muchos Ministros son famosos en la
tierra , y gloriosos en el cielo ; pero estos son propuestos por la historia , y cantados por la Iglesia,
para espejo y norma de los que por tan escabrosa
senda caminan á la cumbre de la perfeccion , y son

ra-

raros los que se enamoran de su hermosura.

Ha habido otros muchos que no contentos con ser despoticos de la voluntad de sus Príncipes, han querido perpetuarla del modo mismo que los ancianos Egipcios la de sus armadas. El caballero Marino, agudamente habrá hecho entender el como en aquella obra postuma suya, que han aplicado á sus intentos todos los que han querido ser solos en los manejos, y aqui se dixo, que nunca en el suyo la perdió de vista Patiño, á quien culpaban los demás Secretarios del despacho de haberse introducido á la gracia de sus Magestades, no tanto por sus sobresalientes calidades, como por haber disminuido la de sus compañeros. Su hermano el Marques de Castelar, lo era por lo perteneciente á la guerra, y no pudiendo sin aventurar su fama tratarle como á los otros, manifestó al Rey la necesidad de enviarle á la embaxada de Francia, y fundó este parecer en razones, que á la verdad movieron á S. M. justamente á tomar aquella resolucion, llamóle á Andalucia, y los dias de Despacho de Guerra, subió á él con retencion de su exercicio para la vuelta: fue enviado á París, donde acabó la vida con satisfaccion de haber servido bien al Rey, y con conocimiento de que su hermano habia cubierto con aquel honroso pretexto la ambicion de ser solo cerca de S. M.

El Marques de la Paz temió desde aquel dia ser despachado á Venecia, y en su interior estimaba como fortuna este destino, y se le apropiaba sabiendo que ya no podia dilatarse el nombramiento de Embaxador para aquella señoría; comprehendiendo que quien no habia dexado en el exercicio de su Secretaría á su propio hermano, tampoco le dexaria á él

Es-.

Esta consideracion pasó del cerebro al corazon, y cayó tanto de ánimo, que en viendo á Patiño reformaba hasta el ayre de independiente, y parecia uno de sus Oficiales. Conoció Patiño su rezelo, y un dia que entró en la Secretaría de Estado, sacó un breve Apostólico que habia entregado al Rey el Nuncio del Papa, y le dixo al Marques: el Rey manda, que V. E. responda á su Santidad que nada de quanto ha propuesto á la Silla Apostólica, es contrario á la inmunidad de la Iglesia y sus derechos. Tratabase entonces de catastrar las haciendas de los Eclesiásticos de Cataluña, y el Obispo de Barcelona no queria.

No puedo decirte las resultas de este órden; pero sí que Patiño en las muchas y graves negociaciones, que ocurrieron en el tiempo de su Ministerio, manifestó siempre su extraordinario talento, y conocimientos políticos, capaces de dar vado á los intereses mas encontrados de las Potencias. Asi se experimentó en los grandísimos negocios que acontecieron con las Cortes de Viena, París y Londres, que por públicos omito referirlos. Lo cierto es, que en el corto tiempo que obtuvo el Ministerio, parece que no cabe en la esfera de lo posible lo que trabajó en beneficio de la España: la qual hará inmortal su memoria, como agradecida á una mano tan benéfica, y á un talento tan superior, empleados con el mayor zelo, amor y desinterés en sus glorias, en sus opulencias, y crédito de sus armas.

Tampoco te referiré por menor los cuidados, que produxo á Patiño aquel ruidoso acontecimiento del que nombraron *Duende de Palacio*. De esto es preciso tengas noticias individuales: pero lo cierto es que no hubo asunto en que se empeñase mas su ze-

zelo , que en el descubrimiento del nombrado *Critico Duende.* El Rey le instaba vivamente sobre esto , y Patiño negándose al descanso , comiendo con afan, y lleno todo de este cuidado , se debilitó de modo, que despues de haber satisfecho su empeño , descubriendo el verdadero autor de aquellos papeles , experimentó el daño que habia producido á su salud una empresa en que le interesó el Rey con tanta eficacia , y que desempeñó con tanto ardor y desasosiego.

Cayó enfermo en San Ildefonso : los Reyes le dieron las muestras mas excesivas de su afecto en toda su enfermedad ; y por fin murió en aquel Real Sitio á 3 de Noviembre de 1736 , con universal sentimiento. El Rey le envió á la cama la gracia de Grande de España de primera clase ; y apenas le noticiaron la Real concesion , exclamó así ¡Oh! *El Rey me dá sombrero quando no tengo cabeza!* Este fué el

REAL DECRETO.

„Atendiendo á los singulares méritos y relevan„tes dilatados servicios de Don Josef Patiño y de mi „Consejo de Estado , y Secretario de Estado y del „Despacho: He venido en hacerle merced de Grande „de España de primera clase para su persona, sus he„rederos y succesores. Tendrase entendido en la Cá„mara para su cumplimiento. San Ildefonso 15 de Oc„tubre de 1736: Al Obispo Gobernador del Consejo.

Esta gran dignidad con una gran pobreza dexó por única herencia á la familia de su hermano el Marques de Castelar ; y esta es la prueba mas verdadera de su desinterés ; pues habiendo tenido tantas ocasiones en que pudo adquirir licitamente mu-

Tom. XXVIII. P chas

chas riquezas , las miró siempre como opuestas á la generosidad de su ánimo. El Rey tuvo que pagarle el entierro , y mandar decir por su alma diez mil misas.

El espacio que corrió por la esfera del mando fue corto. Diez años y medio no cabales. Otros Ministros célebres contemporaneos suyos , el Cardenal de Fleuri en Francia , y el Caballero Roberto Walpol en Inglaterra , tuvieron un periodo mas largo. Uno y otro alcanzaron mejores tiempos que Patiño: tiempos felices y de paz , en que pudieron desenvolver á su gusto sus máximas de política para engrandecer los Estados de sus Soberanos , é ilustrar bien sus nombres. El Cardenal mandó en Francia desde su elevacion en 1726 , hasta su muerte en 1743 , que fueron 17 años de Ministerio absoluto. Walpol mandó 20 años en Inglaterra , desde 1720 hasta 1740 , en que acusado por la Cámara baxa de malversacion en su Ministerio , se retiró de él para salvarse con la proteccion del Rey su amo. Ambos hicieron mucho en favor de sus Soberanos y Patrias. El Ministro Español no mandó mas que la mitad de este tiempo. Los que alcanzó fueron complicados , dificiles , y llenos de infinitos empeños , y casos tan particulares y escabrosos , que cada uno pedia muchos hombres para concluirlos con crédito de la Nacion. ¿ Pero hizo menos que los otros dos , en una Monarquía extenuada con tantas guerras y desgracias ? ¿ Engrandeció menos que ellos los de los suyos, los dominios de su amo con las victorias y las conquistas ? No es mi intento hacer un paralelo entre los tres. Los sucesos están á la vista de todos , y basta la memoria para que qualquiera haga ga una comparacion reflexíva por sí mismo,

España se hallaba en la situaciacion mas trabajo-
sa. Sin marina, sin naves, sin dinero, y cercada
de enemigos por todas partes. Pero la misma guerra,
y en tan corto espacio de tiempo como el que la
sirvió Patiño, la presenta con semblante tan distinto, que parece imposible que un solo hombre la hubiese puesto en pie tan respetable. Las armadas y
exercitos del Rey se vieron con admiracion del mundo correr sobre los mares de Africa y de Italia ; pero siempre abastecidos y pagados. Se hicieron des-
embarcos activos, y conquistas vigorosas. En Africa se tomó una plaza con un Castillo respetable, que
se arrancó del poder Mahometano, y es como un
antemural de los dominios del Rey Católico. En
Italia se adquirieron dos Reynos florecientes, que
conquistados con gloria engrandecen la casa de Borbon. Se arrojaron de Italia á los Alemanes. Se man-
tuvo un exercito tan formidable como bien discipli-
nado y victorioso. Se vieron Generales premiados,
Oficiales atendidos en justa proporcion, Soldados
gustosos que nunca dexaron sus vanderas, ni se can-
saron de servir al Rey. La marina, que estaba perdida desde la mitad del siglo pasado, lebanta la cabeza, y se ve en las expediciones de guerra tan luci-
da y brillante, como en la del mayor fausto y grandeza de su Soberano. Adelanta sus progresos á pasos
largos á benficio del poderoso brazo que la alenta-
ba. Se forman Almacenes : se establecen reglas de
órden y economía : se buscan y se emplean los buenos constructores : se dá á este cuerpo una forma
real y magestuosa en un Colegio de marina creado
para instruccion de una compañía de Guardias, jovenes todos, sacados del cuerpo de la nobleza: com-

pa-

pañía que se forma de un Capitan, un Teniente, un Alferez, dos Ayudantes, quatro Brigadieres, ocho Sub-Brigadieres, ciento treinta y ocho Cadetes, un Capellan, quatro musicos, y dos tambores: con maestros escogidos para enseñar las ciencias exâctas, la Astronomía, la Nautica, la Geografía y otras facultades, de donde debian salir y salen Campeones ilustres, que llevan respetado el pabellon de España por el vasto imperio de los mares. De este respetable cuerpo, apenas fue formado, salieron (el año de 34) dos hijos suyos, que dieron gloria á la Nacion, y admiracion á las extrangeras. Estos fueron Don Jorge Juan, y Don Antonio de Ulloa. La Europa agradecida á los preciosos descubrimientos, y trabajos peregrinos de estos dos ilustres Españoles, honra sus personas y tributa aplausos á sus nombres en la mayor parte de sus Cortes: y sus cuerpos literarios los adoptan por socios y academicos suyos. La Marina y el Estado han sacado y sacarán notables utilidades del viage á America, y admirables descubrimientos que hicieron en él estos dos grandes hombres, despachados á este fin por Real resolucion, dada en San Ildefonso á 20 de Agosto de 1734.

Los tesoros de Indias se vieron rápidamente aumentados con el activo fomento de sus minas, puestas en movimiento por la sábia disposicion de Patiño; y con la proteccion vigorosa de fuertes esquadras, vemos llegar con freqüencia las flotas que enriquecen á España. El comercio, que estaba debilitado, tomó el mayor vigor, y se ha hecho conocido en los Paises mas remotos: viendose sobstenidos con firmeza los derechos del mar en el seno Mexicano, contra las incursiones del *contrabando*, *ó trato ilicito*, que hacian allí los Extrangeros, juzgandose

por

por únicos dueños de los mares , y por consiguiente del comercio de aquellos vastísimos dominios Españoles. Esto tuvo fin , ó á lo menos se ha corregido en extremo. Se economizó la hacienda Real , se libraron los Pueblos de aquellos tributos extraordinarios , y precisos que se exîgian para atender á las mas graves urgencias del Estado. La casa Real está pagada , las expediciones maritimas se hicieron y se pagaron. Las rentas de la Corona, están corrientes y redimidas del concurso de Asentistas y Arrendadores , que se hicieron poderosos , disfrutandolas por anticipaciones hechas á buena cuenta. Ultimamente se ha visto que estando la España cadavérica, con guerra, con dobles enemigos, sin nervio el Erario , sin fuerzas la marina , sin defensa las Plazas, los Pueblos consumidos , y todo aniquilado , un solo hombre, un sábio Ministro , un Don Josef Patiño , en fin supo, si es permitido decirlo asi , resucitarla y volverla á un estado floreciente , feliz y respetable á toda Europa. Se han visto los grados de elevacion de este Ministro , las operaciones de su política en la guerra , en el Estado , en la Hacienda , y la Marina: las distinciones con que los Reyes le honraron , su muerte inesperada , por su edad y temperamento, y la Grandeza de España que llegó á cerrar el curso de su vida para llevar al tumulo el sombrero de esta alta dignidad.

El toyson de oro ya decoraba su persona desde 18 de Noviembre de 1733 , dia en que se expidió el Decreto Real de su creacion. Era Caballero profeso , y Comendador del Orden de Santiago; y siendo incompatibles estas dos órdenes , obtuvo Breve Pontificio para llevarlas , dispensando la incompatibilidad , su data en Roma á 17 de Septiembre del mis-

mismo año. La gracia de Secretario de Estado fue posterior. Se le hizo por muerte del Marques de la Paz, que espiró el 21 de Octubre de 1734, rendido al peso de sus largas enfermedades.

La de Patiño tambien fue larga, atacando de firme la masa de la sangre: esto es, una calentura maligna con accesos irregulares é interrumpidos, que desde luego hicieron conocer al paciente la calidad mortal de sus ataques. Quando vió el exceso de su padecer, dixo á su familia con ánimo tranquilo: *amigos mios, me muero sin remedio.* La medicina acudió tarde á las sangrías, y á otros remedios que se le hicieron, porque aquellas y estos solo sirvieron para acortar la cantidad: no para extinguir la calidad pecante, ya introducida en la masa de la sangre. El Rey, que habia dexado de ir á la jornada del Escorial, dexó á San Ildefonso, mandando que no tocasen los tambores de las guardias al tiempo de su marcha, por no causar mayor sentimiento al enfermo: hasta cuyo caso se verificó la estimacion que SS. MM. hacian de él. Dexaron Oficiales de *Parte* con caballos de posta, para que se despachase todos los dias correo, que llaman *Parte*, con noticias circunstanciadas del enfermo. En fin, los Reyes dieron las mayores pruebas de su amor al Ministro, y del interés que tomaron por la conservacion de su vida.

Estas son, amigo, las noticias verdaderas que puedo darte de nuestro Don Josef Patiño, y que tanto apeteces. Contentate con ellas, interin conseguimos que pluma mas bien cortada, y luces mas superiores que las mias se empleen en producir y publicar la vida de este Héroe, digno de que viva eterno su nombre en la memoria de todos los mortales.

Del

Del estado presente de la Literatura en España, del de las tres Universidades mayores de Castilla, y de sus Colegios mayores, entre dos Abates Napolitanos. Dialogo escrito en castellano par un Español apasionado de la verdad.

NOTA DEL EDITOR.

La presente obra es produccion del Ilustrísimo Señor Don Manuel Lanz de Casafonda, del Consejo de S. M. y de la Cámara de Indias, como se vé en el *Ensayo de una Biblioteca Española de los mejores autores del Reynado del Señor Don Cárlos III,* por el Señor Don Juan Sempere y Guarinos, Fiscal de la Real Chancillería de Granada: *tom. 2. pag.* 149. En ella se manifiesta el estado de la literatura en España en aquel tiempo : se hace recomendable el mérito de varios literatos, elogiando sus obras, pero sin ocultar sus defectos : se descubren los vicios de las Universidades, Colegios y otros establecimientos literarios ; y (como dice el dicho Señor Guarinos en su citada obra) „ se mezcla oportunamente algo „de erudicion nada vulgar para probar algunas ob- „servaciones útiles : todo esto con un estilo familiar „y lleno de gracia qual conviene al dialogo.

Lo cierto es que la literatura en España ha hecho rápidos progresos desde aquel tiempo. Sus adelantamientos hasta el presente han sido admirables; y esto habria dado justo motivo á nuestro Ilustrísimo autor para que sus expresiones en boca del Abate Bartoli hubiesen sido mas bien panegírico, que critica.

Cree-

Creemos que sea sumamente grata á nuestros lectores esta obra, y que produzca al nombre de nuestro Ilustrísimo autor la fama postuma de que es digno.

ADVERTENCIA AL LECTOR.

El Abate Bartoli, persona bien conocida por su erudicion en toda la Italia, pasó á España por el mes de Mayo del año de 1755, y se volvió á Napoles por Septiembre de 1761. En todo este tiempo procuró informarse del estado en que se hallaban las letras. A este fin fue de proposito desde Madrid á ver las Universidades de Salamanca, Valladolid, y Alcalá. Refiere á su amigo el Abate Sabelli, lo que vió, y observó en punto de literatura. Hablale de los literatos que trató en Madrid; de las Academias que hay en esta Corte, de los estudios del Colegio Imperial, Seminario de Nobles, y Real Biblioteca; del método que se observa en enseñar las ciencias en estas tres Universidades, especialmente en la de Salamanca, de las Cátedras que hay en ella, y de las rentas que tiene. Y finalmente le habla de los seis Colegios mayores, de los exercicios literarios, de los Colegiales, de sus ceremonias, y loables constituciones, sin faltar en nada á la verdad, como verá el lector en el siguiente dialogo.

PRIMERA CONVERSACION.

Sabelli. Gracias á Dios, amigo Bartoli, que ha llegado el dia de que nos viesemos. Yo pensé que te querias quedar en España; sin duda que te han tratado bien los Españoles, vienes bueno, y mas gordo de lo que fuiste: Parece que no ha pasado dia por tí.

Bar-

Bart. No he tenido la mas leve novedad en la salud en todo el tiempo que he estado en España. Es un País muy sano, especialmente Madrid. Lo he pasado alegremente entre los Españoles. No como acá nos lo pintan, de genio duro, insociable, y enemigos de los Extrangeros: antes al contrario, aunque de suyo son graves, serios, y muy circunspectos, son al mismo tiempo afabilísimos, agasajadores, corteses, y se pasan de atentos con los Extrangeros que van á Madrid. La inmundicia de las calles, el mal olor que se percibe, el frio y lodos por el invierno, el calor y polvo por el verano, son inaguantables, y esto hace que los Extrangeros estén á los principios muy disgustados. A esto se añade lo arido del terreno, la falta de jardines y arboledas, paseos, y de un rio caudaloso, el no saber la lengua, y las pocas diversiones que hay en Madrid, pues todas se reducen á fiestas de toros, comedias, juegos de trucos, y al paseo del prado. Estas fueron las causas de mi disgusto á los primeros dias de mi llegada, y por eso te escribí que estaba violento: pero el disgusto me duró poco, porque desde luego hice algunas amistades, y empecé á conocer los literatos en la tienda de un librero, para quien me dieron en Genova una carta de recomendacion. En la libreria de éste me estaba lo mas del dia, y con este motivo travé estrecha amistad con uno de los muchos literatos que alli concurrian. Este se me aficionó tanto, que se empeñó en que me habia de enseñar la lengua, que era lo que yo deseaba: sabiala de primor, y como yo lo tomase con calor, en menos de tres meses aprendi lo bastante para poderme explicar; y al cabo de dos años ya la hablaba tan bien como el mejor Toledano, pues aunque es muy dificil el aprender el castellano , por ser una lengua muy copiosa de varias terminaciones , y de dificil pronunciacion ; la pericia del maestro , mi grande aplicacion , el haberme puesto en las manos los mejores libros castellanos , y el trato con varias gentes , hizo que saliese con mi empresa en tan poco tiempo , y otro y otros , como y no otro . . . . as

Sab. ¿Y qué método tuvo en enseñarte?

Barr. Una lista de los nombres de las cosas mas triviales , que me hacia pronunciar , diciendome el equivalente en Italiano , que le entendia muy bien , y despues me enseñó á leer dandome algunas reglas del Sintaxis , y los mejores libros de esta lengua : siendo el primero que leí la guia de pecadores del P. Fr. Luis de Granada , y despues los nombres de Christo de Fr. Luis de Leon , las cartas de Santa Teresa , las obras del Maestro Avila , y quando me vió que estaba mas adelantado , me hizo leer las novelas de Cervantes , y la historia de Don Quixote , la Picara Justina , y algunos Poetas , que los tienen insignes los Españoles. Garcilaso fue el primero , y despues la Araucana de Ercilla , la Mosquea de Villaviciosa , y la Gathomachia de Burguillos , que son unos Poemas tan buenos , como la Odisea y Batromyomachia de Homero , y otros que tenemos de los Latinos y Griegos : pues todos son eloqüentísimos , de grande instruccion , y los padres de la lengua castellana. Puedes ver los elogios que dan de ellos Morhos en su Polistor , el Padre Andrés Scoti , y Don Nicolás Antonio en sus Bibliotecas , especialmente del Maestro Juan de Avila , que por su eloqüencia mereció el nombre del Demóstenes Christiano , y es mas conocido de los Extrangeros que de los mismos Españoles. Muchas de sus Obras se hallan traducidas en

Fran-

Frances , Flamenco , Ingles , y en nuestra lengua Italiana.

Sab. De esa suerte no me admiro que hayas aprendido con tanta perfeccion como me dices el Castellano. Me alegro , pues con eso me le enseñarás , y tendré el gusto de leer esos libros y poemas que me alabas tanto , y que es natural los traigas contigo.

Bart. Sí los traigo , y otros muchos muy preciosos , asi en prosa , como en verso , en especial de traducciones de las mejores obras de la antigüedad , hechas por los hombres mas sábios del siglo 16 que los Españoles llaman el siglo de oro.

Sab. Este debe de ser el de hierro , pues algunos modernos dicen que los salvages de la Laponia no viven en tan profunda ignorancia como viven los Españoles.

Bart. Amigo Sabelli , vamos de espacio. Es una grave injuria la que se les hace en pensar lo que pensamos acá , del estado en que se halla en España la literatura. Yo iba preocupado con este error , y me desengañé quando empecé á tratar á los literatos. Hallé algunos muy bien puestos en la geografia antigua y moderna , en la historia sagrada y profana , y en las antigüedades : otros que sabian las lenguas griega y hebrea , y alguna cosa del arabe , y otros que sabian perfectamente el latin , en que componian y escribian con facilidad. En punto de libros de toda erudicion se tiene mucha noticia , y hay cinco librerias de grande surtimiento , particularmente de Biblias , Polyglotas , Concilios , Santos Padres , Historia Eclesiástica , Derecho público , Jurisprudencia , Matemáticas , Filosofía moderna , Humanidades , Varia Erudicion , y de obras Periodicas : de manera , que en Madrid hay tan buenas

nas

mas librerias como en qualquiera Ciudad de Italia, y aun estas cinco no ceden á ninguna de las de acá, ni en el número, ni calidad de los libros, ni en el despacho, y no pienses que en esto hay ponderacion. Es verdad que no son muchos los que saben estas cosas, y que no todos los que te he referido las saben todas, sino unos unas, y otros otras, y te puedo asegurar que las personas mas literatas en Madrid, son aquellas que tienen menos motivo y obligacion de serlo; y al contrario aquellas, que por su profesion y estado debieran aplicarse á estos estudios, son los que mas las ignoran. Los Frayles, por exemplo, que debieran saber la Escritura, la Teología, la Historia de la Iglesia, y las Lenguas sábias, poco de esto saben segun la cartera comun de sus estudios, á excepcion de algunos á quienes traté, que se distinguieron por su particular aplicacion. Los demás no salen de su Teología de cartapacio, y lo peor es, que piensan que no hay mas Teología que saber, y que esta es la unica y necesaria en la Iglesia de Dios para defender sus dogmas, é impugnar los errores contra la fé. Y al mismo tiempo hay seglares, gente de secretaría y cobachuelas, que saben con todo fundamento la Teología dogmatica, la Lengua hebrea, y todo genero de erudicion. Los Preceptores de gramática, asi Seculares como Religiosos, no tienen gusto en la latinidad, ni la saben, y se encuentran Clérigos sueltos, Abogados y gente de Oficina, que saben perfectisimamente la lengua latina, y han leido los mas célebres autores de la antigüedad. Esto proviene de que regularmente hablando ninguno se aplica á la ciencia que profesa, haciendo muchos ostentacion de escribir sobre materias bien agenas de su profesion. En el tiempo que estuve en Madrid ví que los Medicos escribieron de filosofía moral, los Frayles de medicina, los Magistrados Seculares, aunque en nombre de otros, de Liturgias, y los Eclesiásticos de Regalía, y lo que mas extrañé fue, que los Corbatas traduxesen obras dogmaticas, trocando asi los frenos, y no conteniendose cada uno en su facultad.

Sab. Pero dime, dónde aprenden esos eruditos todas esas cosas que antes me referiste, si los que las enseñan no las saben?

Bart. Esa es la lastima. Cada uno despues de haber perdido muchos años en las escuelas y universidades, se aplica á estos estudios con algunas personas doctas que les abren los ojos, y les muestran el camino del buen gusto y erudicion. Pero esto no es prueba de la barbarie con que en Italia están notados los Españoles.

Sab. Ya sabes que por acá no es otra la opinion que tienen: y aunque el Padre Zacaría en su ensayo crítico de la corriente literatura extrangera, presumió vindicarlos de esta injuria, y da razon de algunas obras publicadas en España desde el año de 1753, ninguna me parece digna de que las pusiese en su ensayo, ni prueba el fin para que las trae.

Bart. No tienes razon; porque la exposicion de aquellas palabras, *Reges Tharsis, &c. insulae munera offerent: Reges Arabum, &c. Sabá dona adducent,* del Psalmo *Deus judicium tuum Regi da,* de un Canónigo de Barcelona, está escrita con mucho gusto, y se conoce que en España se cultivan las buenas letras.

Sab. No la he visto, ¿sería por ventura de aquel Canónigo que sacó los años pasados en Roma una
Di-

Disertacion latina sobre la patria de San Lorenzo y San Dámaso?

Bart. Del mismo es.

Sab. Pues desde luego digo que estará bien escrita, porque lo está la Disertacion, y dá á entender que es hombre de una vasta erudicion, sagrada y profana, y muestra en muchos parages su ingenio y critica, tocando con variedad varios puntos concernientes á la Historia Eclesiástica, que los aclara con monumentos que hasta ahora no habiamos visto.

Bart. Muy agradecidos le deben estar los Españoles por el honor que aqui y en Roma les hizo, y por haber puesto la ceniza en la frente á los Romanos que contaban por suyos á dichos Santos.

Sab. Todavia estoy en mis trece, porque tengo observado que hace muchos años que no se hace mencion de ningun Autor Español, ni en los anales typográficos, actas de los sábios de Lypsick, república literaria, memorias de Trevoux, y diarios extrangeros, que no hubieran omitido si hubiese salido algun buen libro.

Bart. Te engañas. En las memorias de Trevoux de 1754, tienes la Historia Sagrada de España de un Agustino, y en el Jornal extrangero del año pasado dos cartas de un Jesuita al Padre Rabago, que segun tu juicio mereceran éstas, hagas algun aprecio, por dar razon de ellas estos diarios que tanto estimas. Yo las he leido, y es cierto que la primera es una obra muy vasta, y no era para un hombre solo, porque abraza muchos puntos muy obscuros sobre la Historia Eclesiástica de España, especialmente acerca del origen, comprehension y términos de los Obispados, y traslaciones de las Iglesias, celebracion de Concilios Provinciales y Nacionales,

I

y otros puntos de erudicion Eclesiástica. Para esta
obra era necesario que se hubieran reconocido antes
todos los Archivos de España , Portugal , y Galia
Narbonense , los codices antiguos que se guardan
en algunas Iglesias , y sobre todo los muchos que
tiene la de Toledo : las inscripciones que se hallan
en diferentes Monasterios de Benitos , sepulcros antiguos de Reyes , Obispos , y otras personas ilustres en virtud y letras , y otros monumentos del
estado antiguo de la Iglesia de España , y haber hecho dos cartas geográficas exáctisimas , una de la
geografia antigua , y otra de la presente situacion
de toda España. En quanto al mérito de la obra te
puedo decir , que es de las mas utiles que han salido en España en este siglo , y el autor ha desempe-
ñado en lo que cabe y puede hacer un hombre solo
en este género de estudios, la vasta idea que se propuso. Hay en esta obra algunas disertaciones que estan muy bien escritas. Lo que hay mas que admirar es , que este religioso despues de haber malogra-
do mas de la mitad de su vida en las disputas ver-
bales de la escuela , se haya aplicado á este género
de estudio tan embarazoso , y haya tenido lugar
para estudiar en tan breve tiempo lo necesario para
dar á luz una obra de tantos cabos. Con quatro
frayles que hubiese en España tan laboriosos como
éste , recobrarian el crédito que tienen perdido entre los extrangeros. Las cartas del Jesuita , se reducen á dar cuenta al Padre Rabago del ánimo que tenia de dar á luz varias colecciones de monumentos
sobre las cosas de España , que copió del Archivo
de la Santa Iglesia de Toledo , quando pasó de órden de Fernando el VI. á reconocerlo. Las principales de que habla y tenia ánimo de publicar , eran
so-

sobre el derecho Real y Eclesiástico de España, y
liturgias antiguas de la Iglesia de aquel Reyno, refiriendo, aunque con mucho arte, los monumentos, y
no dice todos quantos tiene, ni los expresa en particular: mas dice lo bastante para venir en conocimiento del proyecto de su obra. Para la primera
coleccion del derecho Real de España, le asegura
que tiene copiado del Fuero Juzgo, el Real y General de Leon, muchos quadernos de Cortes, especialmente las de Naxera del Emperador Don Alonso. Le dice que tiene hechos muchos extractos de
diferentes fueros municipales de que usaban algunas
Ciudades y Villas de España: que ha cotejado el
Fuero Juzgo con muchos exemplares MS. muy
antiguos, latinos y castellanos, las leyes de las partidas y otras. Para la segunda coleccion del derecho Eclesiástico le da cuenta que ha juntado muchos Concilios que no publicaron Loaysa y el Cardenal Aguirre, y otros instrumentos y actas Syno-
dales que no vieron. Con que se podria ilustrar el
derecho Canónico de España, asi en tiempo de los
Godos, como despues de la conquista de Toledo,
y aclarar varios derechos y regalias de los Reyes de
España, la historia de muchas Iglesias y de sus Prelados; y que tiene de estos algunos Catálogos y
muchos opusculos de AA. Eclesiásticos. Para la tercera coleccion dice que tiene copiados diferentes tomos
MS. de la liturgia Gotica, Muzarabe, y otros monumentos que no se han publicado: muchos misales
y breviarios del Rito Romano, con notas críticas
sobre las oraciones que contienen el cantico de la
antigua Psalmodia, y otras curiosidades acerca de
los Oficios y Ritos de la Iglesia de España y ciencia del Kalendario.

Sab.

Sab. Rara coleccion de cosas, lastima es que no explique ese Padre mas por menor todos esos monumentos!

Bart. Yo traygo una lista muy puntual de muchos de ellos : voy á buscarla para leerla, porque sé que has de tener gran gusto en oirla. Espera un poco que al punto vengo.

Sab. Ve en buena hora, que ya estoy impaciente por oir la relacion de piezas tan singulares.

Bart. He aqui la lista. Atiende. „ Una coleccion „de signos ó ruedas de los privilegios rodados, desde „Alonso VI. conquistador de Toledo, hasta los Reyes „Católicos (es una serie de mas de quatro siglos), „imitando á lo vivo, no solo el tamaño, colores, „y adornos ; sino el ayre particular, y gusto de los „escritores. De manera, que por ellos se conoce el „mas ó menos primor, ó decadencia de cada siglo: „estas copias se hicieron en vitelas. Otra coleccion „de los sellos secretos que llamaban de la *poridat*, y „tenian los Reyes en su Cámara para cosas que des- „pachaban particularmente, y estampaban sobre „papel pegado con cera roxa : no es tan completa „como la antecedente : tambien se dibuxó en vite- „las, observando todas sus particularidades. Otra „coleccion de firmas de Reyes, y Reynas, copia- „das con igual exàctitud, pero no completa, por „motivo de que antiguamente los Reyes no firma- „ban, sino que hacian una cruz en el centro que „dexaba en blanco el escribiente, y despues le „adornaba, é iluminaba con varios colores. De „modo que con las ruedas y cruces puede com- „pletarse la de las firmas. Otra coleccion muy copio- „sa de sellos de cera, que están pendientes de „los privilegios, asi de Reyes, como de Rey-

„nas , é Infántes , imitando lo tosco de unos , y
„primoroso de los otros. Otra coleccion de los se-
„llos Reales de plomo, que penden de los Privilegios,
„observando igual exàctitud en copiarlos. Otra de
„sellos de cera de los Arzobispos y Obispos de Espa-
„ña. Otra de sellos de cera de particulares , que
„además de sus firmas acostumbraban sellar , en que
„hay infinitos de muchas personas ilustres , ricos-
„hombres y sugetos distinguidos. Otra de privile-
„gios , paginas de libros excelentes , asi por la letra,
„como por las materias de que tratan , guardando
„chronología para hacer una poligrafia de España.
„Se copió esta coleccion en vitelas y pergaminos,
„teniendo presente el copiante , que los Privi-
„legios Reales , y otros eran los únicos que podian
„servir , porque poner en la copia el caracter de
„letra mala de particulares sería una obra inutil, co-
„mo si v. g. para demostrar las letras de este siglo, se
„imitase la variedad de todos los sugetos de las Ofi-
„cinas de España. Esta coleccion sería grande , pero
„no daria á entender el caracter general de la que se
„usa en la Cámara de Castilla en executorias, y
„otros instrumentos. Los que se hallan en esta , son
„capitulaciones de Reyes , quadernos originales de
„Cortes , cédulas y cartas Reales, y otras cosas á
„este tenor. Otra coleccion de letras en borrador pa-
„ra despues de puesto en limpio poder adornar la
„Poligrafia. Otra de Concilios cotejada con dos pre-
„ciosísimos codices , que se guardan en la librería de
„la Santa Iglesia de Toledo. Otra de Concilios no
„impresos , y otra de documentos para la historia
„de los Arzobispos de aquélla Iglesia. Una copia
„exàcta de un Misal Gótico Muzarave en pergami-
„no , que se enquadernó del mismo modo , que lo
„es-

„estaba el original , y se imitó tambien en uno , y
„en otro , que le pareció al Dean de Toledo dexar
„noticia de que se habia sacado aquella copia , para
„que no se creyese que era el original , y se quitase
„la estimacion á los doce Misales Góticos , que hay
„en la librería de aquella Santa Iglesia. Otra copia
„de un tomo en folio manuscrito , que contiene las
„cuentas que daban al Rey Don Sancho IV. sus re-
„caudadores. Este libro es muy curioso y muy útil,
„porque por él se conoce á lo que ascendian las
„rentas Reales , su distribucion , los viages de los
„Reyes , y otras muchas singularidades acèrca del
„gobierno economico de la casa Real , y otras cosas
„concernientes á todo el Reyno. Los recaudadores
„todos los mas eran Judios : está escrito en papel
„tosco Toledano , mayor que el cepti. Otra copia de
„un tomo en folio de Poesias de lengua gallega de
„letras primorosas, y con la particularidad que tiene
„algunas ligeras enmiendas de mano de su autor, que
„fue el Rey Don Alonso el Sábio. El asunto es va-
„rias cantigas (asi las llama) en loor de la Virgen
„Maria. Cada una de ellas tiene su musica con carac-
„teres hermosísimos de canto llano. Se conoce por
„el primor de la letra , que este libro le tenia el Rey
„en su Cámara para su diversion. Copia de doce
„Misales Muzarabes. Se sacaron estas copias , por-
„que se advirtió , que el impreso por el Cardenal
„Ximenez de Cisneros no lleva el órden del manus-
„crito , y tambien por estar desacreditado , porque
„introduxo rezo particular de Santa Clara, San Fran-
„cisco , y otros Santos modernos. Otra copia cor-
„regida con varios exemplares del Fuero juzgo , que
„mandó traducir en Castellano el Rey Don Alon-
„so X. y el original está en papel grueso Toledano, y

„se guarda en la librería de la Santa Iglesia de To-
„ledo. Otra copia de infinitos quadernos de cortes,
„leyes, cédulas, ordenamientos, y pragmáticas. Un
„cotejo de las Etimologías de San Isidoro, con un
„exemplar Gótico precioso que alli se guarda, y co-
„pia de otras obras del mismo Santo. Otra de un
„libro intitulado la Ciencia Gaya de Segovia: es un
„tomo muy grueso, que viene á ser una selva de con-
„sonantes. Una copia de todas las liturgias que hay
„en la librería de dicha Santa Iglesia. Otra de infini-
„tos instrumentos sacada de los Archivos de la misma
„Iglesia, del de la Ciudad, del de la hermandad
„vieja de Toledo, del antiquísimo de San Clemen-
„te de Monjas: todos muy conducentes para ilustrar
„la historia de España. Y finalmente retratos de al-
„gunas personas famosas en virtud y letras“.

Sab. Pasmado estoy al oir tan preciosos monumentos, sin duda qué le habrá costado al Padre un
tesoro el recogerlos y copiarlos.

Bart. Ni un maravedi ha gastado, porque en el
tiempo que este Padre estuvo de órden del Rey en
Toledo, le mantuvieron tres ó quatro escribientes,
y entre ellos uno de una habilidad extraordinaria para copiar todo genero de letras que le pongan delante, y todos estos tenian sueldo por el Rey, y además
se les dieron algunas gratificaciones por el Ministro de Hacienda, y el Padre siempre cobró una
pension muy buena, que actualmente está gozando,
y lo mas particular es que no ha habido redenciones
humanas de querer entregar las copias, sin embargo
de haberle apretado por la Secretaría de Estado diferentes veces. Solo unos tres ó quatro tomos de Concilios, y unas ligeras notas al Cenni, le pudieron sacar
con maña; y exclama el tal Padre que le han hecho una
notoria injuria.   *Sab.*

Sab. Si el Rey pagó á los amanuenses, y el Padre alquiló sus obras por cierto precio, y aun ha logrado el que le hayan dexado la pension que le señalaron quando pasó á Toledo á reconocer el Archivo; poca Teología y Jurisprudencia es menester para saber que todas esas obras son del Rey.

Bart. El Padre es lector de moral en el Colegio Imperial, y no le faltará opinion para defender que son suyas, y que el Rey le debe dar dinero para costear la impresion, y una buena parte de ganancia en lo que se venda; pero guardese de que llegue á noticia de Cárlos III. porque le haria soltar todas esas colecciones, y copias de monumentos tan preciosos, y mandaria al punto publicarlas, porque es tal su generosidad y magnificencia de ánimo, que no perdona gasto por exôrbitante que sea, para emprender estas obras; y si no digalo el Herculano, y aun todo lo demás que ha hecho Reynando en Napoles, para hacer florecer las ciencias, y bellas artes. A su zelo, proteccion, y liberalidad, se debe el estado, que hoy tienen en este Reyno, y en el de las dos Sicilias. El ha sido el verdadero restaurador de las letras, y yo espero que tambien lo ha de ser en España.

Sab. No pongo en eso la menor duda, y quando menos se piensen los Españoles, verán reformadas las Universidades y Estudios. Mas tu prosigue en contarme los literatos que conociste en Madrid.

Bart. Uno de los mas sábios que traté fué un Monge Benedictino, y es aquel de quien habla el Muratori al Nuncio Enriquez en la dedicatoria del segundo tomo de sus misiones del Paraguay. Este Monge es de aquellos que al principio te conté, que no se aplicaban tanto al estudio de la ciencia

que

que profesan , quanto á otras muy agenas de su profesion , y estado. No hay duda , que su erudicion
es muy vasta , pero por un rumbo muy extraño. Se
ha dado á un género de literatura , á que pocos se
dedican : y esto ha hecho el que tenga mas crédito,
que el que en la realidad se merece. Su fuerte son las
antigüedades , y sabe mucho de la disciplina militar,
y triunfos de los Romanos , de sus armas , escudos,
sellos , vestiduras , y calzados , convites , baños,
juegos , granjas , edificios , calzadas , aqüeductos
y cloácas , ferias , ceremonias y fiestas de su falsa
Religion , votos , sacrificios , oráculos , inscripciones sepulcrales , y otras cosas de este jaez , especialmente las que tocan en asuntos raros , y extravagantes , sobre que ha hecho algunas disertaciones.
Una estaba trabajando quando yo salí de Madrid sobre el origen de la enfermedad de las bubas , y otra
compuso el año pasado sobre un sátiro que unos
Alemanes traxeron á enseñar á España , y es tal su
propension á este género de estudios curiosos , que
sería muy repugnante á su génio el haber de escribir
sobre otras materias.

Sab. Algunos conozco yo como ese Padre , que
se aplican á estas extravagancias , confundiendo el
estudio loable de las antigüedades , con la ridícula
investigacion de estas vagatelas , y sin embargo pasan por hombres sábios , siendo substancialmente
unos ignorantes.

Bart. Este Monge no lo es , porque sabe muchas cosas de bastante erudicion.

Sab. Yo creo que será así : pero no es una prueba convincente de su erudicion el haber escrito de
los puntos que me referiste ; y si el Panvinio , Gre-
vio , Balduino , Julio , Frontino , y otros célebres
es-

estritores , que por su fecundidad escribieron tambien ingeniosamente sobre algunas de estas cosas, no nos hubieran dado por sus escritos mayores, y mas útiles descubrimientos , no merecerian tan digno lugar , y consideracion en el orbe literario : pues de un estudio profundo y sólido de la antigüedad al superficial , y meramente curioso , hay la misma diferencia , que de internarse en lo mas profundo del mar , para desentrañarle las mas preciosas piedras, al andarse por las orillas recogiendo las conchas que arroja. ¿ Y dime , de libros tiene este Padre noticia?

Bart. Tiene muchos , y muy raros ; y como los tiene bien traqueados , es gusto el oirle en una conversacion echar erudicion por aquella boca. Si se habla de AA. que han defendido paradoxas , al instante sale con el Padre Francisco Albertini , Jesuita , que en el libro de Angelo Custode, lleva la opinion de que los animales tienen su Angel de Guarda: si ocurre la qüestion de ser los Cielos animados , en lugar de hacer uso de los antiguos Filosófos que llevaron esta doctrina, cita á Pablo Ricio, Judio convertido , Medico del Emperador Maximiliano, que la defendió. Refiere que Juan Ritangelio en el tratado *de Veritate Religionis Christianæ* trae la paradoxa , y se empeña en probar , que no hay nada en el nuevo Testamento, que no se haya sacado de las antigüedades Judaicas : que David Rodon defiende, que la conservacion de las criaturas no es una continuada creacion : pues estos y otros semejantes AA. son sus favoritos.

Sab. Ya te he dicho , y te vuelvo á repetir, que toda esa erudicion , no prueba que sea hombre sábio , porque teniendo una buena librería , como me dices tiene ese Padre , con poco trabajo se saben

to-

todas esas vagatelas , que tales se pueden llamar, si se comparan con tantas cosas útiles que hay que saber en punto de antigüedades. Pero dime, ¿ sabe la Teología como se debe saber?

Bart. Lo que te puedo decir es , que afecta saber mejor la Teología de los Turcos , que la de los Christianos.

Sab. Raras ocurrencias tienes ; ya te entiendo: con que segun eso, ¿no sabrá la lengua Hebrea , ni la Griega, sin las quales ninguno puede llamarse Teólogo?

Bart. Asi es como lo piensas. Solo conoce los caracteres, y solo sabe leer las dicciones que no estén ligadas , y se ingenia con los diccionarios , que tie-te muchos, para entender tal qual palabra sobre la Etimología.

Sab. Pues desde luego digo , que no puede saber con fundamento nada de antigüedad , que es el fuerte de sus estudios, como me dixiste antes, ignorando las lenguas orientales, especialmente la Hebrea.

Bart. Parece eso una paradoxa ; pues de qué utilidad pueden ser estas lenguas á un erudito ? Si fuera á un Teólogo ya lo entiendo. Unicamente sirven para saber lo que trae un libro , que trata la historia de un solo Pueblo , metido en el rincon del mundo, sin trato, ni comercio con las otras naciones, sus guerras , modo de gobierno , ceremonias de su Religion , y sacrificios : todo esto qué conexîon puede tener con las antigüedades , y con todo lo que se llama erudicion?

Sab. Bien lo has pintado, y sin duda que lo has hecho para hacerme saltar. Ese Pueblo tan reducido, sin trato con las otras gentes , y situado en un rincon de la tierra , es la fuente de toda erudicion , y á sus libros se ha de recurrir para saber con funda-

men-

mento el origen de los Pueblos de la idolatría, de la fabula, y todo lo que hay mas apreciable en la historia, y antigüedad, como lo han hecho demostrable Juan Gerardo, Vosio, Seldeno, Bochart, Scaligero, Heinsio, Grocio, Posevino, Huet, Bianchini, Clerc, Touriemine, Walton, Fourmont, y otros sábios.

Bart. Quisiera que me dieras algunas pruebas de lo que dices, especialmente sobre el origen de los Pueblos, idolatría y fábula.

Sab. Diré lo que buenamente me ocurra. Los hijos y nietos de Sent, Cam, y Japhet, dieron el nombre á infinitas gentes. Asur le dió á los Asirios; Elam á los Elamitas; Aram, á los Arameos; Lud, á los Lidios; Maday, á los Medos; y Jaban, á los Jonios. El Egipto, que entre los Orientales era conocido con el nombre de Mesraim, tomó este nombre de Mesraim hijo de Cam: los Cananeos de Canaan. Muchos Pueblos de Europa conservan hoy dia sus nombres de las voces hebreas. El célebre Bochart en su Canan y Phaleg, hace ver colonias phenicias (ya sabes que esta lengua es casi la misma que la hebrea) en Chipre, en Cicilia, en Grecia, en Sicilia, en Cerdeña, en Africa, en España, en Francia, y aun en lo interior de la gran Bretaña, y por él sabemos muchas antigüedades que nos ha enseñado con el texto hebreo que ignoramos, probando y convenciendo con sólidas razones, que la lengua hebrea es tan necesaria para la erudicion profana, como para la sagrada. En quanto á la idolatría, basta lo que leemos en los fragmentos que nos han quedado en Eusebio, y en Porphyrio de la historia, y antigüedades de los Phenicios, escrita por Sanchoniatben, y traducida al griego por Philon de

Tom. XXVIII.   S   Bi.

Biblos : digan lo que dixeren , Dotwel , y Dupinde
estos fragmentos. En ellos verás puestas las principales divinidades de los Phenicios, que adoraban
con el nombre de Eloim : Adonis, y Jupiter adora-
dos con el de Elieno , y otros Dioses que diferentes naciones adoraban con los nombres de Jabo , y
Eloim, segun nos lo refiere San Irineo , y Epifanio,
casi sin la menor inversion de los que se dán en el
texto hebreo al verdadero. Otras dudas falsas nos
hacen ver Juan Gerardo , Vosio *de Origine idola-
triæ* , y el Seldeno *de Diis Siriis* , cuyos nombres
se tomaron del hebreo, como Saturno , Jupiter,
Vulcano , y otros de que no me acuerdo, en quanto á la fábula está por demás el probarlo. Basta para
persuadir esta verdad los Argonatas. Aquello de hablar la nave , guardar el toyson de oro , los toros
que tenian pies de bronce , el dragon que estaba en
vela de este precioso deposito, el robarle Jason ayudado de Medea , hija del Rey de Colchos , se comprehende facilmente con el conocimiento de la lengua hebrea , porque la vez que significa navio , significa tambien hablar. Una misma palabra significa
toyson, y tesoro. Los toros que le guardaban eran
fuertes murallas , pues en la lengua phenicia un
mismo vocablo segnifica muro , y toro , y el hablar-
se en la fábula del dragon de bronce , es porque una
misma voz significa lo uno y lo otro : y aun añado
en confirmacion de lo que he dicho que las antigüedades de la Grecia , tampoco se pueden entender
ignorando la lengua hebrea , como lo ha hecho ver
Heinsio en su prefacio sobre Nono: pues las mas de
las historias , fueron en los primeros tiempos escritas por los Phenicios , que era la gente mas dada á
las letras , y tenian gran comercio con otras naciones,

nes , á quien referian muchas fábulas , que oian con placer , y cómo fuese una literatura misteriosa , y simbólica , enseñada por los Sacerdotes de los idolos , que tenian mucho interés en mantener la supersticion , é ignorancia de los Pueblos ; era muy natural se extendiese facilmente por todos ellos , y creyesen las fábulas , y cuentos que les contaban, y por eso el origen de las fábulas ha servido para la historia antigua , y descubrir la antigüedad de la verdadera Religion , y los Padres que se han aplicado á este trabajo desde los primeros siglos , como son Theofilo de Antioquia , Taciano , Arnobio , Lactancio , Eusebio Cesariense , y otros , han hecho grandes descubrimientos.

Bart. Parece que nos hemos olvidado del Monge Benedictino , que ha sido la causa de habernos metido en esta conversacion erudíta sobre la calidad del Hebreo , que si alguno nos oyera te aseguro lo tendria por una paradoxa , como yo fingí tenerla, haciendo que extrañaba la proposicion que echaste solo por oirte hablar.

Sab. Ya te conocí venir , y por eso me piqué, y he hecho del erudíto.

Bart. Vuelvote á repetir lo que te dixe al principio, que este Padre es erudíto, y siendo joven dixo de él un sábio escritor de su misma Religion , que era un monstruo en humanas, y divinas letras. Considera en que será ahora , y á la verdad que el voto de este escritor , es de gran calificacion por haber merecido sus obras el aplauso universal de toda España , contra las quales no se puede escribir , habiendo logrado el autor se mandase asi por un Real Decreto ; privilegio que hasta ahora no se ha concedido á ningun literato del mundo.

Sab.

Sab. Y quién es ese autor?

Bart. El del teatro critico universal.

Sab. Sangrienta crítica de sus obras trae el **Men-**
kenio en uno de los tomos de las Actas de Lipsik,
que si mal no me engaño se reduce á decir „que el
„aplauso que han tenido en España , ha sido por
„la variedad de asuntos que el autor toca , y de
„quien se quedó como pasmada la gente poco ins-
„truida , que aunque han sido impugnadas por mu-
„chos , han tenido la fortuna de que los contrarios
„no han podido medir su pluma con la del autor , y
„que si saliese una bien cortada , pudiera muy bien
„enmendar y corregir la pluma“.

Bart. ¿A esta crítica llamas sangrienta? Oye la
que de esta obra hace cierto sábio Portugues. Dice,
pues, que para un buen Filosofo, ó para quien
quiera aprender la buena filosofía , puede ser perjudicial , ó á lo menos superflua dicha obra , y no
puede sacar de ella cosa buena , que quien tiene una
buena logica en la cabeza , y alguna erudicion, se
rie de los que admiran al autor , y dicen que ninguno puede ser docto sin leerle ; que quanto trae
sobre las guerras filosóficas y modo de argüir , nada
sirve para discurrir bien ; que en las Paradoxas que
trae , dice algunos errores muy garrafales ; que no
es Filosofo ; que ni en la logica , ni en la fisica
puede discurrir bien por confesar que es peripateti-
co , y que se halla muy bien con sus formas Aris-
totelicas ; que no sabe las matemáticas , y que ig-
norandolas no es posible que discurra bien en la fisica ; que lo menos malo que dice , es lo que leyó
en las colecciones y memorias de las Academias,
buscando materias para los discursos de su teatro ; y
finalmente , que el autor solo agrada á los ignorantes,

tres, y que los hombres verdaderamente doctos, ó de un buen entendimiento, dexan la lectura de sus obras á los idiotas.

Sab. Bien dices que es mucho mas sangrienta esta crítica que la de las actas de Lipsick. ¿Te parece á ti que la merece la obra?

Bart. Si te he de decir lo que siento, siempre me ha parecido muy mal la crítica, porque aunque sean ciertas muchas cosas de las que dice el Portugues, principalmente sobre la filosofía, hay unos discursos muy bien trabajados, y que en el modo de tratar las materias manifiesta el autor su ingenio y alguna erudicion; y lo que hay mas que alabar es, la claridad y facilidad con que se explica: finalmente, aunque la obra tiene sus defectos, es de las menos malas que han salido en este siglo en España; y una de las mas divertidas por la variedad de asuntos de que trata, y sobre todo la que ha tenido mas despacho. En las cartas está muy floxo, principalmente en las últimas que ha publicado. ¿Querrás creer que habiendole escrito un caballero, que se habia aplicado á aprender la lengua griega para que le embiase una instruccion que le sirviese de método para salir quanto antes de su empresa, se pone á hacer una invectiva contra los que saben el griego, y aconseja al caballero que dexe el estudio de tal lengua, porque es poca ó ninguna la utilidad que se saca? y entre las muchas futiles y sofisticas razones que dá, es que todo lo que hay de bueno está ya traducido.

Sab. ¡Buena razon! ¿Quántas cosas no se pueden entender en las traducciones, si no se recurre al original, y sin salir de la escritura se puede hacer demostracion de lo que digo?

Bart.

Bart. Es evidente, y qualquiera que recurra á los originales, tocará con las manos esta verdad; y aunque por lo respectivo al viejo testamento, y traduccion del Hebreo, pudiera referir muchos lugares que han quedado obscuros, y que es menester recurrir al original para hallarles su verdadero significado, he juzgado conveniente el omitirlos por no molestar á los eruditos que no pueden ignorarlos, siendo muy conocidos los escritores críticos que han cotejado muchos textos sagrados, y nos han demostrado esta verdad. Pero para convencer al autor del teatro crítico de que no es inutil, como dixo, el estudio de la lengua griega por estar ya todo traducido, le citaré dos lugares solamente bastante comunes, que puedan servir de exemplo para su convencimiento. Deducese el primero de aquellas palabras de la Epístola 1. de San Pedro al cap. 4. *Charissimi, nolite peregrinari in fervore qui ad tentationem vobis sit quasi novi aliquid vobis contingat....* pues si estuvieramos al sentido propio de esta voz latina *peregrinari*, no le dariamos la significacion que corresponde en este caso á su original, que es el verbo ξενίζω, el qual aunque tambien significa peregrinar, como lo quiso el traductor; en el sentido y caso en que habla el Apostol debe darse otra significacion que tiene tambien este verbo, que es el de admirarse, y con esta queda claramente explicada la locucion del Apostol, que es esta: „Christianos y muy amados, no „os maravilleis quando sois exâminados por el fue- „go de la tentacion y trabajos, como si alguna „cosa nueva ó nunca oída os aconteciere." El otro caso se deduce de los hechos de los Apostoles, quando se habla de la eleccion de San Matias, pues dice el el texto; que el que entró en suerte fue *Josef*, que se llamaba *Justo* ; y yo he oido predicar á alguno mas de quatro veces haciendo mucho asunto sobre que no cayese la suerte sobre el *Justo* , no hay duda que Josef lo sería en sus costumbres y santa vida ; no diciendo tal el texto griego , sino que tenia por sobrenombre Justo , pues no usa de la palabra griega *δίκαιος* que corresponde al adjetivo *justus*, sino del nombre propio *Ιουστος* sin artículo.

Por estos y otros exemplos que se pudieran citar á centenares , asi del nuevo como del viejo Testamento del griego , como del hebreo , y de las demás lenguas muertas , y tanto de autores sagrados, como profanos oradores , como poetas , debe persuadirse nuestro Ilustrísimo escritor , que por las traducciones latinas no puede siempre entenderse el verdadero sentido , y que para entenderlo sin confusion y perfectamente , es de suma importancia y utilidad el estudio de la lengua griega , como tambien el de las demás lenguas orientales , y que por consiguiente debe recomendarse este estudio : pues tanta es la diferencia de leer en el original , á leer en la traduccion de qualquiera lengua , sea la que fuese , como el ver (segun dice el autor de Don Quixote) las figuras de un tapiz por el revés , al verlas por el derecho.

Sab. El simil me agrada , y dá muy buena idea para comprehender la gran diferencia que hay del original griego , á las traducciones latinas , y á donde se quedan las paranomasias , los idiotísmos, el ornato de las particulares paragogicas , las frases y maneras propias de la lengua , que no es posible darlas á entender en la traduccion por exâcta que sea ; y aunque esto mas parece que toca

al

al deleyte, que no á la utilidad, con todo eso
se encuentran en todas estas cosas muchas utilidades y provechos.

Bart. Es indubitable eso que dices, y lo es
quanto puede decirse en favor de la lengua griega,
y la necesidad que hay de aprenderla, y sin recurrir
á otros pasages de la escritura, ni á la infinidad de
voces y nombres propios de animales, aves, peces,
insectos, yerbas, aromas, piedras, pesos, medidas, vasos, fiestas, instrumentos musicos, enfermedades, vestiduras, y de otras muchas cosas que
se hallan en el nuevo Testamento, y que los tra-
ductores, ó las equivocaron, ó las dexaron confusas en su significado y explicacion; quiero concluir
con una observacion que he hecho sobre las ridi-
kulas etimologias que muchos hombres por otra
parte doctos han dado á varios nombres de cosas
sagradas bastante familiares, que pueden convencer
al Reverendísimo de la necesidad que hay generalmente de aplicarse al estudio de la lengua griega.
Cada vez que leo en el Cardenal Lugo, que *Paras-*
ceve se dice *Parans Coenam*, no puedo contener la
risa, y aun la causa mayor el leer en Durando,
que *Coemeterium* se dice á *cimen quod est dulce, &c.*
Sterion quod est statio, porque alli reposan dulcemen-
te los huesos de los difuntos, ó porque en los
cementerios hay unos gusanos que se llaman *simices,*
que hieden mucho.

Sab. Me haces acordar de otra etymologia no
menos ridicula que traen Juan Andrés y el Abad,
comentando el capítulo *Noverit de Sent. excomm.*
diciendo que los excomulgados se llaman *Ethnicos*
del Monte Ethna de Sicilia, *quasi dignos illo*
monte.

Bart.

Bart. Igual á esè desatino es lo que nota la glosa en la *ley* 4. *C. de Summa Trinitate*, de que *Monachus* suena lo mismo que en latin *Auriga*. Estos y otros disparates se escriben, pues por no saber la lengua Griega un hombre tan docto, y que tiene un Real privilegio para no ser impugnado, haga como burla de los que se aplican al griego ; y que diga no es necesario su estudio. Verdaderamente es grande el daño que puede causar la opinion de este Padre, que es venerado por un Oraculo en toda España, y en las Indias.

Sab. Tienes razon, y me parece que en buena conciencia está obligado á retractarse, y á escribir otra carta ponderando la utilidad de la lengua griega.

Bart. Ya hizo una media retractacion respondiendo á una de un amigo suyo que se le quexó de que tuviese escrita, y para publicar una carta en que disuadia á otro del estudio de la lengua griega ; y recogiendo el Padre su error le disculpa, con que si hubo algun exceso en la pluma, tendria parte de amor propio, tomandola contra los que se jactan, y hacen vanidad de saber el griego, y omiten ó afloxan en otros estudios que les serian utiles: Pero aun esto no basta, y era preciso que cantase la palinodia, y dixese escribiendo sobre la necesidad y utilidad de la lengua griega, y que confesase que es la fuente de la buena literatura, y mejor haria si pusiese en una carta los versos que compuso Alexandro Egio, y que nos hizo aprender de memoria nuestro maestro quando empezamos á aprender el griego ; pues bastaba esto para reparar los daños que ha podido causar este Padre, y para que se aficionasen á esta lengua todos quantos los leyesen, y aunque sea puerilidad te los voy á leer, dicen así.

Tom. XXVIII. T Qui-

*Quisquis Grammaticam vis discere , discito
Graecè.*

Ut recte scribas , non pravè , discito Graecè.

Si Graecè nescis , corrumpis nomina rerum.

Si Graecè nescis , malè scribis nomina rerum.

Si Graecè nescis, malè profers nomina rerum.

Lingua Pelasga vetat , vitiosos scribere versus.

Lectio quem Plinii delectat , discito Graecè.

Si libros Sacros vis discere , discito Graecè.

*Hieronymum ut teneas , vigilans tu discito
Graecè.*

Ne versus scribas vitiosos , discito Graecè.

Argumentari quisquis vis , discito Graecè.

Quisquis Rhetoricèm vis , discere : discito Graecè.

Scire Mathematican quisquis vis , discito Graecè.

Artibus es Medicis qui captus , discito Graecè.

Argolicum nomen cunctis liquet esse figuris.

Artes ingenuae Graeco Sermone loquuntur.

Non alio quibus haud nomen dat lingua latina.

Ad summam , doctis debentur singula Graecè.

Para esto y mucho mas , es pues necesaria la lengua griega , y quien la sabe bien puede decir que sabe la mitad de cada una de las ciencias , en especial la Medicina y Matemáticas. Mucho nos hemos detenido en probar una cosa que es mas clara que la luz del medio dia.

Sab. Pues dexemos á ese Padre en su error , y tú prosigue en contarme los demás literatos que trataste en Madrid.

Bart. Uno de los que me llevaron mas la atencion , fue un caballero Andaluz (1) que ha publica-

do

(1)   *Don Josef Velazquez.*

do varias obras , y tiene otras muchas mas aperdi-
gadas : las publicadas son, un Ensayo sobre los Alfa-
betos de las letras desconocidas que se encuentran
en los monumentos mas antiguos , y monedas desconocidas de España , origen de la poesía Castellana,
y congeturas sobre las monedas de los Reyes Godos,
y Suevos.

Sab. ¿Y qué juicio has formado de estas obras?

Bart. Como son de asuntos para mí extraños,
no puedo hacer crítica de ellas ; pero algunos amigos muy erudítos me dixeron de la primera , que
tan desconocidas se han quedado las monedas , como
lo estaban antes que sacase este Caballero su Ensayo;
y me acuerdo que me leyó un erudíto de mas de
cien modos una moneda. En la segunda obra se han
notado diferentes anacronismos, que cometió el autor , refiriendo los Poetas Castellanos. Y en quanto
á la tercera he visto una disertacion MS. sobre la
Polygrafía de los Godos , compuesta por un joven
muy instruido en esta materia , y nota muchos yerros que el autor de las congeturas padeció en des-
cifrar las monedas que estampó en su obra , y hace demostracion que no conoció todas las letras del
alfabeto de los Godos , y abreviaturas de que usaban. Con todo eso tienen su mérito las tres obras,
y el autor es muy erudíto , y si conforme tiene el
ingenio y facilidad en escribir , tuviese mas instruccion y paciencia para limarlas , se pudiera esperar
de su corta edad y talentos el que hiciese mayores
adelantamientos en las letras ; pero conozco yo muchos como éste Caballero , que por un prurito que
tienen de sacar libros antes de digerirlos , malogran
su grande ingenio , y cometen graves yerros en lo
que escriben , que vienen á conocer quando ya no

T 2   tie-

tiene remedio. Este se ha enmendado mucho, y hace bastante tiempo que está limando una obra que quiere imprimir.

Sab. ¿Y qué obra es esa?

Bart. El Itinerario de las antigüedades, que vió y investigó en la Extremadura y Reynos de Andalucia, adonde fué de órden de Fernando el VI. con una buena pension que gozó bastantes años. Esperan con grande ansia los eruditos de España esta obra, y están persuadidos que saldrá de las manos del autor mas limada que las que hasta aqui ha publicado, y se fundan en el tiempo que ha pasado desde que evacuó su comision y encargo.

Sab. No dexará de ser curioso ese Itinerario, y podrá ser muy util para la Historia de España. Dime que mas literatos conociste.

Bart. El mejor se me olvidaba, y debiera haber hecho mencion de él antes que de ninguno, por ser el padre de todos los que hay en Madrid. (1) Este es un Caballero que es del Consejo del Rey, su Secretario de la Cámara de Gracia y Justicia y Estado de Castilla, Director perpetuo de la Academia de la Historia, de número en la Española y de la de buenas letras de Sevilla, Honorario de la de Barcelona, y de las tres Nobles Artes de Madrid, y entre los Arcades de Roma Legbinto Dulichio.

Sab. Grande Literato debe de ser quando es miembro de tantas Academias. Dime por tu vida algo de su erudicion, y qual es por donde hace agua, porque ya sabes que en punto de Literatura cada uno tiene su manía.

Bart.

(1) *Don Agustin de Montiano.*

Bart. La de este Caballero ha sido la Poesía tragica, y lo que mas de admirar es, que haya salido en el último tercio de su vida con dos tragedias y dos discursos sobre las que se representaban antiguamente en España, sin que nadie supiese hasta el tiempo de publicarlas que fuese Poeta.

Sab. Cosa rara es que haya tenido oculta tanto tiempo la Poesía; pues es como el fuego que nunca puede estar encubierto. ¿Y qué aplauso han tenido estas tragedias?

Bart. Los Franceses las han alabado y traducido, y los Españoles no han hecho mucho caso de ellas; pero el autor se tiene por otro Eschilo, y juzga que si se representaran, las mugeres preñadas malparirian de susto, y los muchachos moririan de espanto al ver executar los lances tragicos que en ellas pinta.

Sab. Pues segun eso deben estar escritas con mucho entusiasmo, y con un estilo muy grande, sublime y vehemente, qual se requiere en este género de Poemas.

Bart. Lo que te puedo decir es, que si conforme á las reglas que dió en su primer discurso, hubiese ajustado sus tragedias, serian mejores que las famosas Eumenides de Eschilo; pero yo he conocido y conozco muchos Poetas y Pintores que saben todos los preceptos de la Teorica, y en la accion son desgraciados. Esto mismo le ha sucedido á este autor en sus tragedias; pero su bondad merece que se le disimule qualquier defecto, porque es un Caballero amabilísimo, asi por sus prendas como por el amor que tiene á las letras, y por la propension que tiene de hacer bien á todo el mundo. Es el padre y protector de todos los literatos, y

por

por su recomendacion se han acomodado algunos,
y en su Secretaría han empleado á uno porque tuvo
la fortuna de que hubiese dos plazas vacantes; pero
le puso á la cola de su page que empezaba á escribir planas, porque en atravesandose alguno de
éstos, ni hay amigo ni literato que valga; pero
esa es propiedad de Caballeros que hacen gala de
acomodar á sus pages aunque sean unos pobres hombres, en oficios que piden mucha habilidad y sufi-
ciencia, y se puede disimular esta falta en ese
Caballero principalmente por la prenda de proteger á los literatos, que es muy laudable, y mas
en estos tiempos en que son tan raros los Mecenas en todas partes. Traté tambien á varios individuos de las dos Academias de la Lengua y de la
Historia, personas muy eruditas, que son autores
de algunas obras castellanas y latinas, que están
mas que medianamente bien escritas, y que si hubiesen estudiado en Italia, en donde hay mas ocasiones para ser los hombres sábios, fueran sin duda mas
de lo que son. Tambien traté á otros que aunque no
son autores de obras, son á la verdad muy sábios.
Entre estos conocí á un Frayle (1) Minimo, que es
un sábio de quatro suelas, porque sabe lo que debe
saber. Si se perdiera como se suele decir la Escritura, los Concilios y Santos Padres, se hallarian en
El. Sabe con toda perfeccion la lengua griega y hebrea, y escribe corrientemente el griego, y delante de mí dictó una carta, y lo que es mas, que
oyendo leer el hebreo y el griego lo traduce en latin ó en castellano sin ver el libro; cosa que no
he

(1) *El Maestro Ponce.*

he visto hacer á ninguno en Italia, por perítos que sean en una y otra lengua: pero no ha publicado ninguna obra, porque desde muy muchacho empezó á experimentar una gran debilidad en la vista, y hace mas de veinte años que no lee nada por sí; pero aunque no padeciera este trabajo, que es grande para emprender qualquiera obra, no lo haria, porque es tal su humildad y el concepto que tiene de sí mismo, que se tiene por el mayor ignorante que hay en el mundo.

Sab. Eso solo dá á entender que es un verdadero sábio.

Bart. Lo es en la realidad, y sobre todo un verdadero hijo de San Francisco de Paula. Traté á un Clérigo Catalan muy semejante á este Padre, que apenas le conocen en Madrid. En mi vida he tratado Eclesiástico mas instruido en los estudios de la Iglesia. Sabe tambien perfectamente el griego, y he visto traducir con gran facilidad los Santos Padres. Por estar casi ciego se ha deshecho de la librería, que era (aunque no muy grande) muy particular por los libros tan exquisitos que tenia. Para este grande hombre no ha habido una renta Eclesiástica, y está atenido para mantenerse á ser Cura de un Hospital, que llaman de Monserrate, propio de los Aragoneses. Finalmente te puedo asegurar, que hay en España bastantes sábios, aunque pocos de primer órden, y me causa compasion que en Italia estén tan desacreditados los Españoles, y repito que es una grave injuria la que en eso se hace á toda la nacion, y lo peor es, que los mismos Españoles la han desacreditado con los extrangeros.

Sab. ¡Gran maldad! ¿Y quiénes son estos que han

han hecho á su propia nacion tan atroz injuria.

Bart. Un erudito (1) que imprimió unas cartas latinas con el nombre fingido de Justo Vindicio, y en ellas dice tales errores contra todos los Españoles, que el autor de las observaciones sobre los escritos modernos, se admira de lo que en dichas cartas se pondera sobre el estado en que se hallan las ciencias en España, y de la barbarie con que pinta á esta nacion. Son las tales cartas un libelo infamatorio, y merecia su autor ser castigado con las penas establecidas contra los que esparcen libelos famosos. El dice que en España son muy pocos los que cultivan las letras, y que en ellas se complacen, como en el canto de las Sirenas, y que los demás están sumergidos en la barbarie: *Paucissimi sunt qui colunt literas ; cæteri barbariem :* que los sábios estén obligados á vender sus libros para vivir, y á quemar sus manuscritos porque no lleguen á servir para envolver pimienta y canela, ó en otros usos mas utiles ; que son muy pocos los Españoles que se aplican á las lenguas, aunque conocen la necesidad de ellas ; que el que sabe latin es un fenomeno, y que pasa en su País por un Geta ó un Sarmata ; que aborrecen la crítica ; y que temeroso el mismo Vindicio de hacerse aborrecible entre los Españoles, dexa de traducir la Charlatanería de Menkenio, y de adicionarla con un Catálogo de Patricios Charlatanes ; „*quorum* (dice) *feracissima Hispania*“: que qualquier libro que sale con novedad, es una ponzoña que sale de la redoma de Epimetheo. De los Abogados de España

(1) *Don Gregorio Mayans.*

ña hace una pintura, que el autor de las observaciones llama horrible, diciendo que no se exercitan, sino en fomentar los pleytos, que son „charlatanes y parleros que con un comercio y trato vergonzoso de declamaciones extravagantes, se hacen ricos á costa del Pueblo ignorante; que son monstruos nacidos para engañar las personas simples, y otras cosas de este tenor. Y sin tener otro motivo para decir de su Nacion estas injurias, que el de su misma presuncion, y vanidad; cree que en todo el mundo hay hombre mas sábio que él, ni tampoco mas agraviado.

Sab. No digas mas: ya no extraño que haya vomitado tales injurias; porque es peor que una furia, un literato vano, y que se contempla agraviado.

Bart. Asi es, y por eso prorrumpe en mil injurias, buscando en ellas el desahogo de su misma rabia: pero el autor de estas cartas latinas, no solo no se ha contentado con desacreditar á su Nacion, sino que ha sido tal su vanidad, que con el nombre fingido de Justo Vindicio, ha tenido el atrevimiento de alabarse á sí mismo, diciendo estas palabras. *Cl. Gregorius Mayansius* (esto es su verdadero apellido.) *ingenio egregio adolescens judicioque admirabili, juris &c. antiquitatis peritissimus:* oye aun mas. Cita algunos versos del Dean Marti, y de Mayans; y dice que el uno es Ovidio y Catulo, y el otro, Propercio y Tibulo; y tambien Virgilio, Horacio, Plauto y Marcial todo junto.

Sab. Ese hombre á no estar loco no pudiera decir semejantes desatinos.

Bart. Y dudas que hombre vano y presumido de sábio es un loco rematado? Yo á lo menos en nada lo distingo; pero todavia no has oido lo mas. Formó un catálogo de varios AA. Españoles, y se le

Tom. XXVIII.   V   re-

remitió á Menkenio para que le pusiese en las Actas de Lipsik, con la crítica que hizo de ellos, y tuvo la osadia de poner diferentes obras suyas, poniendolas en las nubes, exerciendo al mismo tiempo injusta, y cruel critica contra algunos libros que no la merecen, quitando el crédito á sus AA. Y lo peor es que no se ha tomado en España ninguna severa providencia contra el tal Justo Vindicio, ni siquiera se han prohibido sus cartas.

Sab. Tal vez se habrá retractado.

Bart. Poco conoces la moral de los literatos quando eso dices.

Sab. Es cierto que es una gente muy desengañada, y que necesita de una buena filosofia moral, haciendoles patentes sus vicios, que son mayores que los que tienen los otros hombres, por su vanidad, sobervia, afectacion, hipocresía, envidia y emulacion: el deseo de la gloria, sus imposturas, trampas, y plagios, son los vicios capitales, y en estos exceden á los demás hombres. Mucho bien haria á la República literaria quien sacase un tratado para reformar sus costumbres. Pero dime qué libros son esos, contra quien Vindicio ha hecho la critica tan cruel, y sangrienta, que me dices?

Bart. Uno de ellos es el Diccionario de la lengua castellana, que compuso la Academia que se erigió el año de 1714, con aprobacion del Rey, á instancia del Marques de Villena. Esta Academia se compone de veinte y quatro Académicos, inclusos un Director, y un Secretario, y otros tantos supernnmerarios, entre los quales los mas son sugetos muy habiles. Se juntan dos dias á la semana en el Palacio nuevo, en donde Fernando el VI. les dió una sala para tener las juntas.

Sab.

Sab. ¿Y que critica hizo Justo Vindicio del Diccionario?

Bart. Que los Académicos no investigaron como debieran el origen de las voces; que no han hecho sino seguir el vocabulario de Sebastian de Cobarrubias; que se valen para las autoridades de AA. castellanos de poca nota; que se omiten muchos vocablos antiguos, que no corresponden las frases y voces latinas á las castellanas, y que veinte y quatro hombres tardaron 17 años en empezar á publicar una obra, que en seis meses pudiera haber compuesto un hombre solo.

Sab. Valiente fanfarronada. La Academia francesa tardó en sacar el suyo 65 años, habiendo trabajado continuamente 40 sábios, y pasó casi un siglo en darle corregido y aumentado; antes me admiro como en tan corto tiempo haya sacado la Española su Diccionario.

Bart. Mas te admiráras si supieras la prolixidad, y método con que se han trabajado los 6 tomos en folio, de que se compone, porque se han puesto todas las voces apelativas, advirtiendo brevemente, que parte de la oracion son, de que género, su difinicion, y etimologia; las primitivas, derivadas, compuestas y sinonomas; las que son de uso corriente, baxo, familiar, metaforico, ó barbaro; y las que llaman de gerigonza, que es un lenguage que habla una gente ociosa, y perdida á quien llaman Gitanos. Se notan tambien los vocablos de lenguas extrañas, que están admitidos en la Española; los que son propios de la poesía, y del estilo forense; se previenen los que se deben evitar por mal sonantes, y se dicen los diferentes sentidos de los equivocos, con otras mil cosas, que notan sobre

V 2

or-

ortografía , puntuacion , y acentos. En los verbos
se advierten los que son irregulares , anómalos , y si
tienen alguna inflexion particular. Todo se propone,
y explica con la mayor claridad y elegancias; y si
en algo tiene lugar la crítica , es en quanto á las
etimologias , porque no se puede negar que hay
algunas muy superficiales , y en órden á las
voces antiquadas ; tampoco se puede negar que dexaron de poner muchísimas de oficios y dignidades
de Palacio , y Corte de los Reyes antiguos de España , de su milicia , armas , y otras muchas cosas
de que antiguamente usaron los Españoles : pero
merecen mucha disculpa los Academicos , porque
no tanto pertenecen estas voces á un Diccionario de la lengua corriente , quanto á un critico , y
de erudicion ; porque la obscuridad y rebueltas que
han traido los tiempos , y la mudanza que ha habido en la Monarquía de España , y forma de su
gobierno , ha ocasionado la ignorancia de la significacion de sus voces. En fin , diga lo que dixese
Justo Vindicio , y haga la critica que quisiere , el
diccionario de la lengua castellana , aun quando tuviese algun pequeño defecto , es una obra de las
mejores , y mas útiles que han salido en España,
y que no hay ninguna que se le iguale. Está toda la
nacion muy agradecida á esta Academia ; y mas
lo estará quando vea los demás frutos de sus trabajos.

Sab. ¿Y no hay otras mas Academias?

Bart. Sí, la de la historia es la segunda , que
se estableció el año 1738 , en que se aprobaron
por el Rey sus estatutos. Componese de igual
número de Academicos que la de la lengua,
con un Director , un Secretario , y un Censor ; todos

dos muy literatos ; Su principal instituto es escribir
la historia universal de España. Para hacerlo con
acierto se previno en el primer estatuto formar unos
anales completos, y de su indice hacer un diccionario histórico-critico-universal de España.

Sab. Empresa mas ardua es esa que la de componer todos los diccionarios de las lenguas vivas y
muertas, que se han hablado en el mundo. ¿Y qué
trabajos han hecho hasta ahora?

Bart. El que mas ha tomado con calor, y ha
llevado la atencion de la Academia, es el hacer un
indice deplomatico de privilegios, donaciones Reales, bulas, capitulaciones matrimoniales, casamientos de personas ilustres, escrituras antiguas, y
otros instrumentos que se han de poner por su órden, guardando la Chronología de los Reynados;
esta obra será muy útil : tienen tambien, segun me
informaron, acabadas ya, y dada la ultima mano, diferentes disertaciones además de las de los
fastos sobre algunos puntos bien obscuros en la
historia de España: v. g. quién fue su primer pobla-
dor: sobre el origen y patria de los Godos, quál de
sus Reyes se debe contar por el primero en España.
Han traducido del arabe al castellano con notas geos
graficas la descripcion de España de Sherif el Drusi,
llamado vulgarmente el Geografo Nubense : tienen
cotejados varios cronicones con buenos MS. y muchas obras de los Santos de España, v. g. las de San
Isidoro, San Ildefonso, San Gregorio Ebbirita-
no, que escribió la vida del gran Osio, San Braulio,
San Julian, San Paulo Diacono, Santos Obispos y
Escritores.

Sab. No han dexado de trabajar, y han hecho
mal de no sacar una coleccion de estos cronicones
pa-

para tapar la boca á los murmuradores.

Bart. Ya lo hubieran hecho, pero no tienen dinero, y si el Rey no costea la impresion se quedarán sepultados en el olvido.

Sab. No hay alguna compañía de libreros que tome á su cargo la impresion de estas obras?

Bart. Una hay, que hace poco tiempo que se estableció en Madrid, pero no tiene caudal para tan costosa empresa, y aunque le tuviera nunca entraria en ella, pues con la impresion de ciertos librejos le va bien á la compañía, y nunca imprimirá obra de substancia; porque los libreros no miran sino á la ganancia, y aquel es para ellos el mejor libro, que mas prontamente se despacha.

Sab. Las disertaciones á lo menos bien pudiera haberlas impreso la Academia, pues para su impresion no es necesario mucho dinero.

Bart. Juzgo que piensas en sacar unas memorias, é insertar en ellas las tales disertaciones, y una relacion de tres viages que hicieron dos Academicos al Escorial para reconocer los MSS. que se guardan en la preciosa librería de aquel Monasterio.

Sab. ¿Y no hay algunos estudios públicos en Madrid?

Bart. Sí, en el Colegio Imperial de los Padres Jesuitas.

Sab. ¿Qué ciencias enseñan?

Bart. La gramatica latina por el Padre Alvarez, la teologia moral por el Padre Busembaum, y las matemáticas por ningun autor.

Sab. ¡Es posible que no se enseñe mas en un Colegio tan famoso, como el Imperial de Madrid! Me causa admiracion, que se hayan descuidado estos Padres de tener en una Corte, como la del Rey de Es-

España algunos estudios públicos , en donde además de la gramática , teología moral , y matemáticas, se enseñasen las buenas letras , lenguas , y demás artes y facultades liberales , pues siendo su instituto el educar juventud , en ninguna parte pudieran mejor exercitarle , que en una Corte donde hay mas ocasiones para estragarse la gente moza , no habiendo medio mas eficáz para apartarla de los vicios, que el exercicio de las letras , porque con él se ocupa honestamente el tiempo , y no se dá lugar á que las potencias se derramen en otros objetos que son dañosos , y impiden la enseñanza y educacion.

Bart. Considerando estos Padres todos estos riesgos á que está expuesta la juventud en las Cortes, y deseando atender con mas provecho en su educacion , lograron que Felipe IV. mandase fundar en el Colegio Imperial unos estudios Reales , obligandose S. M. por una solemne escritura, que se otorgó en la Villa de Madrid á 23 de Enero de 1625 , á pagar 10$ ducados de renta en cada un año, situados sobre juros , para el sustento de veinte y tres Catedraticos, y dos Prefectos , uno de estudios mayores , y otro de estudios menores , y de los pasantes y estudiantes de la misma Compañía.

Sab. Rentaes para una Universidad. Dime por menor las Cátedras, pues tu curiosidad no habrá dexado de informarse con toda individualidad , y tal vez traerás alguna lista de todas ellas.

Bart. Asi es como lo piensas. Aqui está entre este legaxo de apuntamientos que traigo sobre el estado presente de la literatura de España. Esta es, oyela , que asi dice. Lista del número de Cátedrás que mandó fundar y dotar el Rey Felipe IV. en el Colegio Imperial de Madrid:

Es-

Estudios menores de la gramatica latina.

1. Primera clase de incipientes para decorar el arte, declinar, y conjugar.

2. De minimos para el conocimiento, y uso de las partes de la oracion, y para leer el género.

3. De menores para leer preteritos y supinos, y y algunos principios de sintaxîs, y empezar á componer latin.

4. De medianos para leer mas cumplidamente el sintaxîs, y componer congruamente, y para leer los principios de la prosodia.

5. De mayores para leer mas cumplidamente la prosodia, componer versos, aprender estilo. Y en esta clase se ha de aprender á leer, declinar, y conjugar la lengua griega.

6. De retorica para leerla, y perfeccionar mas el estilo, asi en prosa como en verso, y para acabar la gramatica griega.

Estudios mayores.

1. Primera Cátedra de erudicion donde se ha de leer la parte que llaman critica para interpretar, enmendar y suplir los lugares mas dificultosos de los autores ilustres de todas facultades, y los ritos y costumbres antiguos, disponiendolas por materias, como de los anillos, de las coronas, de las bodas &cc. Al maestro de esta clase ha de tocar el presidir á las Academias que se hicieren de estas y otras materias.

2. De griego para leer, é interpretar un dia Orador, y otro Poeta alternativamente.

3. De hebreo para leer cada dia una hora, media de la gramatica, y otra media de la interpretacion

cion gramatical de algun libro de la sagrada escritura.

4. De caldeo y siriaco para leer asimismo una hora cada dia, media de la gramatica de estas lenguas, y otra media de la interpretacion gramatical de algun libro de la sagrada escritura, ó del parafraste.

5. De historia chronologica, para leer del comp puto de los tiempos de la historia universal del mundo, y de las particulares de Reynos y Provincias, asi divinas como profanas.

6. Sumulas y logica para leer estas facultades.

7. De Filosofia natural para leer la fisica, los dos libros de generacion y corrupcion, los tres de cielo, y el quarto de menores (1).

8. De Metafisica para leer los tres libros de anima, la Metafisica, y de anima separada.

9. De Matemática, donde un maestro por la mañana leerá la esfera, astrología, astronomía, astrolabio, prespectiva y pronosticos.

10. De Matematica donde otro maestro diferente leerá por la tarde la gramatica, geografia, hidorografia, y de reloxes.

11. De ethicas para interpretar las de Aristoteles, sin mezclar qüestiones de teología moral.

12. De políticas y económicas para interpretar asimismo las de Aristoteles, ajustando la razon de estado con la conciencia, religion, y fé católica.

13. Donde se interpreten Polivio, y Vegecio de Re militari, y se lea la antigüedad, y erudicion que hay acerca de esta materia.

14. Para leer de las partes, y de la historia de los animales, aves, y plantas; y de la naturaleza de las piedras y minerales.

Tom. XXVIII.　　　　X　　　　15.

(1) *Hasta aqui está impreso.*

15. De las sectas, opiniones, y pareceres de los antiguos filosofos acerca de todas las materia de filosofia natural y moral.

16. De teología moral, y casos de conciencia.

17. De la sagrada escritura para intrepretarla á la letra.

Sab. Son las ciencias mas necesarias de saberse, advierto que á excepcion de la escritura, teología moral, filosofia y lenguas, todas las demás están prohibidas por el derecho Canónico á los Religiosos.

Bart. El aprenderlas, pero no el enseñarlas.

Sab. ¡Rara interpretacion ! Nunca la he oido.

Bart. Así interpreta los derechos Canónicos, que prohiben las ciencias, y artes profanas á los Religiosos, el Exîmio Doctor Suarez (1).

Sab. Diga lo que dixese ese Exîmio Doctor, la tal interpretacion me parece muy ridicula, porque la razon en los Religiosos maestros es la misma que en los Religiosos discipulos, y es cosa muy indecente; y agena de su estado el dedicarse á enseñar, y aprender estudios profanos y temporales, que dañan á la vida espiritual, y distraen del estudio de las divinas letras, que es propio de los Religiosos.

Bart. Tienes razon en quanto dices, y por eso no se hacen por los Religiosos grandes progresos en los estudios de la Iglesia, y es una mala vergüenza, y aun afrenta de los católicos, que mientras se ocupan en aprender la astrología, hidrografia, botanica, y otras ciencias profanas, estén los Protestantes de Inglaterra aplicados en dar una edicion correctisima de la Biblia, segun el original hebreo, con muchas

(1) Suarez, *de Censuris disp.* 23. *sect.* 3.

chas variantes, de infinitos codices, que á este fin han recogido, y que quando sale de Roma el Padre Voscowich para ver el paso de Venus por el disco del Sol, vengan los Ingleses á sacar de la Vaticana copias de antiquísimos codices hebreos, para la impresion de la Biblia.

Sab. Bien haces de llamarla afrenta, y debíeramos estar corridos de que los hereges emprendian una obra tan importantísima en la Iglesia, por no estudiar los católicos, especialmente los Religiosos, la escritura y las lenguas, como ellos lo hacen. Dos Cátedras me han caido en gracia, la de *Re militari*, para interpretar á Polibio y Vegecio. La otra es la de políticas y económicas, para interpretar las de Aristoteles, ajustando la razon de estado con la conciencia, religion, y fé católica. ¿Qué sería ver á un Jesuita explicar en la Cátedra el modo de formar esquadrones, abrir trincheras, hacer fosos, reductos, empalizados, cortaduras, estacadas, medias lunas, conducir un exercito, poner sitio á una plaza y tomarla, y acomodar la Religion con la razon de estado, y política del mundo? Por cierto que se oirian buenas cosas, de que se pudiera componer un evangelio político para dirigir las conciencias de los Príncipes, y de los cortesanos. Mas dime, no se enseñan todas esas facultades?

Bart. Solo las que te he dicho, y lo bueno es que hay Catedraticos de todas ellas, aunque no baxan á las aulas.

Sab. Será porque no asistan oyentes.

Bart. Es porque no saben las ciencias de que se intitulan Catedráticos. Los hay de hebreo y griego, y no hay ninguno que sepa estas dos lenguas, y asi de las demás facultades. El de escritura preside uno ó dos actos cada año, y concurren á argüir los Lectores de Teología, que llaman de Corte, de San Francisco, de la Trinidad Calzada, y otros Conventos de Frayles; y á cada uno le dan tres pesetas en lugar de tres Marias, que era una moneda de plata que se usaba antes en España.

Sab. Irán los Frayles baylando á pillar las tres Marias. Pero dime, ¿enseñan bien las Matemáticas?

Bart. En esto hay mucho que decir. Has de saber que estos Padres mucho antes que Felipe IV. fundase las veinte y tres Catedras que te he dicho, tuvieron la maña de trasladar la de Matemática, que estaba en el Palacio del Rey, á su Colegio; pillaron la renta sin enseñar las Matemáticas por muchos años, hasta que al principio del Reynado de Fernando el VI. con el poder del Padre Rabago, dispusieron traer de Alemania un Padre, que decian era el mayor Matemático que se conocia en la Europa. Hicieron comprar al Rey sin necesidad una casa inmediata al Colegio Imperial para Aula, que costó mucho dinero; se traxeron de Londres diferentes instrumentos Matemáticos, que importaron sumas inmensas; se hizo un grande observatorio; se pusieron un portero y un barometrero, que eran criados de los Padres, con un sueldo competente, y á los Catedraticos tambien se les señaló por el Rey un buen salario. Con todo este aparato empezó el Padre Aleman á explicar en un castellano chapurrado las Matemáticas, y aunque concurrieron mozos muy habiles por algunos años, ninguno estudió el curso perfecto de Matemáticas, ni aprendió mas que los principios de la Arithmética y Geometría, porque no salieron de aqui los dos Catedraticos. Lo bueno es, que á este mismo tiempo se puso

de

de órden del Rey en el quarto de Guardias de Corps, un Maestro Seglar de Matemáticas, que sacó excelentes ingenieros, mientras que los Padres enseñaron á sus discipulos los principios de la Geometría.

Sab. No me admiro de eso, porque como en todas partes tengan la fama estos Padres de que son los unicos que profesan todo género de letras, y que no hay otros como ellos para educar la juventud, y han tenido arte para hacerlo creer, no se cuidan de aprender las ciencias para enseñarlas, y todo su anhelo es atraer á sus estudios gentes de todas clases, y arruinar los de otras Religiones y Universidades, lo que han llegado á conseguir por su poder y mando.

Bart. Ellos han sido la causa de la ruina de las letras en España.

Sab. Y en casi toda la Europa.

Bart. Pero mas en España, porque ha sido mas despotico su poder, y hay mas rentas Eclesiásticas, y mas acomodos para los hombres de letras, de que han sido ellos los arbitros, y como todos los que tiran por la carrera de los estudios quieren acomodarse, procuran acudir á sus escuelas por la esperanza cierta del premio.

Sab. De lo que estoy admirado es, que estos buenos Padres hayan ganado la voluntad de los Príncipes, y les hayan hecho creer que las letras son como por naturaleza propias de ellos.

Bart. A mí no me causa la menor admiracion, ni á ti te la debe causar, supuesto que conoces muy bien las máximas de estos Religiosos. El ganar la voluntad de los Príncipes les ha sido facil, porque todas sus pretensiones las han encubierto con la apariencia de la Religion y del servicio de Dios,

y

y asi no ha sido mucho el que hayan á los ojos del Príncipe mas advertido trampeado la verdad y la justicia, disimulando con pretextos de piedad y colores santos sus propios intereses. La educacion de la juventud es una de las obras mas del servicio de Dios é importante al estado; y como todos sus intentos hayan sido el que los Príncipes la pusieran á su cuidado, y hayan tenido maña para conseguirlo, ve aqui por donde se han ganado la reputacion de doctos, que han sabido mantener con sus artificios y trampantojos, que tales se pueden llamar todos sus exercicios literarios, conclusiones, actos, y funciones públicas que tienen en sus escuelas.

Sab. Algunas he visto yo, y me admiraba de su astucia en dar á entender lo que ni enseñan ni saben, imponiendo á los muchachos para tener conclusiones de materias de que me constaba con evidencia ignoraban aun hasta los principios. Lo estaba viendo y no lo creia.

Bart. De esas funciones he visto muchas, y entre ellas una, por la que conocerás adonde puede llegar la impostura de estos omniscios y depositarios de las letras. Enseñaron á un joven á leer griego, y despues á que aprendiese de memoria, que la tenia prodigiosa, varios pasages de Homero, le instruyeron muy por encima en los dialectos, en las reglas de prosodia (lo bueno era que no saben la latina) y en todo lo demás que era preciso para construir aquellos lugares que se citaban en las conclusiones, y dar razon de la Syntaxis. El muchacho lo hizo tan bien, que creyeron todos que era peritísimo en la lengua griega. Yo me estaba riendo porque sabia la trampa, y juzgo que tanto griego sabia el Maestro como el Discipulo.

Sab.

Sab. Yo te pudiera contar otra funcion que tuve muy parecida á esa, en que habia igual trampa. No sabia de la materia de que tuve conclusiones públicas, mas que unos parrafos que me hizo el maestro aprender de memoria; y á la respuesta de los argumentos echaba como una cartilla el parrafo que desde la Catedra me apuntaba.

Bart. Se debian castigar con severísimas penas semejantes imposturas, lo uno por ser un fraude manifiesto, y lo otro por el daño que se hace á la república en una cosa tan importante, como es la educacion de la juventud, que si al principio no se la instruye con fundamento en la Gramática y Humanidades, nunca se aprenden, y es una falta que siempre se advierte, y ocasion para no hacer progresos en las ciencias mayores.

Sab. Asi es. Pero dime, ¿en Madrid tendrán esos Padres algun Seminario de Caballeros.

Bart. ¿Es posible que preguntes eso? ¿En una Corte como la del Rey de España se les habia de haber pasado el tender la mayor red barredera que ellos tienen para pescar á los Príncipes gruesas rentas, para la fábrica y dotacion de sus Seminarios; la ganancia que sacan de los Seminaristas; la entrada en la casa de la principal nobleza; los afectos y parciales que ganan, y que despues les vienen á servir en sus empresas, con otros muchos provechos y utilidades que tienen de mantener los Seminarios? Le tienen magnífico y con un escudo de armas Reales á la puerta con esta inscripcion: *Seminario Real de Nobles.*

Sab. ¿Y qué enseñan en él?

Bart. ¡Buena pregunta! lo mismo que en todos los demás que tienen en otras partes. La Gramática

la-

latina , Retorica , Poesía , Matemáticas , Física experimental , Historia , Nautica , Arte de danzar , y otras ciencias y exercicios propios de un Caballero.

Sab. Si las enseñan como las Matemáticas en el Colegio Imperial , segun me contaste , no dexarán de salir bien aprovechados los Seminaristas.

Bart. Poco mas ó menos ; y segun el sistema de sus estudios no puede ser otra cosa. Todo quanto explican de Física , Geometría , Nautica , y otras partes de las Matemáticas , está reducido á quatro definiciones y teoremas ; y ya sabes la distancia que hay de la Teórica á la Práctica , y del conocimiento y observaciones que estos Padres hacen en sus aposentos , á las que hace un Fisico sobre la naturaleza , un Geometra discurriendo por las quatro partes del mundo , y un Piloto navegando por los mares.

Sab. ¿Y no tienen conclusiones públicas?

Bart. Si , á unas de Fisica concurri en una ocasion , y en otra á ver unas demostraciones de optica , y se me representó que estaba viendo executar unos juegos de manos.

Sab. Los experimentos de Fisica no los harán por falta de instrumentos.

Bart. Los tienen muy exquisitos : y lo mejor es , que no son suyos , sino del Rey , y se traxeron de Londres en tiempo de Fernando el VI. quando se pensó en establecer en Madrid una Academia general de ciencias , á cuyo fin salieron para Roma, París , Olanda , Londres , Bolonia y otras partes de la Europa Boticarios , Cirujanos , Antiquarios, y otros literatos á informarse é instruirse del método con que se enseñaban las ciencias en las Universidades y Academias de otros Países. Como no llegó á

te-

tener efecto este pensamiento, no se descuidaron
los Padres de recoger los instrumentos que se traxeron de Londres, y tuvieron maña para sacárselos
al Ministro de Hacienda el Conde de Valparaiso,
diciendo que los tendrian como en depósito en su
Seminario.

Sab. Cuenta con que se quedaron con ellos.

Bart. No lo creas, porque la Academia Medi-
ca Matritense, que por falta de proteccion se halla
bien atrasada, tenia la pretension de que el Rey se
los entregase y se restableciese en forma dicha Academia; y en verdad que se podia poner en buen
pie la Medicina, porque conocí y traté á unos Ca-
ta'anes que eran grandes Fisicos, Chimicos y Botanicos, y uno de ellos tenia trabajada una obra de
las yerbas que se encuentran en los montes de España, que en su genero no tiene igual, y será tan
famosa como la de Turnefort, Scheuchzer, y otros
célebres Botanicos.

Sab. Será lastima que no logren su pretension,
porque seria una cosa muy util el restablecimiento
de esa Academia, y con esas personas tan hábiles
se podrian hacer muchos progresos en la Medicina,
y acabar de desterrar de una vez los Medicos Gale-
nistas que son los homicidas del género humano.

Bart. Y mas en España, en donde todavia reyna bastante el Galenismo, y no se atribuye á otra
causa que á la falta de la Fisica. Se me olvida decirte que hay en Madrid un Jardin Botanico, que
segun va ha de competir con el de Versalles.

Sab. No dudo que si llega á noticia del Rey la
habilidad de esos sugetos en la Fisica y Botanica,
logren su pretension en el restablecimiento de una
Academia tan util, porque S. M. siempre ha hon-

tado las personas de mérito, y para proteger las ciencias y las artes ha tenido y tiene una grandeza, magnificencia y liberalidad indecible. Cosas me cuentas, que ya voy deponiendo el error en que estaba de que los Españoles eran en la literatura y buen gusto de las ciencias y las artes otros Lapones.

Bart. Acabarás de deponer tu error en contandote los adelantamientos que se han hecho en la Pintura, Escultura, Arquitectura y Grabado, desde que se estableció la Academia de San Fernando.

Sab. Todo está en que se lo hagan presente al Rey.

Bart. Antes de venirme se vió en España una prueba de su inclinacion á promover las letras, y de su liberalidad.

Sab. ¿Y qué ha sido?

Bart. Yo te lo diré. Le presentó el Bibliotecario mayor de su Real libreria una Biblioteca Hispano Arabiga, que habia compuesto un Escribiente que sabe la lengua Arabe de todas las Eras MS. de los Arabes, que se guardan en el Escorial. Se informó el Rey muy por menor de la utilidad de esta obra, y del estado en que estaban otras; al punto mandó que se arreglase la Biblioteca de su nombre, y se prosiguiese en traducir el segundo tomo. Advirtió que estaba impreso en casa de un impresor particular, y admirandose que su Real Biblioteca no tuviese imprenta, ordenó que se pusiese una con todos los surtidos de letra de lenguas orientales. Preguntó por el sitio donde estaba la Biblioteca, y que sueldos tenian los Bibliotecarios, y habiendole parecido que eran cortos, dió órden para que formase un nuevo plan para aumentar las plazas y los sueldos, y se hiciese quanto contemplase convenia para poner en el mejor órden la Biblioteca.

Y   *Sab.*

Sab. ¿Y esta que tal es?

Bart. Muy buena, y lo mejor que tiene es el Museo, y los MS. griegos, y algunos concernientes á la Historia de España, y á la genealogía de muchas casas. Tambien hay infinitas alegaciones en derecho, y no han dado al publico un extracto de ellas, que sería muy importante y de mucho provecho á los Abogados.

Sab. Y que sueldo tienen los Bibliotecarios?

Bart. Quinientos pesos, y no hay ninguno que no tenga un Beneficio que le valga casi otro tanto; y el gramatico que es seglar, tiene tales adealas y agregados, que compone un sueldo de quarenta mil reales.

Sab. Y despues dicen que en España no premian á los literatos.

Bart. En ninguna parte de Europa se dán pensiones mas grandes. Hasta de seis ó siete sé yo que pasan de cien doblones, y se las están los señores literatos comiendo sin trabajar nada.

Sab. Y qué ha impreso la Biblioteca?

Bart. Dicen que luego que se establezca el nuevo plan, se emprenderá la edicion de las obras de Antonio Agustin, y otras muchas de erudicion. Pero yo temo que no se logre tan grande cosa; porque quantos proyectos útiles se han presentado para el restablecimiento de las ciencias no han tenido efecto. Yo no se como las Academias de la Lengua, de la Historia, y de San Fernando, han tenido un suceso tan feliz.

Bart. Qué Academia es esa última, pues yo no he oido hablar de ella hasta ahora?

Sab. Es la de las tres bellas artes, pintura, escultura, y arquitectura, que Fernando el XI. fundó

dó

dó con trece mil pesos de renta al año.

Bart. Es una renta considerable.

Sab. Tambien son muy grandes los gastos que en ella se hacen, asi por los gruesos salarios que se dán á los Directores de cada clase, como por las pensiones á los discipulos que se embian á Roma y á Paris, y á los que quedan en Madrid; lo que se distribuye en premios, y en otras muchas cosas necesarias para el uso de la Academia.

Bart. Sin duda estará bien dirigida.

Sab. Sus constituciones son las mejores que se pueden formar, y tan buenas que han sido traducidas en Petersburgo para el establecimiento de la Academia fundada en aquella Corte.

Bart. ¿Y qué progresos hace esta Academia?

Sab. Si continua como hasta aqui serán admirables, y los Españoles se harán memorables en el orbe en las tres nobles Artes. Pero la una va á tocar.

Bart. Siento mucho el separarme. El tiempo se ha pasado muy presto.

Sab. Podias quedarte y comeriamos juntos.

Bart. Lo haria con mucho gusto; pero me ha convidado el Secretario del Nuncio, y no quiero hacerle falta. Vendré otro dia.

Sab. Acepto la palabra.

Bart. La cumpliré y me tendrás aqui quando menos pienses, viniendo temprano para tener mas tiempo de continuar nuestra conversacion sobre la literatura de España.

Sab. Tengo todavia que decirte muchas cosas.

Bart. Haré lo posible por venir quanto antes, para tener el gusto de oirlas; y entre tanto á Dios amigo Sabelli, que es ya hora de comer.

Sab. A Dios.

Car-

*Carta del Rey Católico Don Fernando, á su Embaxa-
dor de Roma Don Francisco de Roxas; mandandole que
hablase sobre su contenido al Papa, que era
Pio III. succesor de Alexandro VI.*

Francisco de Roxas, del nuestro Consejo, y
nuestro Embaxador en la Corte de Roma; recibimos
los Bréves que nos embiasteis de nuestro muy Santo
Padre, sobre su creacion y sobre la paz nuestra y
del Rey de Francia, y el que confirma todas las
gracias Apostólicas á Nos concedidas; y lo de nuestras Indulgencias y del Capelo del Cardenal de Sevilla; y por vuestras cartas supimos el mucho amor
y voluntad con que su Santidad nos otorgó todo lo
dicho, y la investitura del Reyno de Napoles, y
ofrecimientos y promesas que vos fizo, para mostrar con obra en todas las cosas que nos tocaren, el
amor que nos tiene, y lo que por nosotros desea
facer. Direis de nuestra parte á su Santidad, que
habemos habido mucho placer de saberlo todo, y
que se lo tenemos en mucha gracia, y besamos
por ello sus Santos Pies y manos, y que segun la
mucha fé y verdad que siempre guardó á todos en
las cosas que prometió, Nos tenemos por muy cierto que su Santidad lo hará asi con nosotros; y aunque las obras son buenas y grandes, y quales se deben
esperar de su Santidad, Nos tenemos en mucho el
amor y buena voluntad con que las hace, y asi
puede tener por muy cierto su Santidad, que tiene y tendrá siempre en nosotros muy verdaderos y
obedientes hijos, que con mucha aficion, amor,

y

y voluntad obrarémos siempre todo lo que pudierémos en todo lo que fuere bien y honra de su Santidad y de la Silla Apostólica y de la Iglesia, cómo hijos muy agradecidos; y que perseverando su Santidad, como tenemos por cierto que lo hará, en este su buen proposito, y obras para con nosotros, que Nos siempre corresponderemos, como hemos dicho: Nos esperamos, que nuestro Señor será de ello mucho servido, y que su Santidad recibirá de ello mucho descanso y contentamiento; y que esta union y conformidad de su Santidad y nuestra ha de ser honrosa y fructuosa á su Beatitud y á la Iglesia; lo que de nuestra parte habeis de responder á su Santidad, y á lo contenido en los Breves que nos escribió sobre su creacion, y sobre la paz nuestra y del Rey de Francia; lo qual mas largamente lleva el mensagero con quien embiamos la obediencia, y es lo siguiente.

Primeramente, á lo de su creacion le direis, que hubimos mucho placer de que él fuese elegido en Sumo Pontifice, porque segun Alexandro su antecesor dexó fuera de órden las casas de la Iglesia Romana, y muchas de la Iglesia Universal, bien era menester que sucediese en la Silla Apostolica, persona de tanta prudencia y experiencia como su Santidad es, para que supiese conocer y enmendar los yerros de aquel, y restituyese á la Silla Apostólica y á la Iglesia, la religion, órden y buenas y santas costumbres, como esperamos que su Santidad lo hará, con el ayuda de nuestro Señor; y para esto nos dá mayor esperanza y seguridad que su Santidad luego en entrando en la Silla Apostólica, de su propio motu, con el bueno y santo zelo que el buen Pastor universal de la Iglesia debe te-

tener, propuso á los Cardenales la paz nuestra y del Rey de Francia, y la reformacion de la Corte Romana, y de la Iglesia y el Concilio General, y la guerra contra los Infieles, que todas estas son cosas tan buenas, y tan grandes, y de tanto servicio de nuestro Señor, y bien y honra de la Iglesia, y la Christiandad, que mas no se podría desear; y tanto quanto mas su Santidad ve, y conoce el camino errado que han llevado muchos personages, de que en esta vida no les queda sino mucha infamia, y en la otra es de creer que mucha pena, si nuestro Señor no usó con ellos de grandisima misericordia, tanto mas nos place, y nos alegramos de ver el bueno y santo camino que su Santidad toma, y de ponerlo en obra: los Angeles se alegrarán en el Cielo, y los hombres en la tierra: y todo esto debe atizar, y encender mas la voluntad de su Santidad para proseguir, y efectuar todo lo susodicho que á los Cardenales propuso, como esperamos que lo hará, sin temer el trabajo, que en obrarlo, y acabarlo pueda haber, pues que no hay mayor descanso, y contentamiento para esta vida y para la otra, que hacer al hombre lo que debe, y es obligado; quanto mas que para esto tendrá la ayuda de Dios, y de los hombres; y de nuestra parte ofreced á su Santidad para ello todo lo que tenemos, y podemos; que cierto habremos por muy buena ventura, poderrnos emplear en tal obra. Por eso, avisadnos en todo lo que fuere menester que en ello hagamos para ayudar á su Santidad, que asi lo pondremos en obra.

A lo que su Santidad nos escribió sobre la paz nuestra, y del Rey de Francia, decidle de nuestra parte, que tanto quanto es mas propio oficio de su Santidad, ponerse en procurar paz, y union entre los

Prin-

Principes Christianos para la Guerra contra los Infieles , tanto mayor placer habemos habido de ver el singular zelo , y grande fervor con que su Santidad lo escribe , que sus palabras manifiestan bien el bueno y santo deseo que tiene á la paz, y que crea su Santidad , que así por el deseo que siempre habemos tenido y tenemos de la paz de Christianos , como por la inclinacion y deseo que tenemos de servir á nuestro Señor en la Guerra contra los Infieles , ninguna cosa de las del mundo deseamos mas que la paz; y este deseo nos hizo asentar paz con el Rey de Francia , luego que sucedió en su Reyno, y despues que tomó á Milan , y queriendo él usar mas de sus fuerzas que de su derecho , queria ir á tomar el Reyno de Napoles , quando vimos que por ninguna via podiamos estorvar que no lo emprendiese , siendo todo aquel Reyno nuestro de derecho , y no teniendo él ningun derecho á dicho Reyno , por sola la paz habiamos por bien de lo dexar la una parte de él , creyendo que él guardára la paz, y que de ella se siguiera paz y union de todos los Christianos para la Guerra contra los Infieles, y el Rey de los Romanos nuestro hermano es buen testigo , con quanta instancia Nos procuramos entonces la paz suya, y del Rey de Francia, que se asentó en Trento por medio del Cardonal de Ruan , y de nuestro Embajador , para que todos estuviesemos en paz , y pudieramos mejor hacer la empresa contra los Infieles ; y á todos es notorio , que apenas era enjuta la tinta del asiento de la dicha paz , que asentamos con el dicho Rey de Francia , quando los Franceses la quebraron en el Reyno de Napoles, haciendonos alli la guerra, y trabajando por tomarnos lo nuestro, y la tolerancia nuestra sufriendo su guerra, y no haciendosela nosotros, ántes

tes

tes procurando con él por medio de nuestras Letras, y Embaxadores, y por todos los medios que pudimos, que remediase las quiebras y guerra que su gente hacía á los nuestros, y que quisiese paz y concordia, y que hubiese por bien que las diferencias se concordásen, ó poniendolas en manos de buenas personas zeladoras de paz, que las pusiesen, ó en manos del Papa, como Señor del feudo, para que como Juez lo determinase, ó en manos de otros Principes, ó personas, ó en qualquier otra manera, por donde la guerra se excusase, y por mucho que lo trabajamos, nunca lo pudimos acabar, ántes despidió á nuestros Embaxadores que lo procuraban con él, diciendo, que pues podia queria tomar el Reyno de Napoles para sí; de manera, que de pura necesidad, y de no hallar en él ningun camino ni voluntad para paz y concordia, venimos forzados á resistirle por defensa de lo nuestro: en lo que nuestro Señor ha declarado bien cuya es la justicia, y cada vez que á Dios ha placido de nos dar victoria, no nos hemos aprovechado de ella para encender mas la guerra, y para hacer daño al Rey de Francia, como es de creer que él lo hiciera; mas deseando todavia la paz, solamente para procurarla nos habemos aprovechado de la victoria; y para esto nunca habemos mirado á puntos de honra; mas habiendo despedido el Rey de Francia nuestros Embaxadores la primera vez, y habiendonos dado despues nuestro Señor victoria del exercito que contra Nos él tenia en Napoles, y habiendo cobrado Nos la Ciudad de Napoles, y quasi todo el Reyno, le tornamos á enviar nuestros Embaxadores, procurando con él la paz, y habiendolos él despedido y echado de su Corte la segunda vez diciendo que no quería paz, sino guerra; y habiendonos dado despues victoria nuestro Señor contra su exercito, que vino sobre Salsas, y pudiendose hacer en él grande extrago, no lo hicimos. Dionos asimismo entonces nuestro Señor victoria en lo que nuestro exercito tomó en Francia, y habiendo en ella la quiebra y flaqueza, y disposicion que habia para poder hacer en ella todo el daño que quisieramos, no lo hicimos; mas acordandonos que son Christianos, y doliendonos de su daño, y mirando que qualquier daño que recibiera Francia, lo recibiera un miembro de la Christiandad, apartamos lar armas de su ofension, y no mirando á que el Rey de Francia habia despedido dos veces, y echado de su Corte nuestros Embaxadores, y deseando todavia la paz y concordia de Christianos, se los tornamos á embiar para que entendiesen en ella; y quanto mas el Rey de Francia se ha querido mostrar nuestro contrario, y deseoso de la guerra, tanto mas nosotros habemos siempre procurado la paz, y mayormente acordandonos que habiendo guerra entre nosotros y él, por la grandeza de ambos estados, y por ser deudos y amigos, y valedores de ambas partes todos los otros Príncipes y Potentados de Christianos, ninguna guerra podria haber en la Christiandad, que mas dañosa y peligrosa le fuese que ésta, ni de que mayores daños se pudiesen seguir en toda ella: lo qual sabe nuestro Señor quanto lo sentimos y quanto nos duele, y mucho mas quando pensamos que con el tiempo que se ha perdido y pierde, y con lo que se ha gastado y gasta en esto, se pudiera haber hecho y podria hacer mucho contra los Infieles enemigos de nuestra fé, en honra y acatamiento de la Christiandad, y para la guer-

guerra de los Infieles; y siempre nos conformaremos con lo que fuere justo y razonable para venir á ella; y si el Rey de Francia asi lo hiciere, con poco trabajo alcanzará su Santidad lo que como buen padre y pastor universal en esto desea; mas no debe cansarse ni cesar de procurarlo, hasta que con el ayuda de nuestro Señor lo acabe, que con Nos acabado lo tiene; y decid á su Santidad, que aun no tenemos respuesta de nuestros Embaxadores que están en Francia, sobre las cosas de la paz, que en habiendola se la haremos saber, para que mas pueda aprovechar en ella, mediante nuestro Señor: y que tenga por cierto su Santidad, que para en paz, y para en guerra siempre seremos juntos con su Santidad; y si nuestro Señor diere la paz, verá como en compañía y sin ella ponemos por obra el deseo que su Santidad tiene de la guerra de los Infieles, que es el mayor que nosotros tenemos, y en que deseamos acabar nuestros dias. De Medina del Campo á 29 de Febrero de 1504 años.

Proposicion que hizo de doce sugetos para Presidente de Castilla el Maestro Hortensio Felix Palavicino al Rey Felipe IV. año de 1626.

SEÑOR.

De un recado que me dió Pedro de Contreras, Secretario de V. M. he entendido que Don Francisco de Contreras hace instancia con V. M. en retirar-

rarse de la Presidencia de Castilla , y que deseando
V. M. (como tan christiano) la satisfaccion de su
Real conciencia , y el consuelo de sus vasallos en la
administracion mayor que hay de justicia (como es
esta Presidencia) se sirve mandarme que proponga á
V. M. los sugetos que me parecen á proposito para
ella , señalando quatro Prelados Obispos, quatro Señores ó Caballeros de Capa y Espada , y quatro Togados ó Consejeros. No tenia otro reconocimiento
en mí tanta merced de V. M. sino la capacidad y
el acierto ; y parecian debido efecto de la clemencia Real con que V. M. se dignó consultar mi humildad , y mi insuficiencia. Mas quando esto falte
se servirá V. M. de un ánimo verdadero , candida-
mente representado sin aficion ú odio.

Asi obedezco á V. M. desconfiado de que V. M.
consiga por mí su intento , sin correrme de lo que
errare , porque esta vez no quiero que me discul-
pe el deseo de acertar , sino acreditarme yo con la
deuda de obedecer. Y á esto entro con temor , habiendo de proponer para ello , en primer lugar
Obispos ó Prelados , porque (si no es en falta universal de Personas Seglares) juzgo por sospechosa
para el servicio de V. M. en este oficio esta profesion , debiendo yo como Eclesiástico y Regular desear la mayor.; mas la verdad nunca fue ofensa de
algun estado , de muchas personas lo podia ser. Yo
empero en quanto no fuera de Dios la ofensa , sé
que á V. M. me debo todo. Tiran mucho el
amor de la propia jurisdiccion en la inclinacion natural , y la costumbre en que todos viven á sus pro-
fesiones y estados : Llega á hacer si no miedos de
fé , persuasion forzosa de conciencia el condescender con la potestad espiritual , y componerse con

los

los mayores Ministros de ella. Y no debe admitir-
se el arrepentimiento de quien para hallar un Ministro fiel , le elige. tentado , ni son (aunque se pa-
rezcan) unas las materias de ambos fueros. V. M.
como Católico é hijo de la Iglesia , debe todo ren-
dimiento á la potestad y jurisdiccion de su Pastor
Supremo , y como hijo tal no debe contentarse
con el amparo solo , sino ponerse á todo prudente
riesgo por el nombre y servicio de Jesu-Christo,
por la exâltacion de su Fé , y por la proteccion
y autoridad de su Iglesia Católica Apostólica Romana. Mas como Príncipe discretamente Soberano,
debe no consentir ajar su poder de respetos temporales revestidos (si los hubiere) de apariencias
Eclesiásticas, y como padre de sus vasallos redimir
la vejacion de ellos, si los viese molestar (contra
derecho natural divino) de Príncipe extrangero : que
nó merecia mas nombre en aquella ocasion el que
asi procediese ; y si bien yo no debia tener esta
violencia ; á V. M. no le es debido olvidar este
cuidado.

Un Ministro Seglar y Señor , convendria mucho,
á quien la sangre solicíte al servicio mayor de
V. M. la piedad á la veneracion y respeto de la
Iglesia y de sus Ministros ; la autoridad al freno
de los poderosos , y la capacidad á la atencion de
todos y de todo. Asi siento en las partes de este Ministro. En la determinacion de ellas señalaré los
grados y disposicion que V. M. me ordena.

De los Obispos ó Prelados , juzgo al Cardenal
Trejo por el primer digno sugeto para este oficio,
por estudios , por experiencias , por valor , por
ánimo capaz de la muchedumbre de obligaciones
que el cargo pide.

El

El Arzobispo de Burgos lleva una gran ventaja á todos (fuera de sus buenas partes) que es haber mostrado ya que es digno de un oficio con habérle tenido y dado satisfaccion.

Es el Obispo de Cuenca de sangre y ánimo generoso , partes necesarias contra las menudencias. Ha pasado por Consejos (como otro mas cumun pretendiente) con opinion no comun en ellos : en sus Obispados ha exercido virtudes dignas de su obligacion en piedad y justicia : es amable generalmente, y sería consuelo de muchos si no de todos.

El Obispo de Zamora , se ha juzgado siempre en Flandes y en España por hombre de valor , de entereza y capacidad ; si el natural menos flexible no le embaraza para un lugar en que se debe uno hacer todo á todos , bien que primero á V. M. y primero á Dios.

De los Señores , ó Caballeros de capa y espada, propondré los quatro que V. M. me manda , por obediencia preguntando : mas por deuda de verdadero sentimiento tan libre como último de mi ánimo , juzgo al Marques de Montes-Claros por tan digno de este punto, que llega á hacer que no lo sean los que verdaderamente lo son ; pues sobre tenerse el primero , ninguno le podrá quitar el ser solo. No discurro en sus partes, porque aun mi humildad se le puede proponer á V. M. sin dar razon ; presumida la verdad de que tanta resolucion no sea inmodestia.

Al Marques de Aranquer , ha muchos años que conozco : los oficios que ha tenido , la capacidad que tiene , el ánimo á christiandad , el talento é ingenio grande (bien que este temo si es demasiado sutil para obligaciones que tienen cuerpo) le representan digno de este lugar.

Gran

Gran parte de este Reyno halla á un Duque de Alcalá capacísimo : el natural , los estudios , y sus experiencias, han merecido alabanza: V. M. ha visto mas de cerca sus acciones en Barcelona , y en Roma: cuerda confianza es obrar por lo exâminado : y un Virreynato harto se parece á esta Presidencia. Todavia para ella parece que es menester mas.

El entendimiento , verdad , limpieza , integridad , y virtud del Conde de Lemus , poseen no solo autoridad , sino aplauso en la gente. No puede V. M. ignorar la satisfaccion que le ha dado en Embaxadas , Virreynatos , y Consejos este Ministro.

De los Consejeros tengo y estimo á Don Juan de Chaves , Marques de Montes-Claros , Togado: con que entre ellos le doy por solo. Tiene sangre de Señor para los accidentes que la piden ; de entereza y blandura , de limpieza , integridad y valor: sus estudios tuvieron siempre opinion desde menores plazas , y con ser tanta la ha hecho mayor: el ánimo es grande , la suavidad séria , la verdad que hace respeto : es capaz: es infatigable á todas ocurrencias : intencionado mas que bien : sin condicion ó la oculta demasiado , virtuoso sin escrupulos : es dignísimo Presidente , despacho, autoridad justicia, y piedad gozará el Reyno.

Don Diego de Contreras , no tiene tantos años de servicio de V. M. como otros de su Consejo : es lindo y universal , é intruido el entendimiento : mucha la capacidad , no le lleva opinion agena y costumbre : no esconderá su sentimiento en lo que juzgáre mejor , y escogerá lo bueno : y pareceme la limpieza de sus manos, y blandura de su estilo como la entereza de su corazon.

A Don Diego del Corral reconocí Maestro en

Sa-

Salamanca. La virtud, los estudios, y trabajo de ellos; los puestos que loablemente ha ocupado; su mejor intencion no admite duda: en opinion está su urbanidad, y en esto que llaman trato cortesano ó leve, tengo limpia estimacion de él. Mas la verdad intima que á V. M. debo, acaso me hace escrupuloso, en lo que debiera mostrarme determinado.

D. Alonso de Cabrera, ha muchos dias que alcanzó buen credito de Ministro, por noble, por estudiante y por experimentado, por entero, y por parcial de la razon. El Pueblo y aun los mayores miran con desconsuelo, ó con ofensa la dureza de los Ministros; achacansela mas que algunos á Don Alonso. Dificultoso es cumplir con muchos: no parece que debe ser irrefragable exclusion la queja; pero no es bien que V. M. la tenga de mi menor recato nunca; asi abro lo excusable al sentimiento.

Asi lo he representado á V. M. quien sé perdonará á su misma dignacion los errores de esta consulta. Guarde Dios, &c. Madrid 11 de Noviembre de 1626. Fr. Hortensio Felix Paravicino.

Respuesta por escrito que el Rey Felipe II. dió al Archiduque Cárlos, que vino á España de órden del Emperador, sobre las revoluciones y rebelion de los Paises baxos, y Príncipe de Oranges &c.

Por lo que el Serenísimo Archiduque ha dado por escrito, y referido de palabra, en virtud de la comision de S. M. cesarea, ha entendido S. M. católica lo que de su parte se le ha propuesto y representado, en quanto á lo sucedido en sus Estados baxos, y estimado la buena venida de su Alteza,

su

en estos Reynos quanto es razon, y su visita y presencia le ha sido muy agradable, como de Príncipe, con quien S. M. tiene tanto deudo, y á quien tanto ama y estima, y el oficio que ansimismo en esta ocasion el Emperador ha querido hacer con S. M. católica, está muy satisfecho, procede del bueno y sincero ánimo, amor y voluntad, que como tan hermano le tiene, y tanto mas ha sentido y siente, que esta venida de su Alteza, y este oficio de S. M. cesarea, haya sido y sea sobre negocios de tal calidad, que con desearle tanto complacer, y dar contentamiento, ni pueda hacer lo que se le pide, ni concurrir en lo que se le advierte y representa, y sintiendo esto mucho mas, si la satisfaccion que tiene del ánimo de S. M. imperial, y la que con razon él debe tener del suyo, no le asegurará que la diferencia en la opinion y parecer, que resulta de entenderlo diferentemente, ni habrá causado, ni puede causar escrupulo ni impedimento en tan verdadera union y conformidad de ánimo, como entre sus Magestades hay, y que la voluntad y el fin siempre es uno, y pues su Alteza con tanto trabajo suyo, se quiso encargar de esta comision, para lo que ha propuesto á S. M. católica, justamente le podrá pedir y rogar (como pide y ruega), que asimismo se encargue de la suya en la respuesta, pues por su medio (que será tan conveniente y tan á proposito) se podrá mejor satisfacer á S. M. cesarea.

Nunca pensó S. M. católica, que del modo de proceder que ha tenido en el discurso de las cosas sucedidas en los dichos sus estados baxos, se hiciera ni pudiera hacer tan diferente juicio ni estimacion, del que por el testimonio de su propia conciencia, quanto á la intencion y con el fundamento de la

Tom. XXVIII. Aa ver-

verdad, razon, y justicia, con el efecto y obras entendia se debia á sus acciones, ni que le pudiera ser
en alguna manera necesario tratar de justificar, ni
defender, ni responder en causa tan notoriamente
justa. Esperaba S. M. católica, mas congratulacion
de los Príncipes en el buen suceso que Dios ha sido
servido de le dar, y particular aprobacion y gracias,
por el exemplo que en esta ocasion ha dado para la
conservacion y establecimiento de la autoridad de
los Príncipes, y obediencia de sus subditos. Y quanto
es mayor la satisfaccion que en esta parte tiene S. M.
católica, tanto mas ha sentido que el Emperador su
hermano, á quien por su persona y dignidad imperial, y por su gran prudencia, y por el amor que
entre ellos hay, de los ilustrísimos electores, y órdenes del sacro Imperio, á quien desea tanto complacer y satisfacer, y conservar y continuar con
ellos la buena amistad y correspondencia, hayan
tenido y tengan en este caso la opinion y parecer,
y hagan el juicio que de parte de S. M. cesarea se le
representa. Mas este cuidado le quita en gran parte
el tener por cierto que la impresion y persuasion de
sus ánimos, ha procedido de las falsas relaciones,
sugestiones, y negociaciones de sus rebeldes y valedores de ellos: los quales para excusar y defender
sus graves escesos y culpas, y para mover é incli-
nar á algunos de los dichos Príncipes, á que los fa-
vorecisen á tan injusta pretension, han procurado
obscurecer y ofuscar la verdad, calumniando tan
iniquamente la buena intencion de S. M. católica, y
poniendole tan diferente nombre del que merecen sus
acciones, y siendo este el fundamento de la dicha
persuasion é impresion en los Príncipes, puede justamente esperar S. M. católica, que la razon y verdad

dad (á que siempre se dará lugar en sus ánimos) los
desengañará para el credito que deben dar á los malevolos y rebeldes, y para les negar el refugio y
acogida que han tenido, y que el buen nombre y
estimacion de S. M. católica, y la buena amistad, vev
cindad, y correspondencia se continuará con ellos.

Este oficio, que el Emperador ha querido hacer
en esta ocasion, y lo que tan particular y largamente de su parte se ha representado á S. M. Real,
en quanto se endereza á su bien y beneficio, y á
advertir, aconsejar, y amonestar lo que á S. M. cesarea
parece que le conviene: y otrosi en el fin que dice tener al bien y beneficio público de la christiandad, y
á la paz y pacífico estado del Imperio, y á la seguridad y conservacion de sus Estados patrimoniales, y
establecimiento de su succesion, como quiera que
todo esto lo entienda S. M. católica, tan diferentemente, no puede (por lo que á S. M. católica toca)
dejar de darle muchas gracias, por el cuidado que
muestra tener de su autoridad, y bien de sus cosas,
y por el amor y voluntad, con que le aconseja, y
aprobar, y loar el zelo, estudio y cuidado con
que en las cosas públicas de la christiandad, y del
Imperio procede, y tener á bien el que de sus particulares tiene: mas como juntamente tiene con esto, y para esta proposicion y oficio se haya tomado
fundamento en la union y agregacion de los dichos
sus Estados baxos al Imperio; y en ser aquellos com-
prehendidos en uno de los circulos de él, presuponiendo que por esta razon está S. M. Real obligado á la observancia de las leyes y ordenaciones, y
excesos de dietas del Imperio, y que á aquellas ha
contravenido S. M. católica, y las ha violado; y

que

que por esta causa se puede tener recurso á él, y tratar por obligacion de cumplimiento de lo que asi dicen estar en el Imperio ordenado, siendo esto tan
diferente en el hecho; pues conforme á los estatutos
y conciertos hechos entre los dichos Estados baxos,
y el Imperio, especialmente en el del año de 1548,
fuera de aquellas cosas que particularmente fueron declaradas y expresadas *en el dicho tratado, no que-*
da ni hay en los dichos Estados baxos otra obligacion, ni
dependencia, ni el señorío y gobierno de S. M. católica
tiene otro superior, ni reconocimento en lo temporal; no
puede dexar de sentir, y advertirá S. M. imperial,
de los hechos, acciones y modo de proceder de
S. M. católica, asi en los dichos sus Estados baxos,
como en todos los demás, y de sus fines é intentos, y
aun de su ánimo. Holgára siempre de dar á S. M. cesarea razon y cuenta como á tan verdadero hermano, y Príncipe tan prudente, y deseará siempre y
procurará satifacerle, y su consejo y advertimientos
tendrán en todo tiempo, cerca de S. M. católica,
grande autoridad y lugar. *Mas que proceder en esto por*
via de obligacion y necesidad, que es en tanta deroga-
cion y perjuicio de la preeminencia y autoridad de S. M.
Real, no se debería ni podria con razon admitir. Y que
sobre el dicho presupuesto y declaracion le ha parecido satisfacer á S. M. cesarea, y darle particular
relacion en los principales puntos, de que en su instruccion y proposicion se trata, y en la que de su parte se le ha reprentado se contiene.

   Y tomando principio por el de la Religion, despues que su Magestad Católica sucedió en los dichos
sus Estados Baxos, y tomó el regimiento, y gobierno de ellos, su principal estudio y cuidado, así en

ellos

ellos como en los demas que Dios le ha encomendado, ha sido mantener y sustentar la verdadera antigua y Católica fé, y religion que ha profesado, y profesa, y en que ha de vivir y morir, y conservarlos en la obediencia de la Santa Iglesia Católica Romana: *y sobre este fundamento y constante determiminacion, no ha consentido ni permitido, ni ha de consentir ni permitir jamas, cosa en ninguna manera contraria á esto*: no tomando para ésto nuevos, ni extraordinarios medios, ni apartandose de aquellos, que la Santa Iglesia católica Romana tiene ordenados, y que por las Leyes de tantos Emperadores y Reyes Christianos está ordenado, y establecido, y por las particulares pragmáticas, y placartes de la tierra está dispuesto: siguiendo en esta parte la autoridad de los decretos y leyes, y el exemplo de los Principes Christianos, sus antecesores: en lo qual ni se ha dado causa justa á los vasallos de su Magestad Católica para se agraviar, ni ocasion á los que no lo son, y tanto menos á los Principes para lo culpar ni notar, pues esto sería en efecto contradecir y argüir de injusta á la Santa Iglesia Católica, que asi lo tiene estatuido, y de error á los Santos Doctores de ella que lo han enseñado, y de engaño, abuso y desorden á los Pontifices, Principes y Potentados de la Christiandad, que en tan comun contentamiento asi han procedido. No ha admitido, ni entiende jamas admitir su Magestad Católica (en esta materia de Religion) medios, arbitrios ni concordias, ni otra ley ni forma, mas que aquella que la Santa Iglesia Romana diére y admitiére. Entendiendo que á ella sola compete y toca el determinar y establecer lo que habemos de tener y guardar, y que aquello solo es, y será siempre lo ver-

verdadero , justo y santo , y que este no es negocio
que depende de nuestra voluntad, ni consentimiento,
ni de nuestros fines y acomodamientos , ni que ninguna otra autoridad humana, ni respetos, ni consideraciones temporales lo pueden justificar.

Su Magestad Católica , *no se ha persuadido , ni se
podrá jamas persuadir que el entretenimiento y disimula-*
cion en esta materia de fé sea justa , ni conveniente , ni
para satisfacer á la obligacion que en ella se tiene,
pues debe estar no sólo en el corazon , para la
creer, y en la boca para la confesar, pero asimismo
en las manos y en las obras para la executar y hacer
guardar ; y por lo demás de esto la razon y la
experiencia nos muestran bien claramente, quan per-
niciosa , y quan peligrosa sea la disimulacion, y que
de esta principalmente ha procedido la ruina, y miserable estado , en que las cosas de la Religion se
hallan , por ser este un mal , y fuego tal , que no
siendo en sus principios primeros reprimido y apa-
gado , se extiende tanto, y se puede despues tan mal
remediar como los exemplos antiguos, y de la edad
presente con tanto daño y dolor comun lo han mostrado: y la condicion de los tiempos que se propone
á su Magestad Católica , *y la experiencia que su Ma-*
gestad Cesarea representa que se tiene , no solo no aparta
ni desvia de este propósito á su Magestad Católica; ántes
enseña y obliga á guardar y asegurar con mas vigilancia y cuidado lo que queda , y á prevenir y proveer
de manera , que ni entre, ni se arraigue , ni cre-
za este pernicioso mal en sus Estados. Y el exemplo del suceso de las otras Provincias , causado de
la licencia, libertad y permision, basta para que claramente se entienda, quan diferente camino es el que

se

se debe tomar. Y ademas de lo que toca al servio de
Dios, y á su honor, y religion (en cuyo respecto,
ninguna otra cosa temporal, ni del mundo es, ni puede ser en consideracion) quando se hubiese de guiar
por sola humana providencia y con fines de Estado,
y temporales, está esto tan conjunto y tan dependiente
de la Religion, que ni el señorío, ni el estado, ni
la autoridad de los Principes, ni la paz y concordia de los subditos, y quiete pública, se puede sobs-
tener, habiendo diversidad y diferencia en lo de la
Religion, ni permitiendose en ella ninguna manera
de libertad, ni licencia, y esto es en sí tan cierto y tan
entendido por razon y experiencia en todos tiempos, y
acerca de todas las naciones, que no solo los Principes
Christianos, que por fé y obligacion han mantenido
la Religion, mas aun los gentiles, infieles, y bárbaros,
teniendo este fin en la conservacion y sostenimiento
de su falsa Religion, guardaron la misma órden.

En lo de la justicia y castigo de los rebeldes, y
modo de proceder, que en esto se ha tenido en los
dichos estados baxos, que se dice haber sido muy
riguroso y contrario á aquel que diversas veces por
su Magestad Cesarea se ha advertido á su Magestad
Católica convenia tenerse, y en que se le representan
los inconvenientes que se refiere haber este causado, y
adelante se podrán seguir; lo que en esto primeramente tiene que decir su Magestad Católica es, que
por el amor que ha tenido y tiene á sus subditos y
vasallos, y por su natural inclinacion y condicion,
ha tenido mucha pena y dolor de los que han incurrido en tal error y especie de culpa, que cumpliendo su Magestad Católica con la obligacion que de
Dios en la tierra tiene; en lo que toca á la justicia,

y

y con su autoridad y reputacion, que tanto debe estimar, y con lo que convenia á la seguridad y conservacion de sus estados, y á la quietud y paz pública de ellos, no pudiese en alguna manera excusar de venir con los dichos sus vasallos rebeldes, á los términos en que se ha venido, con los quales se hizo é introduxe juicio legítimo, como de Señor con sus vasallos y subditos, y fué aquel tratado legítima y juridicamente, siendo oídos y defendidos ante Jueces competentes, y fueron de sus culpas convencidos plena y enteramente, y la qualidad y especie de sus delitos, siendo de rebelion y de crímen de Lesa Magestad, tan grave que por todas leyes antiguas y modernas, comunes y particulares de Christianos y de Infieles, y en común consentimiento del mundo, merecian la pena y castigo que les fue dado, habiendose hecho indignos de que con ellos se usase piedad y misericordia, por haber violado, no solamente la natural ley y obligacion de vasallos, mas aun otros muchos vínculos y juramentos, que (por ser de órden, y Ministros públicos y tan principales de su Magestad Católica) tenian, que calificó y agravó tanto su culpa. Y como quiera que entiende muy bien su Magestad Católica quan propia virtud de los Príncipes sea la clemencia y la piedad, tiene esta su tiempo, modo y limite, dexando su lugar á la justicia y al exemplo que de ella resulta, que es tan necesario para reprimir la licencia, libertad, é insolencia de los subditos, principalmente en tal especie y qualidad de delito, dependiendo tanto del castigo de él la fidelidad de los vasallos, y la seguridad de los Príncipes, y de sus estados, y la paz publica.

Sien-

Siendo pues esto así, ni las partes á quien toca se pueden con justa razon agraviar, ni á los otros buenos subditos y vasallos de S. M. Católica de los mismos estados, ni de otros, se ha dado ocasion de querella, ni los extraños han tenido fundamento para se escandalizar, y mucho menos los Príncipes; pues para su señorío y autoridad, y para confirmar y conservar sus subditos en obediencia, de esto resulta tal y tan buen exemplo. Y quando se quiera bien considerar el tiempo de sus culpas, y quanto fueron por su Magestad Católica esperados, y procurado reducirlos por buenos y suaves medios, y el número de los que en este error y delito han incurrido, habiendose solamente castigado los principales y cabezas de la conjuracion y conspiracion, y el rigor que conforme á las leyes se podia usar, y muchos exemplares antiguos y modernos de lo que en semejantes casos y materias se ha hecho; se hallará haber usado su Magestad Católica no de rigor (como se le imputa) sino de mucha clemencia y piedad, y que antes se ha dado ocasion para poder ser notado y argüido en alguna manera de largueza y disimulacion, que no imponer á tan justa y moderada justicia nombre de rigor y crueldad.

Su Magestad Católica entiende haber guardado en esto la órden que se debia á la justicia, que ha de preceder y tener el primer lugar, y *la guardará á su tiempo á la clemencia y piedad que en su sazon se ha de seguir.* Y ni entiende ni se podrá persuadir que de haber llevado este camino y administrado justicia tan forzosa y con tanta razon y fundamento, hayan resultado los inconvenientes que se representan; antes tiene por mas ciertos y mayores los que de la disimulacion y remision (demás de no cumplir su Magestad Real, con las obligaciones que tiene) se siguieron á sus estados y al asiento, sosiego y quietud de sus vasallos y subditos.

En lo de la mudanza del gobierno, que se dice haber hecho su Magestad Real en los dichos sus estados baxos, y que esto ha sido contra las leyes y privilegios, usos y costumbres de ellos; á los quales por delitos de hombres particulares, no se debia contravenir, ni dexarseles de guardar; representando á su Magestad Católica el agravio y querella que de esto se dice tener sus subditos, y la mala satisfaccion que por esta causa tienen los Príncipes del Imperio, y los otros vecinos y comarcanos; como quiera que en los dichos sus estados patrimoniales en virtud del señorío y autoridad que en ellos tiene su Magestad Real, pudiera en esto del gobierno (asi en quanto á las leyes, ordenaciones y estatutos, por los quales se han de regir, como en los Magistrados, Consejos, Tribunales, Ministros y Oficiales, por cuyo medio se gobierna) proveer y ordenar lo que segun la disposicion del estado de las cosas y de los tiempos, le pareciera convenir al bien y beneficio público de la tierra, y de los subditos y naturales de ella, y al cumplimiento de lo que es á su cargo, y que esto ningunas leyes ni privilegios se lo podrian impedir, pues en tal caso vendrán á ser aquellos en perjuicio del bien y beneficio público, y en derogacion de la autoridad y señorío de su Magestad Cesarea. Mas (no embargante esto) por el amor que ha tenido y tiene á los dichos sus estados baxos y naturales de ellos, y porque siempre ha tenido y tiene fin á hacerles merced, y á darles satisfaccion, y á guardarles sus leyes y privilegios, usos y costumbres, no ha hecho hasta aho-

ahora (no embargante las justas causas y acusaciones que se le han dado) mudanza alguna en el dicho gobierno , ni en las leyes, placartes, estatutos y constituciones, ni en los Tribunales, Magistrados , Consejos, ni otros Oficiales, conservando y continuando en todo la antigua forma y policía, sin haber introducido novedad alguna de que se pudiesen sentir ni agraviar ; de lo qual se entiende bien quan falsa relacion, asi en esto como en lo demás, se debe haber hecho á su Magestad Imperial , y á los Electores y Príncipes que de ello han tratado, y quanta mas razon tienen los subditos de su Magestad Católica , de tener á especial gracia y merced lo que en quanto é esto ha hecho, que á sentirse y dolerse en ninguna parte. Y en quanto al oficio de Gobernador , Lugar-Teniente y Capitan General de su Magestad Real , en los dichos sus estados baxos (de que tiene proveido al Duque de Alba, su Mayordomo mayor y de su Consejo de Estado) en todo tiempo , y en qualquier estado y disposicion que las cosas se hallen, es á arbitrio de su Magestad Católica , y depende de su mera y libre voluntad el elegir y nombrar á la persona de quien deba confiar, y á quien deba encomendar este cargo , tanto mas en tiempo de turbacion , inquietud y desasosiego en la tierra , y donde era tanto menester un Ministro de la confianza , prudencia y rectitud , y otras buenas calidades que en el dicho Duque concurren; y asi habiendo pedido á su Magestad Católica instantaneamente licencia la Ilustrisíma Duquesa de Parma su hermana , y no se la habiendo podido denegar por la falta de salud que allí tenia , y muy precisa necesidad de se volver á su casa y estado, y haberse detenido por respeto y contemplacion de

su

su Magestad Católica en el Gobierno de los de Flandes muchos mas dias del tiempo que lo habia aceptado, hizo su Magestad Real eleccion del dicho Duque, asi por lo que tocaba á la defensa de los estados y administracion de las armas (de que tuvo tan larga experiencia), como en lo que toca al gobierno, por su prudencia, christiandad, integridad y rectitud, de cuya eleccion y nombramiento tiene por cierto su Magestad Católica, que asi como los rebeldes y malevolos se han mucho descontentado, asi los buenos y zelosos del servicio de Dios y de su Magestad Católica, y del bien y beneficio público de la tierra, tienen particular contentamiento y satisfaccion; y por esto y porque su Magestad Católica espera (siendo Dios servido) de se poder desembarazar, é ir en persona á aquellos estados, como mucho lo desea, no hay que tratar de hacer en esto otra mudanza ó novedad.

En quanto á la gente de guerra, y de la nacion Española de que al presente su Magestad Real se sirve en los dichos sus estados baxos, que le representan ser tan odiosa é infecta, no solo á los naturales de la tierra, mas aun á los vecinos y comarcanos; no puede dexar su Magestad Católica de sentirse mucho, y maravillarse grandemente, de que habiendo (por ser ansi necesario para la pacificacion de sus estados, y castigo de sus rebeldes, que se lo tenian tambien merecido, y para la defensa y seguridad de los propios estados, y oposicion á los que los querian invadir y ocupar) tomado las armas, y juntado sus fuerzas, se hayan querido representar querella, ni imputarsele, que su Magestad Católica se haya servido de sus subditos, tan aptos y tan confidentes, y que en la libertad que

por

por derecho natural y de las gentes tienen , no solo los Príncipes, mas todos los hombres en la conservacion , defensa y prosecucion de su derecho, para se ayudar y prevaler aun de los extraños, se quiera poner limite y regla á su Magestad Católica, para que no se pueda servir y ayudar de los suyos , y se le quiera hacer tan nuevo genero de cargo, qual nunca jamás se oyó , ni vió , siendo cosa tan antigua y tan usada, que los Príncipes en sus exercitos y guerras por la seguridad de sus estados y tierras, se sirvan de las naciones extrañas ó suyas, que pueden y les parece les conviene, y ni es cosa justa , ni para se proponer que su Magestad Real se haya de armar , ó asegurar al arbitrio de sus rebeldes ó de sus vecinos , ni ponerle limite , ó restringirle á que se haya de servir de nacion particular, y no de los naturales y subditos de su Magestad Católica que tuvieren buen conocimiento y zelo de su servicio , y del beneficio de su tierra , pues esto es para seguridad de su Magestad Católica y suya. Tiene por cierto que ni se agravian , ni se agraviarán ; y á los demás subditos ó no subditos , que lo juzgaren con diferente intencion, no le es necesario satisfacer , ni ha habido fundamento , ni su Magestad Católica ha dado ocasion alguna para sospechar que las fuerzas y armas que tiene juntas de la dicha nacion y de las otras , se hayan de convertir ni ofender á ningunos de los del Imperio, ni sugetos de él , ni que haya sido ni sea en ninguna manera tal la intencion de su Magestad Católica, teniendose tan larga experiencia por lo pasado , de la buena amistad y vecindad y correspondencia que con ellos ha tenido y tiene , y quan ageno es esto de su condicion y modo de proceder , que siem-

i ¡ pre

pre ha sido tan sin injuria ni agravio de nadie, quanto se ha visto y conocido en el caso presente, no habiendo salido en ninguna manera (aunque se pudiera justamente hacer) los Ministros de su Magestad Católica, ni sus exercitos y fuerzas de los limites de sus estados, guardando tan estrechamente los términos naturales de la defensa; que habiendo el Conde de Emdem dado entrada, paso y vituallas á los rebeldes de su Magestad Real, que le venian de ofender, y ayudadolos y favorecidolos, pudiendose justamente satisfacer de él, y ocuparle su estado como á participe de la injuria y ofensa con los dichos sus rebeldes; y pudiendose esto hacer tan facilmente como es notorio: por solo pretender el dicho Conde ser dependiente del Imperio, y estar el Duque de Alba, Capitan General de su Católica Magestad, tan advertido en no tocar en cosa del dicho Imperio, se abstuvo y dexó de hacer; y el cuidado que se tuvo, y la asistencia que se le dió por el dicho Duque con las armas y fuerzas de su Católica Magestad, para defender las tierras y lugares de los Obispados de Liexa y Cambray, como miembros del Imperio, que el Príncipe de Orange intentó y procuró de invadir y ocupar, como lo pudiera hacer y lo hiciera no le siendo impedido por el dicho Capitan General de su Magestad Católica: y asi en esto no hay que decir mas, de que de la dicha gente Española, y de la demás que su Magestad Real tiene junta en aquellos sus estados, se servirá ó dexará de servirse en quanto le pareciere que le conviene para la seguridad, conservacion, defensa y proteccion de los subditos y naturales de ellos, los quales no entiende su Magestad Católica en ninguna manera dexar expuestos ni ni abiertos á los que los quisieren invadir.

Y en quanto toca al Príncipe de Orange (cuya causa parece haber sido el principal motivo y fundamento de esta embaxada, y sobre cuyo negocio se hace tan gran instancia), primeramente, no parece que se trata ni puede tratar de la justificacion y defensa de su causa, por ser sus crimines y delitos en el hecho tan notorios, y en el derecho tan graves: pues siendo (como es) vasallo de su Magestad Católica, y tan obligado por esta causa (conforme á las leyes divina y humana) á la fidelidad, que como á su Señor natural le debia, y concurriendo con esto la particular obligacion, vinculo, y juramento que como Caballero de la Orden del Tuson, á su Magestad Católica como cabeza suprema de ella tenia: allegandose á esto ser el dicho Príncipe del su Consejo de Estado, y su Gobernador en Holanda, Celanda, Utrec, y Condado de Borgoña; los quales cargos y oficios le obligaban, no solo á permanecer y estar él en la fidelidad y obediencia, mas aun en la persecucion y castigo (por lo que á él le tocaba) de los que á esto contraviniesen, demás del particular cargo y obligacion que por estos oficios, honores y autoridad, y por la confianza que su Magestad Católica de él tenia hecha, le debia.

En violacion de todos los quales vinculos y obligaciones, y de la que debia á Caballero y á Christiano, fue el principal autor de los tratos, ligas, tumultos, conjuraciones y sediciones de los dichos sus estados baxos, y á quien con mucha razon se deben imputar todos los quales daños y robos, sacrilegios, violaciones de Templos, fuerzas y maldades que en los dichos sus estados en deservicio de

Dios

Dios y de su Magestad Católica y daño de la tierra han sucedido : y que no contento con esto el dicho Príncipe, haya tratado y procurado en el Imperio y con algunos Príncipes de él, con siniestras relaciones y sugestiones y otros artes, turbar el buen nombre y estimacion de su Magestad Católica, y concitar y mover á odio y enemistad contra él á los dichos Príncipes, y traidolos á que le ayuden en tan injusta pretension, formando exercitos, y tomando las armas, é invadiendo (como ha invadido) los estados de su Real Magestad. Todas las quales cosas, crimines y excesos, son tan enormes y tán dignos en todo de exemplar castigo, que no han dexado ni dan lugar á piedad ni clemencia, ni por la parte del mismo Duque ; pues demás de la gravedad, y enormidad de sus delitos, está contumáz y rebelde, y persevera en su delito de rebelion y maldad, ni de la parte de su Magestad Católica, pues (demás de no cumplir con la obligacion que tiene á lo de la justicia y exemplo de ella) seria en derogacion y perjuicio de su autoridad y reputacion, el usar (en tal estado y término como él se halla, y teniendo las armas en la mano, y con tan poca sumision ni humildad) de gracia, piedad, ni otro género de remision.

Y como quiera que la intencion é intervencion de su Magestad Cesarea, y el respeto de los otros Príncipes, y órdenes del Imperio, que se dice en esto intervenir, sea acerca de su Magestad Católica de tanta autoridad y consideracion, y les desee tanto complacer y satisfacer, tiene al Emperador su hermano por tan prudente para lo entender, y por tan justificado para lo estimar y considerar, y que juntamente con esto tiene tanta cuen-

cuenta y cuidado del honor y reputacion de su Magestad Católica y del bien y beneficio de sus cosas, y tendrá tanta fuerza la verdad y la razon para con su Magestad Cesarea, y los demás Príncipes, que tiene por muy cierto, que asi el Emperador como ellos, nosolo no se ofenderán, ni les desplacerá de que su Magestad Católica no condescienda en lo que en esta parte se le pide, antes tendrán á bien y juzgarán, y aprobarán por buena la resolucion y determinacion que en este particular ha tomado y tiene.

Y en quanto á los terminos y medios que se proponen de treguas, y suspension de armas, y platica de trato, y acuerdo con el dicho Príncipe de Orange, y lo demás que á este proposito se dice, como quiera que ya en mucha parte ha cesado la ocasion de esta platica, por haber sido el dicho Príncipe echado de los dichos sus Estados baxos, debe con razon su Magestad Católica considerar, quan diferentes terminos y medios son estos, de los que entre señor y vasallos suyos rebeldes se debe y acostumbra usar, y quan indecente y contrario sería este trato á la autoridad y reputacion de su Magestad Católica, la qual estima en tanto, que quando en alguna manera se viese en necesidad de acomodarse (que no se vé á Dios gracias) aventuraría antes el inconveniente y daño que le pudiera venir sin culpa suya, que el dexar de tratar en semejante ocasion con la dignidad, decencia, y autoridad, que á su Real persona se debe, la qual autoridad en todo caso, y en todas maneras entiende y ha de salvar, y reservar siempre su Magestad Católica.

Y como quiera que por lo que está dicho parece haberse enteramente satisfecho á los puntos principales, que en la instruccion y proposicion que de parte del Emperador se ha dado á su Magestad Católica, se contienen, y está respondido á lo que se le pide y propone ; pero porque demás de los dichos puntos principales, para mover y persuadir á su Magestad Católica , y para que entendiese mas particularmente lo que esto importaba , y lo que le convenia , se han representado muy encarecidamente los inconvenientes que de no seguir su Magestad Real el camino que se le aconseja , y de no acordar y acomodar las cosas en el modo que se le proponen, han resultado hasta aqui , y resultarán adelante, algunos de los quales conciernen al público de la christiandad en general , y del Imperio en particular , y otros que tocan á su Magestad Católica , y á su Estado y succesion , y los demás se enderezan al daño é inconveniente , que á su Magestad Católica , y á sus Estados puede venir ; le ha parecido asimismo satisfacer en substancia á lo que tan larga y difusamente en la dicha instruccion y proposicion se refiere.

Primeramente con mucha razon y prudencia su Magestad Imperial considera , estima , y aun encarece la perturbacion de la paz pública , y la inquietud y desasosiego , y el movimiento de armas , ligas, y tratos , que dice haber en el Imperio , y lo que de aqui se puede derivar al público , y al comun de la christiandad , y los males y daños que en lo de la Religion y estado y paz pública del universo, podrian resultar , y con la misma razon tiene su Magestad Cesárea obligacion grande por su dignidad imperial , á los remediar en el Imperio , y á los excusar (en quanto en sí fuere) en los demás , como su Real Magestad asimismo (por lo que le toca) lo ha siempre procurado , y procurará con aquel estudio

dio y cuidado , que en sus acciones y progreso de
su vida ha llevado , asi en el gobierno de los
Reynos y Estados , que Dios le ha encomendado , como en todo lo demás en que ha inter-
venido y asistido ; y con esto debe su Magestad
Cesarea con su mucha prudencia y rectitud considerar,
si hay alguna razon y fundamento para imputar á su
Magestad Católica la causa , ni la ocasion de esta
turbacion y desasosiego , ni de los daños é inconvenientes que á esto se representan , ni culpa alguna
en el remedio de ello , ni el poderlo excusar , habiendo su Magestad Católica tan solamente tomado
lar armas para la pacificacion de sus Estados patrimoniales , y para la defensa y seguridad de ellos , y
castigo de sus rebeldes , cosa tan justa , y no solo
permitida , mas aun aprobada y autorizada por todo derecho divino y humano ; ó si con mas razon se
puede y debe esto atribuir , é imputar á los dichos
sus rebeldes y valedores de ellos , y otros malevolos
que por el contrario , contra toda razon , justicia y
derecho han turbado y desasosegado la paz del Imperio , y movido y concitado los ánimos de algunos
de él , y tomado las armas , y dado causa á los robos , males y daños , que en las mismas tierras del
dicho Imperio la gente de guerra por ellos conducida
ha hecho , y al daño é impedimento del comercio y
trato , en violacion de la seguridad y libertad , que
asi los mercaderes , como qualesquier otras personas , que por él caminan y pasan, deben tener ; y si
el remedio , prevencion , y provision de esto , es á
cargo de su Magestad Católica , y si hay alguna razon, ni derecho que le obligue á dexar de asistir á la
administracion de la justicia, y á la seguridad de la con-

ser-

servacion y defensa de sus Estados, y á la de sus vasallos, á que es tan obligado, y le es tan permitido, para excusar con tanto daño suyo, que sus rebeldes y los fautores y valedores de ellos, y los que injustamente le quieren ofender tomen las armas, y dexar sus Estados turbados é inquietos, y sus rebeldes insolentes, sin castigo, y sus vasallos naturales expuestos á la fuerza de quien los quisiere agraviar, porque no tomen las armas los que no las pueden ni deben tomar. Y como sea asi que los dichos daños é inconvenientes, que en el público universal, y en el Imperio se representan, no se puedan ni deban con ninguna razon ni color, imputar á su Magestad Católica, caberle ha mucha parte de dolor y pena, y asistirá en todo lo que sus fuerzas bastaren al remedio, y con esto entenderá haber satisfecho á lo que debe, y quedará su conciencia y ánimo con quietud y seguro.

En lo que toca á la Magestad del Emperador, y á lo que de su parte se representa del concepto, y sospecha que algunos Príncipes del Imperio han tenido de que él haya concurrido, ó convenido en este modo de proceder, que en los dichos Estados baxos su Magestad Católica ha llevado, atribuyendo á su Magestad Cesarea la participacion de este consejo, y que de ello ha resultado alguna manera de enagenacion de los ánimos de los dichos Príncipes, y del disminuirse y restringirse el amor que le tenian, significando juntamente lo que de esto de presente y para adelante puede suceder: en lo qual aunque es ansi, que con mucho fundamento en otro género de negocios se podria y puede hacer este juicio, pues del estrecho deudo y amor, y verdadera hermandad, y union que entre sus Magestades hay se puede bien in-

inferir, y presuponer la comunicacion de sus cosas, y la conveniencia y conformidad en ellas : empero en los presentes, y de que ahora se trata bien se ha podido colegir y entender de lo que en el discurso de este negocio ha pasado, y de este último oficio, que con intervencion de tanta autoridad con su Magestad Católica se ha hecho, haber sido y ser su Magestad Cesarea de diferente parecer, y que quando fuera necesario quitar esta sombra, y este escrupulo de los ánimos de los dichos Príncipes, estarán ya con razon satisfechos, y por el consiguiente cesará lo que de aqui adelante se dice ser derivado. Y como con esto juntamente su Magestad Católica tenga por cierto, que los dichos Príncipes desengañados de las falsas relaciones, y sugestiones que se les han hecho, y entendida la verdad, concurrirán en lo mismo, y aprobarán y tendrán por justa y buena la resolucion de su Católica Magestad, y que con esto la dicha sospecha se convertirá en mas crédito, y en confirmacion de mayor amor á la persona de su Magestad Imperial. Y otrosí, en quanto á lo que justa y prudentemente considera los daños, é inconvenientes que á sus Estados y posteridad, puede causar la turbacion, inquietud, y las guerras y movimientos que en el Imperio de presente hay, y adelante se teme habrá, y la ocasion que con esto el Turco, enemigo tan poderoso, y tan vecino, tomaria para invadir y damnificar sus Estados; como quiera que estos daños é inconvenientes (como ya está dicho) no se deben ni pueden en ningua manera imputar á su Magestad Católica, ni serán á su cargo ni culpa, mas con todo eso, teniendolos su Magestad Real (como los tiene por tan propios suyos), y siendo la causa tan con-
jun-

junta y tan una , no podria dexar de sentirlos y dolerle grandemente , como á quien le han de caer tan
en parte , y tendrá tanta razon y voluntad de asistir á su remedio: y quanto los dichos inconvenientes
son mayores, tanto mas obligan á prevenir y proveer en el remedio, el qual en lo que toca al Imperio,
y quietud y pacificacion de él ; á su Magestad Cesarea con su autoridad y gran prudencia, se espera nó
le será dificultoso.

Y en quanto á los daños é inconvenientes que de
parte de su Cesarea Magestad se representan en el
párticular de su Magestad Católica, y en sus Estados y
Señoríos , en que primeramente le reduce á la memoria lo que diversas veces le tiene advertido, cerca del camino y termino que á él le parecia , que
las cosas sucedidas en los dichos sus Estados baxos,
su Magestad Católica habia de tener tan diferente
del que ha llevado : le pone delante la turbacion,
inquietud , peligro , trabajo , y daños que de no
haber seguido su consejo y haberse apartado de su
parecer han resultado. Su Magestad Católica ha entendido tan diversamente esta materia , y está tan
sastifecho y persuadido que tomó la resolucion y siguió el camino que (para cumplir con lo que debia
al servicio de Dios , y á su reputacion y honor , y
á la conservacion de sus Estados) debia seguir : que
quando asi fuera qué de esto hubieran resultado los
dichos inconvenientes y daños , y hubiera sido malo el suceso (aunque no pudiera dexar de dolerle mucho) , tiene tanta fuerza la satisfaccion de la propia
conciencia , y el haberse hecho y cumplido con lo
que se debe ; que ni se pudiera disuadir su Magestad Católica , que su consejo nó habia sido bueno,

ni

ni arrepentirse de haberlo tomado ; tanto mas habiendo sido Dios servido de haber traido las cosas en tan buen término , y de haber ellas tan buen suceso. Y entendiendo con esto juntamente , que los inconvenientes y daños de la otra parte , y que se siguieran del otro camino eran tanto mayores , que tiene por cierto su Magestad Católica , fuera la total ruina de los dichos sus Estados baxos , y con mucha quiebra de su honor y reputacion. Y como los consejos del Emperador sean enderezados al bien y beneficio de su Magestad Católica , como aquel se haya conseguido y consiga, tiene por cierto que su Magestad Cesarea tendrá por muy bueno el que se ha tomado.

Y otrosí quanto al odio , diferencia y mala satisfaccion , que se refiere ha causado , y tienen algunos Príncipes del Imperio del modo de proceder, que su Magestad Católica ha tenido en los dichos sus Estados baxos , y las juntas, ligas, y otras inteligencias , y confederaciones que en el Imperio ha habido , y se espera que habrá , y el fundamento que tiene , el ayuda , socorro y correspondencia del Príncipe de Orange , de lo que en esta parte se puede y debe considerar, y lo que asimismo se dice y representa de que en el Imperio , y por los Príncipes de él se ha tratado y trata de estorbar y prohibir que su Magestad Católica no se pueda servir de la gente de guerra de la nacion Alemana , especialmente de la caballería , y aun de llamar y revocar la que al presente reside en el exercito de Flandes ; como la causa de su Magestad Católica sea en sí tan justificada , y está tan de su parte la razon, y la justicia , y la verdad , y por el contrario la pretension de sus rebeldes y valedores de ella, tan injustificada,

y

y tan contra todo el derecho divino y humano, y teniendo su Magestad Católica tanta y tan antigua naturaleza en el Imperio , y entre los Príncipes de él tantos deudos y amigos , y la causa sea en sí , no solo justa , mas común y de interes á todos , por tocar como toca á la obediencia y fidelidad de los vasallos (que á los Príncipes tanto importa conservar, habiendo tantas mas razones y obligaciones de asistir á la justa defensa de su Magestad Real , que dé ayudar á tan injustas armas; tiene por cierto que acerca de tales Príncipes tendrá mucha fuerza la verdad y la razon, y las dichas obligaciones , y que hallará siempre en ellos la buena amistad y correspondencia , que á su causa y á su buena voluntad se debe, y su Magestad Católica de ellos espera , y que en esto ni habrá de su parte que temer, ni que prevenir. Y en quanto al prohibir , é impedir que no se pueda servir de la gente de guerra de Alemania , su Magestad Real no podrá jamás creer ni temer , que nacion tan ilustre admita cosa tan en perjuicio de su libertad, facultad, y aun utilidad en quanto á servir á los Príncipes que los conduxeren para sus justas guerras y empresas, no siendo contra el Imperio, ni en ofensa de él, y tanto mas á los que le son naturales como su Magestad Católica: y que otrosi los dichos Príncipes del Imperio, con tanta derogacion de su autoridad y natural facultad hayan de ser impedidos de ayudar , y asistir en causa tan justa y de tan comun interés á sus deudos y amigos, y buenos vecinos , y mucho menos creerá , ni temerá su Magestad Católica , que el Emperador su buen hermano , siendo tan propio de su Imperial oficio y dignidad el censurar la dicha libertad , y el guardar á los Príncipes su derecho y facultad , y el no dar lugar á tan exórbitante impedimento , haya

ya

ya de permitir tal cosa, ni que en su tiempo se introduxese en tanto perjuicio de su Magestad Católica una novedad tan injusta, y de tan mal nombre y estimacion, como sería dexar libertad á los rebeldes malevolos, y perturbadores de la paz pública, para que puedan levantar gente en el Imperio, y servirse y ayudarse de ella para ofender á su señor natural, é invadir sus Estados, é impedirla al Príncipe su supremo señor, y quitarla para su defensa, principalmente siendo como esto es tan notoriamente contrario, y en violacion de la paz pública, y de lo contenido en los particulares tratados, y confederaciones de los dichos Estados baxos con el Imperio, á cuya defensa y seguridad esto toca.

Y de la dicha nacion Alemana (en quien siempre su Magestad Católica ha hallado tanta devocion y fidelidad) se entiende prevaler y servir, siempre que la ocasion de necesidad lo pidiere. Y está muy confiado, que pues ellos han hallado y hallarán en su Magestad Católica tan buen acogimiento y tratamiento, le servirán y ayudarán como lo han acostumbrado, y que el Emperador su buen hermano, ni los otros Príncipes darán lugar á otra cosa.

Y en quanto á lo que su Magestad Cesarea, demás de esto dice y advierte á su Magestad Católica, que viniendo las cosas á estos términos, y ocurriendose á él, no podria faltar, su oficio Imperial, ni dexar de cumplir con lo que éste le obliga: esto es como su Magestad Católica entienda que el verdadero oficio Imperial (es la obligacion que por esta causa tine en tal caso) consiste en favorecer la causa justa, y asistir al que la tiene, y en reprimir la insolencia de los malos y rebeldes, y castigar los sediciosos, y turbulentos, y en no permitir, ni dar

lugar en ninguna manera, á que aquellos sean valí
dos; ni ayudados, ni se junten entre sí, ni puedan
juntar armas ni fuerzas los dichos rebeldes y malevo
los, en perturbación de la paz pública, y para inva
dir, y ofender á sus propios señores, no solo tendrá
su Magestad Católica por buena la interposicion de
este su oficio y autoridad Imperial, mas la deseará y
procurará siendo cierto, que aquello no puede dexar
de ser en su bien, y beneficio, y para su ayuda y
asistencia, principalmente concurriendo en esto el
ámor y voluntad que como tan verdadero hermano
del Emperador le tiene, la qual voluntad en todo
lo que justamente se pudiere hacer, guiará y enca
minará sus acciones al beneficio de su Magestad Cató
lica, y á estorbar, é impedir á los que le quisieren
damnificar y ofender injustamente.

    Y en quanto á los males y daños que los Estados
baxos y los súbditos y vasallos de ellos, se dice han
recibido y recibirán adelante, de las guerras que su
Magestad Católica debe excusar, y á lo que se puede
temer en las ocasiones de la mala satisfaccion de sus
ánimos, y á la cuenta y consideracion que se debe te
ner con la que tomarian los vecinos y comarcanos,
ofreciendose el caso de que su Magestad Cesarea con
tanta prudencia y amor le advierte. Lo que su Mages
tad Católica tiene en esto que decir (despues de dar á
su Magestad Imperial muchas gracias) es, que en el
discurso y progreso del govierno de los Reynos y Es
tados de su Católica Magestad, entendiendo quanto
sea á Dios acepto y al mundo todo, la paz, quie
tud y concordia, y de los males y daños que de las
guerras, en lo público de la Christiandad y en el par
ticular de sus Estados se sigue, y por ser muy con
forme á su natural condicion é inclinacion, la ha siem
                                             pre

pre deseado y procurado , y ha tenido principal estudio y cuidado y fin á ella , y que ni á sus vasallos
ha dado ocasion alguna de turbacion ni desasiego , ni
á sus vecinos y comarcanos, ni á otros algunos de injuria ni ofensa , y aunque se ha defendido (con el
ayuda de Dios) y se ha de defender de la que en qualquier manera, contra su Magestad Católica se inten-
tare , y se ha de poner con sus fuerzas, á los que le
quisieren invadir ó damnificar , espera gobernar á
sus vasallos tan en justicia y razon , y tener con sus
vecinos tan buena amistad y correspondencia, que ni
los súbditos tengan la mala satisfaccion que se representa , ni los vecinos y comarcanos justa ocasion de
perturbar á su Magestad Católica, y que con esto
los unos estarán quietos, y los otros satisfechos.

Esto es lo que á su Magestad Católica ha parecido responder á lo que el serenísimo Archiduque
su primo le ha propuesto , y representado de parte
del Emperador su hermano en lo tocante á los dichos sus Estados Baxos; y estimará su Magestad Católica grandemente (por lo que desea complacer y satisfacer á su Magestad Cesarea y á los Electores y
Príncipes y Ordenes del Sacro Imperio, principalmente habiendo tomado (para hacer este oficio) medio
de tanta autoridad y tan acepto á su Magestad Católica, como ha sido la venida de su Alteza, que la
materia y negocios de que se trata , fueran de calidad que pudiera sin tan grandes inconvenientes, y sin
contradecir al testimonio de su propia conciencia,
condescender en lo que se le ha pedido, y concurrir
en lo que en esta parte se le ha representado, y con esto quedára su Magestad Católica con mucha pena y
cuidado, si no estuviera tan satisfecho de su razon y
de la fuerza y lugar que esta tendrá acerca de su

pu-

Magestad Cesarea , que no solo no causará escrupulo , ni impedimento alguno en su verdadero amor ni ánimo , mas que asimismo aprobará la determinacion y resolucion de su Magestad Católica , y que el dicho serenísimo Archiduque , en esta parte , como tan Christiano y Católico Principe, correspondiendo al grande deudo y amor que entre sí tienen, hará tal oficio con su Magestad Cesarea, y con los Ilustrísimos Electores , y Príncipes del Imperio, que todos quedarán enteramente satisfechos, asi del buen ánimo é intencion de su Magestad Católica , como de la justificacion de su causa , y acciones , cuya autoridad y aprobacion no podrá dexar de ser para su Magestad Católica de mucha satisfaccion y contentamiento, &c.

Carta del Señor Rey Don Felipe II. escrita al Principe de Melitó , su Virrey , y Capitan General en Cataluña, avisandole de las prevenciones que se han de hacer para la defensa de Cataluña en la Costa de mar y fronteras de Francia. Otra al Embaxador de Roma , sobre que diligençie con su Santidad , que los Embaxadores que tienen los Diputados de Cataluña en aquella Corte sobre la competencia con el Santo Oficio, salgan de ella.

Por los últimos avisos que se tienen de la Armada del Turco , comun Enemigo de la República Christiana , se entiende, como yá sabreis, quan poderosa sale este año para infestarla , y que principalmente designa y amenaza sobre estas partes por el levantamiento sucedido en lo de Granada, y esperanza que tienen que los Moriscos que están en nuestros Reynos de Aragon , y Valencia , y los pocos que hay

hay en ese nuestro Pricipado, harán el mismo motivos, y por parecerles tambien que estando lo de Africa tan vecino, podian mejor los unos á los otros darse la mano, y intentarlo, y tener alguna inteligencia
con los hereges de Francia, para que por su parte
procuren intentar algo, y divertir nuestras fuerzas. Y
pudiendose por tan verosimiles causas como hay, creer
y tener por cierto esto, conviene con suma celeridad, y con tanto mayor cuidado, y vigilancia atender al remedio de ello, por no caer en los inconvenientes, y daños que por falta de prevencion suele
haber en los sucesos de las cosas: y aunque somos
ciertos, que segun vuestro buen zelo, y la aficion
grande con que mirais las cosas concernientes á nuestro servicio, habreis antevisto, y echado cuenta de
la manera que se ha de prevenir y remediar lo que
toca en ese dicho Principado, y Condado de Rosellon, y Cerdeña, para que estén con la buena custodia, seguridad y quietud que se requiere, todavia
se os tocarán aqui algunos de los advertimientos mas
substanciales que se han considerado, y que conviene poner luego en execucion, por estar el tiempo tan
adelante como está.

Primeramente se presupone, que para que los de
ese dicho Principado, y Condados conozcan el cuidado que se tiene de su conservacion, y defensa, y
todos se animen y ocupen de mejor gana en ello, y que
por el contrario los que pretendieren infestarlos, vien-
dolo prevenido y en orden, desconfien de sus designios, y huelguen de estar quedos; y para que asimismo vos podais ver al ojo de la manera que están
los puertos, y tierras maritimas de él, y los Presidios de la Frontera de Francia, como aquellos que están mas sujetos al peligro, y en que mayor cuidado

do se ha de poner, convendrá, como sumamente os
encargámos, que luego sin perder tiempo, con ocasion de la venida de la armada del Turco, y de ave-
cinarse por esa parte los Hereges, le visiteis todo,
llevando con vos al Marques N. como persona de tanta experiencia, y zelosa de nuestro servicio, y las
demás que fueren inteligentes y prácticas en las cosas de la Guerra, y os pareciere convenir, y que
otras veces han ido en semejantes visitas, mirando
muy particularmente quales convendrá defender, for-
tificar, y abastecer, y quales abandonar, y despo-
blar, asi para excusar el gasto excesivo que se haría
si todas se quísiesen defender, como para que la gente se conserve, y esté mas unida, y las fuerzas á mejor recaudo; ordenando que todos los que estuvieren
en tierras flacas de mar y de la Frontera, á su tiempo
se pasen con sus personas, y hacienda á las fuertes, á
las quales proveereis de la artilleria, municiones, vituallas, y las demás cosas que les faltaren, y fueren
necesarias, segun la qualidad, é importancia de cada
una, y en particular tendreis esta cuenta con Perpi-
ñan, Saltes, Puigcerdá, Cerdeña, Evol, Laba-
serda, el Castillo de Carol, lo de Urgel, y las demas partes de los montes Pirineos, y con lo de Rosas,
Palomer, Colibre, Cadaques, Tarragona, Salou,
y las demás tierras que conviene guardar en la marina, por ser éstas la llave de todos estos Reynos; y
en lo que toca á los Alfaques, por la comodidad tan
grande que alli podria tener la armada por el puerto
y vecindad de los Moriscos del Reyno de Valencia,
mirareis mucho lo que para la seguridad de esto convendrá proveer, y si la fuerza que alli se hace, estará para defenderse, ó si será mejor allanarla.

Y porque en estos tiempos es bien que los Al-
cay-

caydes estén en sus Tenencias, proveeréis que los que las tuvieren en la frontera, ó costa de mar, luego vayan á residir personalmente en ellas, y las tengan también prevenidas, y en órden, como de ellos se confia; y porque el que al presente está en el Castillo de Salzes, entendemos que no tiene prestado pleyto homenage, sino el que murió, será bien que luego se le tomeis en nuestro nombre, en la forma que se acostumbra, en el entretanto que se provee en otro aquella Tenencia, que será brevemente.

A este mismo propósito será bien que encarguen al Obispo de Urgel (como tambien se le escribe) que vaya á residir en aquella Ciudad, por estar lo de aquel Puesto desamparado de persona principal, para que siendo la suya de la qualidad, y valor que es, pueda con su asistencia, y ayuda estar aquel paso con la seguridad que requiere la importancia de él.

Demás de esto procurareis, que toda la Caballería de ese dicho Principado, y Condados esté muy en órden, para que á tiempo de necesidad pueda acudir adonde mas fuere menester, y señalareis la parte de ella que os pareciere, para que esté en sus puestos de la frontera, y tierras maritimas, y lo aseguren, impidiendo qualquier desembarco, y entrada que el Enemigo intente hacer.

Tambien procurareis, que todas las Ciudades, Tierras, y Lugares de ese Principado estén á punto con sus armas, determinando que los que no las tuvieren se provean luego de ellas; á los quales nombrareis sus Capitanes, y Caudillos, para que un dia de cada semana, ó de quando en quando los hagan juntar á hacer sus reseñas, y alardes, y algunos exercicios de tirar y lo demás que conviene para saber el arte militar, y para que á su tiempo y lugar

Y

los

los dichos Capitanes y gente, sepan el órden que
han de guardar, dividireis ese Principado, y Condados de Rosellon, y Cerdania por quarteles, dando el gobierno de aquellos á los varones vecinos, que
mas aptos, y mas á propósito os parecieren, con orden de lo que cada uno deberá hacer, y donde habrán de acudir siempre que fuere necesario, pues,
como bien sabeis, en esta ocasion se ha de tener ojo
á tres principales partes, que es, á la entrada que los
hereges quisiesen intentar, á la invasion de la armada
y á socorrer lo del Reyno de Valencia, en caso que
alli diese el golpe, ó los Moriscos de él, ó los de
Aragon quisiesen levantarse, como que en qualquier encuentro de estos lo habeis de hacer con mucha diligencia y esfuerzo, por la necesidad que en semejante trabajo tendrá aquel Reyno de ser socorrido, para
que el enemigo no pueda hacer pie en él, ni conseguir su intento; pues, á Dios gracias, los Moriscos
que hay en ese Principado son tan pocos, que no hay
que recelar de ellos, aunque será bien que se esté sobre ellos, para mirarles á las manos, y procurar
entender si tienen algunas inteligencias con los de las
otras partes, para que en todas ellas se ponga el recaudo necesario: y para mas asegurar ésto, convendrá que á los dichos Moriscos se les prohiba con
graves penas, que por tantas leguas ninguno se llegue
á la mar, ni pueda pasar á otro Reyno.

Asimismo convendrá, que en quanto á las vituallas y bastimentos del dicho Principado, y Condado se ponga buen órden, dandole para que todos
los mas que se pudieren, y conviniere, se recojan
en los Lugares mas fuertes, y aptos, donde hubiere
de acudir el golpe de la gente, para que tanto mejor pueda estar proveida, y unida.

Y

Y para que todo lo susodicho, y lo demás que con vuestra prudencia habreis considerado para la seguridad, y quietud de ese Principado, y Condados, se pueda encaminar mejor, y se consiga el fin que se desea, nos parece que ántes de poner mano en esto, conviene, que en virtud de las Cartas de creencia que acompañan á ésta para los Diputados, y Ciudad de Barcelona, les representeis el estado presente de las cosas, el peligro y riesgo grande en que están los del dicho Principado y Condados, la necesidad que tienen de pronto remedio, y de ponerlo en execucion; y que no obstante en la que nos hallamos con la ocupacion de esta guerra, y de haber de proveer á tantas partes, habemos sacado fuerzas de flaqueza para socorrer alguna cantidad de dinero á las cosas de ese Pricipado y Condados, y porque con ella no se podrá suplir á todo lo necesario, será menester que en esta ocasion, ellos como tan buenos y fieles vasallos, y zelosos de la honra, y servicio de Dios, y de la conservacion da su Santa Fé Católica, y tambien por lo que interesa al bien público y particular, y la defensa de su Patria, traten, y practiquen entre sí del remedio de todo, y de la forma que se ha de tener para ayudar, y socorrer á la presente necesidad, y se dispongan á ello, como en semejantes casos, y no tan urgentes ni peligrosos lo han acostumbrado, para que con ello se puedan hacer todas las prevenciones y gastos necesarios, pues no han de servir sino para su propia defension y conservacion: y este mismo oficio podreis hacer con las otras Ciudades, y con los Prelados, Titulados, y algunos de los Barones de ese dicho Principado, y Condados, en virtud de las cartas de creencia que tambien van con esta; de las quales, y de las que van en blanco usareis á su

Tom. XXVIII.   Ee   tiem-

tiempo y lugar , como mas os pareciere que convenga , para que cada uno por su parte se desvele en hacer lo que debe , como de ellos se ha de esperar: y hecho que hagais este oficio , y atraidolos á lo que se desea y conviene , y á ellos tanto les importa para su seguridad y quietud , y para que no experimenten los trabajos , y daños grandes que podrian sentir , si por defecto de no hacer esto se les introduxese una guerra en casa , conforme á la resolucion que con ellos tomareis á la hora, como dicho es , os partireis para hacer la visita de la Frontera, Puertos , y tierras maritimas de ese dicho Principado , y Condados , segun veis que la falta de tiempo , y la necesidad lo pide , no dudando que quanto esta es mayor , tanto mas solícito y cuidadoso andareis para tener muy prevenido , y en órden todo lo que toca á su defension , y de manera que en vuestro tiempo no pueda suceder inconveniente , sino que todo esté con aquella seguridad , y buen recaudo que nos promete vuestro valor , prudencia, é industria , y la confianza que con tanta razon hacemos de vuestra persona; y de todo lo que proveyereis en la dicha visita nos avisareis particularmente; y de lo demás que juzgareis que se podrá y convendrá hacer, para que entendido se pueda ordenar y proveer lo que mas convenga, y estar en esta parte con el ánimo reposado : y aunque en todo tiempo y ocasion la buena inteligencia y correspondencia con nuestros Ministros es muy necesaria , y de ella depende gran parte de los buenos sucesos , todavia en esta donde concurren tantas cosas juntas lo es mas ; y asi os encargamos mucho , que estando muy sobre el aviso, y vigilante en saber todos los progresos y designios que hacen los hereges de Francia , la tengais con los

nues-

nuestros de Italia , para saber tambien los que la
dicha armada hace , y muy en particular con nuestros Virreyes de Aragon , y Valencia , y los demás
de esas Islas , como á ellos tambien se les encarga
lo mismo , para que los unos á los otros os advir-
tais de lo que pasa ; y segun el estado de las cosas,
y ocurrencias que se ofrecieren , os socorrais y ayu-
deis en quanto fuere posible sin perder tiempo en
ello ; que por convenir esto tanto como veis al
servicio de Dios , y nuestro , y á la conservacion
de todo, lo recibiremos de vos en tan acepto servicio,
como es razon. Dada á 20 de Marzo de 1570.

Al Embaxador de Roma.

Mirando su Santidad nuestras cosas con el amor
que debe á la observancia , que como verdaderos
hijos le tenemos , y deseando como padre universal
la quietud, y pacificacion de la República Christiana,
y particularmente de nuestros subditos y vasallos,
nos envió á decir con el General de los Dominicos
(como ya por la que de nuestra mano os escribimos
habreis entendido), la impaciencia con que tomarian los de nuestro Principado de Cataluña estas materias que corren de los Diputados , y el miedo que
tenia , si estas no se atajasen con brevedad , que no
saliese de ellas alguna novedad , encomendandonos
el remedio de ello ; y aunque este oficio es el que
se habia de esperar de su christiandad y santo zelo,
y lo tenemos en la estima que es razon ; de nuestra
parte le dareis las gracias con el encarecimiento que
se debe , y holgaremos mucho de usar desde luego
con ellos de toda equidad y clemencia por respeto
de su Santidad , á quien en mayores cosas deseamos

com-

complacer y servir : que porque hay que temer, que
los de aquel Principado falten á lo que deben , pues
aunque de su gran fidelidad estamos mas que asegurados , conocemos que sus palabras preñadas son en-
carecimientos hechos de industria , y que ellos tras
de ser como dicho es muy fieles , son tambien arri-
mados á su opinion , y á perseverar en ella mientras
piensan mejorar su partido ; somos cierto , que por
aventajado que ahora se les propusiese , estando en
la pasion y ceguedad que están , y con la esperanza
de alguna provision á su gusto , no atinarian á conocer ningun beneficio y merced que les hiciesemos;
y no serviria qualquier cosa que se intentase en
ellos , sino de ocasion para mas desacato , y obli-
garnos á tomar otro camino del que hasta aqui : y
deseando evitar aquel por el dicho respeto , despues de haberse considerado la forma que sería mas
conveniente para asentar este negocio con firmeza,
nos parece que ninguna habria mas á proposito , ni
mejor que la misma que nos escribisteis, que su Santidad con mucha prudencia pensaba usar , que es,
mandar salir de esa Corte á los Agentes de los dichos Diputados , sin otra provision que remitirlos
á nos , y despues de idos ó con ellos mismos escri-
birnos en su recomendacion. Y asi, para que se pueda seguir esta traza , como tan acordada , seremos
servido con què despues de haberle dado la gracias,
como dicho es , por el oficio que con nos hizo , y
representandole las causas por que no se ha tomado
luego asiento en este negocio, le signifiqueis y supli-
queis de nuestra parte, en virtud de la carta de creencia,
que será con esta , que si su Santidad pretende que
se consiga el fin que muestra desear, como no lo duda-
mos, y que los de aquel Principado vivan con reposo y
quie-

quietud, y no dar lugar á que particulares le destruyan
consumiendo su hacienda, por aprovecharse de ella
con este color y ocasion, y darla para que cada dia
haya mayores novedades, y con ello venga á inquie-
tarse mas dicho Principado de lo que está; ningun
camino hay mejor, que es el de hacer salir á los
Agentes de los dichos Diputados de aquella Corte
sin ninguna provision, y remitirnoslos con carta de
recomendacion; el qual tanto mas debe seguir su Santidad, quanto conoce el peligro en que dice están,
y el humor de que pecan; y que solo se fomentan,
y sustentan con la esperanza de tener ahí á los dichos Agentes; porque es cierto que desengañados de
ella, perderán parte del brio que tienen, y se aquie-
tarán y conocerán su error, y con ello aceptarán
de buena gana la merced que les hicieremos; y Nos
por contemplacion de su Santidad, tenemos ocasion
de hacerla, como verán por obras, sin embargo de que
la manera de proceder la desmerece; y haciéndolo su
Santidad de otra forma (lo que no podemos persuadir-
nos), no sería sino causa de que ellos corriesen tras su
errada opinion y estuviesen obstinados en ella, y de ellos
resultasen los inconvenientes y daños, que su Santidad con su prudencia puede considerar, de los
quales sería la causa, por no haber querido guiarlo
por camino tan justo, debido, y seguro, y en que
concurren tantas causas y justificaciones, como hay
para deberse hacer: y de la resolucion que en ello
se tomaré, á la hora con propio nos avisareis, para
que siendo como se espera, podamos conforme á
ella ir disponiendo el negocio, y por el contrario
tomar la que mas parezca convenir á nuestro servicio.
Dada á 3 de Enero de 1570.

His-

Historia del Rey Don Pedro, y su descendencia, que es el linage de los Castillas. Escrita por gratia Dei, glosada y anotada por otro autor, quien va continuando la dicha descendencia.

NOTA DEL EDITOR.

El autor de esta obra se propuso justificar la conducta del Rey Don Pedro, impugnando lo que de él se dice en la Cronica impresa de Don Pedro Lopez de Ayala, y para este efecto se valió de argumentos positivos y congeturales. De esta segunda especie es el que Don Pedro Lopez de Ayala, que ordenó la Cronica, era criado del Rey Don Enrique, y por consiguiente interesado en abultar los defectos que se atribuyen al Rey Don Pedro, y asi hizo formar muchas copias y traslados de dicha su Cronica, para que viniese á noticia de todos, no habiendo otro historiador ni persona que las haya dicho ni escrito, y al que siguieron los demás historiadores, sin otra crítica que el referirlo el mismo Ayala.

Puede tambien entrar en la clase de argumento congetural la segunda prueba de que, el Obispo de Jaen Don Juan de Castro, que despues lo fue de Palencia, escribió la historia verdadera del Rey Don Pedro, distinta y aun contraria á la de Pedro Lopez de Ayala, la que nadie puede decir que ha visto, porque la escribió en secreto, y no permitir otra cosa aquellos tiempos; pero hacen memoria de ella Juan de Mena en las trescientas, y el Despensero mayor de la Reyna Doña Leonor, muger del

Rey

Rey Don Juan el I. por estas palabras: „ Hay dos his-
„torias del Rey Don Pedro, una fingida para discul-
„parse de la muerte que le dieron, y otra verdadera &c.
Lo mismo dice el Arcediano de Alcor en el compendio de los Obispos de Palencia, hablando de Don
Juan de Castro, que lo era de aquella Diocesis. „ Es-
„te Señor Obispo, dice, fue primer Obispo de Jaen, y
„escribió la historia del Rey Don Pedro, no ésta
„que anda pública, mas otra que no parece; y segun
„dicen, no pintó alli á aquel Rey con tan malas co-
„lores de crueldades y vicios como esta otra que pa-
„rece: creese que aquella se escondió porque asi
„cumplia á los Reyes de aquel tiempo.“

En la clase de argumentos positivos puede entrar el testimonio de Alonso Fernandez en la suma de
las historias, que hablando del Rey Don Pedro dice. „ E algunos le llaman cruel, y en la verdad él
„hizo matar á algunos bulliciosos porque no se bur-
„lasen con él, como con el Rey su padre; mas co-
„mo cayó la Cronica en poder de sus enemigos, y
„amigos del Rey Don Enrique, como quien habia
„leido el Psalmo de *Placebo Domino*, escribieron á
„su gusto mas de lo que fue;“ á esto se añade que
á la edad de 26 años en sana salud hizo un testamento, que se conserva en pergamino firmado de
su mano, en que se leen disposiciones llenas de christiana piedad, incompatibles con el caracter cruel y fe-
roz, que le atribuye el autor de la Cronica, el qual
supone hechos atroces, en los años en que ni hizo,
ni pudo hacerlos, porque habiendo durado su Reynado solos 19 años, los quatro primeros no tomó
la administracion de los negocios por ser muy mozo, como expresamente lo dice el citado Dispensero
mayor de la Reyna: tres años supone Pedro Vila-

no

no, historiador de aquellos tiempos, que estuvo preso en Toro, y gobernaban el Reyno sus hermanos: otros tres años se cuentan en su viage de ida, vuelta y estada, en Inglaterra, en todos 10 años, que por ausente, preso, ó joven no gobernó su Reyno, y en ellos le atribuye crueldades el Cronista, de que infiere con razon el historiador no merece fé en los hechos que cuenta en los otros años en que efectiva y realmente gobernó.

El mismo designio que Gratia Dei en justificar al Rey Don Pedro, tuvo el Conde de la Roca, como se puede ver en su obra impresa.

A continuacion de la brevísima historia del Rey Don Pedro, pone Gratia Dei su descendencia, principiando por los hijos, continuando por los nietos y viznietos, con varias noticias curiosas y útiles para la historia. Aunque este MS. anda en manos de algunos curiosos y literatos, hemos creido hacer un servicio al público incluyendolo en nuestro Periodico.

PROLOGO

A la historia del Rey Don Pedro el Justiciero.

Presuponese que el que escribió la Historia que anda comun de mano, y impresa del Rey Don Pedro, escrita por años, fue un Pedro Lopez de Ayala, criado del Rey Don Enrique, que la ordenó haciendo de ella muchos traslados, para que viniese á noticia de todo el mundo; y asi no hay historia de Rey de que haya tantos traslados escritos de mano, como de esta historia. Presuponese asimismo, que el intento y fin del Rey Don Enrique, y del dicho Pedro Lopez en escribir historia de su enemigo, fue fingir y pintar en ella al Rey Don Pedro

hom-

hombre malo, cruel, y tirano, para justificar con las gentes la traicion y muerte que le dieron, siendo su Rey y Señor natural, y mas se presupone que todas las tiranías, muertes, traiciones y crueldades de que en la comun opinion del mundo está infamado el Rey Don Pedro, no hay otro Historiador, ni otra persona que las haya dicho ni escrito, sino el dicho Pedro Lopez, á quien todos los Historiadores que despues de él han escrito, sin mirar mas han seguido.

Item, se advierte que esta historia de Pedro Lopez, entre hombres cuerdos y doctos se ha tenido siempre por fingida y mentirosa; y Dios nuestro Señor no permitió que tan gran falsedad y maldad quedase encubierta; porque un Don Juan de Castro, Obispo de Jaen, que despues fue Obispo de Palencia, escribió la Historia verdadera, aunque en secreto, por no permitir aquellos tiempos otra cosa, y así vista y sabida de pocos; y esta historia, aunque no parece, hay relacion de personas que la vieron, y sacaron de ella cosas dignas de memoria; y uno de ellos fue el Despensero mayor de la Reyna Doña Leonor, primera muger del Rey Don Juan el I. que refiriendo en la suma que escribió cosas de aquel tiempo, entre otras dice: ,, Hay ,, dos historias del Rey Don Pedro, una fingida ,, para disculparse de la muerte que le dieron, y otra ,, verdadera." Y lo mismo dice otra antigua historia que se ha visto, y se hallará en los libros de Gerónimo Zurita, y Gutierre Diaz de Güemez en su historia; y el Arcediano de Alcor en el compendio que escribió de los Obispos de Palencia, quando llega al Obispo Don Juan de Castro, dice ,, Este Señor Obispo fué primero Obispo de Jaen,

Tom. XXVIII.   Ff   ,, y

„ y escribió la historia del Rey Don Pedro, no
„ ésta que anda publicada, mas otra que no pare-
„ ce : y segun dicen, no pintó alli á aquel Rey con
„ tan malas colores de crueldades y vicios como
„ esta otra que parece : creese que aquella se es-
„ condió, porque asi cumplia á los Reyes de aquel
„ tiempo. „ Y un Alonso Fernandez en la suma que
hizo de las historias de estos Reynos, hablando del
Rey Don Pedro, dice ; „ E algunos le llaman cruel,
„ y en la verdad él hizo matar á algunos bullicio-
„ sos, porque no se burlasen con él, como con
„ el Rey su padre ; mas como cayó la Crónica en
„ poder de sus enemigos, y amigos del Rey Don
„ Enrique, como quien habia leido el Psalmo de
„ Placebo Domino, escribieron á su gusto mas de lo
„ que fue: „ Y qualquiera persona que esté libre
de aficion, juzgará que no se debe dar credito á
esta historia, como ordenada por el que mató á
su Rey y Señor natural ; que para justificar como
está dicho su traicion, le convenia pintarle como
le pintó, el peor, el mas cruel, el mayor tirano de quantos han reynado ; y allende de esto,
que se pueda dar al dicho Pedro Lopez por enemigo del Rey Don Pedro, como hechura del Rey
Don Enrique, y participe en su traicion, cierto es
que tiene contra el la presuncion *Juris & de Jure*,
que el derecho llama, para no darle credito en cosa
que toque á infamia y perjuicio del Rey D. Pedro,
por ser el Rey Don Pedro gran christiano, temeroso de Dios nuestro Señor, como se colige de su
testamento que hoy parece escrito en pergamino
con sello de plomo, y firmado de su nombre, el
qual otorgó estando sano y bueno, y siendo de
edad de 26 años, tan Christiano, tan Católico,
y con

con tantas obras de piedad y restituciones ; como
quantos testamentos antes y despues se han otorga-
do de Reyes de estos Reynos. Hase de considerar,
que un Rey mozo de edad tan verde estando sano
y bueno se acordase de la muerte , y que él se habia de morir , para prevenir en su testamento el
descargo de su conciencia. Y torno á ponderar, que
Rey mozo y en tan florida edad , estando sano se
acuerde que se ha de morir , señal es que no era
tan olvidado de su salvacion , ni tan roto de conciencia como Pedro Lopez lo quiso pintar. Confirmase mas con evidencia la falsedad de esta historia;
siendo asi que el Rey Don Pedro reynó solo 19
años , ya se ve por escrituras que en los 10 de ellos
interpolados , no hizo ni pudo hacer crueldades,
porque quando sucedió en el Reyno , por ser muy
mozo no tomó la administracion ni el gobierno de él,
que los Grandes le gobernaban.

Duró esto quatro años , que dicen que el Rey D.
Pedro en este tiempo se andaba holgando por el
Reyno con sus hermanos : asi lo refiere el Despensa-
ro mayor , y Pedro Vilano , Historiador de aquel
tiempo. Y quando sus hermanos so color de buena fé,
y á traicion prendieron en Toro al Rey Don Pedro,
tres años le tuvieron preso , gozando ellos y repartiendo entre sí las rentas del Reyno , y proveyendo
á su voluntad todos los oficios y beneficios de él;
y quando fue á Inglaterra , tres años estuvo en la
ida , estada y vuelta , como refiere el dicho Despensero mayor ; y en todos estos diez años que el
Rey Don Pedro no gobernó y le tuvieron preso y
estuvo ausente , que no hizo ni pudo hacer crueldades , la historia se las finge y pone. Y de aqui se
sacará la falsedad de los otros años. Esto es para ad-

ver-

vertencia del que. leyeré lo que se sigue , porque
es cierto y sin ninguna duda , que el Rey D. Pedro
fue muy buen Rey ; y su adversa fortuna y la codicia desordenada de sus hermanos bastardos , que
eran hombres ya poderosos en estados en el Reyno,
quando él empezó á reynar , fue la causa de su
muerte , y que fuese privado de sus Reynos , y sobre todo que quedase por todo el mundo falsamen-
te infamado y tenido por cruel , encareciendo y
exâgerando las justicias que hizo , callando las causas que tuvo para hacerlas , y añadiendo crueldades
falsas que no cabe en personas de juicio y de tanta
christiandad como el Rey Don Pedro tenia , hacerlas. Hallase tambien en la historia MS. antigua de
Gratia Dei , la nota siguiente:

Hase de presuponer que Pedro Lopez de Ayala,
que escribió la Crónica que anda impresa del Rey D.
Pedro , era su enemigo , por haber sido dado por
traidor en Alfaro por el Rey Don Pedro , porque
yendo á hacer guerra al Rey de Aragon , y enviando á llamar á ciertos sus vasallos , entre los quales
fue uno el dicho Pedro Lopez de Ayala , no vino
á su llamamiento ni quiso venir á servirle , antes se
fue á servir al Rey de Aragon contra la persona del
Rey Don Pedro , que era su Señor y Rey natural;
y algo de esto siente el dicho Pedro Lopez de Ayala
en su historia , en el año 10 del Rey Don Pedro,
cap. 8. donde dice : Que no quiere declarar los
nombres de los que entonces el Rey Don Pedro dió
por traidores , porque dice que lo hizo mas con ira
que con razon , y que de alli á delante quedaron
todos por enemigos. Y pues uno de los tales enemigos fue el dicho Pedro Lopez de Ayala , pruebase
que su historia , que es la que anda comun , fue es-
cri-

crita de enemigos. Item , el dicho Pedro Lopez de Ayala fue el que llevó el pendon por el Rey Don Enrique , quando fue desbaratado en la de Najera, y fue alli preso y suelto por la benignidad del Rey Don Pedro. Conforma con lo que *Gratia Dei* dice de ser falsa la historia comun que anda del Rey Don Pedro , lo que el Despensero mayor de la Reyna Doña Leonor , muger primera del Rey Don Juan el I. en la Crónica que escribió de aquel tiempo, hablando del Rey Don Pedro, dice: ,, Segun que mas ,, largamente se contiene en la Crónica verdadera de ,, este Rey Don Pedro , porque hay dos Crónicas, ,, una fingida por se disculpar de la muerte que le ,, fue dada. Item , por lo que un Historiador de To- ,, ledo escribe en el Epilogo que hace de las histo- ,, rias de estos Reynos, donde hablando del Rey ,, Don Pedro, dice : ,, Algunos le llaman cruel , y en ,, la verdad él hizo matar algunos bulliciosos, porque ,, no se burlasen con él como con el Rey su Padre, ,, y como hicieron con los otros Reyes sus Progeni- ,, tores ; mas como cayó la Crónica en poder de ,, sus enemigos , y amigos del Rey Don Enrique su ,, hermano , como quien habia leido el Psalmo de ,, *Placebo Domino* , escribieron á su gusto mas de lo ,, que fue. Mas , pues un testigo solo no hace fé ,, aunque sea Catón , pasaré de esta Cronica con la ,, comun. " Esta nota que se halla en la Crónica del Rey Don Pedro de *Gratia Dei* , es principio de Apología por el Rey Don Pedro , y de la verdad de esta Crónica; y sigue anotando por sus planas al- ternadas con las de *Gratia Dei* , y creo no están con- formes este traslado y el antiguo, aunque bien mi- rado se hallan las anotaciones al fin de este trasla- do , que hizo mi Padre y Señor Don Alexandro,

aun-

aunque el antiguo trae las notas colocadas con inmediacion y señales á la materia de *Gratia Dei*, segun algunos números que pusimos nosotros aqui, y en las glosas adonde corresponden.

GRATIA DEI

Crónica del Rey Don Pedro y de su descendencia, que es el linage de Castilla, escribió la Relacion siguiente.

Cosa es digna de ser entendida y que no pase en disimulacion, el agravio que los Historiadores hicieron al buen Rey D. Pedro, que por culpa de ellos el mundo le llama *el cruel*, del qual entiendo brevemente decir, y de sus descendientes. Los Historiadores las mas veces, mayormente los de acá, traen un yerro notable y danoso, que en las cosas que tienen alguna antigüedad, por no trabajar y inquirir la verdad, se contentan con seguir en sus historias al primero que hallan haber escrito algo sobre lo que tratan, sin averiguar la razon que tuvo para escribirlo, ó si tuvo aficion para decir ó callar la verdad, siguiendo en esto la costumbre de las ovejas, que sin mirar mas, van unas tras otras. Esto acaeció al Rey Don Pedro en su historia con gran daño de su honra y estimacion, porque el que escribió al principio su historia por ser pagado, y aun compelido del Rey Don Enrique II. como la escribiese pintandole tan cruel, tan sin razon, tan sin causa, ni ocasiones á hacer las justicias que hizo, siguiendole despues todos los que han escrito, sin

mi-

mirar ni averiguar mas, escribieron lo mismo: de donde ha venido á derramarse esta opinion de cruel por Historiadores de todas las lenguas, de manera, que el mundo tiene á este Rey Don Pedro por hombre cruel, tirano y sin piedad, y casi diferente y contrario á toda piedad y condicion humana, y tal con quien sin gran peligro y riesgo de la vida aun los mas queridos y allegados no podian tratar, como se podia decir de un Oso ó Alcón, que quando mas seguro está el que lo crió y regaló, le mátas siendo todo tan al contrario en este Rey Don Pedro, porque fue muy buen Rey, y de gran corazon y ánimo, amador de la justicia, y preciabase de la guardar y mantener; gobernaba su Reyno con mucha prudencia, aunque empezó á reynar de poca edad: fue de mucha clemencia y piedad; y las justicias de muerte que hizo, con tan bastantes causas, que otros Reyes publicados y tenidos por muy mansos, y clementes si las tuvieran, pasaran mas adelante que este Rey pasó en la justicia: que el perdonar tantas veces á sus Hermanos fue causa que despues le viniesen á matar y tomar el Reyno, como lo tomaron y mataron.

Y para que esto mejor se entienda, sabed que el Conde Don Henrique Lozano, hermano bastardo del Rey Don Pedro, despues que mató en Montiel al Rey Don Pedro, y se alzó con el Reyno, como el hecho fuese tan cruel, tan feo, tan tirano, temió que las gentes, los Reynos, y el mundo se habian de levantar y venir contra él, por ser cosa natural y propia condicion de malhechores, temer, porque la conciencia les acusa, y representan ser aquello que temen cosa hacedera que puede ser. Para colorar y remediar este hecho que

no

no fuese de las gentes tan aborrecido, y que húbiese alguna disculpa, hizo con gran diligencia escribir la historia de este Rey Don Pedro, que le pintan en ella tan cruel y tirano como él fué justiciero, mezclando algunas verdades con muchas mentiras, pasando en disimulacion, y callando lo que era tan notorio, que entonces no se podia negar. Hizo hacer gran número de traslados de esta historia, derramandolos por Provincias y Reynos, para que entendiendo haber sido el Rey D. Pedro tan cruel y malo, esto se ablandase, y mitigase parte de la indignacion que las gentes contra el que le mató podian tener de hecho tan desmesurado. Mas Dios nuestro Señor que no quiso que las cosas quedasen ocultas, permitió que hubiese algunas personas que aunque escondidamente, y con temor, escribiesen la historia del Rey Don Pedro; y ansi es sabida de pocos. Pues es á saber, que el Rey Don Alonso, padre del Rey Don Pedro, tuvo muchos hijos bastardos, que antes que naciese el Rey Don Pedro eran ya hombres, á los quales el Rey Don Alonso amaba tanto, que del amor que les mostraba, juzgaban las gentes holgaría de dexarles, si pudiese, el Reyno, á no tener hijo legítimo que se lo estorbara; y ya que esto no pudiera ser, procuraba acrecentarlos dandoles estados; y para hacerlos mas queridos de todo el Reyno, ordenaba que todas las mercedes que hacia, saliesen hechas por la mano de estos hijos, y á suplicacion y ruego, especialmente de Don Enrique Lozano, Conde de Trastamára, por ser el mayor ya casado, y de esta manera se puede casi decir que estos hijos bastardos en vida del Rey Don Alonso gobernaban el Reyno. Todos los caballeros y grandes hombres,

bres dependian de ellos, y á todos tenian obligados, de que tenia gran pesar la Reyna Doña Maria, muger del Rey Don Alonso, madre del Rey Don Pedro, y les tenia odio, ansi por esta causa, como por Doña Leonor de Guzman, madre de algunos de ellos, que era viva.

Muerto pues el Rey Don Alonso, succedió en el Reyno su hijo el Rey Don Pedro, siendo de edad de 15 años; y todos los del Reyno, y los hermanos bastardos del Rey le juraron por Rey y Señor. Y como estos sus hermanos fuesen ya hombres, y apoderados (como está dicho) en el Reyno, y el Rey Don Pedro mozo, empezaron á señorearse de él, continuando todavia la costumbre que tenian de mandar, y gobernar en vida del Rey Don Alonso su padre; y aun entonces lo hacian con mas libertad, y osadia que antes; y asi pusieron casa al Rey Don Pedro, repartiendo entre sí y sus aliados los mejores cargos, y oficios de ella en mando y provecho: de manera que al Rey solo le dexaban el nombre de Rey, que en el efecto y interés ellos lo querian ser y gozar, porque estos hermanos del Rey siempre desde en vida del Rey Don Alonso su padre, tuvieron el fin enderezado á reynar, á lo menos gobernar, á grado, ó desagrado del Rey Don Pedro.

El Rey Don Pedro, aunque era mozo, era de valeroso ánimo y corazon: sufrió este gobierno algun tiempo, disimulando algunas libertades y atrevimientos de sus hermanos; y durando esto determinaronle de casar en Francia con Doña Blanca de Borbon. No fue este casamiento muy á gusto del Rey, y no tanto al principio que se trató, como despues, andando el tiempo por algunas cosas que se descubrieron por el Rey Don Pedro, que fueron causa de la division y apartamiento que el Rey hizo de la dicha Reyna Doña Blanca , y de adonde sucedieron algunas muertes.

Quando el Rey fue mas hombre, no pudiendo ya sufrir la tirania , y mando que sus hermanos sobre él tenian , procuró poner alguna resistencia á sus cosas yendoles á la mano en ellas, y ellos no pudiendo dexar de continuar su costumbre, comenzaron á amotinarse contra el Rey , tomandole las rentas Reales, tramaban conjuraciones con los criados del Rey, y con los que mas cerca tenia de sí, de manera que muchas veces el Rey no tenia persona de quien fiarse, por ser las de quien mas se fiaba participantes de las conjuraciones y tratos, y esto muchas veces: lo qual descubierto y venido á noticia del Rey Don Pedro, á unos castigaba, y otros huian, y á otros perdonaba, y todavia el Rey procuraba llegar á sí á sus hermanos y los perdonaba. Mas como ellos tenian el fin á mandar , ó reynar , y ser libres ; nada que fuese fuera de esto les contentaba, porque luego tornaban á levantar bullicios, y alianzas secretas contra el Rey, especialmente con los que el Rey tenia mas á su lado, como está dicho, representandoles las obligaciones, en que les eran del tiempo del Rey Don Alonso su Padre, y prometiendoles otros intereses para traerlos á sus conjuraciones , que descubiertas, atenta la calidad de los delitos, y recaidas en ellos, fué forzado el Rey á hacer justicia de los culpados.

Manifiesta la mucha clemencia del Rey Don Pedro, y la obstinacion de sus hermanos , que conociendo el Rey su mala intencion, y ingratitud, despues de esto habiendose conjurado, y levantado contra él , en la Villa de Toro donde tenian exercito formado de á pie y de á caballo, estando el Rey

en

en Tordesillas, hacian correrias hasta llegar á vista del
Rey; y entendido que el Rey allegaba gentes, y le
acudian cada dia, para ir sobre ellos, temiendo lo
que les podia suceder, si el Rey los cercase, fingieron
una traycion, tomando por medianera á la Reyna Doña
María, madre del Rey Don Pedro, que estaba en Segovia, diciendola, y haciendola entender, que ellos
querian venir á la merced del Rey, y que les pesaba
de lo que hasta alli habian hecho en su deservicio. Y
la Reyna vino al Rey á Todersillas sobre esto; y el
Rey no lo queria creer: al fin tanto le persuadió la
Reyna su madre, que el Rey concedió en quererlos
admitir y perdonar; y ansi aplazaron dia para venir
á vistas con el Rey, en el campo entre Toro y Tordesillas: y venidos todos los hermanos del Rey, y los
demás Caballeros, que con ellos vinieron, mandaron
perdon al Rey, y el Rey los abrazó, y con lagrimas
los perdonó, y dixo que Dios les perdonase, y se
fué con ellos desde alli á Toro contra la voluntad de
los Caballeros que iban con el Rey, y le aconsejaban
no se fiase de ellos; y con todo eso el Rey quiso ir
con ellos á Toro, donde estaban la Reyna Doña María, y la Reyna Doña Blanca; y entrando por la
puerta prendieron al Rey, y á los que con él iban,
haciendoles malos tratamientos de obras y palabras delante del Rey con grandes desacatos; y tuvieron al
Rey preso tres años, haciendole firmar las cartas
que querian para que les entregasen los Castillos, y
fuerzas del Reyno, y repartieron entre sí las rentas
Reales que todos los años que el Rey estuvo preso,
tomaron y gozaron el Reyno, haciendo firmar al Rey
todo lo que querian, conjurados, y juramentados todos de no le soltar, y tenerle siempre preso; y para
esto repartieron entre sí cada uno un dia la guarda

del

del Rey con mil hombres de armas. Y si alguna vez daban licencia al Rey de salir á caza de raposas á la ribera del Duero, era con la dicha guarda; hasta que D. Tello un dia al cabo de estos años, que le cupo la guarda, habiendo lastima del Rey su hermano le soltó y se fué con él. Estas cosas, y otras compelieron al Rey á hacer la justicia que hizo; y ellos continuaron su mala intencion, perseverando en ella hasta que le mataron, y tomaron el Reyno.

No menos razon tuvo el Rey Don Pedro de hacer la justicia que hizo del Rey Bermejo de Granada, que habiendole fecho Rey de Granada, y habiendole de reconocer vasallage, queriendose el Rey Don Pedro ir á la guerra del Reyno de Aragon, le prometió seguro para todo el Reyno de Andalucía; y despues estando ocupado el Rey Don Pedro en la dicha guerra, el Rey Bermejo, pospuesta la obligacion que al Rey Don Pedro tenia, y la fé y seguro, que habia dado al Reyno de Andalucia, entró en ella que estaba desapercibida, tomando, robando, talando todo lo que halló, y llevando gran número de Chritianos cautivos; y fue tanto el daño que hizo, que forzó al Rey Don Pedro á dexar la empresa de Aragon, que estaba á punto para ganarla, y quedar Señor de él, por venir á socorrer el daño, que el Rey de Granada hacia. Y ansi visto que el Rey de Granada habia quebrado su palabra, fué aconsejado el Rey Don Pedro en Consejo de hombres letrados, y de guerra, que el Rey podia hacer otro engaño al Rey Bermejo, haciendole venir de qualquiera manera que fuese, tomando enmienda de la maldad, que contra él y su Reyno habia cometido, y que en esto no hacia el Rey Don Pedro cosa que no debiese y pudiese hacer, pues por guerra no podia tan presto executar la enmienmienda de la traycion, en que el Rey Bermejo habia caido.

La muerte del Maestre Don Fadrique, hermano del Rey Don Pedro, tuvo dependencia y causa del casamiento de la Reyna Doña Blanca de Borbon. Y á la aspereza que tuvo con su madre la Reyna Doña María, dió ella grandes causas y ocasiones al Rey Don Pedro para estar sentido de su madre, pues su hermano el Rey de Portugal la hizo morir, habiendose ido allá.

La muerte de la Reyna Doña Blanca; ella murió de su enfermedad, y el apartamiento fué el descontento que el Rey tuvo de este casamiento, que fue harta parte para perseverar en la amistad de Doña María de Padilla.

Las muertes de criados y personas favorecidas del Rey tuvieron dependencia de las conjuraciones, y alianzas secretas, que el Rey Don Pedro descubrió que trataban contra él, y era forzoso hacer justicia de los culpados. Y los robos que Don Samuel ó Leví, Tesoreso, hizo en la hacienda del Rey, y el negarlo siendo cosas notorias, y averiguadas, fue causa para que el Rey se indignase contra él, y hiciese justicia, como de los Tesoreros, que muerto él dicho Don Samuel perecieron. Doña Leonor de Guzman mandóla matar la Reyna Doña María madre del Rey Don Pedro.

Por manera, que aunque las ocasiones que el Rey Don Pedro tuvo de hacer las justicias, que hizo, fueron causa que por justicia muriesen en su tiempo muchas personas, no fueron tantas quantas el Historiador pone. Mas las que fueron, fueron con tanta justicia y causa, que á no hacerlas cayera en falta el Rey Don Pedro de no hacer y guardar justicia. Y las

que

que perdonó á sus hermanos , habiendose conjurado tantas veces contra él , fueron causa de su muerte y perdicion , cumpliendose en él lo que dice el refrán: *Quien su enemigo perdona, á sus manos muere*. Y en resolucion este Rey fue de muy buen entendimiento , y gobernaba con muy gran prudencia. Hay sentencias dadas por él , que parecen cosa divina. Fué amigo de los pobres. Su desdicha vino de heredar de poca edad quedandole tantos hermanos como le quedaron bastardos , y ya hombres , y señoreados del Reyno , y el casamiento que le hicieron hacer teniendole sujeto , y las cosas que de él sucedieron fueron causa de su muerte y perdicion , que si esto no fuera , ánimo , corazon , y condicion tuvo , de ser tan excelente Rey , que pudiera ser comparado con qualquiera Principe valeroso y sabio.

Y para que se conozca claramente la maldad , y falsedad del Historiador , que compuso la Historia del Rey Don Pedro , se traen dos exemplos , y demostraciones , que no se puede negar son verdaderos. El Historiador desde el primer año , que heredó el Rey Don Pedro , empieza á contar crueldades , y muertes que hizo , siendo muy gran falsedad , porque el Rey Don Pedro , despues que heredó , quatro años pasaron de mucha paz , y tranquilidad con sus hermanos , y con todos sus vasallos , andando como anduvo , todos estos años holgandose con ellos , y visitando sus Reynos , porque el Rey Don Pedro era mozo , y podia llevar con paciencia el gobierno y tiranía de sus hermanos , hasta que fué mas hombre. Demás de esto al Rey Don Pedro tuvieron preso sus hermanos tres años. En Inglaterra estuvo otros tres años , antes que volviese con el Duque de Alencantre , quando fué la batalla de Najera , que tampoco

en

en estos tres años estando, como estaba fuera del Reyno, pudo hacer crueldades: y contados todos estos años se hallará que son diez, en que el Rey Don Pedro no hizo muertes ni crueldades, ni las pudo hacer, y en todos estos diez años el malo y falso historiador pinta las mas muertes y crueldades que el Rey Don Pedro dice que hizo.

La segunda demonstracion es el Testamento que se sigue del Rey Don Pedro, porque siendo de edad de 27 años poco mas, que un Rey mozo se acordase que habia de morir, y que sano y bueno ordenase su Testamento tan christianamente, y con tantas limosnas y descargos, demostracion es de que este Rey era temeroso de Dios, y que entendia habia de haber juicio, y habia de dar cuenta de lo mal que gobernase: que siendo esto ansi, como es, no son de creer las tiranias, muertes, y desafueros, que el mal historiador le atribuye, callando las causas y razones, que tuvo, y le compelieron á hacer, si alguna justicia hizo. El Testamento del Rey Don Pedro parece hoy escrito en pergamino, firmado de su nombre, y sellado con su sello de plomo, como se sigue:

Testamento del Rey Don Pedro. En el nombre de Dios amen. Sepan quantos esta carta de testamento vieren, como yo Don Pedro, por la gracia de Dios Rey de Castilla, de Leon, de Toledo, de Galicia, de Sevilla, de Córdova, de Murcia, de Jaen, del Algarbe, de Algecira, é Señor de Vizcaya, é de Molina: siendo sano de mi cuerpo, é en mi complida memoria, é queriendo poner mi alma en la mas segura carrera, temiendo la muerte, de la qual home del mundo no puede escapar, é deseando llegar la mi anima á la merced de Dios: Por ende otorgo, é fago este mi testamento, é esta mi

man-

manda, en que ordeno, fecha de mi cuerpo, é de
mi anima, por mi alma salvar, é por facer heredero
de mis Reynos. Estas son las mandas que yo mando.
Primeramente mi alma á Dios, é á Santa Maria, é
á toda la Corte del Cielo: é quando finamiento de
mi acaeciere, mando que mi cuerpo sea traido á Sevilla, é que sea enterrado en la Capilla nueva que
yo fago agora, é mando facer, é que pongan la
Reyna Doña Maria mi muger del un cabo á la mano derecha, é del otro cabo á la mano izquierda el
Infante Don Alonso mi hijo, primer heredero; é
que vistan el mi cuerpo del habito de San Francisco,
é lo entierren con él. E mando para reparar la torre de
Santa Maria de Sevilla tres mil doblas de oro castellanas. E por quanto yo no he fijo varon legitimo
heredero, que herede los mis Reynos tan cumplidamente como yo los he, la Infanta Doña Beatriz mi hija,
y fija de la dicha Doña Maria mi muger, mando que
case con el Infante Don Fernando fijo legitimo heredero del Rey de Portugal, é que el dicho Infante Don
Fernando casando con la dicha Doña Beatriz mi fija,
sea Rey de los mios Reynos despues de mis dias, en
quanto la dicha Infanta Doña Beatriz fuere viva, é
que él é la dicha Infanta Doña Beatriz hayan los dichos
Reynos, é sea Rey el dicho Infante Don Fernando,
é Reyna la dicha Infanta Doña Beatriz, siendo casados de consumo, como dicho es. E si el dicho Infante Don Fernando no quisiere casar con la dicha
Doña Beatriz mi fija, mando que herede los mios
Reynos la Infanta Doña Beatriz mi fija, é el que con
ella casare, en la manera que dicho es de suso; y
despues del finamiento de la dicha Infanta Doña
Beatriz, mando que herede los mios Reynos el hijo
varon primero legitimo heredero, que de ella fincare:

E

E si fijo varón de ella no fincare , que la hija
mayor legitima heredera , que de ella fincare , herede los mios Reynos. E non fincando de ella heredero fijo ni fija, como dicho es , mando que herede los
mios Reynos la Infanta Doña Costanza mi fija , é el
que con ella casare como dicho es , é despues de ella
el fijo ó fija, que de ella fincare en la manera que dicho es. E acaeciendo muerte de la dicha Infanta Doña
Costanza no fincando de ella fijo ni fija legitimo heredero, como dicho es, mando que herede los mios Reynos la Infanta Doña Isabel mi fija, é el que con ella casare; é despues de su muerte el fijo ó fija legitimo que
hobiere, segun dicho es. E mando á las dichas Infantas Doña Beatriz, é Doña Costanza, é Doña Isabel mis
fijas, que ninguna de ellas no case con el Infante Don
Fernando de Aragon, ni con el Conde Don Enrique,
á quien yo di por traidores por grandes maldades , é
traiciones que me ficieron , nin otrosi con Don Tello , ni con Don Sancho, hermanos del dicho Conde ; é si alguna de ellas casare con alguno de ellos,
que hayan la maldicion de Dios é la mia , é que no
pueda haber , ni heredar mis Reynos ella , ni ninguno
de los sobredichos, con quien yo les defiendo que no casen; ni hayan ninguna otra cosa de quanto les mando
por este mi testamento. E acaeciendo muerte de las
dichas Infantas mis fijas Doña Beatriz, Doña Costanza, é Doña Isabel, é no fincando de ellas fijo ni fija legitimo heredero, como dicho es, mando que herede los
dichos Reynos Don Juan mi fijo, é de Doña Juana de
Castro; é mando á todos los Prelados , é Maestres de
las Ordenes, é á todos los ricos homes é caballeros, é
escuderos fijosdalgo de mis Reynos, é á todos los Consejos de todas las Ciudades, Villas, é Lugares de mis Reynos , é á todos los naturales é á todos los Alcaydes de

los mios Castillos é Casas fuertes, é Fortalezas: que hayan por Reyna, é por Señora despues de mis dias, no habiendo fijo varon legitimo heredero, á la dicha Infanta Doña Beatriz, en la manera que dicho es. E acaeciendo muerte de ella sin haber fijo, ó fija heredero, que hayan por Reyna, é por Señora á la dicha Infanta Doña Costanza, é dende en adelante el que lo hobiere de haber de los que dichos son de suso en este mi testamento, en la manera que dicho es de suso; é que la entreguen, é apoderen, é le recudan con los dichos mis Castillos, é Alcazares, é Casas fuertes, é Fortalezas, é que le fagan todos, é cada uno de ellos pleyto homenage de Reynado, segun que ansi me lo tienen fecho. E qualquier ó qualesquier que fueren, ó pasaren en contra de alguna de las cosas que dichas son, é non la quisieren cumplir, que sean por ello traydores, como quien entrega un Castillo, ó mata Señor. E otrosi mando que sea guardado á las dichas Infantas mis fijas, é al dicho Don Juan mi fijo todas las Villas, é Lugares, é Fortalezas, é Heredades que yo les dexo, é heredaron las dichas Infantas de la dicha Reyna Doña Maria su madre, é todos los otros sus bienes muebles é raices, que han é yo les dí, é que ninguno é ningunos no les vayan, ni pasen contra ellos en ningun tiempo por ningunos motivos. E mando que finando yo sin haber fijo varon legitimo heredero, que heredase los mios Reynos, porque hobiesen los mios Reynos de fincar á la dicha Infanta Doña Beatriz mi fija, como dicho es, que den á la dicha Infanta Doña Costanza mi fija cien mil doblas de oro de las Marroquies, é á la Infanta Doña Isabel sesenta mil doblas Marroquies, é á Don Juan mi fijo cien mil doblas castellanas: é estas doblas que las hayan de las do-

doblas que yo tengo en Almodovar , que tiene por mí Martin Lopez mi Camarero , é Repostero mayor , pero mando que tenga el dicho Martin Lopez en guarda estas dichas doblas , que gelas no de, fasta que cada una de las dichas Infantas mis fijas cumplan edad de 13 años , é el dicho Don Juan mi fijo edad de 16 ; é cumplida la dicha edad de cada uno de ellos , que les dé á cada uno las dichas doblas que les mando , como dicho es. E otrosi mando á la dicha Infanta Doña Costanza mi fija la Corona , que fué del Rey mi Padre , que Dios perdone , en que están los camafeos, é la Corona de las Aguilas, que fue de la Reyna de Aragon mi tia , é dos Alaytes que yo tengo , que son estos : El uno que es muy grande , que fice facer aqui en Sevilla , en que está un balax muy grande , que fue del Rey Bermejo , é otros dos balaxes mas menores , é tres granos de aljofar mucho grandes á maravilla , é otros 24 granos de aljofar gruesos , é quatro *Alcorcis* de oro esmaltadas , é dos piedras verdes en el cabo plasmas esmaltadas. El otro *Alhyate* es el que compró Martin Yañez por mi mandado aqui en Sevilla , que traxo de Granada Jaimes Imperial en que hay cinco balaxes, el uno bien grande , é los dos menores , é los otros dos mas menores, é 18 granos de Aljofar gruesos, los quatro mayores é muy redondos é blancos , é quatro *Alcorcis* de oro esmaltadas , é dos manzanejas de oro esmaltadas en el cabo de *Alhayte* con alambrar , é quatro piedras verdes plasmas , é dos botones de aljofar menudos en el cabo de los cordones. Otrosi mando á la dicha Infanta Doña Costanza mi fija la galea de plata que yo mandé facer aqui en Sevilla: otrosi le mando una copa de oro de las dos que yo tengo , que son con aljofar , la menor de ellas: otro-

si

si mando á la dicha Doña Costanza mi fija dos guirnaldas de las mejores que hóbiere en las que yo tengo : otrosi mando á la Infanta Doña Isabel mi fija la Corona francesa que fue de Doña Blanca , fija del Duque de Borbon : otrosi le mando una guirnalda de las que yo tengo : otrosi mando que los paños de oro é seda , é tapices , é otras ropas de estas tales , que las fagan ocho partes , é que haya las tres partes la dicha Infanta Doña Beatriz mi fija , é las otras tres la Infanta Doña Costanza mi fija , é la una la Infanta Doña Isabel , é la otra el dicho Don Juan mis fijos. E otrosi mando que el mueble é joyas , que dexó la dicha Reyna Doña Maria mi muger , que Dios perdone , que lo fagan seis partes; é por quanto la dicha Reyna hubo mas de las rentas, y de los derechos de los Lugares de la Infanta Doña Beatriz , que de las otras haya las tres partes de ello la Infanta Doña Beatriz , é que haya las dos partes la Infanta Doña Costanza , é que haya la una parte la Infanta Doña Isabel , porque hobo la dicha Reyna menos de lo suyo ; pero que yo tengo por bien , é mando que el Alhayte , que la dichá Reyna Doña Maria mi muger mando á la dicha Infanta Doña Beatriz, que lo haya demás de la dicha particion. E otrosi mando á la dicha Infanta Doña Beatriz mi fija la nao con piedras de oro é aljofar , que yo mandé labrar aqui en Sevilla. E mando que todas las guirnaldas é brochas de aljofar , é piedras que yo dexo mas de esto , que dicho es , que den la mitad á la dicha Infanta Doña Beatriz ; y de la otra mitad las dos partes á la dicha Infanta Doña Costanza , é la una á la dicha Infanta Doña Isabel. E otrosi mando á la dicha Infanta Doña Beatriz la una copa de oro con aljofar de las dos que yo tengo la mayor

de

de ellas : otrosi mando á la dicha Infanta Doña Beatriz demás de lo que dicho es dos alaytes , que son estos : el uno que fice yo facer aqui en Sevilla , en que está un daláx muy grande de los que fueron del Rey Bermejo , é otros dos mas menores , é cinco granos de aljofar muy gruesos , é veinte granos de aljofar menos gruesos un poco , é dos piedras esmeraldas en los cabos , con dos sortijuelas de oro ; y el otro alayte , que asimismo fice facer aqui en Sevilla , en que hay una piedra de baláx muy grande, é otras dos mas menores , é ha en él quarenta granos de aljofar muy gruesos é muy blancos , é en el cabo de él dos cabos de plata esmaltados : otrosi mando que toda la plata que yo dexo demás de esta que dicha es , que fagan de ella ocho partes , é que haya de ellas tres partes la Infanta Doña Beatriz, é las otras tres la Infanta Doña Costanza , é la otra parte la dicha Infanta Doña Isabel , é la otra parte el Infante Don Juan mi fijo. E otrosi mando al dicho Infante mi fijo diez espadas guarnecidas de plata de las castellanas , las mejores que yo hobiere , é quatro espadas ginetas de oro , la una la que yo fice con piedras y oro y aljofar. E otrosi le mando la silla gineta , é freno de baqueta de esta labor. E otrosi le mando al dicho Don Juan mi fijo la mi espada castellana , que fice facer aqui en Sevilla con piedras é aljofar , é la silla castellana *que fice facer aqui en Sevilla* con aljofar , que es de tapete pavonado : otrosi le mando las estriveras de plata , é el freno de esta silla , que es de plata : otrosi porque Juan Fernandez de Hinestrosa me dió la Loriga de Santoyo, con condicion que la heredase fijo mio , é de la dicha Doña Maria mi muger , é pues mal pecado non fincó fijo de mí , é de la dicha Reyna , mando que

la

la herede el dicho Don Juan mi fijo. E otrosi mando que la mi Capilla, é la que fue de los Reyes de do vengo, é qualquier otros ornamentos de Iglesia que yo tenga, que lo den todo á la Capilla que yo agora fago facer aqui en Sevilla, do he de estar enterrado yo, é la dicha Reyna mi muger, é el dicho Infante mi fijo: que sea todo para la dicha Capilla é que le den dos partes de tablas que están ahí, unas que fueron de las Capillas de los Reyes que son grandes, é otras que son pequeñas en que está el *Lignum Domini*. E mando que den tres Alcailcas de las mejores que tengo, que pongan por el cielo en la dicha Capilla do he de estar enterrado. E mando que den á San Salvador cerca de Navalmorquende 200 doblas de oro para facer la Iglesia. E mando que den de comer á quantos pobres hubiere en la Villa el dia de mi enterramiento, é de vestir á dos mil pobres sendas sayas de blanqueta, é otras dos mil sendas sayas de sayal blanco. E mando para la obra del Monasterio de los Frayles Predicadores de San Pablo de Sevilla 500 doblas; é para la obra del Monasterio de la Trinidad 200 doblas; é para la obra de San Agustin 200 doblas, é al Monasterio de Santa Maria de la Merced cien doblas. E mando para la obra de Santa Maria de Guadalupe mil doblas. Otrosi mando que pongan doce Capellanes que canten continuamente misas por mi anima, é por las almas de la dicha Reyna Doña Maria mi muger, é del dicho Infante Don Alonso mi fijo, en la dicha Iglesia de Santa Maria, en la dicha Capilla que yo fago facer, donde han de estar enterrados el mi cuerpo, é los de la Reyna, é Infante, é que las canten é lo cumplan todo, asi misas como aniversarios que han á decir los Clérigos, é las órdenes, é las otras cosas, segun se contiene en el orde-

denamiento que yo en esta razon fice: de lo qual di-
n:i carta sellada con mi sello de plomo , é escrita de
mi nombre ; é mando que se guarde é cumpla todo,
como en la dicha mi carta se contiene ; é que hayan
los dichos Clérigos , é los otros que en la dicha mi
carta se contienen , para que se pueda esto cumplir,
la huerta de Sevilla y su renta , que dicen del Rey,
é la renta del pescado de la dicha Ciudad , é que
lo arrienden ellos é reciban con las rentas sobredi-
chas , é si mas montan que sea para libros , é las
otras cosas que fueren menester en la dicha Capilla,
segun que yo lo dexo ordenado : otrosi mando que
den los mis Albaceas 1009 doblas marroquies por
mi alma en esta guisa : que saquen mil cautivos
christianos de tierra de Moros por mi alma , é de
la dicha Reyna Doña Maria mi muger ; é lo que so-
brare que lo den en aquellos Lugares de los mios
Reynos, do ellos vieren que yo so mas tenido de facer
enmienda ; é estas doblas que las den á mis Albaceas , de las que tiene por mí Martin Yañez , nuestro Tesorero mayor. E mando á Mari-Ortiz, hermana de Juan de San Juan dos mil doblas que sean de las
doblas castellanas de á 35 maravedis que yo mandé labrar, é que sea tenuda de entrar en orden; si non, que ge
las non den. E mando á Juana Garcia de Sotomayor
mil doblas, é que sea tenuda de entrar en Religion; si
non que ge las non den. E mando á Maria Alfonso de
Fermosilla mil doblas de oro , é que sea tenuda de
entrar en orden ; si non que ge las non den. E mando que los mis Albaceas tomen del mi haber que dexo en oro ó en plata , de que cumplan este mi
testamento ; é cumplido esto , todo lo al que fincare
de lo mio , que lo herede la dicha Infanta Doña
Beatriz mi fija , en la manera que dicho es de suso.

E

E mando que si las dichas Infantas Doña Costanza, y Doña Isabel , é Don Juan mis fijos , ó qualquier de ellos finaré sin fijos ó fijas legitimos herederos, que todo lo que yo les mando , lo herede la dicha Infanta Doña Beatriz mi fija ; é mando que si alguno de los sobredichos que han de heredar los mios Reynos en la manera que dicho es , fuer, ó pasar, ó consentir ir, ó pasar contra todo lo que dicho es, ó contra parte de ello, que haya la ira de Dios , é la mi maldicion. Otrosi mando á la dicha Infanta Doña Beatriz, é al dicho Infante Don Fernando de Portugal, ó á otro que casare con la dicha Infanta Doña Beatriz, é á las dichas Infantas Doña Costanza , é Doña Isabel, y Don Juan mis fijos, ó á qualquier que hobiere de heredar los mios Reynos, como dicho es , sopena de mi bendicion , que guarden á Don Diego Gonzalez, Maestre de Calatrava, su Maestrazgo, é los oficios , é lo al que de mí tiene, é su honra, é su estado. Otrosí, que guarden al Maestre Don Garcia Alvarez eso mismo su Maestrazgo, é los oficios , é lo al que de mí tiene , é su honra , é su estado. Otrosí, que guarden á D. Fr. Gutierrez , Prior de San Juan , eso mismo su Priorazgo , é los oficios , é lo al que de mí tiene, é su honra , é su estado. Otrosí, guarden á Martin Lopez mi Camarero mayor, é mi Repostero mayor , é á Martin Yañez mi Tesorero mayor , é á mora y Fermin , mi Chanciller del Sello de la Puridad , é á Rui Gonzalez de la mi Cámara , mi Caballerizo mayor , é á *Zorzo* mi Tenedor de las Atarazanas de Sevilla, á cada uno de ellos todos sus bienes, é en sus oficios , é en sus honras , é en sus estados. E esto mando por muchos é altos é granados servicios que cada uno de ellos me fizo é face de cada dia. Otrosí , mando que guarden á todos los mios

mios oficiales , é mis criados que agora viven conmigo , á cada uno de ellos en su estado , é en su honra , en manera que sean defendidos é amparados. Otrosí , porque entre los mios Reynos no haya departamiento ni contienda sobre la tutoría de los dichos que hobiere de heredar los mios Reynos, porque vivan en paz é en sosiego , dexo por tutor de qualquiera de los sobredichos que hobiere de heredar el Reyno , fasta que sea de edad , al dicho Maestre Don Garcia Albarez : é, mando á todos los Prelados é Maestres de las Ordenes , é Ricos-Homes , é Caballeros , é Escuderos fidalgos de los mios Reynos , con los Concejos de las Ciudades é Villas , é Lugares de mis Reynos , que le obedezcan é usen con él de la tutoría , segun fue usado con los tutores de los Reyes donde yo vengo ; é si el dicho Maestre muriere , que sea tutor el dicho Prior D. Fr. Gutierre Gomez , é qualquier que contra esto venga , é les embargue la dicha tutoría , que sea por ello traidor como quien entrega Castillo , ó mata Señor. Otrosí , mando que las Casas y Palacios de la morada de Tordesillas , que las fagan Monasterio de Santa Clara , é que haya é tenga 30 Monjas , é que hayan para su mantenimiento las rentas , pechos y derechos del dicho Lugar de Tordesillas , é de su término. E mando sopena de la mi bendicion á la dicha Infanta Doña Beatriz mi fija , cuyo es el Lugar de Tordesillas , que faga facer el dicho Monasterio , é consienta en esto. E para cumplir este mi Testamento , segun dicho es , fago mis testamentarios al dicho Maestre Don Garcia Alvarez , é Don Gomez Manrique , Arzobispo de Toledo , Primado de las Españas , mio Notario mayor de Castilla , é á Don Fr. Alfonso , Arzobis-

po de Sevilla , é á Martin Yañez , mio Tesorero
mayor , é á Fr. Juan de Balbas , á todos , é á cada
uno de ellos su cabo, á los quales mando que cumplan este mi Testamento ; é si alguno de ellos finá-
re , que lo cumpla el que fincare vivo. E mando
que tomen tantos de mis bienes , que lo cumplan
como dicho es. E revoco todos los Testamentos , é
Mandas , é Cobdicilos que yo haya fecho fasta el
dia de hoy , por escrito ó palabra , ó en otra manera qualquier , que todos sean ningunos , é casos
é que non valgan , nin fagan fé en ningun tiempo,
por ninguna manera , en juicio ni fuera de juicio.
E mando que este mi Testamento , que yo agora
fago , que sea firme é valedero en todo para siempre , segun en él se contiene. E porque en el mi
Testamento se contiene , si alguna finare de las dichas Infantas , Doña Costanza , é Doña Isabel mis
fijas , ó el dicho Don Juan mi fijo , ó non fincare
dellos fijo ni fija legítimo heredero que herede sus bienes, que todo esto que les mando, lo herede la dicha
Doña Beatriz , tengo por bien que lo herede , si fuere viva , ó el fijo ó fija legítimo que della fincare ; pero si non fuere viva nin dejare fijo ni fija legítimo heredero , que lo herede qualquiera de las
dichas mis fijas que hobiere el Reyno , ó el fijo ó
fija legítimo que de ella fincare , é asimismo , el dicho Don Juan heredando el Reyno por muerte de
las dichas Infantas mis fijas ; non dexando qualquiera dellas fijo ó fija legitimo que herede el Reyno.
Otrosí , mando al dicho Don Juan mi fijo en este
mi Testamento , que sea entregado al dicho Martin
Lopez mi Camarero , que lo tenga en el Castillo de
Almodovar en que tenga todo esto que dicho es,
é que le non sea tirado fasta que sea cumplido este
mi

mi Testamento , como dicho es ; é yo le quito algun pleyto que non sea tenudo de lo entregar fasta que sea cumplido , como dicho es. E porque esto sea firme , é non venga en duda , otorgué este Testamento ante los testigos que en él pusieron sus nombres , é ante Mateos Fernandez , mio Escribano, é mio Notario público en la mi Corte , é en todos los mis Reynos ; é puse en él mi nombre , é mandélo sellar con mi sello de plomo colgado , é mandé al dicho Mateos Fernandez que lo firmase con su signo. Testigos Martin Lopez , Camarero del Rey, y su Repostero mayor. Gonzalo Diaz , Camarero del Rey. Sorso (Jorge vulgo el Zorzo) tenedor de las Atarazanas de Sevilla. Ruy Gonzalez , de la Cámara del Rey , y su Caballerizo mayor. Juan Alfonso Escribano del Rey , su Contador mayor. Fernan Martinez , de la Cámara. Juan Lopez , de la Cámara. Fecha en la muy noble Ciudad de Sevilla á 18 dias de Noviembre , era de 1400 años. Yo el Rey D. Pedro. = Ruy Gonzalez. = Martin Lopez.= Jorge , tenedor de las Atarazanas. = Juan Alfonso. = Gonzalo Dias = Fernando Martinez. = Juan Lopez. = E yo Mateos Fernandez , Escribano é Notario sobredicho , fui presente á todo esto que sobredicho es , é por mandado é otorgamiento del dicho Señor Rey , fice aqui este mio signo á tal en testimonio de verdad.

El Rey antes que se casase con Doña Blanca de Borbón , quiso bien á Doña Maria de Padilla , de quien tuvo las hijas que casó en Inglaterra , Doña Beatriz , Doña Costanza , y Doña Isabel ; y ayudó á querer mas á esta Doña Maria de Padilla el descontento que tuvo del casamiento de Doña Blanca.
Doña Beatriz murió moza.

Des-

Despues de esto el Rey Don Pedro se casó con Doña Juana de Castro, hija de Don Pedro de Castro, que decian de la Guerra, muger viuda, que habia sido casada con Don Diego de Haro, Señor de Vizcaya, en la qual tuvo un hijo que llamaron el Infante Don Juan, que está enterrado con el Rey Don Pedro en la Iglesia de Santo Domingo el Real de Madrid, como hoy dia se ve, al qual hijo, por tener color de legítimo, no quiso el Historiador nombrarle.

Tuvo el Rey Don Pedro otra hija en Toledo, que llamaron Doña Maria de Castilla, la qual fue Priora en Santo Domingo el Real de Toledo, como hoy dia se ve y parece por una sepultura que está en el Monasterio.

Tuvo el Rey Don Pedro otros dos hijos en otras mugeres: al uno llamaron Don Sancho, y al otro Don Diego. De los descendientes del Infante Don Juan y Don Diego, diremos en particular porque Don Sancho no tuvo hijos.

El Rey Don Pedro (vivia Doña Blanca de Borbón) trató, como está dicho, de casarse con Doña Juana de Castro, hija de Don Pedro de Castro, viuda; que habia sido casada con Don Diego de Haro, Señor de Vizcaya, diciendo como decia el Rey Don Pedro á los parientes de la dicha Doña Juana (que lo contradecian por ser casado) que era libre para poderse casar, por no haber sido válido el casamiento que hizo con Doña Blanca de Borbón, por las causas é impedimentos que él alegaba, los quales se ofreció á probar, y probó delante de los Obispos de Salamanca y Avila, á quien hizo Jueces de esta causa, estando el Rey en la Villa de Cuellar; y estos Obispos sentenciaron ser li-

libre el Rey para poderse casar con la dicha Doña Juana de Castro; y con esta sentencia los parientes de la Doña Juana de Castro vinieron en el casamiento; y el Rey se casó y veló en haz de la Iglesia con la dicha Doña Juana, año de 1354.

Velólos en Cuellar con toda solemnidad el Obispo de Salamanca. Dió el Rey Don Pedro á Doña Juana la Villa de Dueñas, y la de Castroxeríz, y desde allí adelante se llamó Reyna; algo de este casamiento dicen las historias fingidas que andan, aunque callan que de esta Doña Juana tuviese el Rey Don Pedro hijo, comoble tuvo, al qual llamaron el Infante Don Juan; y aunque este Rey Don Pedro tuvo los otros dos hijos, que fueron Don Sancho y Don Diego, á ninguno llamaron Infante, sino á Don Juan, por el casamiento dicho. Esta Doña Juana se recogió y murió en Galicia, de donde era natural, y está enterrada en la Iglesia de Santiago, con título de Reyna, puesto en la Iglesia á los pies de su sepultura en la piedra. Fue esta Doña Juana de Castro, hermana de Don Hernando de Castro (de donde descienden hoy los de la casa y linage de Castro) el qual y todos sus deudos siguieron siempre la parte del Rey Don Pedro, como á su Rey legítimo y natural; y este Don Hernando de Castro se subia á los pulpitos á persuadir al Pueblo que siguiese la parte del Rey D. Pedro, como á su Rey legítimo y natural; y despues de muerto el Rey Don Pedro, jamás Don Hernando quiso jurar al Rey D. Enrique el bastardo, que le mató, y ansi dexando á sus hijos su estado, se fue á Inglaterra donde murió, y le pusieron en la sepultura: *Aqui yace Don Hernando de Castro, que solo él en Castilla y Leon fué leal á su Rey natural:*

ral : como dice Gutierre Diaz de Gamez en la historia que escribió de. la vida , y otros sucesos del Conde. Don Pedro Niño ; y alli dice que el abuelo de este Conde Don Pedro Niño , que se llamó D. Pedro Fernandez Niño , que tenia su asiento en su casa de Villa Gomez , siguió tambien siempre el partido del Rey Don Pedro.

El año de 1364 , el Rey Don Pedro viendo que el Conde de Trastamára , Don Enrique su hermano se intitulaba Rey de Castilla , y venia contra él con exercito , y que no le. acudian los del Reyno á sus llamamientos , salió de Burgos y vino á Toledo, donde tampoco le acogieron , antes salieron tras de él , y le arrebataron parte de su recamara : llegó á Sevilla , donde tambien se levantaron contra él. Visto esto , determinó recoger todo el dinero y joyas que pudo , y dos hijas suyas (que la otra era ya muerta) y al Infante Don Juan su hijo , y de Doña Juana de Castro , y se fue á Galicia , y desde alli pasó á Inglaterra con intento de efectuar el casamiento que tenia tratado. de casar la mayor de las hijas , que llamaban Doña Costanza , con el Duque de Alencastre , hijo segundo del Rey de Inglaterra , porque el Príncipe de Gales , hijo mayor del Rey , era casado ; y llegando á Inglaterra se efectuó el dicho casamiento de la dicha Doña Costanza , con el dicho Duque de Alencastre ; y á la hija segunda casó con Monsiur de Aymón , otro Señor de Inglaterra , hijo tercero del Rey , Señor muy principal de aquel Reyno.

Despues de esto , el Rey de Inglaterra , pasados tres años que el Rey Don Pedro alli llegó determinó de dar ayuda al Rey Don Pedro, para que tornase á recobrar su Reyno , y entre

tre otra gente le dió once mil hombres de á caballo sacados de Inglaterra, y del Ducado de Guiana, que era entonces del Rey de Inglaterra; y esta gente pagó el Rey Don Pedro de los dineros y joyas que llevaba. Y vinieron tambien con esta gente el Príncipe de Gales, hijo mayor del Rey de Inglaterra, y el Duque de Alencastre, yerno del Rey Don Pedro; y al Infante Don Juan dexó en Inglaterra con sus hermanas, por ser de poca edad. Y asi, habiendo estado el Rey Don Pedro en alcanzar, y concertar esto tantos dias y años en Inglaterra, vinieron primero al Ducado de Guiana, y desde alli por Navarra llegó hasta Najera año de 1367, donde le salió al encuentro el Rey Don Enrique con exercito, y este Rey fue desbaratado, y el Rey Don Pedro vencedor, que recobró todo su Reyno, y le tuvo pacifico hasta el año de 1369, que el Don Enrique volvió en Castilla con favor del Rey de Francia, y con su venida se tornó á rebelar lo mas del Reyno contra el Rey Don Pedro, y en favor del Rey Don Enrique. Visto esto el Rey Don Pedro, y que no hallaba manera de poder resistir al poder del Rey Don Enrique, que venia tan pujante contra él pasado de Toledo, recogió lo mas que pudo en la fortaleza de Carmona, y metió dentro los otros dos hijos Don Sancho y D. Diego; y el Rey vino discurriendo por el Andalucia acá y allá, como hombre á quien faltaban fuerzas y hacienda á tan gran necesidad, y habiendo habido un reencuentro con el Rey D. Enrique, en que fue el Rey Don Pedro desbaratado, pasando despues por Montiel envióle á decir el Alcayde que le acogeria en el Castillo, aunque le era defendido por el Maestre de Santiago su Señor, cuyo era el

di-

dicho Castillo ; y asi el Rey Don Pedro se metió en él , donde fue despues cercado del dicho Rey Don Enrique , y muerto por la traicion y trato de Mosén Beltran de Claquin , el dicho año de 1369.

Muerto el Rey Don Pedro , el Rey Don Enrique se apoderó de todo el Reyno , y tomó la fortaleza de Carmona , y prendió los dichos dos hijos del Rey Don Pedro , mozos ; y al Don Sancho puso en prision en Toro , y á Don Diego en Curiel. De estos se dirá abaxo , y de sus descendientes.

Reynó el Rey Don Enrique , despues de muerto el Rey Don Pedro diez años ; y al despedir del dicho Mosén Beltran Claquin , dióle en recompensa de lo que le habia servido , á Soria y Almazán , y á Atienza , y á Castañazan , é despues se las redimió á dinero ; y recobrados , el Rey Don Enrique dió la fortaleza de Soria por ser muy importante á Don Beltrán de Heril , que era casado con Doña Magdalena de Falsés. El Don Beltrán era natural del Reyno de Aragon , y la Doña Magdalena natural de Navarra ; y dióle esta fortaleza el Rey Don Enrique al dicho Don Beltrán , por ser fortaleza de Aragon , y porque le habia servido en las dos jornadas que habia hecho contra el Rey Don Pedro , y le habia hecho otros servicios , y le tenia por hechura suya. Tenia este D. Beltrán en la dicha Doña Magdalena una hija , que llamaban Doña Elvira de Falsés , como la madre. Murió el Rey Don Enrique el año de 1379 , y sucedióle el Rey Don Juan su hijo , que llamaron el Rey Don Juan el I. el de Aljubarrota. Y despues el año de 1386 el Duque de Alencastre , que como está dicho , estaba casado con Doña Costanza , hija del Rey Don Pedro , vino con exercito á España demandando el Reyno , como

ca-

casado con hija del Rey Don Pedro; y con esta demanda y título, desembarcó en Galicia, dexando todavia al Infante Don Juan su cuñado en Inglaterra, y desembarcó con ayuda del Maestre de Avís, que se habia alzado por Rey en Portugal: ganó mucha parte de Galicia, y llegó hasta Valderas, que es en el Reyno de Leon, y allá anduvieron tratos y conciertos entre el Rey Don Juan, y el dicho Duque de Alencastre, que se le moria la gente de pestilencia, que entonces la habia muy grande en Castilla; y en fin se concertaron en esta manera: que el Rey Don Juan casase al Infante Don Enrique su hijo, que era de edad de ocho años, con Doña Catalina hija del dicho Duque de Alencastre, y de la dicha Doña Costanza su muger, hija del Rey Don Pedro; y que el Rey Don Juan matase los hijos del Rey Don Pedro que tenia presos; y que para mayor seguridad y pacificacion de todos, el Duque de Alencastre entregase tambien al Infante Don Juan, hijo del Rey Don Pedro, que tenia en Inglaterra; y el Rey Don Juan prometió de no matarle, sino de tenerle preso como á los otros que tenia; y ansi se cumplió, que traxeron al Infante Don Juan de la Inglaterra, y le entregaron al Rey Don Juan, el mismo año de 1386, y el Rey Don Juan le envió preso á la fortaleza de Soria; y le entregaron al dicho Don Beltran Heril; que como dicho es, tenia la Fortaleza, el qual le tuvo todo el tiempo que el Infante Don Juan vivió preso.

Vuelto el Duque de Alencastre á Inglaterra, el Rey Don Juan trataba de querer casar al Infante Don Enrique en Portugal, pospuestos los conciertos y velaciones, que habian hecho en Palencia, por no ser de edad el Infante Don Enrique; y en este mes dio tiempo murió el Rey Don Juan, quedando en tutoria el Infante Don Enrique, que fue alzado por Rey el año de 1390, siendo de edad de once años, y los del Reyno continuaron el trato del dicho casamiento, hasta que vino á saberlo el Duque de Alencastre, de que mostró gran descontento, y por esta causa en aquella sazon se tenia por casi rota la paz entre Castilla é Inglaterra.

Entendida por el Infante Don Juan, hijo del Rey Don Pedro, la rota que habia entre Castilla é Inglaterra, parecióle buena ocasion para ser libre, y para mejor poderlo ser pensó de mandar en casamiento á Don Beltran de Heril á Doña Elvira de Falsés su hija, la qual le servia y regalaba en su prision, con intento que siendo su yerno holgaria de darle libertad, y con ella iria á Inglaterra, y con el favor del Rey tornar al Reyno como su padre; y quando esto no le sucediese, mejoraria su partido librandose de tan larga y estrecha prision; y con este intento demandó al dicho Don Beltran Heril le diese por muger la dicha Doña Elvira de Falsés su hija, á la qual tambien sin esto estaba aficionado el dicho Infante Don Juan, y el dicho Don Beltran se la dió, por ventura porque entendia que no podia ya hacer menos de darsela; y en fin despues tornandose á efectuar los conciertos del casamiento entre Doña Catalina, hija del Duque de Alencastre, y el Rey Don Enrique el III. se desvaneció el intento y designio del Infante Don Juan, quedandose siempre en prision como de antes. El Infante Don Juan hubo en la dicha Doña Elvira de Falsés una hija, que llamaron Doña Costanza; y desde ahí á algunos años murió el Infante Don Juan, al qual mandó el Rey Don Enrique enterrar en Soria ría ; y teniendo noticia que el dicho Infante dexaba aquel hijo pequeño, y aquella hija, trató de haber á las manos al hijo con intento de echarle en la misma prision que á su padre, y por aviso, y mandado de la Reyna Doña Catalina, muger del mismo Rey Don Enrique, que era su prima hermana, fue guardado Don Pedro, para que el Rey no le pudiese haber; y á Doña Costanza traxeronla al Rey, y la metió Monja en Santo Domingo el Real de Madrid, donde fue despues Priora muchos años.

Estando en este estado las cosas del Rey Don Enrique, estuvo algunos años que no tuvo hijos de la Reyna su muger, hasta que vino á nacer el Infante Don Juan, al qual llamaron el *Deseado*; y al tiempo que nació, en aquellos dias del regocijo la Reyna Doña Catalina hizo traer á su camara al dicho Don Pedro de Castilla, al qual metió detrás de las cortinas de su cama; y entrando un dia el Rey á visitar á la Reyna, que aun no era levantada de la cama, pidió al Rey la hiciese merced de perdonar á Don Pedro, pues no tenia culpa, y ella le queria hacer Clérigo, y le tenia en habito de ello, y esto hiciese en reconocimiento de la merced que Dios le habia hecho de darle hijo tan deseado. El Rey holgó de ello, y le perdonó; y entonces le sacaron de detrás de las cortinas con habito de Clérigo y bonete, y besó las manos del Rey; y la Reyna pidió al Rey le diese de comer, y con que pudiese ir á Salamanca, y ansi le dió el Arcedianazgo de Alarcon el año de 1402.

Despues de muerto el Rey Don Enrique III. la Reyna Doña Catalina, Tutora y Regidora de los Reynos, al dicho Don Pedro su primo hermano dió el Obispado de Osma (y despues el Rey Don Juan

el

el II. le dió el Obispado de Palencia año de 1440, y siempre favoreció al dicho Don Pedro, y á la dicha Doña Costanza su hermana, haciendoles siempre mercedes y favor), y asi á suplicacion de la dicha Doña Costanza, ayudandola el Rey su hijo, pudo edificar la Capilla mayor del dicho Monasterio de Santo Domingo en Madrid, la qual habia empezado el Rey Don Alonso el Onceno, padre del Rey Don Pedro; y despues de acabada la dicha Capilla, por mandado del Rey Don Juan el II. se trasladaron los huesos del Rey Don Pedro á la dicha Capilla, como ahora están, el año de 1496, y traxeronlos de la Villa de la Puebla de Alcocer, donde el Rey Don Pedro estaba enterrado, dando como dió renta situada en la Villa de Madrid, para quatro Capellanes, Porteros, y Sacristan, y que dixesen misa, y otros oficios por el dicho Rey; y dió el Rey Don Juan poder á la dicha Doña Costanza Priora, para que hiciese las ordenanzas que le pareciesen cumplideras al buen servicio de la dicha Capilla, las quales hechas por ella el Rey Don Juan desde entonces aprobaba, y habia por buenas, y mandó que se asentasen y escribiesen en los libros del Rey donde estaba situado el dicho juro, como parece por las ordenanzas de dicha Capilla.

Esta Doña Costanza fue muger de gran exemplo, y christiandad: fué Priora del dicho Monasterio de Santo Domingo el Real de Madrid; y siendo claustral vivieron las Monjas honestamente: fue Priora casi cincuenta años, aumentó en renta y edificiós mucho la casa, y fué tan escrupulosa que de su voluntad, habiendo dexado el oficio de Priora, publicó residencia á todas las Monjas, y á todos los que la quisiesen pedir, habiendo nombrado Jueces

pa-

para ello ; y ansi le pusieron muchas demandas , y fue dada por libre de todas. Vivió santísimamente hasta que acabó la vida , habiendo hecho muchas y muy buenas obras , y una de ellas fue , que empezó á edificar el Monasterio de la Madre de Dios de Toledo , que despues acá ha venido á ser casa tan principal , y de tanta religion.

Hijos del Rey Don Pedro. Don Juan , hijo de Doña Juana de Castro : Don Sancho, que no tuvo hijos : Don Diego : estos dos fueron hijos del ama que crió al Infante Don Alonso : Doña Maria de Castilla fue hija de Doña Teresa de Ayala, fue Monja: Don Pedro de Castilla, como habemos dicho, fue hijo del Infante Don Juan , y nieto del Rey Don Pedro , y su madre fue Doña Elvira de Falsés, y hermano de Doña Costanza de Castilla , Priora del Monasterio de Santo Domingo el Real de Madrid : fue primero, como está dicho , Arcediano de Alarcon , y despues electo Obispo de Osma , y despues Obispo de Palencia : fue persona de buena disposicion , y textos de gran valor : ayudóle á esto , allende su natural y linage Real , haberle traido en tiempo de su gobierno, y tutoría la Reyna su prima-hermana Doña Catalina, que le tenia como á hijo, y como á tal le habia hecho criar y guardar , como arriba está dicho ; y con este favor , y con la merced de tener de comer , y la generosidad de ánimo, valió mucho en estos Reynos : siendo mozo tuvo en dos mugeres que hubo doncellas hijos y hijas , la una se llamaba Mari-Fernandez Bernal , natural de Salamanca , y la otra se llamó Doña Isabel Drochelin, Inglesa, Dama que fue de la Reyna Doña Catalina. Los hijos del dicho Don Pedro que tuvo , son estos:

Don

Don Alonso de Castilla. Don Luis de Castilla. Doña Aldonza de Castilla. Doña Isabel, que fue monja.	Estos fueron hijos de Doña Isabel Drochelin, Inglesa.
Don Sancho de Castilla. Doña Catalina de Castilla. Doña Costanza de Castilla. Don Pedro de Castilla.	Estos fueron hijos de Mari-Fernandez Bernal.

De estos ocho hijos del Obispo Don Pedro se tratará de cada uno en particular, y con quien casaron los que fueron casados, porque como dicho es, la dicha Doña Costanza, y Doña Isabel fueron Monjas: la dicha Doña Maria Costanza fue Priora del Monasterio de Santa Maria la Real, cerca del Monasterio de Medina del Campo; y la Doña Isabel fue Monja en Santo Domingo el Real de Madrid, con su tia Doña Costanza: tomó el habito despues de muerto el Obispo su padre, que en su testamento la mandó quinientas doblas de oro de la vanda, con que se metiese Monja. Por manera que solo hay que tratar de la descendencia de tres hijos del Obispo Don Pedro, y de dos hijas, porque el Don Luis fue Clérigo, y no tuvo hijos. Hasta aqui llegó Gratia Dei.

Descendencia de Don Alonso de Castilla, viznieto del Rey Don Pedro, y nieto del Infante Don Juan, y hijo del Obispo Don Pedro.

Don Alonso de Castilla, hijo del Obispo Don Pedro, cuya madre se llamó Doña Isabel Drochelin, In-

Inglesa , como está dicho arriba , fue bien dispuesto , de buen gusto , y de inclinacion mas para
Eclesiástico, que para Seglar , algo tibio en su trato , muy buen caballero , y sobre todo gran christiano y siervo de Dios , que dexó gran fama de su
christiandad ; y entre otras cosas se prueba su buena conciencia , que habiendole dexado por heredero único , y solo de todos sus bienes el Obispo Don
Pedro su padre , como á hijo que mas quiso , tuvo escrupulo , por ser bienes adquiridos de la Iglesia , que no se los habia podido dexar su padre : y
temiendo que por esta causa el alma del Obispo su padre podria padecer, y él con conciencia no podria te-
nerlos , el año de 1463 fue á la Iglesia de Palencia,
y en presencia del Obispo Don Gutierre de la Cueba
(que sucedió en el Obispado) , y del Cabildo de
la Iglesia , les dixo: que el Obispo su padre le habia dexado heredero de todos sus bienes , entre los
quales habia juros y heredamientos , y las casas que
llaman del Cordon , en la Parroquia de San Estevan
de Valladolid , que habia el Obispo Don Pedro edi-
ficado , y otros muchos bienes muebles , que él tenia escrupulo de poderlos heredar y tener , por ser
bienes adquiridos de renta de aquella Iglesia , no
embargante que los podia heredar en rigor de justicia , por estar legitimado por legitimaciones del
Papa , y del Rey ; y por tanto dixo que renunciaba
la dicha herencia en el Obispo , y Cabildo de la dicha Iglesia , y que él no la queria , y ansi lo tomó
por testimonio , y con esto se salió del Cabildo
y se volvió á Valladolid ; y despues de esto el
Obispo y Cabildo habiendo aceptado el dexa-
miento , considerando que el dicho Don Alonso
quedaba pobre , siendo como era tan gene-
ro-

roso y buen caballero , acordó el Obispo y Cabildo de allí á algunos días enviar por Don Alonso para hacerle gracia y donacion , como se la hicieron de toda la dicha herencia; y ansi el dicho Don Alonso tornó á haberla por mera gracia y donacion del dicho Obispo y Cabildo. Casó Don Alonso de Castilla con Doña Juana de Zuñiga , hija de Don Diego Lopez de Zuñiga , primero Conde de Nieva , nieta del Mariscal Iñigo Arista de Zuñiga , viznieta del Duque de Plasencia , y tercera nieta del Rey de Navarra , de parte de su padre ; y de parte de su madre , hija de Doña Leonor Niño , y nieta del Conde Don Pedro Niño Conde de Buelna , y Señor de Cigales , y de la Infanta Doña Beatriz , y viznieta del Infante Don Juan de Portugal , y tercera nieta de Don Enrique II. de Castilla, y del Rey Don Pedro de Portugal. Fue esta Doña Juana de Zuñiga muger de gran exemplo y bondad : traxo en dote la Villa de Baquerin cerca de Valladolid. Cuentase mas del dicho Don Alonso de Castilla , entre otras cosas , que ningun dia que pudiese dexó de oir misa y vísperas , por la gran devocion que tenia á San Francisco : quando estaba en Valladolid asistia siempre en su Monasterio, y ordinariamente se levantaba de con su muger á rezar maytines á la hora que oía tañer; cumplia todas las obras de christiano con grandísima fé y devocion. Sabese por tradicion ser cosa cierta, que habiendo el Rey Don Fernando V. el año de 1483 acordado hacer entrada en tierra de Moros, habiendo hecho llamamiento de Caballeros , como entonces se usaba , entre ellos fue llamado el dicho Don Alonso de Castilla , el qual no hallandose con posibilidad de dineros para poder ir á aquella jornada , y acercandose el término , andando muy fatiga-

gado buscando dineros para su partida, una mañana estando Don Alonso oyendo misa en San Francisco, vinieron dos Frayles á Doña Juana de Zuñiga su muger á su posada, diciendo que Don Alonso los enviaba, los quales descargaron en el estrado
donde la dicha Doña Juana estaba sentada, quatro
mangas de habito de S. Francisco, llenas de piezas de
plata y oro, y moneda, diciendo que Don Alonso
se lo enviaba, y como la dicha Doña Juana lo vió,
quedó suspensa mirandolo un rato, y los Frayles se
salieron, y quando la dicha Doña Juana les quiso
dar las gracias, y no los vió, envió tras ellos y jamás los alcanzaron, aunque la casa del Cordon,
donde la dicha Doña Juana estaba, es tan grande,
que para salir fuera habia harto tiempo para alcanzar-
los. De estos Frayles jamás se supo, ni Don Alonso
de Castilla los envió; y con aquel dinero cumplió
su jornada. Murió el Don Alonso el año de 1486,
dexó muchos hijos, enterróse en el Monasterio de
Santa Clara de Valladolid, dentro del Monasterio
en una Capilla que mandó hacer á un lado del coro
de las Monjas, donde despues acá se tiene por cosa
cierta, que muriendo alguno de sus parientes, hermanos, ó hijos, nietos, ó sobrinos, algunos dias
antes que mueran, hace llamamiento, y da golpes
en la tumba de la sepultura donde está esterrado;
y ansi las Monjas del dicho Monasterio de la experiencia de tantos años que tienen, ni se alteran, ni toman espanto; antes dan luego aviso á
sus parientes, que avisen si está alguno de ellos
enfermo, ordene su alma, que Don Alonso les
llama; y no solamente este llamamiento se verifica en los deudos que mueren en Valladolid, sino
en qualquiera parte del mundo, porque despues

sabida la muerte del deudo que murió, y teniendo cuenta con los dias que llamó, hallan haberse cumplido en él.

Los hijos que Don Alonso dexó, son los siguientes.

Hijos de Don Alonso de Castilla, viznieto del Rey Don Pedro: Don Pedro de Castilla: Don Diego de Castilla, que murió sin hijos: Don Juan de Castilla: Don Felipe de Castilla: Don Alonso de Castilla, Obispo de Calahorra: Don Francisco de Castilla, que no dexó hijos.

Don Pedro de Castilla, hijo mayor de Don Alonso, fué casado dos veces: la primera, con Doña Francisca Osorio, hermana de Don Alvaro Osorio, Señor de Villacís: la segunda casó con Catalina Ferrer; de quienes tuvo los hijos siguientes.

Hijos de D. Pedro de Castilla, nieto del Obispo Don Pedro: Don Alonso de Castilla: Don Luis de Castilla: Don Diego de Castilla, no tuvo hijos: Doña Juana de Zuñiga: Doña Ines de Castilla: Doña Ana Osorio, Monja: Doña Costanza de Castilla, Monja: Todos estos fueron hijos de Doña Francisca Osorio. Don Francisco de Castilla, Alcalde de Corte: Doña Isabel de Castilla: Doña Catalina de Castilla: Doña Leonor de Castilla, Monja: Doña Maria, Monja. Estos fueron hijos de Doña Catalina Ferrer: Doña Costanza, Monja: Doña Beatriz, Monja.

Don Felipe de Castilla, hijo de Don Alonso de Castilla, y nieto del Obispo Don Pedro, tuvo dos descendientes: el mayor se llamó Don Diego de Castilla, Dean y Canónigo que es de Toledo; y el segundo se llamó Don Luis de Castilla, que es Arcediano y Canónigo de la Iglesia de Cuenca. Fue

el

el dicho Don Felipe muy christiano y temeroso de Dios, y entre otras virtudes tuvo una grande, que jamás dixo mal de nadie, ni consintió que delante de él se dixese; y quando acaecia ser entre personas que él no lo podia estorbar, se iba por no estar presente. Murió en Villa-Baquerin, Lugar de su padre, á 29 de Enero de 1591, enterróse con su padre en Santa Clara de Valladolid. *Requiescao in pace.*

Don Juan de Castilla, hijo de Don Alonso de Castilla, y nieto del Obispo Don Pedro, casó en Madrid con Doña Maria de Cardenas, hija de Doña Maria de la Torre, Dama que fue de la Reyna de Portugal, natural de la Villa de Madrid. Fue Don Juan un muy buen Caballero, y en tal posesion le tuvo el Emperador Cárlos V. y le hacia mucha merced y favor de palabras, aunque no le hizo en la hacienda. Casó el dicho Don Juan segunda vez con Doña Catalina de Mendoza, hija de Don Juan de Mendoza, hijo de Don Diego de Mendoza, Duque del Infantado, y Señor de Balena, y de Doña Beatriz de Zuñiga; y de estos matrimonios tuvo el dicho Don Juan los hijos siguientes: Don Alonso de Castilla, que murió niño: Don Pedro de Castilla, que murió Clérigo: Doña Juana de Castilla: Doña Maria de Cardenas: Doña Ana de Castilla: Doña Isabel, Monja: Doña Francisca de Zuñiga, Monja. Todos estos fueron hijos de Doña Maria de Cardenas. Don Juan de Castilla y Don Sancho de Castilla, Clérigo Teatino: Don Francisco de Castilla, que no se casó y Doña Beatriz de Mendoza. Estos fueron hijos de Doña Catalina de Mendoza.

Don

Don Sancho de Castilla , hijo del Obispo Don Pedro , y viznieto del Rey Don Pedro.

Don Sancho de Castilla , hijo del Obispo Don Pedro , fue muy bueno y principal Caballero , y muy querido de los Reyes Católicos Don Fernando y Doña Isabel ; y como á persona escogida le hicieron ayo del Príncipe Don Juan, su hijo unico y heredero. Casó con Doña Ines de Mendoza, hija del Conde de Monteagudo : hizo su asiento en la Ciudad de Palencia , la qual Ciudad por estar tiranizada de estancos é imposiciones por los Obispos , procuró libertarla y darla al Rey ; y para reparar el daño que hizo á la Iglesia , dió al Cabildo de Palencia las tercias de la Villa de Villa-medina, y de Valdonchillos , que las tenia perpetuas por juro y heredad , que son tercias de importancia. Edificó Don Sancho unas casas principales en Palencia, y una Capilla en la Parroquia de S. Lazaro, que es junto á su casa, donde dotó seis Capellanes, y un Capellan mayor ; y asi se enterró , y se han enterrado sus hijos y descendientes. Tuvo este Don Sancho de Castilla los hijos siguientes : Don Pedro de Castilla , que fue Frayle : Don Diego de Castilla : Don Sancho de Castilla , que murió por casar : Don Juan de Castilla , Obispo de Salamanca : Doña Ines de Castilla.

Don Diego de Castilla , succedió en el Mayorazgo de su padre Don Sancho, fue muy buen Caballero , casó con Doña Beatriz de Mendoza , hija del Duque del Infantado , que fue Dama de la Reyna Doña Isabel; y esta Señora Doña Beatriz , fue hija de la Duquesa Doña Isabel Henriquez , segunda da muger del dicho Don Diego, primero Duque del Infantado, de la qual tuvo los hijos siguientes: Doña Isabel de Mendoza: Doña Ana de Castilla: Don Sancho de Castilla.

Don Sancho de Castilla casó primera vez con Doña Margarita Manrique, hija de Don Miguel Chacón y de Doña Ines Manrique, aya que fue del Rey Don Felipe siendo niño. De esta Señora Doña Margarita Manrique, tuvo Don Sancho un hijo que llaman Don Diego de Castilla, que heredó su casa. Casó segunda vez D. Sancho con Doña Ana de Cárdenas, natural de Madrid (Dama que fue de la Reyna de Francia) en quien el dicho D. Sancho tuvo un hijo que llamaron Don Pedro. Casó tercera vez el dicho Don Sancho con Doña Ana de Cepeda, natural de Tordesillas, de quien no le quedaron hijos.

Don Diego de Castilla, viznieto de Don Sancho el ayo, casó con Doña Leonor de Benavides su prima hermana, hija del Mariscal de Fromesta: tiene hijos á D. Sancho, que está casado con Doña Maria de Mendoza, hija del Marques de Cañete: Don Diego de Castilla, que tambien es mozo: Don Juan de Castilla, que tambien es mozo, y tiene hijas doncellas por casar, y dicen que el dicho Don Diego tiene hijos atravesados que ha habido en otras mugeres.

Don Pedro de Castilla, hijo del Obispo Don Pedro, nieto del Infante Don Juan, y viznieto del Rey Don Pedro.

Don Pedro de Castilla, hijo del Obispo Don Pedro, fue Caballero y buen Christiano, y amigo de guardar y hacer justicia; y conociendole por tal

los

los Reyes Católicos Don Fernando y Doña Isabel,
le dieron 20 años continuos la gobernacion de la
Ciudad de Toledo. Casó con Doña Catalina Laso,
hija de Don Pedro Laso, Señor de Mondejar, nieto de Iñigo Lopez de Mendoza, Marques de Santillana, que este Marques fue padre del Cardenal
Don Pedro Gonzalez de Mendoza. Esta Doña Catalina Laso habia sido primero casada con el Conde de Medina-Cœli, su sobrino, hijo de su hermano, con quien hizo divorcio y casó, como dicho es, con el dicho Don Pedro. Tocabale por
herencia la Villa de Mondejar; ocupósela el Conde
de Tendilla, y el Cardenal Don Pedro Gonzalez de
Mendoza dió ayuda al dicho Don Pedro de Castilla, y gente para que viniese á cercar á Mondejar,
aunque el Conde de Tendilla era su sobrino. Vino
la Reyna Doña Isabel con enojo al cerco, y mandó entregar la fortaleza á Don Pedro de Castilla;
metióse por medio el Cardenal Don Diego Hurtado, Arzobispo de Sevilla, que era hermano del
dicho Conde de Tendilla, y de su dinero pagó á
Don Pedro y á la dicha Doña Catalina el valor de
la Villa de Mondejar, y de este dinero se compraron heredamientos que incorporaron en su mayorazgo el dicho Don Pedro y la dicha Doña Catalina,
que son un heredamiento en la Torre del Conde, y
otro heredamiento en el Lugar de Juncos, y otro
en Casarrubios, é 30⊕ maravedís de juro en la Ciudad de Palencia. Tuvo el dicho Don Pedro en la
dicha Doña Catalina los hijos siguientes: Don Pedro
Laso de Castilla: Doña Juana de Castilla: Doña
Ana de Castilla: Doña Maria de Castilla: esta fue
bastarda en otra Muger.

Don Pedro Laso de Castilla, hijo mayor de D.
Pe-

Pedro, y nieto del Obispo Don Pedro, fue muy buen Caballero, aunque acelerado y colerico de condicion. Casó con Doña Aldonza de Haro, hija de Don Diego Lopez de Haro, Señor del Carpio, y de Doña Leonor de Ayala: hizo este casamiento Doña Teresa de Haro su tia, hermana del dicho Don Diego Lopez de Haro, que la crió desde niña, y la ayudó mucho en su dote. Fue esta Doña Aldonza una muy principal Señora, de gran christiandad, de gran prudencia y bondad. Tenia Don Pedro Laso quando se casó, su asiento en Toledo, y despues por ciertas diferencias que tuvo con ciertos Caballeros naturales de la dicha Ciudad, mudó su asiento y vivienda á la Villa de Madrid, donde edificó unas casas, que entonces eran las mas principales de la Villa, junto á San Andrés: movió tambien al dicho Don Pedro Laso á venirse á aquel asiento de Madrid, por su padre Don Pedro de Castilla, que está enterrado en Santo Domingo el Real de Madrid en una Capilla y boveda que alli fundó, pos estar alli enterrado tambien el Rey Don Pedro de Castilla su visabuelo, y estar entonces en aquel Monasterio muchas Monjas de su linage, y una hermana del dicho Don Pedro, que llamaban Doña Catalina, que fue casada con Don Diego de Roxas, Señor de Poza. Tuvo el dicho Don Pedro Laso en la dicha Doña Aldonza los hijos siguientes: Don Luis Laso de Castilla: Don Pedro Laso de Castilla: Don Thomas de Castilla, fue Frayle Dominico: Don Diego Laso, fue Clérigo: D. Francisco Laso: D. Juan Laso, que fue falto de juicio: Doña Catalina Laso: Doña Teresa Laso.

Don Luis Laso de Castilla, hijo mayor del dicho Don Pedro Laso, heredó su mayorazgo, fue buen

buen Caballero , casó con Doña Francisca de Silva , hija de D. Diego Hurtado de Mendoza , Marques de Cañete. Fue esta Doña Francisca de Silva muger de gran valor. Tuvo el dicho Don Luis Laso en ella un hijo que llamaron Don Pedro Laso, como su abuelo ; y por casar este hijo como le casó con Doña Maria Cuello , Señora de los Lugares de Montalvo y Valdecañas , vendió las casas que tenia en Madrid , y vinose á vivir á Toledo. Los hijos que el dicho Don Luis Laso tuvo , son los siguientes : Don Pedro Laso de Castilla : Doña Aldonza de Castilla , Dama de la Emperatriz : Doña Isabel de Mendoza , Dama de la Emperatriz.

Don Pedro Laso , hijo del dicho D. Luis Laso, casó , como dicho es , con Doña Maria de Cuello, Señora de Montalvo y Valdecañas , en quien tuvo al dicho Don Pedro Laso , el qual tuvo un solo hijo , que llaman como al Padre , y cinco ó seis hijas que murieron mozas , y succedióle su hijo Don Pedro Laso , casó con una hija de Don Alonso Tellez , Señor de la Puebla de Montalban , de quien tiene ya un hijo pequeño.

Doña Catalina de Castilla , viznieta del Rey Don Pedro , y nieta del Infante Don Juan , hija del Obispo Don Pedro.

Doña Catalina de Castilla , hija del Obispo Don Pedro , casó con Don Diego de Roxas , Señor de Poza , de quien tuvo tres hijas , y la mayor llamaron Doña Elvira de Roxas , y la segunda Doña Catalina , y la tercera Doña Maria. La Doña Elvira de Roxas heredó la casa de Don Diego de Roxas su padre , y casó con D. Diego de Roxas, Se-

Señor de Monzón, y por este casamiento la casa de Poza y Monzon son toda una: túvieron por hijos á Don Juan de Roxas, que heredó su casa; y dos hijas, Doña Mencía, y Doña Maria, que murieron sin hijos.

Este Don Juan de Roxas fue el primer Marques de Poza, casó con Doña Maria Sarmiento, de quien tiene los hijos siguientes: Don Sancho de Roxas: Don Diego de Roxas: Don Juan de Roxas: Don Domingo de Roxas, Frayle: Don Pedro Sarmiento: Don Gabriel de Roxas: Don Luis de Roxas: Clérigo: Doña Elvira de Roxas.

Don Sancho de Roxas, hijo mayor del dicho Marques de Poza, casó con Doña Francisca Henriquez, hija de Don Juan Henriquez, Marques de Alcañizas, de quien el dicho Don Sancho tuvo algunos hijos varones, y dos hijas: la hija mayor casó con Don Antonio de Luna, Señor de Fuentidueña, del segundo matrimonio, porque el dicho Don Antonio de Luna habia sido primero casado con una hija del Conde de Salinas, de quien quedó un hijo heredero de su casa. La segunda de Don Sancho, que se llama Doña Elvira, está casada con el Señor de Coca y Alaejos. Murió Don Sancho de Roxas su padre: dexó, como dicho es, muchos hijos varones; el uno se llamó Don Luis de Roxas, que aunque era mayor, por su culpa no succedió en el mayorazgo; y otro hijo del dicho Don Sancho murió. Succedió en el estado otro hijo de Don Sancho, que llamaron Don Sancho de Roxas; murió mozo desastradamente. Posee ahora el estado otro hermano suyo menor.

La segunda hija de la dicha Doña Catalina de Castilla se llamó como su madre, Doña Catalina de

Castilla : casó con Don Manuel (el privádo que fué del Rey Don Felipe , padre del Emperador Cárlos V.) , de quien tuvo muchos hijos : al mayor de ellos llamaron Don Diego Manuel , que murió mozo sin casarse ; y á Don Pedro Manuel Arzobiso de Santiago ; y á Don Juan Manuel , que fue Frayle Francisbo. , y á Don Felipe Manuel , y á Don Lorenzo Manuel , que heredó en su casa.

Don Lorenzo Manuel casó con Doña Juana de la Cerda , hija de Don Rodrigo de Mendoza , Conde de Castro , y nieta de Doña Ana Manrique , Señora de la Villa de Lopeove , y viznieta de Doña Inés de Castilla , de quien habemos dicho arriba , que fue hija de Don Sancho de Castilla el Ayo , en quien el dicho Don Lorenzo Manuel tuvo tres hijos: el mayor llaman Don Rodrigo Manuel , que es casado con Doña Beatriz de Velasco , hija del Conde de Nieva ; y el segundo hijo de Don Lorenzo se llamó Don Pedro , que fue de la Cámara del Rey Don Felipe , y murió sin haberse casado ; y Don Juan Manuel Obispo de Sigüenza : y tuvo el dicho Don Juan Manuel quatro hijas , Doña Maria , Doña Elvira , Doña Mencía , y Doña Aldonza. Las tres primeras no tuvieron hijos , ni fueron casadas. La Doña Aldonza casó con Don Juan de Acuña , Conde de Valencia.

La tercera hija de la dicha Doña Catalina de Castilla , y nieta del Obispo Don Pedro , se llamó Doña Maria de Castilla: casó con Don Juan de Zuñiga , Señor de San Martin de Valveni , uno de los mayorazgos que fundó Diego Lopez de Zuñiga , primer Duque de Plasencia : tuvo tres hijos y tres hijas la dicha Doña Maria del dicho Don Juan de Zuñiga su marido: Don Juan de Zuñiga , que fue el mayor , y Don Pedro

dro de Zuñiga , que fue el II. murieron sin hijos.
Don Alonso de Zuñiga , que fue el III. heredó su
mayorazgo. Las tres hijas , las dos fueron Monjas , y
la tercera , que fue Doña Leonor de Castilla , casó
con Don Pedro de Acuña el cabezudo , vecino de
Valladolid, de quien la dicha Doña Leonor tuvo hijos. Don Alonso de Zuñiga casó con Doña Luisa
Henriquez , natural de Segovia : dexó dos hijas , la
mayor se llama Doña Maria de Zuñiga , que heredó su mayorazgo , que casó con Don Pedro Laso el
mozo , como está dicho arriba : la segunda no sé
si es casada.

Doña Aldonza de Castilla , viznieta del Rey Don Pe-
dra , nieta del Infante Don Juan , y hija del Obispo
Don Pedro , y de Doña Isabel Drochelin.

Doña Aldonza de Castilla , hija del Obispo Don
Pedro , casó despues de muerto su padre , con Don
Rodrigo de Ulloa , Contador mayor de Castilla ; y
siendo asi que el dicho Obispo habia muerto de una
caida que dió en su posada , llevando despues á des-
posar á la dicha Doña Aldonza con el dicho Don
Rodrigo de Ulloa , dixo Doña Aldonza : *agora voy*
á dar mayor caida , que dió mi padre. Casaronla , no
embargante , no á su contento ; y como era muerto su padre , vinieron sus hermanos en ello , no embargante que el dicho Don Rodrigo de Ulloa era muy
buen Caballero. Era esta Doña Maria muger valero-
sa ; y tuvo del dicho Don Rodrigo de Ulloa los hijos siguientes : Don Juan de Ulloa , Don Hernando
de Ulloa , Don Alonso de Ulloa , Doña Maria de
Ulloa , Doña Isabel de Ulloa , Doña Juana de Ulloa,
Doña Catalina de Ulloa.

Don

Don Juan de Ulloa, hijo de Don Rodrigo de Ulloa, y de Doña Aldonza de Castilla, heredó la casa de su padre. Casó Don Juan de Ulloa con Doña Maria de Toledo, hija del Conde de Luna, de quien tiene hijos á Don Rodrigo de Ulloa, que succedió en su mayorazgo, que es agora Marques de la Mota. Casó Don Rodrigo con Doña Maria de Tabera (sobrina del Cardenal Don Juan de Tabera, Arzobispo de Toledo), de quien tiene hijos : el mayor no tiene juicio para heredar, y por esto casó Don Rodrigo de Ulloa su hija mayor con Don Pedro de Ulloa su hermano, de quien tiene hijos ; y otra segunda hija del dicho Don Rodrigo de Ulloa Marques de la Mota, casó como está dicho con el Conde de Salinas, y tuvo el dicho Don Juan de Ulloa una hija, que llamaron Doña Magdalena de Ulloa, que casó con Luis Quijada, Señor de Villagarcia, Mayordomo que fue del Emperador Cárlos Quinto, y Presidente del Consejo de Ordenes, de quien la dicha Doña Magdalena tuvo hijos.

Don Diego de Castilla, hijo del Rey Don Pedro, que no estuvo desde niño estuvo preso en Curiel.

Don Diego de Castilla, hijo del Rey Don Pedro, fue preso del Rey Don Enrique en Carmona, y el otro hermano suyo Don Sancho. A Don Diego enviaron preso al Curiel, y á Don Sancho tuvieron preso en Toro : este murió preso sin dexar hijos : fueron estos hijos del ama que crió al Infante Don Alonso, hijo del Rey Don Pedro ; y de razon y justicia no debieron ser presos, conforme á los capitulos y fé que el Rey habia dado en el acuerdo, quando se entregó Carmona ; mas en esto, ni en guardar

el

el seguro á su ayo Martin López de Cordova, Maestre de Calatrava, que le habia dado, no le cumplió el Rey Don Enrique, porque le hizo justiciar en Sevilla, siendo muy buen Caballero, y haber hecho su deber en la defensa de aquella Villa, como valeroso Caballero, la qual tuvo cercada el Rey Don Enrique dos años, y estaba dentro tan buena gente de guerra, que jamás quisieron los de fuera escaramuza, que no se la diesen los de dentro; y un dia salieron, y fue tan recia la escaramuza, que el Rey Don Enrique se tuvo por muerto ó vencido, segun cuenta Gutierre Diaz de Gamez, en su historia folio 511. Este Don Diego estando preso en Curiel hubo un hijo y una hija: al hijo llamaron Don Pedro de Castilla, y á la hija Doña Maria. Este Don Pedro de Castilla casó con Doña Beatriz de Fonseca, hermana de Don Alonso de Fonseca, Arzobispo de Sevilla, de quien el dicho Don Pedro tuvo un hijo, que llamaron Don Pedro de Castilla el mozo. Este Don Pedro de Castilla el viejo, en tiempo del Rey Don Enrique IV. siendo él y Doña Beatriz su muger ya ancianos, el dicho Arzobispo de Sevilla, á quien habian dado en guarda á la Reyna Doña Juana, muger del dicho Rey Don Enrique, le habia metido en la Fortaleza de Alaejos preso á Don Pedro de Castilla su cuñado, que llamaron el viejo, y á Doña Beatriz su hermana, que estuvieron en guarda y compañía de la dicha Doña Juana, y tenian consigo á Don Pedro de Castilla el mozo, su hijo, que era mancebo, y servia á la Reyna de Maestre-Sala: y este Don Pedro el mozo tuvo dos hijos en la Reyna Doña Juana, el uno llamaron Don Andres, y el otro Don Pedro: á Don Andres llamaron despues Don Apostol, porque habiendo naci-

cido en el dia de San Andres en Buitrago, año de
1470, Don Pedro de Castilla su Abuelo secretamente le tomó y llevó á Santo Domingo el Real de Madrid, para que lo criase secretamente la Priora Doña Costanza su prima hermana; y porque los de
fuera no entendiesen que habia niño dentro del Monasterio, llamabanle el Apostolico; y despues que
fue grande, Don Apostol. Este Don Pedro el mozo
casó despues en Ocaña con una Señora de Contreras,
y tuvo de este matrimonio un hijo, que llamóse
Don Alonso de Castilla, el qual se casó en Alcalá,
de donde desciende Don Pedro de Castilla, visabuelo de Don Juan de Castilla, que hoy es.

Don Apostol casó en Guadalaxara con Doña
Mencía de Quiñones, que tuvieron un solo hijo, que
casó en Guadalaxara con Doña Juana de Mendoza.
Estos tuvieron por hijos á otro Don Apostol, y á
Doña Mencía, que viven en Guadalaxara. Y del
Don Pedro de Castilla, hermano del dicho Don
Apostol, y hijo de la Reyna Doña Juana, que mu-
rió en Granada, descienden algunos del apellido de
Castilla, que viven hoy en Sevilla.

Doña Maria, hija del dicho Don Diego, y nieta
del Rey Don Pedro, crióse en la casa del Rey Don
Juan, fue Dama de la Reyna Doña Maria su muger.
Esta Doña Maria casó con Gomez Carrillo, primo
del Maestre Don Alvaro de Luna, y casóse con él
á 8 de Agosto de 1434, de donde descienden los de
Castilla descendientes de la casa de Pinto; y por este casamiento á ruego del Maestre Don Alvaro de
Luna, fue suelto el dicho Don Diego de la prision
en que estaba, que duró cinquenta y cinco años. Sol-
taronle Martes á 2 de Enero año de 1434, porque
desde entonces estaba tratado el casamiento.

Re-

*Relacion de la genealogia de Doña Juana de Zuñiga,
muger que fue de Don Alonso de Castilla, Viznieto
del Rey Don Pedro.*

Doña Juana de Zuñiga, muger que fue de Don
Alonso de Castilla, viznieto del Rey Don Pedro,
fue hija de Don Diego Lopez de Zuñiga primero
Conde de Nieva, y de la Condesa Doña Leonor
Niño su muger. Tuvo un hermano, que se llamó
Don Pedro de Zuñiga, que heredó la casa, y dos
hermanas: la una se llamó Doña Beatriz de Zuñiga;
y la segunda Doña Maria Niño de Portugal. Fue padre del dicho Don Diego Lopez de Zuñiga el Mariscal Iñigo Arista de Zuñiga, y su madre Doña Juana de Navarra, hija legitima del Rey Don Cárlos de
Navarra ; y su abuelo fue Don Diego Lopez de Zuñiga, Duque de Bejar, y Justicia mayor de Castilla,
y el Rey Cárlos de Navarra ; fue viznieto del Rey
de Francia, cuyo hijo fue el dicho Rey Cárlos de
Navarra ; y de la parte de su madre fue la dicha Doña Juana de Zuñiga, hija de la dicha Condesa Doña Leonor Niño ; y la dicha Doña Leonor fue hija del Conde Don Pedro Niño, Conde de Buelna,
Señor de Cigales, y de la Infanta Doña Beatriz de
Portugal ; y nieta del Infante Don Juan de Portugal, y de la Infanta Doña Costanza, y viznieta del
Rey Don Pedro de Portugal, cuyo hijo legitimo
fue el dicho Infante Don Juan, y del Rey Don Enrique II. de Castilla, cuya hija fue la dicha Doña
Costanza.

Hijas del Infante Don Juan (este es el Portugues). Doña Beatriz, Doña Maria.

A la Doña Maria casaron con el Conde Don
Mar-

Martin Vasquez de Acuña, y dieronle en dote la Villa de Valencia. La Infanta Doña Beatriz, que era la mayor, y heredó todo el restante de la hacienda del Infante Don Juan su padre, que era gran casamiento, criabase con la Reyna Doña Catalina, muger del Rey Don Henrique el doliente; y á esta Infanta Doña Beatriz, por haber muerto el Rey Don Fernando su tio sin hijos legitimos, salvo la Reyna Doña Beatriz, que tenia por bastarda, y en caso que fuera legitima, porque murió tambien sin hijos, pertenecia el Reyno de Portugal como hija mayor del dicho Infante Don Juan, hijo II. del dicho Don Pedro de Portugal; y con este intento el Rey Don Martin de Aragon envió á demandar á la dicha Infanta Doña Beatriz en casamiento; y andando los tratos pareció en ser casado con una doncella de su casa, que llamaban Doña Margarita de Ponfas. Y el Infante Don Fernando, hermano del Rey Don Enrique, que gobernaba por muerte del Rey Don Enrique su hermano, pretendió este casamiento para Don Juan su hijo, que era de tres años, porque el dicho Infante Don Fernando era entonces Rey de Aragon; y el dicho Don Juan su hijo vino tambien despues á ser Rey de Aragon; y asi cesaron por las desigualdades de las edades los tratos del dicho casamiento: y la dicha Doña Beatriz, que era ya muger de casi 18 años, ó 20, estaba con la dicha Reyna Doña Catalina, muger del Rey Don Enrique el doliente, ya difunto, la qual por amores se casó con el Conde Don Pedro Niño: la Reyna Doña Catalina, y el Infante Don Fernando lo tuvieron á mal este casamiento; y á Doña Beatriz enviaron presa á Baena, y al Conde Don Pedro Niño desterraron del Reyno; y duró esto hasta que el dicho Infante Don

Don Hernando fue á ser Rey de Aragon, y la Reyna Doña Catalina se aplacó, y se casaron. Tuvo el Conde Don Pedro Niño en la dicha Infanta Doña Beatriz, los hijos siguientes: Don Juan, Don Enrique: estos murieron sin casar: el Don Juan dexó un hijo natural, que llamaban D. Tristan, de quien descienden Don Hernando Niño, y Don Alonso Niño, Merino Mayor de Valladolid: Doña Costanza, murió Dama de Palacio: Doña Ines Niño, que murió Monja en Santa Clara de Valladolid: Doña Maria Niño de Portugal, y Doña Leonor Niño.

Hasta aqui llega lo que escribió *Gratia Dei* del Rey Don Pedro, de su descendencia, que es de los Castillas, y lo que prosigue otro autor, que no está puesto quien es, que comienza lo que escribió desde la oja 15 de la segunda plana hasta aqui.

De aqui adelante pone una glosa que estaba en el dicho libro, que estaban las colunas partidas cada plana, y por parecer era mejor ponerlas despues, anotando con una letra de donde comienza la anotacion que se fuere escribiendo, como está anotado por la margen atras, y se verá adelante; y se advierte que quando se leyere en lo de atras algo donde estuviere alguna letra, que es advertencia, y denota se venga á buscar á la letra correspondiente. De aqui adelante tambien se pondrá la fé do se halláre, y comenzaré á poner las dichas glosas desde la plana siguiente en adelante.

Glosas hechas á lo que escribió *Gratia Dei* del Rey Don Pedro, como va dicho atras.

En la tercera oja, primera plana, está en la margen la letra A; y á lo que alli se dice, se hace la glosa siguiente:

Hase de suponer que pedro Lopez de Ayala,

que escribió la Crónica impresa del Rey Don Pedro, era su enemigo, por haber sido dado por traidor en Alfaro por el Rey Don Pedro, porque yendo á hacer guerra al Rey de Aragon, enviando á llamar ciertos sus vasallos, entre los quales fue uno de los dichos el dicho Pedro Lopez de Ayala, no vino á su llamamiento, ni quiso venir á servirle, antes se fue á servir al Rey de Aragon contra la persona del Rey Don Pedro, que era su Señor natural: y algo de esto siente el mismo Pedro Lopez de Ayala en el año décimo de su historia del Rey Don Pedro, cap. 8. donde dice: Que no quiere declarar los nombres de los que entonces el Rey D. Pedro dió por traidores, porque dice que lo hizo mas por ira que con razon, y que de alli adelante quedaron por sus enemigos; y pues uno de los tales fue el dicho Pedro Lopez de Ayala, prueba es que su historia, que es la que anda comun, fue escrita de enemigos.

Item, el dicho Pedro Lopez de Ayala fue el que llevó el Pendon por el Rey D. Enrique, quando fue desvaratado en la de Najera, y fue preso alli, y suelto por la benignidad del Rey D. Pedro. Conformase con lo que dice *Gratia Dei* de ser falsa la historia comun que anda del Rey Don Pedro, lo que el Despensero mayor de la Reyna Doña Leonor, muger segunda del Rey Don Juan el I. en la Crónica que escribió de aquel tiempo, hablando del Rey Don Pedro, dice: „Segun que „ mas largamente se contiene en la Crónica verda„dera de este Rey Don Pedro, porque hay dos „ Crónicas, una fingida, y otra verdadera: la fin„gida fue por se disculpar de la muerte que le fue „ dada. "

Item,

Item, por lo que un Historiador natural de Toledo escribe en el Epilogo que hace de las historias de estos Reynos, donde hablando del Rey Don Pedro, dice: „Algunos le llaman cruel, y en la ver-„dad, él hizo matar á algunos bulliciosos porque no „se burlasen con él, como con el Rey su Padre, „y como hicieron con los otros Reyes sus Proge-„nitores; mas como cayó la Crónica en poder de „sus enemigos, y amigos del Rey Don Enrique su „hermano, como quien habia leido el Psalmo de „*Placebo Domino*, escribieron á su gusto mas de lo „que fue; mas pues un testigo solo no hace fé, aun-„que sea Catón, pasaré en esta historia con la comun.„

Item, se prueba por lo que otro Historiador escribió en copla en el Epilogo que hizo de los Reyes de Castilla, que llegando al Rey Don Pedro dice las coplas siguientes:

El gran Rey D. Pedro, que el vulgo reprueba
Por ser enemigo quien hizo su historia,
Fue digno de fama, y gloria y memoria,
Por bien que en justicia su mano fue seva:
No siento yo como ninguno se atreva
Decir contra tantos, vulgares mentiras
De aquellas locuras, cruezas é iras,
Que su muy viciosa Crónica prueba.
    No curo de aquellas, mas yo me remito
Al buen Juan de Castro, Obispo en Jaen,
Que escribe escondido por zelo del bien,
Su Crónica cierta como hombre perito:
Por ella nos muestra la culpa y delito
De aquellos rebeldes que el Rey justició,
Con cuyos parientes Enrique emprendió
Quitarle la vida con tanto conflicto.

Pues

Pues que son los Reyes preclaros , no quiero
Caer en la culpa de malos Jueces,
Que privan la fama de buenos á veces,
Juzgando por malo lo que es valedero.
Don Pedro en Castilla por ser justiciero,
Mató ciertos grandes á sí inobedientes,
Contrario al juicio vulgar de las gentes,
Usó de la regla de justo y severo.

En la Palentina que escribió el Arcediano de
Alcor , Canónigo de Palencia, al folio 129. dice:
„ Este Obispo Juan de Castro fue primero Obispo
„ de Jaen , y despues fue Obispo de Palencia , el
„ qual escribió la Crónica del Rey Don Pedro , no
„ esta que anda pública , mas otra que no parece;
„ porque segun dicen , no pintó alli á aquel Rey
„ con tan malos colores de crueldades y vicios como
„ esta otra. Creese que aquella se escondió , porque
„ asi cumplia á los Príncipes de aquel tiempo. “
La historia verdadera del Rey Don Pedro , escribió Juan de Castro, Obispo de Palencia, que pasó
á Inglaterra con el Rey Don Pedro , por Capellan
de Doña Costanza su hija , y en Inglaterra le dieron
el Obispado de Achis; y despues volvió en Castilla
con la Reyna Doña Catalina, hija del Duque de
Alencastre ; y en su tiempo fue proveido de los dichos Obispados. Esta Crónica, que escribió este Juan
de Castro , estaba en el Monasterio de Guadalupe;
y pasando el Rey Don Fernando el V. por el dicho Guadalupe , que iba á Sevilla , iba con él el
Señor Carvajal , que era de su Consejo y su Cronista , el qual ganó una Cédula del Rey para que
los Frayles le prestasen la Crónica ; y el dicho Señor Carvajal dexó asimismo una Cédula firmada de
su

su nombre como la recibia , y qué la volvería. Los Frayles guardaron la dicha Cédula muchos años sin acordarse de ella , que ya era muerto el Doctor Carvajal , y acudieron con la Cédula á sus herederos á pedir la dicha Crónica ; y los herederos dieron la una Crónica escrita de mano , que es la que anda impresa ; y los Frayles sin mirar mas la tomaron , y la tienen hoy dia en su libreria : de manera , que esta historia de Juan de Castro , ó el Señor Carvajal la quemó porque no pareciese , ó está en poder de sus herederos.

Duró este gobierno , y conformidad con sus hermanos quatro años : asi lo dice Mateo Vilano , Historiador de aquellos tiempos , en los quales los grandes del Reyno gobernaron por el Rey D. Pedro : dicelo en el lib. 1. cap. 4. El Despensero mayor , fol. 36. dice : que despues que el Rey D. Pedro sucedió en el Reyno , duró asáz tiempo , en el qual se andaban holgando y andando solo por el Reyno Don Pedro y sus hermanos.

Dice la Crónica que fue del Licenciado Polanco , que este desamor de la Reyna Doña Blanca , fue causado de hechizos , que Doña Maria de Padilla hizo al Rey en una cinta de oro que la Reyna Doña Blanca habia dado al Rey Don Pedro.

Este gobierno duró quatro años , como está dicho arriba ; y despues Don Juan Alonso de Alburquerque , que en este dicho tiempo era uno de los tiranos que gobernaban al Rey Don Pedro , como él fuese de edad de mas de 18 años , no pudiendo sufrir esta tiranía , mostró al dicho Don Juan Alonso descontento de su servicio ; y por esto el dicho D. Juan Alonso se indignó contra el Rey, y le revolvió con sus hermanos y con todos los de-

demás Grandes del Reyno , y urdió todas las tiranías , desasosiegos y tramas que se siguieron en el
Reyno , y con ellos le empezaron á hacer guerra,
segun lo dice el Despensero mayor de la Reyna
Doña Leonor , fol. 38.

Dice el Despensero mayor lo que se sigue con-
cerniente á esto , que estando el Rey en Tordesillas , y la Reyna Doña Blanca y los hermanos en
Toro , juntando y llamando los unos y los otros
muchas gentes , para quando abonase el tiempo
poner en todo arreo aquellos fechos , por la dicha
Reyna Doña Blanca , y por los dichos hermanos
del Rey fue acordado, que antes que el verano fuese
venido , el dicho Conde Don Enrique Lozano fuese á Segovia donde la madre del dicho Rey Don
Pedro estaba ; á lidiar y requerir que porque los
fechos no viniesen en mayores rompimientos de lo
que venidos eran sobre aquella razon , é Castilla
no se perdiese si unos contra otros hubiesen de
pelear , porque seria causa que los moros entrasen
por el Reyno , é en su tiempo de ella Castilla no
se perdiese , que segun la razon la requiere , ellos
querian estar todos á mandamiento del Rey su hijo,
para que ficiese dellos lo que quisiese de muerte ó
de prision en fuida ; é cerca de facer vida con la
dicha Reyna Doña Blanca , que lo dexaban á su
cargo , para que ficiese el Rey lo que por bien tuviese ; é porque en el Reyno por entonces no habia persona alguna que lo pudiese facer mejor que
ella , que gelo suplicase de parte de Dios y de todos ellos , y que lo pusiese por obra, E como el
dicho Don Enrique, Conde de Trastamára, esto obo
dicho , la Reyna pensando que lo decía de corazon,
é que no tenia engaño (como despues lo hubo) plu-
gó-

góle mucho de corazon, porque mucho deseaba
ella paz entre su hijo el Rey Don Pedro, é sus hermanos, é cavalgó, é fuese luego para Tordesillas,
é contóselo todo al dicho Rey su hijo, é comen-
zóle de rogar muy afincadamente que quisiese venir á la paz, é buena hermandad que le era á ella
pedida por el dicho Conde Lozano su hermano. E
el dicho Rey Don Pedro respondió, que le placia
mucho de tener paz con los dichos sus hermanos,
é sus vasallos, é caballeros; pero que no faria vida
con su muger á su pesar, por la manera que ellos
pedian, salvo que esto quedase quando él lo tuviese por bien; pero que creia que esto era algun
engaño por le facer alguna mengua, é gran traicion;
é la dicha Reyna por las cosas que el dicho Conde
le habia dicho, é por las cartas que en su poder
estaban, dixo: Fijo, é Señor, si ellos alguna mengua, é traicion vos ficieren, quiero desde aqui recibir sentencia que me mandedes matar. El Rey visto que la Reyna su Señora é madre no le habia de
facer, ni ser en que le fuese fecho engaño alguno,
dixo, que le placía de facer estas paces. E la Reyna desde que esto oyó, partióse para Toro, é con-
certó las dichas paces; é porque entonces morian de
pestilencia en todas las Ciudades, Villas, é Lugares de aquellas comarcas, é porque la Villa de Tordesillas era pequeña, fue acordado que las vistas se
ficiesen en Toro, aunque el Rey Don Pedro se
recelaba de ello, é que las gentes de armas de ambas partes que estaban juntas se desarmasen, é asi
se fizo: el Rey Don Pedro partió de Tordesillas
eforrado, que no llevaba consigo salvo al Maestre
de Calatraba, é al Prior de San Juan, é á Don
Samuel Levi, su Tesorero mayor de Castilla, é su
Pri-

Privado, é otros algunos sus oficiales; é los hermanos del Rey, é la Reyna su madre: é otros., y la
Reyna Doña Blanca de Borbon, como supiesen la
venida del Rey, salieronle á recibir bien dos leguas de Toro; é quando se vieron, todos descen-
dieron de las mulas en que iban, é fincaron las rodi-
llas en el suelo, é besaronle las manos, é los pies,
é besólos á todos en las bocas (que asimismo se apeó):
é luego comenzó á fablar Don Enrique el Conde
Lozano, diciendo: Señor, bien sabemos todos nosotros como sois nuestro hermano, é nuestro Rey natural, é vemos que os habemos errado; por ende
desde aqui nos ponemos á vuestro poder, para que
fagades de nosotros lo que vuestra merced fuere, é
pedimos-vos por Dios que nos querádes perdonar.

Las mismas razones que expusimos al público quan-
do por no poderse concluir una obra en un tomo, fue
preciso continuarla en otro, damos ahora que sucede lo
mismo con la presente obra; y esperamos de su benevo-
lencia, que nos excuse del defecto que en esto se comete,
y no podemos remediar.

FIN DEL TOMO XXVIII.